普通高等教育室内与家具设计专业系列教材

家具表面装饰工艺技术
（第二版）

主　编　孙德彬

副主编　杜安磊　刘　舸　吴再兴　魏新莉　吴　静

中国轻工业出版社

图书在版编目(CIP)数据

家具表面装饰工艺技术/孙德彬主编. —2版. —北京:中国轻工业出版社,2024.1

普通高等教育室内与家具设计专业"十三五"规划教材

ISBN 978-7-5184-1981-4

Ⅰ.①家… Ⅱ.①孙… Ⅲ.①家具-饰面-高等学校-教材 Ⅳ.①TS654

中国版本图书馆 CIP 数据核字(2018)第 123397 号

责任编辑:陈　萍
策划编辑:林　媛　陈　萍　　责任终审:滕炎福　　封面设计:锋尚设计
版式设计:王超男　　　　责任校对:晋　洁　　责任监印:张　可

出版发行:中国轻工业出版社(北京鲁谷东街 5 号,邮编:100040)
印　　刷:河北鑫兆源印刷有限公司
经　　销:各地新华书店
版　　次:2024 年 1 月第 2 版第 2 次印刷
开　　本:787×1092　1/16　印张:18.75
字　　数:480 千字
书　　号:ISBN 978-7-5184-1981-4　定价:56.00 元
邮购电话:010-85119873
发行电话:010-85119832　010-85119912
网　　址:http://www.chlip.com.cn
Email:club@chlip.com.cn
如发现图书残缺请与我社邮购联系调换
232108J1C202ZBW

序

家具有着完全不同于任何其他行业的独特属性，其首要特点是行业集中度低，这是由消费者需求的多元化和完全竞争的市场特点决定的，尽管近年来行业集中度有了很大的提高，但其本质属性不会改变。

其次，家具是一种典型的工业产品，具有工业产品的一切共同属性，如必须满足工业化生产的需要。除了办公与公共家具等少数品类之外，其他家具产品其具体的客户事先是未知的，没有明确的对话对象，这就意味着市场销售的不确定性以及随之而带来的巨大风险。企业在产品研发、生产、递送与市场营销环节都充满了挑战，战略水平与运作能力备受考验。由于人、物和环境中的变量无限，从来不会有标准答案，但也充满了无边无际的创造空间。

同时，与几乎所有其他工业产品所不同的是家具又兼具环境属性，这又与建筑和室内密不可分。一般的工业产品，通常只需要考虑单件产品的设计与制造，如汽车、手机、家电等。而家具就必须考虑配套，考虑与其他产品的功能组合或分工，考虑与其他产品的风格兼容，还要考虑楼盘格局与室内调性，进而与生活风格相关联。而建筑与室内则没有家具所必备的那些工业和市场属性。

家具行业也要吸收和利用人类所创造的一切文明成果，未来中国家具行业的格局与形态主要应当取德国工业4.0和意大利设计创新体系之长，结合中国自身独特的国家禀赋在满足本国人民对美好生活向往的同时，也应创造具有国际价值和引领世界潮流的当代家具。

德国以大工业见长，大工业为主体，以重型设备与自动线为标志。在信息化时代为了响应消费者的个性化需求，植入大规模定制和柔性生产方式以及互联网+，基础是大数据和物联网。这个体系的终极目标是将企业从现在B2B2C的运作模式切换为C2B模式，理论上可以完全按照客户的需求倒过来进行产品生产和将价值递送给消费者。而这种模式的实现不是个别企业自己能够独自完成的，而是需要进行产业重组，构建新的产业生态系统。

但产品的创新设计不是工业4.0能够全部解决的，中国是一个多民族的多元化社会，而且发展梯度非常大，其体量相当于整个欧洲。纯粹的制造业思维是不够的、不现实的，也是危险的。

德国的短板恰恰是意大利家具产业体系的优势所在，那就是整个产业生态都是按照设计驱动来建立的，依靠的是以中小型企业为主体的产业集群。意大利设计从潮流的研究、场景的构筑，到概念设计，以及最终的解决方案，能够始终给消费者带来不一样的惊喜感觉，并引领着全球设计的走向。

意大利不仅有着成熟、前沿并不断进化着的、深厚的设计理论体系，同时，也有着肥沃的设计土壤。高度专业化分工合作的中小型企业集群是一个充满创新活力的社会，集群文化比经济更加牢固地维系着源源不断的内生动力。在北部的伦巴地大区，几乎有着设计实践的一切条件，无论是材料、结构还是工艺技术，只要设计师提出要求，就一定会有人帮他实现，这在德国几乎是不可想象的，因为德国都是大企业，没有人愿意为一个设计原型而开放自己大规模制造所用的生产线。

工业4.0是基于数理逻辑推演的，其脉络非常清晰、易懂，但设计创新体系看不见、摸不着，因此很难看清楚、很难理解，也说不清、道不明。但设计本来就没有、也不应该有标准答案，也正因为如此，才有着无限的创造空间，才有着无穷的魅力。纯粹的逻辑思维无法还原设计的全貌，无法解释设计世界的神奇魔力。

设计是一种哲学，也只有依靠哲学思维才能领悟设计及其创新体系的真谛。如果说德国工业4.0是"术"的话，那么意大利设计创新体系可以称之为"道"。

中国在地理上幅员辽阔，相当于整个欧洲，在人口上更是任何西方国家都无法相提并论的，而且历史悠久，是整个东方文明的发祥地。西方有罗马，东方有中华。

当代中国高速发展，一切都远未定型。因此，任何单一、狭隘和静态的思维都是不可取的，我们应当兼收并蓄其他文明的一切有益养分，并在此基础上充分发挥自己的一切优势，自成一体。其中，中国的国家禀赋是我们自己的特殊土壤，中国家具产品及其工业体系的未来形态离不开这种禀赋。这包括我们的独特资源、历史文化、上层建筑、社会基础、地域差异、国民素养、价值取向、发展梯度等。

北欧现代家具没有明显的斯堪的纳维亚特色的具象元素，但有着北欧的"魂"，那就是实用、自然、人性和纯净。意大利现代设计也没有元素上的定式和定势，但也有其核心的学术理念，那就是3E理念，即：美学（Estetica）、人体工程学（Ergonomia）和经济性（Economia）。

中国现代家具应当秉承何种理念，目前尚无定论，也没到下结论的时候，而是还在探索和发展之中，这需要学术界和实业界的共同努力，既离不开设计师和工程师群体充分的设计和生产实践，也需要理论工作者和思想者高屋建瓴的高远眼光和深邃的洞察力。但当代中国家具的特性也并非完全无迹可寻，而是有信号的，四十多年来市场潮流的变迁已经留下了它的轨迹。消费者在文化影响下的价值取向与学界的理想世界一直处于无形又强力的博弈之中，制造业为了自身的生存和发展，更多向前者妥协，但学界也并非无所作为，只是气候条件尚未成熟，符合事物发展规律的大潮终将涤荡一切落后的思想意识。亚文化毕竟还不是文化，主流文化对亚文化不会无限地接纳，而是会予以过滤，予以选择性的吸收，并优胜劣汰、吐故纳新。我们还需要时间。

而中国家具制造体系的分布应当与上述产品形态相匹配，在相当长的时间内，其最基本的特征将依然是多元化。既有最现代的制造方式，包括工业4.0，也有传统的手工业生产方式，而更多的形态将是两者的有机结合以及由此所派生出来的无限细分形态。手工不是用来做机器可以做得更好的事情，而是可以做机器做不到的事，中国传统的非物质文化遗产可以极大地提升包括家具在内的现代工业产品的价值。

同时，既有大工业体系，也有高度专业化分工合作的、中小型企业为主体的产业集群。既有通用的标准化作业和流水线生产，也有大量目前还十分空缺的高精尖专用设备和柔性生产。既有集中，更有分化。集中为了效率，而分化有利于创新。

中国家具必须致力于产业升级，具体包括：

① 生产手段与装备的升级。如CNC（数控机床）、CAD（计算机辅助设计）、FMS（柔性生产系统）、JIT（即时生产）等。

② 集群与企业的功能与职能升级。即：改变内部运作模式、增强能力或节约资源。

③ 产品升级。包括设计、材料创新、独特工艺技术、新产品/生活方式/品牌等。

④ 价值链升级。向价值链上有更多机会的终端移动，如：服务与体验等。

对于企业纵横联合而言，未来中国家具企业生态群依然是少数企业在红海市场里沉淀为大型、甚至超大型企业，并会带动一批微型企业共同发展。企业群体将依然是中小型企业占主导。但能够生存下来或滋生出来的中小型企业不是现在这种高度同质化状态，而是在各个细分领域的设计创新型企业，这些企业中有的可以成为极具品牌价值的潮流领导者，有的可以成为潮流的狩猎者，而潮流跟随者的生存空间会日益狭小。

中国家具业辉煌的未来，要靠大家一起努力，共同打造。各利益相关者肩负着行业与社会的共同责任，各自需要有所作为。如此，我们有理由相信，中国家具定能从现在的制造大国真正走向设计和制造强国。这个梦想也是我们这一代人所肩负的历史使命，我们责无旁贷。今天的学子是明天的行业栋梁，也是中国家具在未来能够引领世界的希望。

本套教材为第二版，第一版家具系列教材出版至今已经有了将近十年的时间，十年来在该专业大学本科教学中发挥了应有的作用，但时代与行业发展都很快，我们需要植入国内外最新的思想、理念、工具、模型和方法等各方面的研究成果来予以更新，以期更好地满足新时代家具专业教育的需要。系列丛书由十部独立的教材所组成，同时也互相兼容，在整体上涵盖了家具行业的全部专业领域，主要目标是为高等院校家具专业的本科学生提供完整的系列教材，同时也可以为建筑设计、室内设计和工业设计的师生提供相关联的参考，还可为家具企业的管理与技术人员提供系统的理论知识和实用工具。教材作者均为目前国内高校家具专业的在职骨干教师，思维开放、活跃。

其中，多部教材已出版。《家具与室内设计制图》《家具表面装饰工艺技术》（第二版）分别由中南林业科技大学李克忠、孙德彬老师编著，《室内与家具人体工程学》由浙江农林大学余肖红老师编著，《非木质家具制造工艺》由山东工艺美术学院薛坤老师编著，《家具专业英语实务》由顺德职业技术学院刘晓红老师编著，《家具史》（第二版）《木质家具制造学》和《家具设计》分别由南京林业大学陈于书、李军和许柏鸣老师编著。

许柏鸣教授为本套丛书总策划与各部教材大纲审定人。

知识无限，基于我们的现实水平，错漏之处在所难免，恳请读者及同仁斧正。

普通高等教育室内与家具设计专业"十三五"规划教材编写委员会主任

2018 年 5 月 29 日

3

前言

　　家具之美赖于表面装饰，装饰之精在于传承创新。随着社会的大变革、大发展，随着物质文化生活的大丰富、大飞跃，人们对家具的认知与品位早就已从纯功用上升为功能和审美的兼顾；作为家具设计制造专业的求学者，理当在未来的职业追求中从纯工艺展现技术上升为工艺与艺术兼备。正是在这样一种笃信、坚定的理论观点指引下，笔者在继承、发扬传统家具表面装饰精华的基础上，融入了本专业现代科技的新成果，注入了新材料、新工艺、新设备与新技术，于2009年4月编写了《家具表面装饰工艺技术》一书，作为普通高等教育室内与家具设计专业规划教材，同时作为相关专业与行业的教学工作者、科研人员、工程技术人员、管理人员及业余爱好者的学习参考资料，迄今已使用九载之久，受到了广泛好评。

　　时光荏苒，九年间，家具行业飞速发展、装饰技术不断进步，令人目不暇接；笔者也通过多年教学、科研实践，在家具表面装饰工艺技术方面积累了更为丰富的经验。因而审时度势，进行修订已实属必要。感谢中国轻工业出版社的支持，感谢中南林业科技大学批准并推荐原书修订作为科研立项，并得到中南林业科技大学林业工程学科开放基金资助。本着"保持原有框架，加强更新应用"的基本思路，新版编写既是总结过去，更是重新学习，展望未来。全书根据近年该学科及工艺实践的发展，融入全新科技成果及读者的建议，吸收了现代中西方理论、思想和方法，以家具表面色彩、家具表面镶嵌与雕刻工艺、家具常用涂料及其涂饰工艺技术、家具表面检测作为全书的主线，较为系统地阐述了家具表面装饰的基本理论、基本材料、基本工艺、基本设备与基本技术，行文坚持理论密切联系实际，图文并茂，条理分明，易于理解掌握，便于操作应用。着力为学习者及从事家具生产与制造者提供家具表面主要装饰工艺讲解，如家具镶嵌与雕刻工艺和家具常用涂料、家具涂饰工艺及涂饰设备等。再版过程中，笔者结合近几年来家具表面装饰工艺技术的理论与应用的新进展，对初版文本进行了修改，补充了新观点、新内容、新工艺，力求紧跟时代步伐，把握发展脉搏。

　　本书由中南林业科技大学材料学院孙德彬副教授主编，参加编写的还有广东省肇庆市现代筑美家具有限公司高级检测工程师杜安磊，中南林业科技大学家具学院孙德林教授和材料学院魏新莉副教授、刘舸老师，国家林业局竹子研究开发中心竹木高效利用研究室吴再兴副主任，中国木材保护工业协会木器涂料分会秘书长颜景奇老师，中南林业科技大学涉外学院吴静老师及西南林业大学艺术学院林立平老师。

　　本书由中南林业科技大学邓背阶教授和孙德林教授负责主审、修改及定稿。本书得到了广东省肇庆市现代筑美家具有限公司、广东省宜华木业有限公司、木竹资源高效利用湖南省2011协同创新中心和生物质材料及绿化转化技术湖南重点实验室大力协助，在此谨对他们的辛勤劳动与无私付出表示衷心感谢。

　　本书编写过程中参考引用了国内外诸多专家和学者的文献、观点理论，在此一并致以谢意。

　　由于时间仓促，编者水平和经验有限，书中疏漏之处在所难免，尚盼读者批评指正，提出宝贵意见。

编者　孙德彬

2018年6月8日

目录

第1章　家具色彩设计基础

若要为家具设计合适的色彩，使之具有较强的市场竞争能力，首先需掌握色彩设计的基本知识与基本方法，进而努力探讨家具色彩变化规律，不断为家具设计出符合时代要求的新型色彩，以满足用户的需求。

1.1　家具色彩的多样性与重要性

自然界的色彩千差万别，数不胜数。画家对自然界色彩的运用惟妙惟肖，为人们创造出很多爱不释手的艺术珍品。涂料大师同样用自然界色彩涂饰各种制品与建筑物，为美化人们的生活环境增添奇光异彩。

对于涂饰技术工作者来说，不但要总结前人运用色彩的宝贵经验，更重要的是要不断地创造新颖色彩去美化制品及室内环境，以满足人们的审美要求。

1.1.1　色彩的多样性

（1）色彩的社会性、时代性及民族性

从广义上讲，不同民族、不同社会、不同时代，对色彩的追求会有所不同。

（2）色彩的个人属性

从个人的角度来看，不同年龄、不同性别、不同性格的人，对色彩也各有所好。家具与室内环境的色彩同样具有社会性、时代性、民族性及个人属性。

（3）不同材种家具的色彩差异性

不同材种家具，其所用色彩也会有所差异。如用在实木家具上的色彩好看，但用在金属家具上不一定合适；又如竹藤家具跟人造板家具相比，两者色彩通常有较大的差异。

（4）不同使用环境的家具其色彩要求也不同

客厅家具多为暖色，而医院的家具多为冷色，色彩的区别较大。

这便构成涂饰色彩的多样性与复杂性。就我国家具色彩变化情况来看，过去多为深色，色调单一，显得十分简朴。随着人民生活水平的提高，对色彩越来越讲究，不再满足于那些色彩暗淡的家具，进而对色彩艳丽豪华的家具产生浓厚的兴趣。现在一些色调对比鲜明的彩色家具及具有高级彩色图案的家具，显得华丽，富有生机，具有较强的艺术感染力，深受用户的欢迎。

1.1.2　色彩的重要性

家具跟服装一样，均属色彩商品，其畅销与否明显受自身色彩的影响。这不仅是由于色彩能支配人们的精神，而且还具有"先声夺人"的作用。当人们在选购用品时，视神经对用品的色彩感觉最快，印象最深，其次是用品的造型，最后才是用品的质感（包括用料及做工的好坏）。表1-1中的数据也充分证实了以上的论述。事实也是这样，一般人们在市场选购用品时，首先注重的就是制品的色彩，要是不中意色彩，就不会去注重其式样与质量，即不考虑购买。对于造型、材质、做工相同或相近的家具，色彩新颖则更受人们喜爱，也就会占领市场而成畅销商品；相反，若色彩设计失败，则难以销售，甚至丧失市场而成为被淘汰商品。在色彩商品市场里，也常出现这种情况。即造型、材质及做工并不太好，但

表 1-1 物体的色彩、形状随时间延长对人的视觉的影响程度

时间	色彩影响比重/%	形状影响比重/%
最初 20s	80	20
2min 后	60	40
5min 后	50	50

由于色彩受人们喜欢，因而比造型、材质、做工较好的商品更为畅销。所以商品的色彩已成为商品市场竞争的重要因素，有时候甚至成为决定性因素，影响商品的寿命。

为此，在现代市场竞争日趋激烈的情况下，不仅是色彩商品生产的厂家高度重视色彩的设计，而且连非色彩商品生产的厂家也很重视色彩设计，如食品也讲究色、香、味，并把色彩排在首位。现代室内设计至关重要的也是色彩设计。这一切都说明，科学的高度审美的色彩设计，已是当代物质精神文明建设与科学技术发展的极其重要的手段，是必不可少的。

总的来说，色彩的变化层出不穷，但总的发展规律是由简单走向复杂，由低级走向高级；同时又像色环一样循环变化。为此，家具与室内色彩设计工作者不仅要善于应用已有的喜闻乐见的色彩，更重要的是要不断探索、研究家具与室内装饰的新颖色彩，并发现其变化规律，设计出更多、更好的色彩，以达到发展生产和美化人类生活的目的。

1.1.3 流行色的应用

流行色是指一部分人对当时某一制品新设计出来的某种色彩很感兴趣，从而引起人们的共鸣，争相购买，使这一色彩的制品较为畅销，这种色彩便成为这一制品的当时流行色。所以，流行色是相对其他众多的色彩而言，也是短暂的，更不能说多数人都喜欢流行色。对于一个涂饰工作者来说，可以利用当时的流行色，使自己涂饰的制品在市场具有竞争能力。但更重要的是通过市场预测下一步，多数用户会喜欢什么样的色彩，从而设计这一色彩去满足用户的要求。决不能停留在现有制品流行色彩的基础上，而是要不断求实创新。

1.2 色彩基本要素

1.2.1 色彩与光的关系

（1）光的概念

光是一种电磁波，白光是由各种不同波长的光组成的。当白光通过三棱镜时，可以分解成红、橙、黄、绿、蓝、靛、紫七种颜色的光。它们的波长范围在 $400 \sim 750nm$，其中以红色的光波最长，紫色的光波最短。因为它们能为肉眼所见，故有可见光波之称。在白光中，除可见光波外，波长长于红光波的被称为红外线，而波长短于紫光波的被称为紫外线。由于红外线与紫外线都是肉眼看不见的，故被称为不可见光。红外线含有大量的热能，可服务于人类，而紫外线对有机物及其他色彩有破坏作用。

（2）色彩与光的关系

物体之所以能呈现色彩，是由于白光照到物体上，在物体表面引起反射或吸收作用的结果。

① 白色 若光线照射在物体上全部被反射回来，那么这种物体便呈现白色。

② 透明体 若光线照射在物体上经折射而全部透过物体，则这种物体为透明体。

③ 灰色　若照射在物体上的光线能被物体比较均匀地吸收各种波长光线的一部分，而反射另一部分，那么该物体会呈现灰色。

④ 黑色　物体把照射它的白光全部吸收，即反射也不透过任何光线，那么该物体就会呈现黑色。

⑤ 彩色　物体之所以能呈现彩色，是因为物体对照射它们的白光中不同波长的光线具有不同的吸收与反射的缘故。例如，物体吸收照射白光中的绿光波，而反射出红光波，那么该物体就呈现红色。同理，如果一种物体呈现黄色，那么是由于该物体吸收照射白光中的蓝光，而反射出黄光的结果。这是因为绿光与红光，黄光与蓝光混合在一起就变成了白光，要是能把它们分解开来，就可显示各自的颜色。

（3）补色的光

我们把两种混合起来就能成为白光的光，称为互为补色的光。日光就是由无数对互为补色的混合光所组成。各种不同波长光的颜色及其补色光如表 1-2 所示。

表 1-2　　　　　　　　　　　　各种波长光的颜色及其补色光

波长范围/nm	光的颜色	补色光	波长范围/nm	光的颜色	补色光
400～435	紫	黄绿	560～580	黄绿	紫
435～480	蓝	黄	580～590	黄	蓝
480～490	绿蓝	橙	590～605	橙	绿蓝
490～500	蓝绿	红	605～750	红至紫红	蓝绿
500～560	绿	紫红			

从表 1-2 可以看出，各种波长的光都有另一种光成为它的补色光，两者混合后又可成为白光。但对颜料与染料而言，没有任何两种色彩混合在一起而成为白色。这就说明物体的色彩与光虽有密切联系，但却是本质不同的两种物质。

1.2.2　色彩基本要素

任何一种色彩都有三个基本要素，这就是色相、亮度和纯度。若要比较两个物体的色彩是否相同，就得比较它们的三个基本要素是否相同，只有当三个要素相同时，才能说明它们是相同的。

（1）色相

色相也称色调，指色彩的相貌，是物体产生某种色彩的"质"的特征。物体的质不同，对照射它的白光的吸收与反射也就会不同，那么呈现出来的色彩也就不一样，也就是说它们的色调不相同。不同色调的物体，它们分子电荷的排列与振动频率是不同的。例如物体分子中的电荷排列与振动频率跟白光中的绿色光的电荷排列及振动频率相同，它就会吸收绿色光波，而把绿色光的补色光波——红色光波反射出来，而呈现红色。因此说，色调是发色体在"质"方面的特征。

在可见光谱中，红、橙、黄、绿、蓝、靛、紫，每一种色相都有各自的波长与频率，其中红光的波长最长，紫光的波长最短，并从长到短按顺序排列。天空中出现的美丽彩虹就是这些色光按顺序排列形成。从光与色的关系中不难得知，光谱中各种色光的发射便形成自然界的五彩缤纷的色相体系。

在色彩应用的理论中，通常用色环来表示色彩的系列，将处在光谱两端的红色相与紫色相在色环上巧妙地连接起来，使色相系列呈循环的秩序。最简单的色环就是由光谱中的 6 色相构成的 6 色相色环，如图 1-1 所示。若在 6 色相色环中的各色相之间增加一个过渡色相，如在红与紫之间增加紫红，在红与橙之间增加红橙，以此类推，便可构成 12 色相色环，如图 1-2 所示。人的眼睛很容易分辨 12 色相。按照同样的方法，还可在 12 色相色环中各色相之间增加一个过渡色相，如在黄与黄绿之间增加一个绿味黄，在绿与黄绿之间增加一个黄味绿，以此类推，即可制得 24 色相色环图。24 色相色环图在色彩设计中应用较为广泛。

图 1-1　6 色相色环　　　图 1-2　12 色相色环

（2）明度

明度又称亮度，是指色彩光泽明暗强弱的程度。一个色彩物体表面的反光率越大，对视觉刺激就越大，就显得越明亮，这一色彩的明度越高。对于同一色相的色彩，被不同强度的光线照射，所呈现出来的色彩是不相同的。这是因为它反射出来的光量不一样。显然照射光的强度越大，反射出来的光量也就越多，色彩的明度也就越大，显得更加艳丽。反之，则反射出来的光量越少，颜色的明度越小，显得更加暗淡。所以说，明度是色彩的"量"的特征，即反射光的数量的多少。

不同色调的色彩，即使在同一强度的光线照射下，也会呈现不同的明度，也就是反射出来的光量不相同。在彩色中以黄色的明度最大，紫色的明度最小。在消色中以白色的明度最大，黑色的明度最小。假设白色的明度参数为 100，黑色的明度参数为 0，那么其他色彩的明度参数见表 1-3。

表 1-3　　　　　其他色彩的亮度参数

颜色名称	亮度参数	颜色名称	亮度参数
黄色	78.9	绿（接近蓝色）	11.00
橙色	69.8	蓝色	4.93
绿（接近橙色）	30.33	暗红	0.83
红色	27.73	紫红	0.13

明度对消色的影响较大，消色之间的区别主要在于明度的大小。在黑色与白色之间的灰色，其明度共分 9 个级差，若明度越大，则越接近白色；明度越小就越接近黑色。

一般来说，色彩的明度越大，对人的视神经扩张作用也就越大；反之，色彩的明度越小，对视神经收敛作用也就越大。

明度在三要素中具有较强的独立性，它可以不带任何色相特征而通过黑白关系独立表现出来。而色相与纯度要依赖一定明度才能显现，色彩一旦发生，明暗关系就会同时出现。如同一物象，其彩色照片会反映物象全要素的色彩关系，而黑白照片则仅反映物象色彩明度关系。又如对物体进行素描，需把物体的彩色关系抽象为明暗色调，这就要对明暗有敏锐的判断能力。为此画家把明度看作色彩隐秘的骨骼，是色彩结构的关键；而把色相看成色彩外表华美肌肤，体现色彩外向性格，是色彩的灵魂。

掌握色彩的明度，对色彩的应用有着重要的意义。假如房间的采光不好，那么对其家具的色彩应以明度较高的黄色调为主；室内壁面及天花板可以明度最大的白色为主，地板以较深的黄色为主，以浅黄、淡橙、粉红等色彩做分色线或图案线，这样可达到增加室内明度的要求。

（3）纯度

纯度也称饱和度、彩度，是指彩色色彩中含消色的程度。消色也称无彩色，包括白色、灰色和黑色。除消色以外的其他所有色彩统称为有彩色。我国古代把黑、白、蓝称为色，把青、黄、赤称为彩，合称为色彩。彩色与消色统称为颜色。纯度是针对彩色而言的。如某一彩色中含消色越少，其纯度就越大，即纯度或彩度就越高，色调就越鲜艳。

在调配色彩时，常用消色去冲淡或加深彩色，以获得不同纯度的彩色。同一色调与明度的色彩，纯度不同，便有深浅、浓淡之分，可以从深到浅排成一个连续的系列，即可通过一条直线来表示纯度色阶，以表达它从最高纯度色（最鲜艳色）到最低纯度色（中性灰）之间的鲜艳和混浊的等级变化。

不同的色相，不但明度不同，纯度也不一样，如红色的纯度最高，黄色其次，而绿色的纯度几乎只有红色的一半。自然的色彩多数是低纯度含灰的色彩。正因为有纯度的变化，才使自然界的色彩变得丰富。

纯度能表现色彩内在品格，同一色相，即使是纯度发生细微变化，也会立即导致色彩性格的变化。在实际的色彩设计中，常常利用这种细微变化设计出新颖的色彩，取得意想不到的效果。所以说，只有对色彩纯度掌握达到精练程度的人，才能算是一个经验丰富的色彩设计家。

1.3　色彩视觉效应及其应用

色彩普遍存在，跟人们有着密切的关系，并具有精神价值。它能通过视觉作用于人们的大脑，支配人们的精神，激发人们的联想，导致人们对不同的色彩产生不同的情感以及心理错觉，这一现象被称为色彩的视觉效应或心理效应。

对色彩视觉效应的研究涉及以光为对象的物理学，以视觉为对象的生理学与神经解剖学，以审美为对象的心理学与意识形态学等领域的研究。再者，不同的人对同一色彩的心理反应也会有所差异，这给色彩的研究增加更多的困难。但人们对色彩也有着共同的心理感受与错觉。

1.3.1　色彩直接视觉效应

色彩的直接视觉效应是由于色彩物理光的刺激，而直接使人生理产生反应。心理学家曾就此做过很多实验发现：在红色环境中，人的情绪会兴奋冲动，脉搏加快，血压也有所增高；而在蓝色环境里，情绪平定安静，脉搏有所减慢。科学家还发现，色彩能影响脑电波，脑电波对红色的反应是警觉，对蓝色的反应是放松。心理学家十分注重对色彩视觉效应的研究，并确信色彩对人心理的影响。

1.3.2　色彩给人的错觉效应

色彩的冷暖感、轻重感、干湿感、收缩与放大感等，并非真实的物理现象，而是由于人们的视觉经验与心理联想所产生的一种错觉。

（1）色彩的冷暖感

如冷色与暖色就是根据这种错觉分类。因红、橙、黄系列的色彩，其色光跟阳光与火相似，能给人以温暖之感，故被称为暖色。紫、蓝、绿系列的色彩，其色光与碧清的水、蓝色的天空、绿色的植物相似，常给人以凉爽、清醒之感，故有冷色之称。为此，有人在冬季挂上暖色的窗帘，到夏季又换上冷色窗帘，这种装饰会使人感到冬暖夏凉。又如教室的课桌椅涂饰成冷色，尤其蓝、绿色系列色彩，有助于学生大脑清醒，保护视力，防止近视，提高学习效果。冷食与冷饮的包装应以冷色调为主，以便使人获得清凉的心理感觉。

（2）色彩的轻重感

色彩能给人以轻重之感。暖色常给人以密度大而偏重的感觉，暖色越深（如黑红色、棕黄色等）越显得重。黑色是显得更为稳重的色彩。冷色能给人以密度疏松而偏轻的感觉，冷色越浅（如天蓝、浅紫、淡绿等）越显得轻盈活泼。白色是更为明亮轻快的色彩。同一色调的色彩，无论是暖色或是冷色，若明度越大显得越轻；反之，若明度越小就显得越重。

对家具而言，形态千变万化，有的力求庄重稳定（如弯脚型家具）；有的力求轻巧活泼（如圆锥型家具）。若家具涂饰的色彩能相匹配，给弯脚型（尤其是虎脚型）家具涂饰庄重的暖色，给造型活泼的家具涂饰轻快的冷色，就会收到更好的艺术效果。有的家具高而显得不稳定，如书架、货架等，若将其下半部分饰以深色，上半部饰以浅色，就能消除不稳定感。又如室内装饰应使墙脚的色彩深于墙裙色彩，而墙壁的色彩须浅于墙裙的色彩，天花板的色彩应比地面轻盈明快，以获得较好的整体装饰效果。

（3）色彩的干湿感

色彩还能给人以干燥、湿润的感觉。暖色显得干燥，冷色显得湿润。在进行色彩设计时，对于干燥、炎热的环境（如锅炉房、干燥室）及其设备应以冷色调为主进行装饰；反之，对较阴凉潮湿的环境及其设备须以暖色调为主进行装饰，以调剂人们对环境干湿度的心理平衡感。

（4）色彩的距离感

色彩的距离感是指色彩具有退远与移近、扩大与缩小的作用。冷色与黑色具有退远与缩小感，暖色与白色具有移近与放大感。画家之所以能利用各种颜料绘出立体感很强的风景画，就是恰到好处地利用色彩的这一作用。涂饰大师利用这一作用为彩色家具设计出立体感较强的图案，取得很好的装饰效果。又如在室内装修时，若想使房间显得宽敞，须将墙壁饰以明亮的冷色调。对于狭长的房间或走廊的两端壁面应饰以亮丽的暖色；而两侧壁面须饰以明快的冷色。这样可从心理上消除狭长感，使房间显得宽而接近方形。对于狭小房间的家具色彩，应以冷色调为主，让家具的形体有收缩作用，以减少室内的拥挤感。相反，若房间很宽敞，其家具色彩应饰以明亮的暖色调，意在扩大家具的形体，而使房间不显得过于空旷。

从上述例子可得出，色彩的亮度对色彩的距离感有较大的影响，即色彩的亮度越高，则移近与扩大的感觉就越显著；反之，亮度越小，则退远与缩小的感觉就越明显。

（5）色彩的兴奋与抑制作用

暖色调系列的色彩及色调对比鲜明的色彩（如原色对比、补色对比、间色对比），能创造热烈活泼而富有生机的气氛，使人感到兴奋激动而富有朝气。因此，宴会厅等喜庆娱乐场所，常用各种色彩的彩灯、彩纸、彩缎布置，形成强烈的色彩对比，创造热烈欢乐的气氛，以使人们精神焕发。据此，宴会厅、歌舞厅、会客厅、交易所、酒吧间等的家具与室内装潢的色彩，应以亮丽的暖色调为主，墙壁宜采用对比鲜明的色调进行装饰，以满足宾客心理或审美的要求。

冷色及色调不明显的二次色或三次色以及协调的色彩，能造成平静的环境，抑制人们的兴奋情绪，给人以安逸舒适之感。为此，休息室与卧室装饰及其家具等制品的色彩，宜以冷色调及协调的色调为主。室内墙面若采用对比色，宜采用类似色相对比，如蓝色跟绿味蓝色或紫味蓝色对比，因色彩近似，故对比不鲜明，虽有变化但不失协调。其次可采用邻近色相对比，如红与橙、红与紫、黄与橙、黄与绿、蓝与绿、蓝与紫的对比，属弱对比范畴，相对比的色相虽较清晰，但又无刺激感。

1.3.3　色彩的表情及其象征意义

色彩自身没有生命与灵魂，只是一种物理现象，但由于人们生活在色彩的世界中，时刻受到各种色彩的影响，对它们有着深刻的印象，并借助它们来表达各种情感。这便是人们赋予色彩的表情特征与象征意义，已成为共识。

无论是彩色还是消色，都有其表情特征与象征意义。而且每一种色相，当它的纯度或明度发生变化，或者与不同色彩相搭配，其表情也会随之改变。因此，要想说出各种色彩的表情特征或象征意义，就像要说出世上每个人的性格那样困难，然而对典型的性格描述，是完全能做到的事。现就人们接触较多较熟悉并形成共识的色彩予以系统介绍。

（1）红色

红色是可见光中波长最长的色相，格外引人醒目，具有远视效果，常用于危险的标记。它还能形成热烈的气氛，表达兴奋喜悦的心情，是吉祥、喜庆、幸福的象征。如给立功受奖者佩戴大红花，逢喜事或过节贴上红对联，请帖要用红纸写，礼品须用红纸包装……这些已成为人之常情。

红色，同时又是具有强烈刺激的色彩，能使人产生紧张、恐怖的情绪，甚至导致心跳加快、血液循环加速、血压上升。若长期生活在"红色海洋"的环境之中，会使人的精神失常，红色将会变成可怕的色彩。

红色又能唤起人们的斗志，表达人们激动、高昂、勇敢之情。为此，革命旗帜以红色来召唤人民、鼓舞人民的斗志，是威武与胜利的象征。

红色若跟其他色彩相对比还会产生别的效果，如红色在深红色底上会平静下来，热度会降低；在蓝绿色底上就像炽烈燃烧的火焰；在黄绿色底上显得艳丽而调和；在橙色底上，却显得暗淡而无生命，似焦干了。

（2）橙色

橙色的波长仅次于红色，因此具有红色的特征，视觉效果好，可做警告色。它能使人脉搏与血液循环加快，有温度升高之感等。

橙色又是一种使人感到十分欢快活泼的光辉色彩，是温暖的色彩。能使人们联想到金色秋天的景色，黄沉沉的果实，金灿灿的麦波……是丰收、富有、欢乐的象征。

在橙色中稍加白色或黑色，便成为一种稳重、明快而含蓄的色彩。若加入较多的黑色则变为焦枯色；加入的白色较多会有甜蜜感。橙色与蓝色搭配，能构成欢快的色彩。

（3）黄色

黄色是彩色中亮度最高的色彩，能在高明度下保持高纯度。黄色显得灿烂辉煌，有着太阳般的光辉，象征着照亮黑暗的智慧之光。因为黄色放出金色的光芒，故又是财富和权力的象征。若在黑色或紫色的衬托下，可使黄色的力量无限扩大。而白色是吞没黄色的色彩，粉红色也可征服黄色。黄色最不能承受黑色或白色的渗入，即使加入微量，便即刻丧失光辉。

（4）绿色

纯净的绿色非常艳丽而优雅。它是一种雍容大度的色彩，无论加入黄色还是蓝色，仍显得很美丽。黄绿色单纯，有年轻感，富有朝气。蓝绿色青秀、豁达、悦目。含灰的绿色是一种宁静、和平的色彩，似暮色中的森林，又像是雾中的田野。绿色对人心理无刺激，使人不易产生疲劳，有安全、洁净感，是和平的象征。

（5）蓝色

蓝色被称为博大的色彩，好似无际的天空和辽阔的大海。无论是深蓝色或浅蓝色都会使人们联想到蓝天与大海，是一种永恒的象征。蓝色虽是最冷的色彩，但不表示感情上的冷漠，而是清醒、理智、纯净的体现。如果是一种混浊的蓝色，则会成为一种冷酷而悲哀的色彩，不受欢迎。

（6）紫色

紫色的波长是可见光波中最短的，明度在彩色中也最小。紫色的色相变化幅度大，在自然界中有各种各样的紫色，因在蓝色中加少量红或在红色中加少量蓝都能获得鲜明的紫色。有专家描述紫色是非知觉的色彩，具有神秘性，给人印象深刻，时而富有鼓舞性，时而又富有压迫感与威胁性。当人处在紫色，尤其是紫红色环境中，可能会产生明显的恐怖感。歌德曾这样比喻过：将这类色光投射到一幅景色画上，就暗示世界末日的恐怖。深暗的紫色是灾难、死亡与混乱的象征。紫色同时又是虔诚、蒙昧迷信的象征。紫色也是色环上最消极的色彩，虽不及蓝那样冷，但因红色的加入便变得复杂而矛盾，处于冷暖游离不定状态，再加上明度低，这些也许是构成这种色彩在心理上产生消极感的因素。

人们常用蓝紫色来表现孤独与献身，用红紫色来表现神圣的爱情。紫色跟黄色不同，可以容纳许多淡的层次，在纯紫色中只要加入少量的白色，就会成为十分优美而柔和的色彩，随着白色的不断加入，就不断产生许多层次的淡紫色，而且每一层次的淡紫色都显得优美动人。但一旦紫色被淡化，光明与理解就会照亮蒙昧虔诚的色彩，成为令人陶醉的优美色彩。

（7）消色

消色是黑、白、灰色的统称，虽属无彩色，但在人们的心里具有同样的价值。黑白两色分别代表宇宙的阴阳两极。在太极图中就是用黑白两色的循环形式来表现宇宙永恒的运动。黑白两色所具有的抽象表现力及神秘感，似乎能超越任何色彩的深度。黑色意味着空无，像太阳的毁灭，像永恒的沉默，没有未来与希望。而白色的沉默不是死亡，而是有无穷的可能，充满光明与希望，是纯洁的象征。黑白两色又总是以对方的存在而显示自身力量，对比极为强烈鲜明，好似整个色彩世界的主宰。然而它们有时候又令人感到彼此有着明显的共性，如它们均能表达对死亡的恐惧、悲哀及哀悼，都有一种不可超越的虚幻与无限的精神。

灰色是整个色彩体系中最为被动的色彩属，随着明度变化而改变。它一旦靠近艳丽的暖色，就显出冷静的特征；如靠近冷色，则变成温和的暖灰色。有专家认为，用"休止符"来称呼黑色，不如用来称呼灰色更恰当，其理由是：无论黑白色混合、三原色混合、补色混合、间色混合，最终都将成为中性灰色。所以灰色意味着一切色彩对比的消失，是视觉最安稳的休息处。然而，人的眼睛不能长久、无限地注视着灰色，因为无休止地休息意味着死亡。

色彩的表情在更多情况下是通过对比来表达。色彩对比有的显得五彩缤纷、辉煌灿烂而鲜艳夺目；有的则是色调模糊、纯度含蓄、明度稳重而表现得朴实无华。创造什么样色彩才能表达所需要的情感，完全依靠色彩设计者自己的灵感、创造性及经验，没有固定模式。

综上所述，色彩的情感及其应用涉及的领域较广，需要人们不断探索、发现、总结，以更好地发挥色彩对家具的装饰作用与对环境的美化作用。

1.4　色彩的调配

1.4.1　三原色

自然界的色彩虽五彩缤纷，种类繁多，但最基本的色彩只有红、黄、蓝三种。由于其他所有的色彩都可由它们调配而成，而它们本身却不能用别的色彩调成，故将它们称为原色。原色红为既不带紫味又不带橙味的品红，原色黄为既不带绿味又不带橙味的淡黄，原色蓝为既不带绿味又不带紫味的天蓝色。

1.4.2　二次色

如果用两种原色按不同的比例相混合，便可得到一系列橙、绿、紫的色彩，并把它们称为二次色或间色。如红、黄色调按不同比例混合，可获得一系列不同的橙色；红、蓝色调按不同比例混合，可获得一系列不同的紫色；黄、蓝色调按不同比例混合，可获得一系列不同的绿色。

1.4.3　三次色

两种不同的二次色相配合，或任何一种二次色跟原色配合，或黑色跟原色配合，所得到的色称为三次色或复色，即黄灰、蓝灰、红灰。若改变配色的比例，同样可获得一系列不同的黄灰、蓝灰、红灰色调。

图 1-3　原色、二次色、三次色的配合关系

1.4.4　原色、二次色、三次色的配合关系

原色、二次色、三次色的配合关系如图 1-3 所示。也可用图 1-4 表示三原色与 12 色相色环之间的变化关系。

三次色的特点是纯度低，色调不明显，故有"含灰色"之称。调配色彩时，由于所用色料（颜料与染料的统称）的配合比例变化无穷。因此所获得的色彩也千变万化。从理论上说，完全可以根据调配者的意愿调配出所需要的色彩。

通常情况下，三次色的变化比二次色要复杂得多。这是由于色料的品种越多，其配比的变化就越大，也就越难控制。在实际配色中，多以某种色料为主（称为主色），以其他色料为副（称为副色）。如配制浅绿色，应以黄色为主色，并估计出它的重量；以蓝色为副色逐渐加入到黄色中去，边加边调边试，直到符合要求为止。这样比较容易控制色彩的变化。

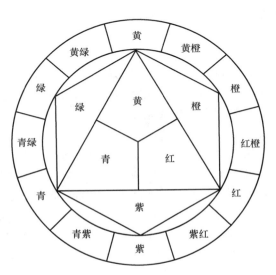

图 1-4　三原色与 12 色相色环之间的变化关系

1.4.5　固有色

不可能用任何其他色彩的色料调配出白色，所以白色是一种固有色，在涂料与涂饰生产中用量最多，常用它去改变原色、二次色及三次色的饱和度，可以获得无穷多的色彩。因此调配色彩时，只要有红、蓝、黄、白基本颜料，就能调配出所需要的色彩。

1.4.6　颜料的减法混合

颜料的混合属于色彩的减法混合。颜料是由带色的颗粒物质组成，这些颗粒物质受到白光照射后，都会反射光谱上的一部分色光而吸收掉其余部分的色光，起到滤色器的作用。当两种颜料相混合时，这两种颜料的颗粒都相当于很多细小的滤色器，滤去部分色光。如黄色颜料颗粒主要反射黄光，同时也反射邻近的绿色光，把光谱中其余的光吸收掉；而蓝色颜料的颗粒主要反射蓝光，同样也反射邻近的绿光，把光谱中其余的光吸收掉。当这两种颜料颗粒相混合后，则只反射绿色光波而吸收光谱中其他所有色光，因此它们的混合产生了色彩减法混合的效果。在减法混合中，混合的色越多，明度就越低，纯度也有所下降。染料具有较强透明性，混合后有明显的减光作用。

1.4.7　余色原理

余色也称补色，为了比较准确而迅速地配出某种色彩来，须很好地应用余色原理。所谓余色是指两种色彩配合在一起，会相互消减，这两种色彩就称为互为余色。三原色中的任一种原色跟其他两原色配合后的二次色即互为余色。如蓝色跟红、黄色配成的橙色是互为余色。同理红色跟绿色、黄色跟紫色均是互为余色。图1-5为余色关系图，图中每根对角线两端的色彩便是互为余色。假如配出某种色彩偏红，那么可加入适量红色的余色即绿色去消掉红色，使其符合要求。配色时应先将相应的余色颜料溶化好，然后边加边调边观看，直到符合要求为止。

图1-5　余色关系图

1.4.8　色彩的调配

调配色彩一般应对照色彩样板（简称样板）进行，先要分析样板含有哪些色调，并确定其中的主色调与副色调，然后选择相适应的色料品种（假设主色调为红色，那么是用铁红呢？还是用大红粉或是甲苯胺红呢？这就得根据样板艳丽程度来确定），最后再着手进行调配。

由于同一种颜料或染料的着色力不一定相同，故很难按固定比例调配某种色彩。主要是针对样板由浅到深，边调边试边校准。一般的做法是先将主色调的色料按估计的比例配好，然后用副色调的色料去试调。例如，调制"栗色"，那就要先分析出栗色中含有红、黄、黑三种色调，且以红、黄色调为主，以黑色调为副。栗色的红、黄色调并不十分艳丽，一般选用价格便宜的铁红、铁黄与铁黑较适合。调配时，先根据用量估计铁红与铁黄的比例进行调配，然后加入少许铁黑进行试调。若感到不够黄，就要适量加入铁黄；要是感到过红，可加入适量红色的余色绿色去进行消减。就这样边调边看边校准，直到色彩接近样板为止。观看色彩，最好在朝北的窗、门下进行，因朝北的日光无耀眼的光线影响，比较确切。或者在由光谱接近日光的人造光源（相当于三只 40W 日光灯并列加罩，距灯 1m 处的光照强度）下进行观看，也较准确。观看色彩时目光注视的时间不宜过长，以免引起视力疲劳而产生错觉。

木制品涂饰，调配色彩是极为重要的环节。初学者较难掌握好，须在实际工作中多摸索，多总结经验，争取较准、迅速地配出所需的色彩。

1.5 色彩的表示

由于色彩种类繁多，难以用文字和语言去描述每一种色彩，说明它们的异同。所以在实际中，只得采用色彩样板或色彩样本指导生产和进行技术交流。生产或评定某种色彩，只能对照样板进行比较。这样极不便利，为此，不少色彩学家研究用特定的标记表示多种不同的色彩，以作为标准色标，应用很方便。目前应用较广的为美国色彩学家蒙赛尔研制的蒙氏色标法。

1.5.1 彩色的表示方法

（1）彩色的表示公式

蒙氏色标用 HV/C 公式表示色彩，其中 H 表示色调，V 表示亮度，C 表示纯度。

（2）彩色色调的标记

蒙氏把彩色分为 10 个最基本的色调，并且对每一个色调采用特定的英文字母作为标记，如表 1-4 所示。

表 1-4 彩色调的标记

色调名称	红	橙	黄	黄绿	绿	蓝绿	蓝	紫蓝	紫	紫红
色调标记	R	YR	Y	YG	G	BG	B	PB	P	PR

（3）彩色色调（H）的分级

蒙氏把彩色的每一个基本色调划分为 10 等级，并用数字 1～10 跟其特定的英文字母标记一同表示，如 1R，2R，3R，4R，R……10R；1BG，2BG，3BG，4BG，BG……10BG。1BG 表示跟绿色接近的蓝绿色，而 10BG 表示跟蓝色接近的蓝绿色，以此类推。各类色调中的等级数 5，如 5R，5Y，5YR 等，则表示每类色调中的标准色调，可以略去不写，而直接用 R，Y，YR 等表示就行。就这样，蒙氏把自然界所有彩色颜色的色调划分为 100 种。

（4）彩色纯度（C）的分级

蒙氏用阿拉伯数字表示纯度。彩色颜色中含消色越少，其纯度就越高，数值就越大。色彩纯度数值写在蒙氏公式中斜线的右边，如/1，/2，/3……，某一彩色的纯度不同，其亮度也会不同。表 1-5 列举了几种色相处于标准值 5 时，其纯度与亮度的关系值。

表 1-5 纯度与亮度的关系值

色相 H	亮度 V	纯度 C	色相 H	亮度 V	纯度 C
红—R	4	14	蓝—B	4	8
黄—Y	8	12	紫—P	4	12

（5）彩色亮度（V）分级

蒙氏用数字表示彩色亮度（V）的大小。在消色系列中，规定亮度最高的为 10，即 V＝10，是最理想的白色。亮度最低的为 0，即 V＝0，是最理想的黑色。黑、白之间分为 9 个亮度，即 9 个渐变的灰色。蒙氏色彩的亮度采用消色中的 9 个渐变灰色的亮度来表示，把数字写在蒙氏公式中斜线的左边，如 1/、2/、3/……9/。

（6）彩色色调的蒙氏色标法实例

6R3/16——表示色相为 6R，亮度为 3，纯度为 16 的一种红色；

4Y8/10——表示色相为 4Y，亮度为 8，纯度为 10 的一种黄色；

YR6/9——表示色相为 5YR，亮度为 6，纯度为 9 的一种橙色。

1.5.2　消色的表示方法

在自然界，除彩色以外的其他颜色，即白色、灰色、黑色，统称为消色。

（1）消色色调的标记

蒙氏色标法用"N"作为消色的标记。

（2）消色的表示公式

蒙氏色标法用 NV/公式来表示消色。式中，N 为色调，V 为亮度。消色的纯度为 0，故未作标记。

（3）消色的亮度（V）

在上面已提到，消色的亮度为 0～10，共分 11 个等级，N0 表示纯黑色，N1～N9 分别表示 9 个中间灰色，N10 表示白色。消色之间的区别仅仅是由于其亮度的差异所致。

据上分析，蒙氏色标法原则上能把任何色彩准确地表示出来，为色彩设计、交流、生产带来极大的便利，值得推广应用。

另外，还有德国色彩学家奥斯特瓦德色标法，美国色彩学家毕林及日本色彩研究所的色标法等，各具特点，在此不再一一介绍。

1.6　家具表面色彩设计提示

1.6.1　木家具透明涂饰的色彩

无论是单件还是成套家具，传统习惯喜欢采用相同色调，并讲究均匀协调。在色彩明度上，现多数人仍喜欢高明度，部分人偏爱亚光，其趋势是逐渐朝亚光方向发展。目前市场家具的色彩，多为仿红木色、仿柚木色、淡黄色及木材本色（如核桃木、紫檀木、水曲柳等名贵材家具），其次是仿咸菜色、蟹壳青色、荔枝色、栗壳色、桃红色或咖啡色、天蓝色、浅绿色等。由于受到染料品种的限制，故木家具透明涂饰的色彩种类不太丰富，仍以传统的暖色调为主，冷色调的较少见，有待探索、创新。

1.6.2　家具不透明涂饰的色彩

家具不透明涂饰，其色彩不受木材材质及材色的影响，可以利用各种色彩的色漆任意调配，可谓应有尽有。较流行的色彩有天蓝色、浅紫色、翠绿色、粉红色、枣红色、蓝闪光色、绿闪光色、枣红闪光色、仿大理石色等。

目前市场上的刨花板与中纤板家具以及材质较差的实木家具表面，多采用各种贴面材料（如各色装饰板与装饰纸）进行装饰。贴面材料表面很多是仿各种名贵木材（如柚木、檀木、花梨木、樱桃木、榉木、水曲柳等）的花纹及色彩，且很逼真，有的真假难辨；也有的印制各色优美的天然或设计的彩色图案。总之，不透明家具表面涂饰或贴面的色彩与图案种类繁多，且暖色与冷色并重，较为开放，完全能满足各种使用要求。

　　家具不透明涂饰可采用对比色进行装饰，以减少同一色彩装饰的单调感。使用对比色须注意"大调和、小对比"的原则，即大的色块强调均匀协调，小色块跟大色块讲究对比。也就是说，总体上强调协调，有重点形成对比，以使整体色彩既协调又有变化，富有生动活泼感，可获得更好的装饰效果。

1.6.3　金属家具的色彩

　　高级金属家具多采用电镀铜、镍、铬等金属或其合金，以金色与银色为主，显得辉煌灿烂，有高雅华贵之感。

　　中级金属家具常用各色闪光涂料进行涂饰，主要有蓝色、绿色、红色、紫色等系列色彩的闪光涂料。因各种色漆中拌入金色铜锌合金粉末或银色铝粉，故在各色涂膜中闪烁出金色或银色点点繁光，使色彩格外鲜艳醒目，显得活泼，具有生机，能给人以华丽富贵之感。

　　普通金属家具可用一般色漆涂饰，色彩可以千变万化，应根据使用环境与使用对象而定。如医院家具多为白色，集体宿舍家具可以蓝、绿色调为主。一般家庭及旅店可采用黄色或紫色为主色调，也可使用彩度较低的红色调，还可采用对比较柔和的色彩进行涂饰，对比原则仍是"大调和，小对比"。

思　考　题

1. 家具色彩装饰有何重要意义？家具色彩多样性的影响因素有哪些？
2. 光与色有何关系？又有何本质上的区别？
3. 何为色彩的三要素？何为彩色与消色？消色在色彩设计中有何作用？
4. 何为色彩的直接视觉与错觉效应？其错觉效应主要表现在哪些方面？怎样合理应用？
5. 何为色彩的表情与象征意义？试说明在色彩设计中怎样合理应用。
6. 何为原色、二次色、三次色？为什么颜料的混合属于色彩的减法混合？
7. 何为余色？哪些色互为余色？
8. 何为余色原理？试举例说明其应用。
9. 何为蒙氏色标法？它怎样表示彩色调与消色？

第2章　家具表面贴面装饰工艺

薄木、装饰板、装饰薄膜、装饰纸等是基材为刨花板、纤维板、胶合板等板式家具表面装饰的良好材料。特别是具有美丽自然木纹的优质薄木，是现代板式家具最为理想的装饰材料，越来越受广大用户的青睐，有着广泛的市场发展前景。

2.1　薄木贴面装饰

薄木贴面装饰，指将加工好的天然薄木或单板粘贴在家具表面的装饰方法。这种装饰不是家具表面的最终装饰，尚需要在薄木贴面装饰后，再进行涂饰处理，使之获得各种新颖的色彩与平整光滑而牢固的涂膜。

2.1.1　薄木的分类

薄木常按下列几种方法分类：

（1）按厚度分类

① 厚薄木　厚度≥0.8mm 的薄木，多为 0.8～1mm。

② 中厚薄木　厚度为 0.2～0.8mm 的薄木，习惯上所称的薄木即为此种薄木，常用的厚度为 0.3～0.6mm。

③ 微薄木　厚度<0.2mm 的薄木，现在国内应用较少。

由于珍贵树种的木材越来越少，价格越来越贵，因此薄木的厚度也有所降低。现欧美常用薄木的厚度为 0.7～0.8mm，日本常用薄木的厚度为 0.2～0.3mm，我国常用薄木的厚度为 0.3～0.6mm。薄木厚度越小，力学强度越低，越易破裂、透胶，对基材的平整度要求也越高。

对于厚度小于 0.2mm 的微薄木，尚需预先在薄木的背面粘贴一层强度较好的优质薄纸，以防止薄木在储存、加工、胶贴的过程中被撕裂，透胶。

（2）按薄木表面的纹理分类

① 弦向薄木　表面的木纹为抛物线或"V"形曲线状排列的薄木称为弦向薄木，即木材的年轮在薄木表面呈 V 形排列，如图 2-1 所示。

② 径向薄木　表面的木纹呈近似平行直线状排列的薄木称为径向薄木，即年轮在薄表面呈明显的线条状，如图 2-2 所示。

③ 树瘤薄木　用树瘤刨切出来的薄木，表面呈现各式各样不规则的优美奇特图案，有的如大海的波涛，有的似天空的云雾，有的像动物的皮革，真是变幻莫测，具有很好的装饰效果，应用非常广泛，现市场上供不应求。图 2-3 所示为树瘤薄木的照片。

（3）按制造方法分类

① 旋切薄木　由原木经软化处理后，以原木的中心线为旋转中心，利用旋切机进行旋切所制得的薄木。其薄木为美丽连续的弦向薄木，直至原木旋切至最小直径为止。图 2-4 所示为旋切薄木示意图。利用此种方法制得的薄木俗称单板，主要用于制造胶合板。也可直接用于基材为刨花板、纤维板等板式家具的表面贴面装饰。

图 2-1　弦向薄木　　　　　图 2-2　径向薄木　　　　　图 2-3　树瘤薄木

②偏心旋切薄木　也称半圆旋切薄木，即原木旋切加工的中心线跟原木中心线不为同一直线，而是偏心一定的距离，所加工出来的薄木是宽度不等的弦向与半弦向薄木。图 2-5 所示为偏心旋切薄木示意图。由于用此种方法制造的薄木宽度逐渐变小，用于拼贴相同规格的花纹时，不仅利用率较低，且工作效率也很低，所以应用较少。

图 2-4　旋切薄木法　　　　　　　　　图 2-5　偏心旋切薄木法

③刨切薄木　对预先锯解好的方木进行软化处理，再利用刨切机加工而制得的薄木。图 2-6 所示为刨切薄木的方法。

按方木的弦向进行刨切所得的薄木即为弦向薄木，按方木径向进行刨切所制得的薄木即为径向薄木。利用刨切薄木，可以方便地拼接出各种规格相同的优美图案，直接用于家具表面装饰，是现代高级木家具不可缺少的装饰材料，应用十分广泛。

用刨切法、旋切法及偏心旋切法所制造的薄木的特点如表 2-1 所示。

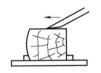

图 2-6　刨切薄木方法

表 2-1　　　　　　　　刨切法、旋切法及偏心旋切法制得薄木的特点

薄木制造方法	加工设备	薄木纹理	薄木形状
刨切法	刨切机(切片机)	弦向,径向	窄片状
偏心旋切法	旋板机	半弦向,弦向	片状
旋切法	旋板机	弦向	连续成卷状

（4）按材种分类

在家具制造中，常根据制造薄木的材种给薄木命名，如用水曲柳木材刨制的薄木称为水曲柳薄木，用柚木刨制的薄木称为柚木薄木，以此类推。

2.1.2 刨制薄木的制造

在家具的实际生产中，多采用刨制薄木贴面。旋切薄木主要用于制造胶合板，在胶合板制造中有详细论述。所以，在本节中仅介绍刨切薄木的制造工艺，其工艺流程为：选材→原木锯切→蒸煮→刨切→干燥→裁剪。

（1）选材

制造薄木应选择结构致密、纹理均匀、硬度较大、色泽一致、不易产生裂纹、弦切面木纹图案美丽而清晰的优质木材。用来制造刨切薄木的珍贵木材，虽然品种较多，但资源较少，远不能满足市场需求。常用的材种有水曲柳、樟木、柚木、鸡翅木、桃花心木、樱桃木、核桃木、水青冈木、楠木、榆木、色木、黄波罗、白桦、山杨、红松、柞木、麻栎、桂花木、槭木、楸木、酸枣木、红椿木、檫木、红豆木、银桦木、黄连木、山槐木、龙眼木、椴木、法国梧桐木等。

（2）原木锯切

先利用断料锯将原木锯成一定长度，一般为2～3m。然后利用大带锯锯成一定规格的弦向或径向方材。

（3）木材软化处理

软化处理的主要方法是将木材放在热水池里浸泡，水温约为90℃；浸泡时间视木材的材种及厚度而定，以木材完全浸透达到软化要求为准则。通常根据所用材种及厚度规格的木材通过浸泡实验来确定浸泡时间。

（4）刨切薄木

刨切薄木所用设备是薄木刨切机，有多种类型与规格，图2-7为应用较普遍的一种薄木刨切机。刨切机的刨刀固定在机床工作台的中部位置，刀刃与机床后工作台面处于同一水平面上，前工作台面低于后工作台面，两工作台面高度之差等于刨切薄木的厚度。机床的上方为履带进料机构，履带跟工作台面的高度可以调整，其高度调为刨切木材的厚度。刨切时，开启机床，将木材从热水池中取出，放在刨切机的前工作台面上，履带作顺时针方向旋转，带动木材作进给刨切运动，被刨出来的薄木从刨刀内侧向下分离出来。当整片薄木被刨出后，履带改作逆时针方向旋转，将木材送回原来位置，并随即自动下降薄木厚度的高度，接着又作顺时针方向旋转，带动木材又作进给刨切运动。如此反复进行刨切，直至将整块木材全部加工成薄木为止。其工作原理如图2-8所示。

应特别提出的是，须将从同一块木材上刨切下来的薄木按刨切的先后顺序（即按相邻薄木的同一切面）相叠整齐，并捆扎好，以利于将薄木拼成对称图案。

（5）薄木干燥

由于木材经热水浸泡软化处理后，所刨切的薄木含水率一般会高达30％以上，既不便于保存，又不利于胶拼。为此，须进行干燥处理，将其含水率降到8％～10％。图2-9为连续式薄木干燥机，此种干燥机可采用远红外线辐射或微波辐射进行干燥。干燥时，将薄木从干燥机的前端入口一张接一张地送进机内的输送带上，通过输送带的运转，缓慢地输送至干燥机后端出口处，传送出去。在输送的过程中，薄木逐步被干燥到所要求的含水率。

图 2-7　薄木刨切机

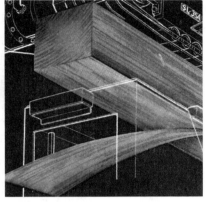

图 2-8　薄木刨切机工作原理

（6）薄木整形

在干燥的过程中，薄木会发生翘曲变形，所以须用薄木整形机进行整形处理。图 2-10 为薄木整形机的工作原理。薄木干燥后通过整形机的压辊即被碾压平直。薄木整形机可放在薄木干燥机的出口处，或安装在薄木干燥机中的末尾，以使薄木干燥与整形连续进行，提高生产效率。薄木干燥、整形后，仍要按刨切的先后顺序（薄木的同一切口）相对叠放整齐，并捆扎好。

图 2-9　薄木干燥机

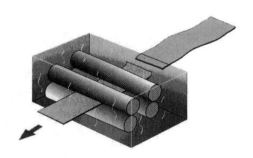

图 2-10　薄木整形机的工作原理

2.1.3　薄木加工

根据被装饰的家具部件幅面尺寸和纹理要求，将薄木锯切或剪切成一定的幅面规格。锯切时，须除去薄木上的崩裂、变色等缺陷，并预留合理加工余量。一般长度方向上的加工余量为 10～15mm，宽度方向上为 5～8mm。

由于薄木的厚度小，一般为 0.3～0.6mm，刚度较小，不能单张进行锯切加工，只能将数十张重叠起来，放在锯切机工作台上定位后，并用专门的压紧机构压紧，方能进行锯切或铣削，如图 2-11（a）所示。

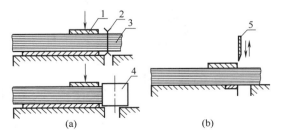

图 2-11　薄木的锯切

（a）用锯机及铣刀头加工　（b）用重型铡刀机加工

1—压尺　2—圆锯片　3—薄木　4—铣刀头　5—铡刀

也可用剪切机进行剪切加工，如图 2-11（b）所示，这是无切屑的理想加工方法，效率高，质量好。加工的关键在于压紧，若不压紧就进行加工，便会造成薄木切口撕裂的缺陷。

特别要注意的是，加工时或加工后，应始终保持薄木原来叠放的次序，以免给拼接花纹造成麻烦。加工后的薄木边缘应平直，不许有裂缝、毛刺等缺陷。其边缘直线度偏差一般应不小于 0.3‰，侧面与端面的垂直度偏差应小于 0.2°，以保证薄木拼接后的拼缝严密性。

2.1.4 薄木拼花

根据设计的拼花图案及幅面尺寸的要求，进行组合拼花。拼花可分为普通拼花与复杂拼花两种，常见的薄木拼花图案如图 2-12 所示。

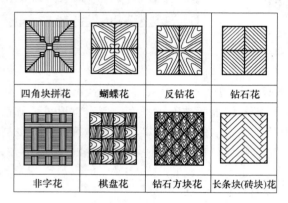

图 2-12 薄木拼花图案

普通拼花，又称对称拼花，就是将同一切面的相邻两张薄木，使其中一张翻转 180°跟另一张按年轮线对齐拼好，使之形成严格对称的花纹，色彩也相同。这种拼花方法工艺简单，装饰效果也很好，使用最为普遍。

复杂拼花，这种拼花是要使薄木的纤维方向形成不同的角度，组成不同的对称或不对称的图案。这需要设计者根据产品的要求与薄木的实际花纹，到现场取材设计，较为复杂，但图案变化多，有时能获得意想不到的艺术效果。

为使同一件或同一套家具表面的木纹图案对称协调，需要用同一木材、同样纹理的薄木进行拼花。

2.1.5 薄木胶拼

将拼好花纹的薄木用拼板机或手工固定好。图 2-13 所示分别为纸胶带、无纸带、胶线及胶滴拼接。

用纸胶带拼接，如图 2-13 中（a）、（b）所示，可用手工或纸胶带拼接机进行拼接，沿拼缝连续粘贴或局部粘贴纸胶带，端头必须拼牢，以免在搬动中破损。纸胶带拼接机上所用纸胶带的纸为 45g/m² 以下的牛皮纸。湿润纸胶带的水槽温度保持在 30℃，加热辊温度为

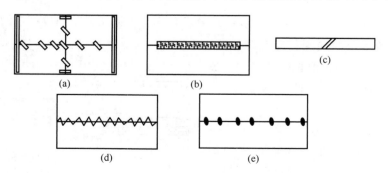

图 2-13 薄木拼缝方法

（a）（b）纸胶带拼缝 （c）无纸胶带拼缝 （d）胶线拼缝 （e）点状胶滴拼缝

$70\sim80℃$，纸胶带须贴在薄木表面，以便之后砂磨掉。也可采用穿孔纸胶带胶贴在薄木背面，纸带厚度不超过 $0.08mm$，以减少贴面的胶贴强度，便于贴面后砂除掉。

无纸胶带胶拼如图 2-13（c）所示，是在薄木侧边涂上胶黏剂，在加热辊和热垫板作用下固化胶合。薄木拼缝用的胶黏剂为脲醛树脂胶或皮胶。

胶线胶拼或胶滴胶拼，如图 2-13 中（d）、（e）所示，将胶线胶滴在粘贴的背面，被拼接的两个薄木的胶接侧面依靠胶线或胶滴的强度紧密连接在一起。

对于大规模生产，薄木胶拼大多用胶线拼缝机进行拼接。

2.1.6　薄木贴面装饰工艺

薄木贴面装饰工艺是指将胶拼好的薄木胶贴在被装饰家具板式部件表面的工艺过程。包括涂胶、组坯、胶压、板坯堆放等工序。

（1）涂胶

涂胶的方法有两种，即用手工或辊涂机进行涂胶。常用的胶种有脲醛树脂胶、聚醋酸乙烯酯乳液胶、丙烯酸树脂乳液胶等多种。聚醋酸乙烯酯乳液胶是热塑性树脂胶，使用方便，环保性能较好，但耐水性低，可与脲醛树脂胶混合使用，提高耐水性。其混合比例为：聚醋酸乙烯酯乳液胶 10 份，脲醛树脂胶 $2\sim3$ 份，再加适量氯化铵作为固化剂。丙烯酸树脂乳液胶性能较好，环保性能好，应优先选用，但价格较贵。由于薄木的厚度小，胶贴时容易透胶，因此要求胶液不能过稀，常在胶液中添加填料，提高胶液浓度，减少透胶。

涂胶多采用四辊筒涂胶机，能同时进行双面涂胶，且胶层均匀，并便于控制涂胶量。图 2-14 所示为四辊涂胶机及其工作原理。

胶液可涂在薄木或家具部件的胶贴表面，涂胶量要根据家具部件表面的木材性能及薄木的厚度来确定。若薄木厚度 < $0.4mm$，家具部件表面为砂磨光滑的单板或胶合板，涂胶量为 $110\sim115g/m^2$；若薄木厚度 $\geqslant0.4mm$，则涂胶量为 $120\sim150g/m^2$；对于家具部件表面为砂磨光滑的刨花板，薄木

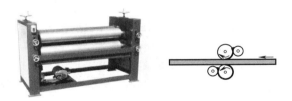

图 2-14　四辊涂胶机及其工作原理简图

厚度 $\geqslant0.4mm$，涂胶量应加至 $150\sim160g/m^2$。涂胶量随薄木厚度增大而增多。

涂胶量也跟胶的种类、浓度、黏度、胶合表面的粗糙度及胶合方法等也有关。一般合成树脂胶涂胶量少于蛋白质胶；材料表面粗糙度大的涂胶量应大于表面平滑的材料；冷压胶合涂胶量应小于热压时的涂胶量，这是因为冷压胶层固化时间长，若涂胶量大，胶液在长时间的压力作用下易被挤出外溢。涂胶要均匀，应没有气泡和缺胶现象。脲醛树脂胶涂胶量一般 $120\sim180g/m^2$，而蛋白质胶涂胶量一般为 $160\sim200g/m^2$。

为防止透胶，涂胶后的薄木或家具部件表面应敞开陈放一段时间。陈放时间与环境温度、胶液黏度及活性期有关。陈放是为了使涂层胶液充分湿润表面，使其在自由状态下收缩，减小内应力。陈放期过短，涂层胶液未渗入木材，在压力作用下会向外溢出，产生缺胶；陈放期过长，会超过涂层胶液的活性期，而导致胶合强度下降。在常温条件下，陈放时间一般为 $10\sim20min$。

为了防止透胶，也可以用胶膜贴面，不用涂胶机，但成本高。因胶膜没有填充性能，所以对家具部件表面的平整度与光滑度要求较高。胶膜贴面时，每平方米的胶贴面积要用

$1.1m^2$ 的胶膜。

（2）组坯

将涂上胶的覆面材料与芯料按生产图纸要求组合在一起，称为配坯。现在组坯是由人工在组坯工作台上进行操作。其工艺过程是：先将覆面板背面的覆面材料放在组坯工作台上，正面朝下，接着放上芯料，然后放上表面覆面材料，使其正面朝上，即完成一块覆面板的组坯工作。就这样一块一块地进行组坯，组坯时，应注意覆面材料与芯料配合整齐，要使覆面材料全部盖住芯料，并将组好的板坯堆放整齐。

由于覆面材料的胶接面和胶层中有内应力，所以对于双包镶覆面板两面所胶贴的覆面材料若是薄木，则材种、厚度、含水率以及花纹图案应力求一致；若是装饰板、装饰纸、塑料覆膜，则须使用同一品种、同一规格的产品，以使胶压好的覆面板两面的应力平衡，减少翘曲变形。为了节约珍贵树种，对于背面不外露的覆面板，其背面的覆面材料可用价廉的材料代替，但须根据其性能来调整背面覆面材料的厚度，以达到两面应力平衡的要求。若芯料表面的平整度较高，覆面材料的厚度可以小些；若芯料表面平整度较差，则要求覆面材料的厚度要大些。如胶贴薄木，一般要求其厚度不小于 0.5mm。若薄木厚度小于 0.5mm，则需要在薄木下面另增加一层单板作中板，以保证覆面板表面的平整度要求。在组坯时，要求薄木与单板的纤维方向一致，以提高薄木与单板的胶贴强度。

对于芯料为挤压式刨花板的覆面板，若覆面材料为薄木，由于挤压式刨花板强度不均匀，表面粗糙，需要预先用单板覆面，再在单板上胶贴薄木；或者把两个工序结合在一起，即挤压式刨花板两面各胶贴一张单板和一层薄木。这种单板的厚度不能太大，一般为 0.6～1.5mm，以免背面裂缝过大而影响覆面板表面的平整度。

覆面空心板用薄木饰面时，一般是在胶贴薄胶合板的同时，再在薄胶合板表面胶贴薄木。或者把薄木先胶贴在薄胶合板或单板上，然后再一同胶贴到空心芯料上。

（3）胶压

将组坯好的板坯整齐地放入压机中进行加压胶合，直至胶层固化。胶压的工艺过程包括将板坯送入压机→加压→稳压→卸压→部件堆放。

用于家具板式部件薄木胶贴的设备主要有以下几种：

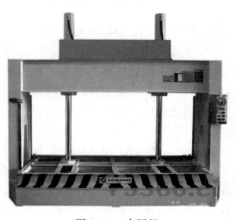

图 2-15　冷压机

① 用冷压机胶压　常用的冷压机如图 2-15 所示。由于这种冷压机价格便宜，消耗动力小，操作简单，所以应用十分广泛。冷压时，把配置好的板坯在冷压机中堆放成 1～1.5m 的高度，各层板坯要上下对齐，最好每隔一定高度（约 260mm）放置一块较厚的垫板，垫板面积略大于板坯尺寸。冷压可在 10℃ 以上室温中进行，压力为 0.5～1.0MPa，胶压时间 4～6h。室内温度越高，胶压时间越短。

② 用单层热压机胶贴　薄木热压胶贴，可使用多层热压机或单层热压机进行胶贴，但由于多层热压机投资大，操作复杂，在家具生产中应用极少，主要用于人造板生产，在此不再论述。图 2-16 所示为薄木热压胶贴所用的单层热压机，一般采用热油加热，具有投资少、生产效率高的优点，在家具生产中的应用较广泛，仅

次于冷压机。热压时，将组坯好的家具部件放入压机中，迅速摆放整齐后，立即开动压机进行加压。但压力上升的速度不宜过快，须使表层薄木有舒展的机会；也不能过慢，以防止板坯中的胶层在热压板温度作用下提前固化，而降低或丧失胶合强度。从板坯放入压机到升压，直至压机闭合，不得超过 2min。

图 2-16　单层热压机

压机上压力表的表压力 p 可由下式求得：

$$p = (p_1 \cdot L \cdot b \cdot N)/(A \cdot n)$$

式中　p_1——单位压力

L——薄木饰面板长度

b——薄木饰面板宽度

N——在压机工作台面上，安放相同幅面的板坯数目

A——每个加压缸的活塞面积

n——加压缸数目

图 2-17　多层热压机

③ 多层板热压机　图 2-17 所示为多层板热压机，是在负压的基础上加以正压，配以专用胶水，对于 PVC 系列的加工，它的线型到位及粘贴力是负压设备无法相比的。由于它的压力大、温度低、膜压时间短，解决了负压设备加工工件时的变形问题。使工件的变形程度大大降低，这点让多层板热压机赢得更大的消费市场。

对一般薄木贴面而言，其单位压力 p_1 为 0.8～1.0MPa。加压时间跟所用胶黏剂种类及薄木的厚度有关，要通过生产实验来确定。薄木热压工艺跟胶黏剂的种类、薄木厚度和家具部件基材的类型有关，表 2-2 为薄木使用不同胶黏剂进行贴面时的工艺参数。

表 2-2　　　　　　　　　　　　薄木使用不同胶黏剂进行贴面的工艺参数

热压条件 \ 胶种、薄木及厚度	PVA 与 UF 的混合胶	醋酸乙烯-N-羟甲基丙烯胺共聚乳液		
	0.2～0.3mm（胶合板基材）	0.5mm（胶合板基材）	0.4mm（胶合板基材）	0.6～1.0mm（胶合板基材）
温度/℃	115	60	80～100	95～100
时间/min	1	2	5～7	6～8
压力/MPa	0.7	0.8	0.5～0.7	0.8～1.0

一般薄木用脲醛树脂胶进行热压贴面，其压力为 0.8～1.0MPa，加热温度为 110～120℃，加压时间为 3～4min；若加热温度改为 130～140℃时，压力不变，加压时间约为 2min。热压后应用 2% 的草酸溶液擦洗热压板表面，以除去污染及胶痕。

④ 用单层快速连续贴面生产线进行贴面　图 2-18 所示为一种单层快速连续覆面板贴面生产线的工作原理图。该生产线由推板器 1，涂胶机 2，输送带 3，装料传送带 4，单层压机 5，卸料传送带 6 和堆板器 7 所组成。采用蒸汽加热，液压传动。

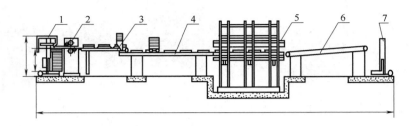

图 2-18　用单层压机的板式部件贴面自动生产线

使用这种专用设备胶贴薄木时，可用脲醛树脂胶。如薄木的厚度为 0.5～0.7mm 时，胶贴工艺参数如下：单位压力 0.8～1.0MPa；温度 90～110℃；加压时间 2～3min；进料速度 8～12m/min。

（4）胶压后的板坯堆放

经压机胶压好的家具部件板坯从压机中卸下来，应整齐地堆放在平整的台面上，以便板坯的胶层继续固化，内应力均衡，防止变形。堆板台面离地高度应大于 200mm，堆板高度 1～2m 为宜。

2.2　装饰板、装饰纸、塑料薄膜的贴面工艺

装饰板、塑料薄膜、装饰纸主要用于基材为刨花板、纤维板的家具部件表面贴面装饰。由于现代的装饰板、塑料薄膜、装饰纸的表面可设计各式各样优美的花纹图案，有的酷似名贵木材的纹理，真假难辨，能使家具获得很好的装饰效果。用装饰板、塑料薄膜贴面后不要再进行涂饰。若用装饰纸贴面后也只需要涂饰 2～3 道清漆即可，不仅贴面材料成本低，还能简化家具涂饰工艺。

2.2.1　装饰板贴面工艺

用装饰板为家具部件贴面，多用聚醋酸乙烯酯乳液胶或脲醛树脂胶进行胶合。在胶合前，应按被贴家具部件表面尺寸先将装饰板剪裁成一定规格的幅面，然后将其背面砂毛糙，以提高与家具刨花板、纤维板部件表面的胶合强度。由于装饰板与刨花板、纤维板的热膨胀系数有较大差异，若采用热压胶合，易使家具部件产生内应力而引起变形，因此常采用冷压机进行胶合。还有一种是热压胶合。

（1）冷压胶合

冷压胶合即用冷压机进行胶合，应使用常温固化型脲醛树脂胶，并可加入少量聚醋酸乙烯酯乳液胶。胶合工艺参数为：涂胶量 150～180g/m²；压力 0.2～1.0MPa；当室温小于 20℃时，时间为 6～8h（温度高则加压时间短）。

（2）热压胶合

用热压机进行胶合，多用热固化型脲醛树脂胶，可适当添加聚醋酸乙烯酯乳液。热压胶合的工艺参数为：压力 0.5～1.0MPa；温度 90～120℃；时间 5～10min。

2.2.2　装饰纸贴面工艺

装饰纸即为印有各种名贵木材纹理或其他图案的纸。纸的规格：薄型的为 $21\sim25g/m^2$，厚型的为 $50\sim60g/m^2$。薄型纸易贴合牢固，但覆盖力差，要求印刷机精度高，且易起皱和断裂，损耗大；同时，要求基材表面十分平整而无凹陷或凸起的缺陷。厚型纸经过轧光处理，印刷方便，损坏现象少，但易分层。

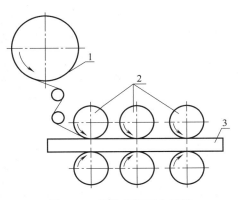

图 2-19　装饰纸覆面生产线
1—印刷装饰纸　2—压辊　3—基材

（1）贴面设备

用装饰纸贴面，多采用辊压连续化胶压生产线，图 2-19 为其工作原理图。如图所示，将涂好胶的家具部件 3 送进压辊，同时让装饰纸 1 也进入压辊，二者在三对压辊的作用下便牢固地粘贴在一起。

（2）胶黏剂

所用胶黏剂为在脲醛树脂胶的制造过程中加入适量三聚氰胺树脂的混合胶黏剂，以提高其耐水性。配比大致为（7～8）∶（2～3）。为了防止家具部件表面颜色透过装饰纸，可在胶黏剂中加入 3％～10％的二氧化钛，以降低胶黏剂的渗透力。

（3）涂胶量

在家具部件表面胶贴薄页装饰纸，其涂胶量为 $40\sim50g/m^2$；若为钛白装饰纸，其涂胶量为 $60\sim80g/m^2$。

（4）胶层干燥

家具部件表面涂胶后应经过低温干燥，排除胶层中多余的水分，使之达半干状态方可跟装饰纸进行胶贴。常采用红外线干燥，加热温度为 60～90℃。

（5）胶压压力

胶压辊压的压力一般为 0.8～1.2MPa，几对辊子辊压时，第一对辊子的压力最小，之后逐渐加大。

2.2.3　塑料薄膜贴面工艺

塑料薄膜有聚氯乙烯（PVC）薄膜、聚丙烯薄膜等多种，其中以 PVC 薄膜应用较广。其他的薄膜材料贴面胶压工艺跟 PVC 薄膜基本相同，在此仅介绍 PVC 薄膜贴面胶压工艺。

由于聚氯乙烯薄膜与胶黏剂之间的界面凝聚力较小，并且薄膜中的增塑剂还会向胶层迁移，使胶合强度显著降低。因此，应在薄膜与胶黏剂之间增加一层中间膜来提高界面的凝聚力和制止增塑剂的迁移。一般是在薄膜背面预先涂上一层涂料，常用氯乙烯系列的聚合物。聚氯乙烯薄膜的厚度一般为 0.2～0.6mm，加厚的为 0.8～1mm，后者主要作为厨房家具的覆面材料。

适合于胶合聚氯乙烯薄膜的胶黏剂有丁腈类胶黏剂、聚醋酸乙烯酯乳液、丙烯-酸乙烯共聚乳液、乙烯-酸乙烯共聚乳液等。其中聚醋酸乙烯酯乳液最为常用，它的主要技术指标为：pH 为 4～6，黏度 CPS800～3000，涂胶量一般为 $180\sim200g/m^2$。

塑料薄膜跟家具部件表面的胶合方法有平压胶合、辊压胶合、真空覆膜三种。

（1）平压胶合

先用涂胶机，将经过砂光处理的家具部件表面涂上胶液，接着覆贴相同幅面的塑料薄膜，然后整齐地堆放在冷压机中，启动压机进行胶压，压力为 0.2～0.5MPa；夏天为 4～5h，冬天为 12h。操作方法跟薄木冷压贴面基本相同，不再重复。

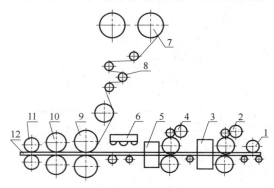

图 2-20　塑料薄膜辊压覆面生产线工作原理图

1—刷辊　2—涂腻子机　3—腻子干燥装置

4—涂胶机　5—胶层预热装置　6—干燥装置

7—薄膜　8—张紧辊　9—压辊　10—压痕辊

11—切断装置　12—芯料

（2）辊压胶合

图 2-20 所示为塑料薄膜辊压贴面生产线的工作原理图。经过砂光处理的家具部件表面贴面工艺过程为：依次经刷辊清灰→辊涂腻子机涂饰腻子填平纹孔→干燥机进行干燥→涂胶机进行涂胶→胶层经预热机预热→进行干燥→跟塑料薄膜在辊压机的作用下进行胶合→在压辊的作用下辊痕压印→切断塑料薄膜即结束。

腻子涂层与胶层干燥装置，可为热空气或红外线干燥装置，腻子涂层的干燥温度为 60～80℃；胶层干燥温度为 50～60℃，指触不粘状态即可进行辊压胶合。

涂胶量为 80～170g/m²，胶合压力为 1～2MPa。辊压胶合时的进料速度应控制在 9±2m/min，也可适量慢于辊压胶合的进料速度。进料时须使贴面部件之间在胶合时保持约 10mm 的间距。塑料薄膜胶合后，若表面有皱褶、起泡、边缘剥落等缺陷时，应立即采取补救措施，争取在胶层未完全固化时，将塑料薄膜拉伸、扫平。

（3）真空覆膜

真空覆膜即应用压缩空气，在具有各种形状的家具表面覆贴具有精美图案的饰面材料，从而达到提高产品性能与装饰效果的目的。显著特点是：不用模具，并且将覆面、封边一次性完成，使板式家具表面饰面由平面装饰发展为具有三维空间的立体浮雕装饰，焕发出新生机，是板式家具的一次重大革新。该项技术能大大促进我国板式家具的发展，使我国的板式家具能跟上国际家具业的发展潮流，在国际家具市场上占有重要的一席。图 2-21 为真空覆膜机，它基本上实现家具部件自动覆膜，有效地提高了生产效率与产品质量。

① 真空覆膜机的主机结构　如图 2-22 所示，由上工作腔、上加热板、换气装置、下工作腔、下加热板、垫板、薄膜气压垫等部分组成。根据其工作腔内是否有薄膜气压垫，可分

图 2-21　真空覆膜机

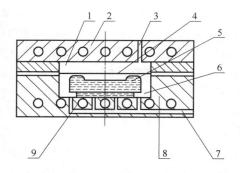

图 2-22　真空覆膜机的工作原理图

1—上工作腔　2—上加热板　3，7—换气装置　4—覆面薄膜

5—工件　6—下工作腔　8—下加热板　9—垫板

为有薄膜气压垫真空覆膜机和无薄膜气压垫真空覆膜机两种。

② 有薄膜气压垫真空覆膜机工作原理　是在覆面材料的上工作腔安装一个大幅面的橡胶薄膜气压垫。压机开启时，如图 2-23 所示，上工作腔处于真空状态，薄膜气压垫被吸附到上加热板上；当达到一定的温度后，压机闭合（如图 2-24 所示），上工作腔通入常压热循环空气，中间工作腔处于真空状态，覆面材料被吸附到薄膜气压垫上进行加热塑化；进入加压状态时（如图 2-25 所示），上工作腔通入热循环压缩空气，中间工作腔以及下工作腔处于真空状态，由于压力与热的作用，在覆面薄膜与工件之间产生很强的附着力，这样预先喷涂在工件表面的胶黏剂形成具有牢固粘接力的立体网状结构，从而使覆面材料与工件牢固地黏合在一起。当撤去压力，打开压机后，模压部件已制成。当使用有薄膜气垫压机模压 PVC 薄膜时，PVC 薄膜随着橡胶膜的移动而移动，其他与模压薄木相同。

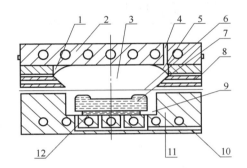

图 2-23　有薄膜气压垫压机开启状态

1—上工作腔　2—上加热板　3—中间工作腔
4—覆膜薄膜　5—薄膜气压垫　6—覆面薄膜
7—工件　8—下压板　9—下工作腔
10—换气装置　11—下加热板　12—垫板

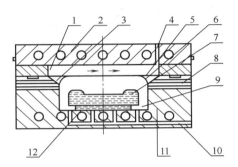

图 2-24　压机闭合状态

1—上工作腔　2—上加热板　3—中间工作腔
4—覆膜薄膜　5—薄膜气压垫　6—覆面薄膜
7—工件　8—下压板　9—下工作腔
10—换气装置　11—下加热板　12—垫板

双面有薄膜气压垫压机的工作原理与单面有膜真空模压类似，不同的是在上、下压腔之间加了一个吸排气道，以使上下两面可同时模压。

③ 无薄膜气压垫真空覆膜机工作原理　无薄膜气压垫压机是覆面材料的上工作腔没有橡胶薄垫，压机开启时，如图 2-26 所示，覆面材料呈自然状态地被放置在工件上，压机闭

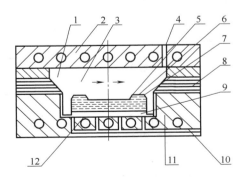

图 2-25　有薄膜气压垫压机加压状态

1—上工作腔　2—上加热板　3—中间工作腔
4，8，10—换气装置　5—薄膜气压垫
6—覆面薄膜　7—工件　9—下工作腔
11—下加热板　12—垫板

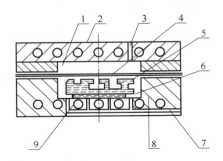

图 2-26　压机开启状态

1—上工作腔　2—上加热板　3，7—换气装置
4—覆面薄膜　5—工件　6—下工作腔
8—下加热板　9—垫板

合后（如图 2-27 所示），上工作腔处于真空状态，下工作腔通入常压热循环空气，覆面材料被吸附到上加热板上进行加热塑化。经过一段时间之后，进入加压状态，如图 2-28 所示，这时上工作腔通入热循环压缩空气，下工作腔处于真空状态，这样在一定的压力、温度、时间和真空度等因子的作用下，覆面材料被牢固地与工件黏合在一起。当撤去压力，打开压机后，模压的部件已制成。

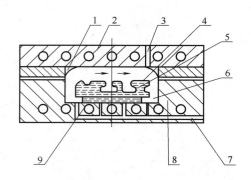

图 2-27　压机闭合状态

1—上工作腔　2—上加热板　3，7—换气装置
4—覆面薄膜　5—工件　6—下工作腔
8—下加热板　9—垫板

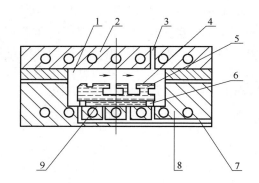

图 2-28　压机加压状态

1—上工作腔　2—上加热板　3，7—换气装置
4—覆面薄膜　5—工件　6—下工作腔
8—下加热板　9—垫板

④ 真空覆膜的工艺流程　真空覆膜生产线的一般工艺过程是：将工料（刨花板或中密度纤维板）先行砂光、清灰，然后根据不同的图案要求编制不同的程序输入电脑，由电脑控制数控雕刻机对芯料进行图案雕刻；对雕刻的图案进行砂光、清灰，然后喷胶、晾干；接着进行组坯（即在芯料表面覆盖 PVC 膜或薄木等覆面材料），送入全方位真空热塑成型覆膜压机内，进行真空模压。间隔一定时间，将已模压好的覆面板取出，进行修整。最后验收入库。

⑤ 真空覆膜的技术参数　真空覆膜的时间、温度和压力对真空覆膜件的质量影响较大。家具部件所用的基材、覆面材薄膜的种类以及胶黏剂种类不同，覆膜的工艺技术参数也有所差异。先进的真空覆膜压机与计算机技术联合起来，可以根据覆面板的厚度、所用覆面材料的种类等不同，合理选定真空覆膜压机的不同控制程序。表 2-3 所示为实际生产中真空覆膜压机模压的主要技术参数，以供参考。

表 2-3　　　　　　　　　　　真空覆膜压机模压的主要技术参数

真空覆膜压机类型	芯料厚度/mm	覆面材料	覆面材料厚度/mm	上压腔温度/℃	下压腔温度/℃	加压压力/MPa	加压时间/s
单面有膜压机	18	PVC	0.32～0.4	130～140	50	0.6	180～260
	15	薄木	0.6	110～120	常温	0.6	130～180
双面有膜压机	18	PVC	0.32～0.4	130～140	130～140	0.6	180～260
无膜压机	18	PVC	0.6	130～140	50	0.5	80～120

2.3　竹材贴面装饰

竹材是一种很好的人造板表面装饰材料，竹材贴面装饰后的人造板具有素雅、朴实的民族风格，常用于室内及家具的装饰。竹材贴面材料的制作方法有编组法和旋切法两种。

（1）编组法

如图 2-29 所示，将竹材劈成厚 1.2～1.5mm，宽 8～15mm 的篾条，经染色或漂白后编织成具有各种图案的花席。这种花席经树脂浸渍，干燥后即可用热压法胶贴于人造板的表面。

图 2-29　编组法制得的竹材薄木贴片

① 竹篾染色　采用碱性染料较好，方法是：先将竹篾放人碱水中煮沸 3～5min 进行预处理，然后放入染液中煮沸 30～40min，取出晾干即可用来编席。

② 竹篾漂白　首先将竹篾放入 1% 漂白粉溶液中浸泡 1～2h，然后在 5% 醋酸溶液中浸泡 30min，最后清洗、干燥；也可将竹篾放入密闭容器中通入二氧化硫气体，经 24h 后取出清洗、干燥，即可用来编席。

③ 竹席浸渍　一般采用酚醛树脂胶浸渍。浸渍前先放入水中或 5% 碱溶液中煮沸 40～50min，以提高竹篾的渗透性。然后用酚醛树脂胶浸渍 1h 后取出并干燥，即为竹材贴面材料。

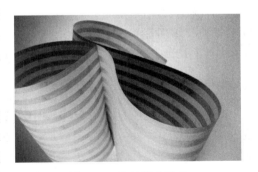

图 2-30　竹材薄木贴片

（2）旋切法

挑选径大壁厚的竹材，经 10% 碱溶液热处理软化后，用竹材专用旋切机旋切，所切得竹材单板一般厚度为 0.1～0.2mm。竹材单板经干燥至含水率达 8%～10% 时即可在涂胶基材上胶贴或拼花胶贴，如图 2-30 所示。

竹材贴面材料的装饰工艺和薄木贴面装饰工艺基本相同，只是施胶量根据竹材的厚薄来定。此处不再讲述。

2.4　影响贴面装饰质量的因素及产生的缺陷

贴面装饰过程是一个较为复杂的物理、化学过程，影响的因素较多。同时，还有可能产生一些缺陷。为此，特在本节予以较详细的分析。

2.4.1 影响贴面装饰质量的主要因素

2.4.1.1 木材的影响

对于家具基材为实木或表面为胶合板而贴面材料为薄木的贴面装饰，其胶合质量跟木材的树种、纤维方向、表面加工状况及含水率等因素有着密切的关系。

（1）树种

容量大的木材，一般胶接强度大；管孔分布均匀的木材，胶液跟木材接触面积增加，胶层均匀，则胶接强度大；管孔大的木材易渗胶，应增加涂胶量，否则会导致胶层过薄，会降低胶接强度；薄木胶贴，若薄木的管孔过粗，则会导致透胶，影响薄木染色的均匀性。

（2）纤维方向

两胶合木材表面按顺纤维方向平行胶合，则其胶接强度比相互垂直胶合要大一些。

（3）木材表面加工质量

木材胶接面的平直度与光洁度越高，其胶接强度就越大。反之，越小。

（4）木材含水率

一般对家具基材及覆面薄木的含水率要求为 10%～15%。含水率过高，会使胶液浓度减少，应延长固化期，胶接后木材会继续干燥，而发生体积收缩，破坏胶接强度。含水率过低，会影响胶层对木材胶接面的湿润性，而降低胶接强度。

2.4.1.2 胶黏剂的影响

（1）胶黏剂的黏度

黏度过高，会导致胶层的流动性与湿润性差；黏度过低，虽胶层流动性好，胶层易涂刷均匀，但胶压时易被挤出，造成缺胶与污染木材。两者均会削弱胶接强度。

（2）胶种

胶的种类不同，其胶接强度会有所差异。如酚醛胶的强度＞脲醛胶＞乳白胶。

（3）胶液的活性期

每种胶黏剂都有一定的活性期或储存期，过期的胶黏剂，其胶接强度均会降低。

2.4.1.3 胶合工艺的影响

（1）胶层厚度

一般胶黏剂的胶层厚度用单位面积的平均涂胶量来控制，平均为 $150～200g/m^2$。胶层过厚，不仅增加耗胶量，而且胶压时会被挤出，会造成污染、透胶等缺陷，并会降低胶接强度。因胶层越厚，其收缩力与内应力就越大，从而削弱胶接强度。胶层过薄，则易造成缺胶，自然会降低胶接强度。不同胶黏剂的厚度，也有所差异：动物胶，0.015～0.020mm；蛋白胶，0.03～0.040mm；合成树脂胶，0.04～0.05mm。

（2）陈放期

家具零部件表面或覆面材料表面涂胶后，应陈放一段时间，让胶液充分流平与湿润木材表面，同时让多余的水分蒸发，提高黏度与浓度，以利于胶压后获得最高的胶接强度。但陈放的时间又不能过长，否则会导致胶的活期过期或胶凝，也会降低胶接强度。陈放期的长短应根据胶种、施工时的气候条件而定。一般对脲醛胶、乳白胶，应陈放约半小时。对骨皮胶，涂胶后应立即热压，越快越好。

（3）胶压的压力

加压的作用主要是使胶接面紧密接触，增加胶接面积；排除胶层中气泡，挤出过多的胶液，形成薄而均匀的胶层，以达到提高胶接强度的目的。而压力大小又受以下主要因素的影响：

胶接面的平直度与光洁度高，则压力可适当减小；木材含水率高，胶液易润湿木材表面，压力可小；木材的硬度大，力学强度高，压力可适当增大；胶黏剂的黏度高、浓度大，压力可适当增加；覆面空心板胶压的压力应比覆面实心板的小，否则其表面会出现"排骨档"的缺陷；用薄木（单板）覆面的家具零部件比用装饰板覆面的压力要小，否则会产生透胶的缺陷；覆面板芯料为蜂窝纸或格状单板的压力比栅状芯料的应适当减少，一般为 0.25～0.3MPa。

（4）热压的加热温度

采用热压，可提高木材的塑性，增加胶接面的接触面积，并使胶液中的水分快速蒸发出去，加速胶合反应，以达到快速胶合的目的。但温度的高低需根据胶种合理确定，若温度过高反而降低胶接强度，温度过低需增加胶压时间，都不好。有的胶黏剂则适合常温固化。有的胶黏剂既能高温固化，又能常温固化。例如：

脲醛胶：热压温度为 90～100℃，固化时间为 8～10min（常温中固化为 4～7h）；

酚醛胶：热压温度 100～150℃，固化时间为 10～15min；

乳白胶：常温固化，时间为 4～7h。

（5）加压操作

加压操作分升压、稳压、降压三个阶段。对于热压，要求升压宜快，降压宜慢，稳压应确保胶层固化。这是因为升压过慢，热压机中板坯的胶层因受热在未受压之前开始胶凝而降低胶接强度。若降压过快，这是由于覆面板过程中，内部的空气会存在一定的压力，因外部压力突然降低，可能会导致覆面材料脱胶或鼓泡的缺陷。稳压是指升压的压力达到工艺要求时，需要保压的时间，保压时间即为胶层固化的时间。若胶层未固化就降压，就会导致覆面板胶合不牢，甚至完全脱胶；稳压时间过长，对于热压，会导致胶层老化，降低使用期限；对于冷压而言，主要耽误生产时间，降低生产效率。冷压操作对升压、降压无特别要求，一般不会出现质量问题。

2.4.2　覆面板胶合产生的主要缺陷

（1）脱胶

脱胶是指覆面材料跟家具零部件表面胶贴不牢而产生剥离或脱落的现象。产生脱胶的原因主要是胶的质量不好或过期；固化剂加入过多或过少，过多会导致胶层发脆而剥离，过少则应增加胶压的稳压期，否则会胶不牢；涂胶后的陈放期过长，导致胶失效；胶压的压力过小或胶压时间不足，未胶贴牢固；木材含水率过高，导致胶层固化期延长，而稳压时间却未增加。解决的措施是将覆面材料跟家具零部件表面重新砂光滑，再涂胶进行胶压。

（2）透胶

胶贴薄木，特别是纹孔较大的薄木，可能会出现透胶的现象，即胶液通过纹孔渗透到薄木的表面，造成表面污染。产生透胶的主要原因，除了薄木的纹孔较粗外，还与薄木过薄、胶黏剂的黏度（浓度）过小、胶压的压力过大等因素有关。其中以胶黏剂的黏度与浓度影响较大。提高胶黏剂黏度的方法：对于骨皮胶可以加入少量细木屑或碳酸钙粉做填充剂；若是脲醛胶可在胶液中加入适量的工业面粉。

（3）表面污染

　　由于木材中含有单宁、色素等有机物，经热压时有可能溢出到木材的表面，引起局部变色而造成污染。消除污染的方法：可用有机溶剂或碳酸钠、苛性碱、草酸的水溶液擦洗干净，然后用清水揩干净即可。

　　（4）表面不平

　　表面不平是指薄木胶贴后，表面有局部凸起现象。产生的原因：可能是薄木胶贴的基材表面有尘粒、木屑未清除；胶层中有硬性粒子等所致。涂胶前务必清除胶接表面的尘粒与木屑用胶中的硬性粒子。一旦产生这种缺陷则难以修理好，需要返工重来。

　　（5）胶接面局部脱胶

　　这是由于胶接面局部有油迹，或涂胶不均而缺胶，或热压胶压降压过快而引起局部"鼓泡"所致。对于局部脱胶较难发现，要用手指敲击、触摸，会感觉有不平或松动现象。修补方法：对于小面积，可用注射器将胶液（常用皮骨胶液）注入，再用电熨斗烫平、烫牢。对于大面积，可用薄刀顺纤维方向切开，再用薄片将胶液涂进去，再烫平、烫牢，或在局部适当加压，使之胶牢。

思 考 题

　　1. 何为弦切薄木、径切薄木？各有何特点？

　　2. 何为刨切薄木、旋切薄木、偏心旋切薄木？分别用什么设备制造？

　　3. 制造刨切薄木的工艺流程是什么？试说明每道工序的工艺技术要求。

　　4. 何为薄木的普通拼花与复杂拼花？薄木拼花胶贴有哪些方法？

　　5. 薄木贴面的工艺过程是什么？每道工序有哪些工艺技术要求？

　　6. 何为装饰板？装饰板有哪些良好的理化性能？其贴面有何工艺技术要求？

　　7. 装饰纸贴面对装饰纸及贴面工艺有何技术要求？

　　8. 何为真空覆膜？请分别说明有薄膜气压垫与无薄膜气压垫真空覆膜机的工作原理。

　　9. 请详细分析影响贴面装饰质量的主要因素。

　　10. 覆面板胶合会产生哪些主要缺陷？应怎样消除？

第 3 章　雕刻与镶嵌装饰工艺

3.1　雕刻装饰工艺

家具雕刻工艺主要是指木雕工艺。木雕是我国一种具有民族特色的传统艺术，其历史源远流长，文化底蕴深厚。木雕以其古朴典雅的图案、精美绚丽的表现形式获得广大用户的喜爱，得到广泛应用。在国际艺坛上，以其独特的艺术风采，展示着东方民族古老的文化艺术。

木雕是一门表现形式多样、应用范围广泛、操作技艺复杂的传统艺术。其应用范围大至房屋建筑的雕梁画栋、飞罩、门窗格扇，小至联匾、陈设工艺品，托物配件的台、几、案、架、座以及家具的床、橱、箱、桌、椅等。佛教的佛像、佛座、供桌等都与木雕相关。

3.1.1　雕刻工具

我国木雕仍普遍应用手工技术，手工雕刻需要有高度熟练的手艺，劳动强度较繁重，生产效率低。为提高生产效率，减轻劳动强度，正在逐步实现机械化雕刻。有的先进家具企业已利用数控机床进行雕刻，基本实现雕刻自动化，有力地促进了家具雕刻装饰的迅速发展。

传统的手工雕刻工具有各种凿子、雕刀以及锯弓、牵钻、锤子等。雕刀的品种较多，如图 3-1 所示。按刀体形状不同，可分为凿箍型与钻条型两大类。凿箍型又称翁凿，即将木柄削尖插进凿箍中而成。钻条型凿刀的端部为尖条状，应将凿刀端部尖条插入木柄中，才好使用。凿箍型凿刀牢固性好，在雕刻中能承受较大的敲打作用力，可用于凿粗坯、脱地等工序。钻条型凿刀，承受作用力虽较小，但使用方便、动作灵巧，可用于雕细坯、修光等。按凿刀刃口的形状分，可分为平凿、圆凿、斜角凿、犁头凿、叉凿、线凿等多种，每一种又有刃口宽度规格的不同。

凿子的木柄要选用质地比较坚硬又具有韧性的木材来制作，方能经久耐用，其长度一般为（连凿刀计算）150～300mm。用于凿粗坯的凿子，其木柄要比用于修光的凿子柄短一些，这样锤子打下来不会晃动，也比较准确而且省力。用于凿粗坯的凿子其刀刃部位的厚度应比修光用的凿子厚一些，刀刃楔角为 20°～25°，这样遇有质地坚硬的工件方能适应。

雕刻用的主要工具有以下几种：

（1）锤子

有小铁锤与木槌两种。在凿粗坯时，一般要用锤子敲击凿刀的木柄，进行雕刻。最好使用铁锤，因其硬度与相对密度较大，故在敲击时不需要用大力挥动，反而比用木槌省力些。因小斧头不仅有铁锤的作用，而且有劈砍木材的功能，为此常用斧头当铁锤使用。

（2）平口凿

平口凿简称平凿，如图 3-2 所示。因为刀口宽度不一，故有多种规格，宽的约 5cm，最小的刀具只有大号针那么大，刃口平齐，切削角约 30°；刀体长为 100～150mm，凿柄长 100～250mm，主要在打边线、固定横直线、修光平面等工艺时使用。平口凿主要用于打边线、固定横直线、脱地以及较大工件的凿削和直线凿削。

图 3-1　各种凿子、雕刀

图 3-2　平口凿

（3）圆凿

如图 3-3 所示，其刃口部分为圆弧形，圆弧为 120°～180°，一般为 135°，刃口的弧长一般为 6～35mm，木柄长一般为 100～250mm。规格比平凿多一两倍。用于凿削图案中各种大小的圆弧面。每种规格的圆凿应配有相应弧度的青磨石进行刃磨，以确保其弧度的精确度。

（4）翘头凿

翘头凿分平翘头凿与圆翘头凿两种，如图 3-4 所示。圆翘头凿又有圆弧向上与圆弧向下之别。平翘头凿多用于深雕挖空地。圆翘头凿则用于深空底部有凹凸层次图案的雕刻。这两种翘头凿因雕刻吃刀量不多，损耗少，故平的有 5～6 把，圆的有 3～4 把就够用。

图 3-3　圆凿

图 3-4　翘头凿

（5）蝴蝶凿

是在平凿的基础上磨削而成，即刀刃的一段平磨，一段圆磨，如图 3-5 中的蝴蝶凿。其功能介于平凿与圆凿之间，具有平凿、圆凿两用的灵活性。主要用来雕刻稍圆的线条及处理图案中无须太平整之处。蝴蝶凿的刀刃宽度为 10～35mm，一般备用 3～4 种规格即可。

（6）斜角凿

俗称雕刀，其刃口为斜形，约成 45°，如图 3-6 所示。其刃口宽度有 4，6，8，10，12，16mm 等多种。刃口木柄长 120～250mm。斜角凿用于剔削各种槽沟、斜面及边沿直线刻削等。主要用于人物的头发、眼睛、嘴唇、衣服等花纹图案的雕刻。也可代替三角刀承担植物茎叶、花卉等的细雕。

图 3-5　蝴蝶凿（左）与三角凿（右）

（7）三角凿

其刃口为双尖齿形，可用 V 形钢条磨削而成，并将上端插入长度为 150～300mm 的木柄中，如图 3-5 中的三角凿。三角凿专用于毛发、松针、茎叶、花纹、波纹等阴线条的雕刻。操作时，用三角凿的刀尖在木板上推进，木屑从三角槽内排出，三角凿刀尖推过的部位便刻出线条。要使三角凿刻出的线条既深又光洁，须在每次修磨时核对三角形的磨石是否与三角凿的角度相吻合。只有经常保持磨石与三角凿的角度相吻合，才能将三角

图 3-6　雕刀

凿的刀口磨得尖锐锋利。三角凿是单线浅雕的主要工具，单线浅雕的操作方法是用三角凿根据图样的花纹刻出粗细匀称的线条，以显示图案。在运用三角凿进行操作时，要注意对三角凿的运力得当。如果用力时大时小，刻出来的槽线会时深时浅，并出现粗细不匀的现象，影响画面的线条流畅。用力过猛还有损于刃口，用力太小刻出来的花纹线条太浅、不醒目。只有对三角凿的运力得当，方能使线条流畅。

以上所列是木雕的几种主要不同形状的凿子，同一形状的凿子要有不同宽度的规格才能适用各种不同平面、曲面、曲线、直线等的造型需要。各种凿子都要配用相应的专用磨石，以保持刃口锋利而不变形，并可磨得锋利。使用时，一字形排放于工作台上，凿柄都朝向操作者，不得碰坏刃口，用完后要涂上防锈油。修光雕刻图案，一般不用锤子敲击凿柄，而是靠手力、臂力和前胸的推力。手持刀具，刀柄抵在前胸上部，手的主要作用是掌握刀口运行的方向，以便于准确进行雕刻，而发力是靠臂力和前胸的推力。图 3-7 所示为各种雕刻技术的操作方法。图 3-8 所示为雕刻技术演示，以供学习与借鉴。

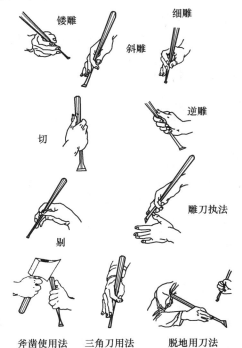

图 3-7　各种雕刻技术的操作方法

图 3-8 雕刻技术演示照片

（8）弓锯

锯弓用毛竹片制成，在其下端钉一个钢钉，上端钻一个小孔。锯割时，将一根凿有锯齿的钢丝，上端制成环状，并在环形中固定一个竹梢或木梢等；将下端穿过锯弓上端的小孔及工件上的小孔，绕紧在锯弓下端的钢钉上，利用竹片锯弓的弹性把钢丝绷紧，便能镂割工件上的花纹。因其形状似弓箭故名弓锯，如图 3-9 所示。

图 3-9 现代弓锯和民间弓锯

选择制弓的毛竹片要质地坚硬，富有弹性，竹片的皮呈嫩黄色，竹节要匀称，选老毛竹根部以上的中下段较为适宜。竹片的宽度为 45mm 左右，厚度为 12mm 左右。

弓的大小即长短，要根据所要进行镂空的工件大小来决定。厚度在 15mm 以内，长度不超过 1000mm 的工件（即花板料），要用小型的弓锯，弓的长度为 1500mm 左右。这样的弓锯在镂割上述规格的花板时，小巧灵活，比较适宜。如工件厚为 20～40mm，甚至更厚一点，锯弓的长度为 1000～1800mm，制成较大弓方能适应。弓的弧度要略呈半圆形，一般弧度为 160°～180°，小于这个标准，弓的弹性不足；大于这个标准，毛竹片会因超过韧性限度而爆皮甚至开裂，影响弓的使用寿命。

弓锯的锯条由用弹簧钢丝制作。选用钢丝的粗细要根据工件的厚薄、大小而决定。其规格仍按上述大弓、小弓的要求，小弓一般选用直径为 0.6～0.7mm，大弓用 0.7～0.9mm 的钢丝较为适宜，用于制作锯条的工具有钢凿和垫丝板。

应用弓锯镂空操作，首先要讲究姿势。操作时脚要分开，左脚稍向前，右脚稍向后。人从腰部以上要向前倾斜，特别是腰部不能直立；拉弓时，人的身体也要随拉弓的右手上下起伏，这样才能借助全身的力量来拉弓。为防止钢丝断损而被竹弓或钢丝弹伤，人头部切不可位于竹弓的上端，脚不要伸在弓的下端。

镂空运弓有正弓与反弓的区别。正弓就是拉弓时，顺着图案线条由里向外，即由左向右转。因为正弓操作正齿的锯路留在工件上，边齿的锯路留在锯掉的木块上，从空洞的洞壁及锯掉的木块断面可以看出，留在花纹边子即洞壁上正齿的锯痕光滑、平整，留在木块断面上边齿的锯痕毛糙不平。主要原因是正齿的齿距密而集中，边齿的齿距稀而且分布在几个不同角度的直线上。所以利用正弓操作，可以达到工件图案花纹断面即空洞洞壁与花纹边子光洁、平整的要求。正弓操作最适宜锯薄板小件。如工件超过弓锯正常运弓范围内的长度时，锯割曲线弓锯转不过弯，就不能机械地坚持正弓操作；可以退到下锯部位，再往相反方向即运用反弓操作。一般来讲，不是不得已的情况，不用反弓操作。

（9）牵钻

牵钻又称扯钻、拉钻。牵钻的结构比较简单，如图 3-10 所示，由钻轴（俗称钻梗）、拉杆、绳及钻头组成。它的旋转主要靠缠绕在钻轴上的拉杆与绳子，利用拉杆与绳子牵拉带动钻轴上的钻头作往复旋转钻削运动，以在工件上进行钻孔。而钻轴旋转的灵活性又在于钻轴顶部手柄中安装的旋转轴承性能。选用制作牵钻的木材要求质地坚硬，常见的木材如檀木、榉木等均可制作牵钻。

它是工件镂空雕刻操作时必不可少的工具之一，一块画好了镂空雕刻图样的板料，如果没有牵钻来钻孔，弓锯的钢丝锯条就无法穿过，便不能进行锯切。牵钻往下进行钻孔，往上提出钻头，操作方便、省力，最适宜雕刻工使用。当然，现在也可利用手电钻来代替弓锯进行钻孔。

图 3-10　牵钻

钻孔必须在充分熟悉图样的基础上方能操作。钻孔的位置得当，有助于镂空操作。一般要求钻孔距镂空图样花纹近一点（以不破坏花纹为准），并且最好钻在线条的交叉处，切不可位于空洞的中心。

3.1.2　雕刻机床

在成批和大量生产时，可以采用机械进行雕刻。雕刻机械有镂锯机、镂铣机（上轴铣床）及木工数控雕刻机等多种。从目前家具雕刻的实际情况来看，这些机床设备主要用于较简单的花纹图案的雕刻。对于较复杂的花纹图案只能雕刻粗坯，最后尚要雕刻技师用手工进行精细修理完成。

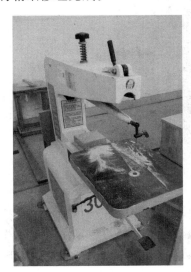

图 3-11　镂锯机

（1）镂锯机

镂锯机俗称拉花锯、线锯机，如图 3-11 所示，由机座、工作台、锯弓、锯条及带动锯条作上下往复运动机构等组成。其作用与工作原理跟弓锯基本相同，用于镂空工件的图案雕刻。雕刻时，先在画有雕刻图案的工件上钻出一个或几个工艺小孔，接着将锯条穿过工件上的工艺孔固定在锯弓上，开启运动机构，使锯条作上下往复锯切运动，用手带动工件按雕刻图案的线条作进给运动，直至雕刻图案镂空完毕为止。

（2）镂铣机

镂铣机俗称上轴铣床，如图 3-12 所示。由高速旋转的主轴、上下移动的工作台、变速动力系统等主要机构组成。常用于工件表面的线雕、透雕，可以完成形状复杂的透雕，适用于大量家具零部件的雕刻。图 3-13 所示为镂铣机利用

图 3-12　镂铣机

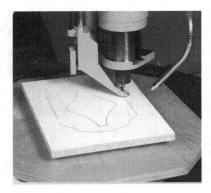

图 3-13　镂铣机进行线雕

模板进行线雕生产。

（3）木工数控雕刻机

木工数控雕刻，属 CNC 自动雕刻技术。木工数控雕刻机有多种类型与规格，有 2 轴、3 轴、4 轴、5 轴或多轴的，图 3-14 所示的木工数控雕刻机，是由 3 根能上下左右移动的旋转刀轴、能前后左右移动的工作台、数控软件、控制箱等主要部分组成，采用伺服电机传动。

图 3-14　3 轴龙门木工数控雕刻机和 4 轴木工数控雕刻机

具体操作方法是：利用 CAM 软件，如：ArtCAM、JDPaint、TypeEdit5 等图形化数控编程软件进行 NC 编程。先把实物制成 CAD 图形，在图形设计过程中，可自动生成加工程序，并将图形解析为直线与圆弧的组合，确定直线部分的移动距离与圆弧的始点、终点及圆中心位置的坐标计算数值；选择正确的刀具与下刀方式，设定刀具切削的顺序及切削速度；

利用键盘将程序直接输入到 NC 装置后，机床端虚拟加工确认动作是否正确；然后将工件固定在机床工作台面上，将刀具固定在刀轴上；最后，操作控制箱，启动机床，使机床按照在电脑中图形化编程处理后的 NC 加工程序自动进行雕刻，直至雕刻完毕将工件卸下。

3.1.3　雕刻的种类及工艺

我国传统雕刻装饰有不同的分类。从表现形式上分，主要有透雕、浮雕、线雕、圆雕等几种。分类按应用范围不同，可分为建筑雕刻、家具雕刻、工艺品雕刻三大类。根据雕刻木材质地不同，可分为硬质木雕与软质木雕两大类，其中硬质木雕又称为红木雕刻，软质木雕则称白木雕刻。

3.1.3.1　透雕

（1）透雕的概念

透雕又称透空雕、锯空雕，要将工件雕穿，使雕刻图案是透空的，如图 3-15 所示。

透雕是在木板上用弓锯或镂锯机的锯条锯割出花纹图案的粗坯，然后用切刀或木锉去掉锯痕，再选用雕刻刀具，施以平面雕刻技术。它具有比较匀称的空洞，能使人很容易看出雕刻的图案花纹。其图案花纹玲珑剔透而具有强烈的雕刻艺术风格，极富装饰性，适用于床、橱、桌、椅、屏风、镜框等的雕花。

（2）透空雕的分类

根据透雕图案的正面与背面是否都要雕刻修饰可分为透空单面雕与透空双面雕。

透空单面雕，即为正面雕，只对透雕花纹图案的正面进行雕刻修饰，而将其背面加工成平面即可。利用透雕技艺将花鸟、人物、文字等图案锯割出来，在正面施以雕刻修饰，将背面修整平滑，如 3-16 所示。与剪纸贴花相比，透空雕贴花尽管也是一种平面性的花板，然而它可以根据材料的厚薄（一般为 3～6mm），进行一些简单的雕饰，使图案具有较强的立体层次感与浮雕的艺术风格，却不需要花浮雕那样的制作时间及材料。

图 3-15　透雕图案　　　　　　　　　图 3-16　单面透雕图案

透空双面雕，即对透雕花纹图案的正、背两面都要进行雕刻修饰，双面都有相同的装饰效果。图 3-17 所示为透空双面雕的屏风。透空双面雕，一般花板较厚，图案层次丰富多变，疏密大小有致，富有立体感。并要求图案整体结构严密，透空透风，坚固耐用，常用于屏风等的装饰。

（3）透雕的工艺要求

一般工件的透雕要经过绘图、锯空、凿粗坯、修光、细饰等一系列工序而成。

图 3-17 双面雕饰的屏风

锯空，即用钢丝锯或镂锯机将木材锯切成花纹图案的粗坯。要求所锯的空洞壁上下垂直、表面整齐，并能很好地掌握图案设计要求，使粗细均匀、方圆规则。锯空时，有正弓与反弓的区别，多用正弓锯切，以提高锯切质量。

凿粗坯，使用雕刻刀具锯坯图案花纹进行雕刻，使之初具雏形。在凿粗坯之前，应先充分了解图案的设计要求，分清主次，分出主要表现的部位与次要的起烘托、陪衬作用的部位。操作时，最要注意的是深浅问题，太浅则图案花纹呆板生硬、缺乏立体感；太深会影响工件的牢固性。具体深浅由工件情况来定，凿粗坯应该层次分明，切忌模糊不清，线条应该流畅，当圆则圆，当方则方。凿粗坯的主要工具是敲锤与凿子，凿子主要是平凿和圆凿。

修光的主要任务是修粗坯为光坯，将图案设计比较细致地表达出来。修光的标准是光滑、干净，并且有棱有角、有骨有肉，显得丰满。修光的第一步是平整，所谓平整就是将凿粗坯时留下的大块面积的凿子痕迹以及高与低、深与浅之间，利用平凿将其修整得光滑与协调。经平整后，进一步要使花纹线条流畅，最主要的是要根脚干净。根脚就是花纹的横竖交叉、上下交叉的部位。这些部位一定要切齐、修光、铲干净，不留一点木屑。修光的最后一步是光洁处理，包括切空、磨光、背面去毛。切空就是将镂空的空壁上的锯痕利用凿子切干净。磨光就是利用砂纸将雕花的表面与空洞壁磨光。对于单镂雕的工件，要利用平凿或斜凿将背面修平整，并将工件背面花纹边缘的毛刺修掉，以达到背面整洁、平滑的要求。

细饰俗称了工，主要任务是利用各种木雕工艺的表现技法来装饰图案，使图案更加精美华丽，形象生动，具有更好的艺术装饰效果，使人赏心悦目。细饰要采用仿真的表现技法，跟中国画的工笔技巧一样，要求细饰过的对象栩栩如生，使图案具有浓厚的雕刻艺术风格。细饰应起到画龙点睛的作用，达到锦上添花的艺术效果。

3.1.3.2 浮雕

（1）浮雕的概念

浮雕是在工件表面雕刻出凸起的花纹图案，好似将花纹图案粘贴在被装饰物表面，是一种介于圆雕和绘画之间的艺术表现形式。浮雕大体上有两种表现手法：一种接近于绘画，另一种接近于雕塑。我国传统浮雕一般接近绘画，是一种重要的装饰手段，主要是从正面去欣赏，如图 3-18 所示。

（2）浮雕的分类

根据被雕刻件上浮雕花纹图案深浅程度的不同，分为高浮雕、中浮雕与浅浮雕三种。

高浮雕又称镂空雕，由于起位较深，图案的深度要大于 15mm，使图案形体压缩程度较小，其空间构造和塑造特征更接近于圆雕，甚至一些局部完全采用圆雕的处理方式。高浮雕往往利用

图 3-18 仙人踏着云彩浮雕图案

三维形体的空间起伏或夸张处理，有浓厚的空间深度感和强烈的视觉冲击力，使浮雕艺术对于形象的塑造具有一种特别的表现力和魅力，充分地表现出物体相互叠错、起伏变化的复杂层次关系，给人以强烈的、扑面而来的视觉冲击感。图 3-19 所示为深浮雕图案。

浅浮雕又称薄浮雕，花纹图案的深度一般为 2～5mm，其层次感与立体感不如高浮雕，装饰效果也次于高浮雕。图 3-20 所示为浅浮雕图案。

图 3-19　深浮雕图案

图 3-20　浅浮雕图案

中浮雕花纹图案的深度介于高浮雕与浅浮雕之间，既要大于 6mm，又要小于 15mm。装饰效果与雕刻难度也介于二者之间。

（3）浮雕的工艺要求

无论深、浅浮雕，其操作顺序均为凿粗坯→修光→细饰。

① 凿粗坯　凿粗坯的技术要求是使作品的题材内容在木料上初具形态，整个画面初具轮廓。在凿粗坯之前，必须熟悉图案的设计要求，先看浮雕作品的内容，然后通过图案的题材内容定层次、分深浅。为使凿出来的画面经久牢固，又具有立体感，在操作时要注意"露脚"与"藏脚"的适当配合。所谓藏脚与露脚是指所雕刻的花纹图案边缘跟底面垂直线的关系，斜于垂直线以内的称为藏脚，斜于垂直线以外的称为露脚。露脚所表现的物象呆滞、稳重，藏脚则显得清秀、灵活。

② 修光　将底面即图案的空白部分铲平滑，不能留有刀痕；并要将画面的造型及所要表现题材中物体的大小、粗细及物体与物体间的深浅、比例等最后正式定型。修光应采取分层次、分主次，要用集中精力各个击破的方法，修一处清一处，修一层清一层，直至结束。

③ 细饰　其要求跟透雕的基本相同，要用锋利的雕刀、精细的砂纸将花纹图案进一步修磨光滑，使之没有任何缺陷，要起到画龙点睛的作用，使花纹图案栩栩如生，达到最佳艺术效果。

3.1.3.3　圆雕

（1）圆雕的概念

对一独立材料（木材、石材、金属等）的两面、三面、四面或全方位所进行的雕刻则称为圆雕或立体圆雕、立体雕、悬雕，属立体造型雕刻。能在雕刻图案上全面表现被雕刻物体的艺术美，观赏者可以从不同角度看到物体的各个侧面。常用于大型建筑装饰、人物、动物、花鸟、佛像等的雕刻。

（2）圆雕的分类

根据圆雕的艺术表现形式，可将圆雕分为规格型圆雕和自然型圆雕两大类。

规格型圆雕属装饰性圆雕，又可分为双面雕刻、三面雕刻、四面雕刻。多为工业产品中

图 3-21　木沙发腿与茶几腿的装饰性圆雕

的装饰性零部件，如家具桌腿、椅腿、立柱等雕刻装饰，便属此类圆雕装饰。由于其雕刻图案的大小与造型受零部件规格限制，设计者不能自由确定，故有规格型圆雕之称。图 3-21 所示为木沙发腿与茶几腿的装饰性圆雕。

自然型圆雕又称为独立性圆雕，是一种专供欣赏的陈设工艺品，属雕塑艺术范畴，是一种造型艺术。图 3-22 所示为福寿桃摆件黄花梨老寿星圆雕。

件黄花梨老寿星圆雕。

（3）圆雕的工艺要求

规格型圆雕，其操作顺序为切割外形、凿粗坯、修光、细饰等。外形切割的要求是掌握上下垂直，该方即方，当圆则圆，否则便会失去立体雕刻的装饰效果，影响整体的美观。凿粗坯一般力求两面对称，可采用以中心线分等份及凿同样的部位用同样的固定凿子等方法。其修光、细饰与其他木雕形式相同。

图 3-22　福寿桃摆件黄花梨老寿星圆雕

自然型圆雕一般要先塑泥模以代替画稿，按照泥塑模选择材料，应优先选用材质坚韧、结构细腻的酸枝木、花梨木、黄杨木、白桃木、椴木等优质材。取材要注意心、边材的材质与颜色的差异，尽量避开疤痕，以免影响美观。定位以泥塑模作为对照，根据物象各部位的比例，在木材上定出位置、确定尺寸深度及最高点，再用手工锯锯出轮廓。锯割时，应留足雕刻余量，宁可少锯点，以防难以补救。自然式立体圆雕的操作难度大，工艺复杂，其雕刻工序可以概括为凿粗坯、修光与细饰。凿粗坯要分清物象的块面与动态，雕刻时，要用立体的眼光时刻注意物象前后、左右位置关系，从大块面到小块面逐步进行雕刻。

3.1.3.4　半圆雕

半圆雕是介于圆雕与深浮雕之间的一种雕刻技法，如图 3-23 所示。半圆雕兼有圆雕鲜明的立体感与深浮雕丰富的层次感，是圆雕与深浮雕技法的典型结合。多用于地屏、台屏、工艺品、建筑物等的装饰雕刻。

半圆雕图案以人物、花鸟、山水为主，是一种以群像配小景的布局方法，人、物、景相互衬托，这是半圆雕特有的构图方式。周边轮廓线不虚构，一般以压低图案的底面来突出物象的立体感。

图 3-23　半圆雕图案

其工艺过程是，首先将画稿复在玉石上，按画稿雕刻图案的外轮廓线，再分好画面层次，然后开始雕刻。主题即物象部分要突出，施以圆雕技法，层次的高低应根据图案的需要而定。雕刻时，既要主意物象的立体感，又要主意物象的牢固性，要将物象的玲珑剔透之美与牢固性紧密结合起来。半圆雕的工艺程序跟深浮雕的基本相同，不同之处是进行三面雕刻或四面雕刻。

3.1.3.5　线雕

（1）线雕的概念

线雕是在木板上刻出曲、直线状槽沟来构成简洁明快图案或文字的一种雕刻技法。槽沟断面通常为 U 形或 V 形，深度一般为 3～6mm，最深也小于 10mm，属浅雕，也有浅雕之称。多用于家具的门面、屉面、椅靠背等部位的装饰。

（2）线雕的分类

线雕可分为单线雕与块面线雕。单线雕是用三角凿根据图样的花纹刻出粗细匀称的线条，以显示图案，如图 3-24 所示。

块面线雕不是用单线条来表现图案内容，而是利用块面来表达，如图 3-25 所示。块面线雕是将纹饰轮廓线的边缘挖低铲平，使纹样薄薄地高出一层，再施以雕刻的手法。

图 3-24　柜门单线雕装饰

图 3-25　椅靠背块面线雕装饰

（3）线雕的工艺要求

线雕的工艺要求跟其他雕刻一样，其操作程序也是先进行图样设计，后操作。线雕图案设计不受任何制约，可以在大面积的板料上任意发挥。但浅雕图案的画面要尽量避免穿插与重叠，因为穿插与重叠要靠推落层次才能表达清楚，而线雕是极浅的平面线条雕刻，不宜表达穿插与重叠的画面。此外，要使线雕起到装饰的艺术效果，画面具有典雅、古朴、醒目的艺术特色，在画面布局上切忌大面积"满花"。最理想的方法是汲取中国画的表现技巧，强调空灵，其画面的空白部分可为线雕艺术在大面积的板料上表现所借用。

线雕的主要工具是三角凿，在运用三角凿对单线雕图案进行雕刻时，要注意对三角凿运力得当。如果用力时大时小，刻出来的槽线会时深时浅，并出现粗细不匀的现象，影响画面的线条流畅。用力过猛还有损于刃口，用力太小刻出来的花纹线条太浅、不醒目。

块面浅雕的操作原理基本上与单线雕相同，块面浅雕是在单线浅雕的基础上发展起来的。它不是用单线条来表现图案内容，而是利用块面来表达。根据画面的内容也可利用单线条与块面相结合的方法。块面浅雕的表现形式如同中国画中的写意技法，不强调线条粗细匀称、流畅，寥寥几笔意境含蓄。它的特点是重意不重形。花卉、鸟虫、龙凤等图案最适宜为块面线雕所表现。设计块面线雕要在掌握物象自然形态的基础上，加以概括、凝练，既要简化，又要特别强调其神态、意境。块面线雕的主要工具是圆翘凿和三角凿。块面线雕的优点是操作简便，画面古朴、简洁典雅，具有独特的艺术魅力。

3.2 镶嵌装饰工艺

我国镶嵌历史悠久，源远流长。镶嵌艺术约产生于新石器时代晚期前段，把镶嵌工艺运用于装饰铜器则是夏代的创举。商代的镶嵌艺术，也显现其传承关系。周代的镶嵌艺术除首饰之外，主要表现在漆器方面，以蚌壳片镶嵌漆器为中国传统螺钿工艺开了先河。唐朝已有用贝壳镶图案、嵌装饰的家具，经长期发展，到清朝中叶，江浙地区的镶嵌技术相当发达，木嵌、竹嵌、骨嵌、石嵌、贝壳嵌等工艺技术广泛用于家具、工艺美术及其他日用品的装饰，而且名扬中外。图3-26所示为仿清代镶嵌红木椅，备受人们喜爱。

用螺钿片或象牙、鹿角、黄杨木、玉石、大理石、云母等制成装饰花纹嵌饰床、橱、桌、案、椅等家具，至今已发展到一个新的高度。其镶嵌工艺更精湛，其装饰效果更优美，嵌饰物的选材更广泛，嵌饰对象日益增多。

图3-26　仿清代镶嵌红木椅

3.2.1 镶嵌的概念

镶嵌是指把一种小的物体（客体）嵌在另一种大的物体（主体）上，使两种物体（主体与客体）浑然一体的一种工艺。家具的镶嵌是指将不同色彩和不同质地的木材、石材、兽骨、金属、贝壳、龟甲等为材料加工艺术图案，嵌入到家具零部件的表面，获得两种或多种不同物体的形状和色泽的配合，跟家具零部件基材表面形成鲜明的对比，而取得特有的装饰艺术效果。镶嵌是艺术与技术相结合的典范，在家具、工艺美术品及其他装饰品中获得广泛应用。

3.2.2 镶嵌的分类

（1）根据镶嵌的材料分

可将镶嵌分为实木镶嵌、薄木镶嵌、兽骨镶嵌、云石镶嵌、玉石镶嵌、大理石镶嵌、铜合金镶嵌、铝合金镶嵌、贝壳镶嵌、龟甲镶嵌、仿宝石高分子材料镶嵌等多种。

（2）根据镶嵌工艺分

可分为挖嵌、压嵌、拼贴、镂花胶贴、框架构件嵌等几种。

① 挖嵌　在被镶嵌基材（家具零部件）的装饰部位，以镶嵌图案的外部轮廓为界线，先用雕刻刀具雕出一定深度的凹坑，并将凹坑底面修整平滑；然后在凹坑的周边及底面涂上胶黏剂，接着将加工好的镶嵌元件嵌入凹坑中，应镶嵌平整、牢固，待胶层固化后，进行修整加工即可。图3-27所示为挖嵌示意图。镶嵌元件跟被镶嵌基材的结构形式有三种：一是镶嵌元件的表面与被镶嵌基材的表面处于同一平面上，称为平嵌，应用最为普遍；二是镶嵌元件的表面高于被镶嵌基材的表面，称为高嵌，好似浮雕，应用较多；三是镶嵌元件的表面

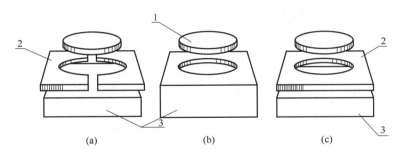

图 3-27 镶嵌的类型

1—镶嵌元件 2—拼贴元件 3—被镶嵌基材

低于被镶嵌基材的表面，称为低嵌，应用较少。

② 压嵌 是将制作好的镶嵌元件的背面涂上胶，覆贴在被镶嵌基材表面的装饰部位上，然后在镶嵌图案元件表面施加一定的压力，将镶嵌元件压入被镶嵌基材表面一定的深度，使彼此牢固接合为一体。该方法不用挖凹坑，工艺简单，但需要用较高强度的材料制作镶嵌元件，否则有可能被压变形或破坏。

③ 拼贴 又称镶拼或胶贴，一般是先用具有漂亮花纹的优质薄木或薄板拼成优美的图案元件，然后在元件的背面涂上胶黏剂，直接胶贴在被装饰件表面的装饰部位。用薄木或薄板拼贴图案元件又有普通拼贴与透雕拼贴之分。图 3-27（a）所示为普通拼贴，即按设计图案要求，先将薄木剪切成所需的形状，再用胶纸或胶线胶拼为设计的图案，然后在胶拼图案的背面涂上胶黏剂，再胶贴在被装饰件表面的装饰部位上。图 3-27（c）所示为透雕拼贴，须将透雕拼贴元件中最大元件进行透雕，再将其他元件嵌入其中，其工艺技术较复杂，制作成本较高，应用不如普通拼贴广泛。

④ 镂花胶贴 是用较薄的优质木板加工成透雕图案，胶贴在被装饰件表面的装饰部位。图 3-28 所示为一种镂花胶贴图案，能给人以浮雕之感。

图 3-28 镂花胶贴图案

⑤ 框架构件镶嵌 窗、门中玻璃的镶嵌属普遍的框架构件镶嵌，这种镶嵌在家具制造中也得到了广泛应用。如将家具的零部件设计成圆形、椭圆形、扇形、方形或其他几何形框架，镶嵌玻璃、镜子、大理石、陶瓷、木雕等装饰件。图 3-29 所示为框架构件镶嵌装饰件。

3.2.3 镶嵌原材料

材料是展现镶嵌艺术的物质基础，艺术是材料的运用目的。镶嵌工艺取材广泛，装饰效果多样化。在家具镶嵌装饰中，凡是色泽跟家具基材色彩形成鲜明对比的木材都可用于镶嵌。应用较普遍的有贝壳、骨材、石材、金属、翡翠、珊瑚、陶瓷等。

图 3-29　框架构件镶嵌装饰件

（1）木材

木材是一种自然界分布较广的天然材料，具有很多优点，为人们所喜爱。雕刻是家具镶嵌的基本工艺技术，因此家具基材和镶嵌图案的用材，除要求色泽与纹理美丽且对比明显外，还要材质致密细腻、变形小，有良好的坚韧性、适当的硬度，雕刻过程中不易崩裂、起毛，便于修整光滑，满足雕刻工艺的要求。图 3-30 所示为明代楠木象纹图案镶嵌的黄花梨束腰霸王枨供桌。由于楠木和黄花梨的色泽、纹理不同，所以获得了很好的装饰效果。

用于家具镶嵌的木材主要有红木、花梨木、紫檀木、黄檀木、银杏木、黄杨木、香樟木、柏木、红松木、香花木、椴木、核桃木等，均以材质优良、纹理美丽、雕刻图案细腻光滑而著称，备受人们青睐。

（2）天然石材

天然石材是自然界的产物，除极少数近代火山作用形成的岩石外，常见的岩石中，几乎每一块都有百万年以上的历史，且品种繁多，千姿百态，正好符合人们回归自然、崇尚自然美的心态。同时，很多天然石材有着优异的理化性能，耐磨、耐酸碱、不易变色、不易被污染，且花纹美丽，装饰效果好。因此，用于家具镶嵌装饰历史悠久，备受人们喜爱。图 3-31 所示为仿清代大理石镶嵌座椅。

图 3-30　明代楠木象纹图案镶嵌的
黄花梨束腰霸王枨供桌

图 3-31　仿清代大理石镶嵌座椅

家具镶嵌也有选择天然石材为嵌料。天然石材包括大理石、永石、南阳石、玛瑙、玉石、甚至是宝石等材料。市面上的天然石材品种繁多，但其俗称只分为两大类：大理石和花岗岩。各种灰岩、白云岩和大理岩等统称为大理石；花岗岩、闪长岩、辉绿岩、片麻岩等统称为花岗岩。然后再根据颜色和花纹的差别进行命名。

大理石镶嵌，选择上等大理石，多为云南大理县苍山的大理石。其石质之美，世界闻名。大理石中以白如玉、黑如墨者为贵，微白带青、微黑带灰者为下品。天然石材，品种不同，其特性也有差异，作为镶嵌用材，需要具有以下几个特性：

① 装饰性能佳　主要表现为矿物颗粒均匀，手感细腻，纹理优美，颜色及花纹符合镶嵌图案的艺术要求等。

② 理化性能优异　如良好的抛光性能、耐酸碱性能、耐光性能、耐磨性能、耐久性能、加工性能，且结构致密，强度高等。

③ 符合环保要求　天然石材都有一定的放射性，因此在家具镶嵌装饰材料选择时，尽量选放射性择符合环保要求的 A 类石材。

（3）人造石材

除了天然石材，人造石材也日益受到人们关注。与天然石材相比，人造石材具有结构致密、相对密度小、不吸水、耐侵蚀、色泽鲜艳、色差小等优点，且能利用模型直接浇铸成镶嵌元件，工艺简单，制造成本低，近年来应用较广泛。但不耐高温、硬度小、不耐磨、易老化龟裂，有的存在气泡，整体装饰效果较差，是一种较低档的装饰材料。主要作为低档家具装饰材料。

（4）金属

镶嵌金银技术最早可以追溯到商周时期，这一技术是由商周时期在青铜器上镶嵌发展演变而来。当时的青铜鼎及壶等器物上都镶嵌精致的金银图纹。这种镶嵌工艺技术被广泛地演变移植到工艺制作、漆器、木器上。图 3-32 所示为七屏风式床围嵌铜制缠枝西番莲床，床围下饰壸门式牙条与浮雕卷草纹，两侧床围有云纹装饰。此床结构复杂，做工精细，铜花纹饰细腻，是清代金属镶嵌工艺与木器家具结合的代表性作品。

各种金属材质都有其独特的装饰性能，如黄金的耀眼绚丽、银的内敛优雅、钢材的冷峻刚毅、铜材的沧桑古朴等。因此，在家具镶嵌时需要考虑金属独特的装饰性能，结合家具基材的特征进行创作。金属还具有优异的理化性能，如延展性能好、耐高温、力学强度高等。特别是黄金、白银、各种铜材、铜合金、不锈钢等金属材料，还有着良好的耐腐蚀性、耐酸碱性、不易被污染、易于加工等优点，且色泽华丽，从而成为家具镶嵌装饰的好材料。

图 3-32　七屏风式床围嵌铜制缠枝西番莲床

（5）骨材

家具镶嵌花纹图案所用骨材有牛骨、大鱼骨、象牙及其他动物的骨骼。若用牛骨镶嵌，多为牛的肩胛骨、大腿骨，配以黄杨木、螺钿、大鱼骨等镶嵌材料。要求镶嵌图案制作精良，保持多孔、多枝、多节、块小而带棱角，既易于胶合，又防止脱落。骨嵌可分为高嵌和平嵌两种，其中以平嵌应用较普遍。高级骨嵌家具的基材多用紫檀木、花梨木、红木等贵重木材，因其木质坚硬细密，再嵌上动物骨骼花纹图案，更显得古拙、纯朴、典雅。一部分仿古家具和现代家具常采用兽骨镶嵌工艺，获得了很好的装饰效果。图 3-33 所示为嵌骨圆桌台面，桌面选用兽骨镶嵌喜鹊以及植物图案，神态各异，优美动人；部分兽骨尚被染色，使图案更为活泼生动、姿态各异，以获得更好的装饰效果。此兽骨嵌桌面做

图 3-33　嵌骨圆桌台面

工精细，镶嵌图案古香古色，相当精美，令其身价倍增。

（6）贝壳

贝壳是海贝与螺壳的统称。用贝壳作为镶嵌原材料，又被称为螺钿镶嵌。螺钿又有"镙钿""螺甸""螺填""罗钿"等之称。历史上也有叫"钿螺"的，尹廷高有诗句："蟠螭金凿五色毯，钿螺椅子象牙床。"所谓"钿螺"镶嵌，即指用海贝、螺壳制成薄片，拼贴成镶嵌图案，镶嵌于器物表面的装饰工艺的总称。

螺钿的"钿"，有镶嵌装饰之意，如用金、银镶嵌就叫"金钿"，又如用金翠珠宝装饰的首饰称"花钿"。唐代白居易在《长恨歌》写道："花钿委地无人收，翠翘金雀玉搔头"。由于螺钿的天生丽泽具有很强烈的视觉效果，所以将经过磨薄且光亮的蚌片依构图制成人物、屋宇、花草、树木、鱼虫、鸟兽等花纹图案，镶嵌于铜器、漆器、家具、乐器、屏风、盒匣、木雕、木器上会获得很好的装饰效果。并成为一种常见的传统装饰艺术，在工艺美术中，螺钿镶嵌优美图案堪称经久不衰。

贝壳来源丰富，色泽多样，有珠光色，有白色，也有灰、蓝、红等多种颜色。丰富的色泽使镶嵌图案艳丽多彩，进而推动镶嵌艺术的发展。我国传统家具使用的螺钿材料，主要来源于淡水湖和咸水海域。常用的品种有螺壳、海贝、夜光螺、三角蚌、鲍鱼螺、碎碟等。这些蚌贝，年龄越长越佳，结构精密，弹性强，色彩缤纷且多变。在众多的螺钿材料中，以夜光螺最为名贵，不仅质地厚实，颜色灿烂，而且在夜间也能闪烁出五彩光泽。一般来说，质地厚而色彩不浓艳的老蚌用于硬钿，而软钿多选用色彩浓艳的鲍鱼螺与夜光螺。

图 3-34 所示为花梨木镶嵌贝壳炕桌，构图细腻，实为精品。

（7）其他材料

家具镶嵌原材料十分丰富，还有陶瓷、玻璃等非天然材料。其中，在传统家具中较为常见的是珐琅镶嵌工艺。珐琅也称搪瓷，珐琅装饰工艺出现于 15 世纪，是一项十分细腻的装饰艺术。珐琅为一种透明无色的物质，涂在金属表面，经高温烧结后，能转变为坚硬而稳定的陶瓷质。这项工艺源起于古埃及，发达于欧

图 3-34　花梨木镶嵌贝壳炕桌

洲和西亚。五代时，伊朗进贡器物中，便有珐琅器。大概是因为进贡时路经西域的拂林城，以后便将其称为"拂称"，即古罗马帝国。后来音译为"佛郎"，再后译为"法郎"。由于珐琅外表看来像瓷质，具有珠宝的光泽与玉的温润，人们就加上了"王"字旁，便成了"珐琅"。珐琅是一种陶瓷质涂料，由石英、长石、硼砂和一些金属氧化物混合，研成粉末，用油料调和，像画油画一般施艺于金属或者瓷器质胎体外，再经过低温炉窑烧制而成，这种用珐琅装饰过的器物便是珐琅器。

在我国，景泰蓝制品即是珐琅技术应用实例之一。本文所指家具镶嵌中的珐琅即指镶嵌景泰蓝制品。景泰蓝还与竹木、牙雕等工艺相结合，如在紫檀木、红木等家具中嵌入景泰蓝制品，在挂屏、屏风中装置一些景泰蓝山水、花鸟等，这些家具统称为镶嵌珐琅家具。由于珐琅是一种玻璃质涂料，必须经过烧制，所以镶嵌珐琅要比其他镶嵌多一道工序，即烧制珐琅，然后将烧制成的珐琅制品按照镶嵌工艺的工序进行镶嵌即可。珐琅烧制后，经磨光、鎏金，有圆润坚实、金光灿烂的感觉，充分显示皇家的富贵气派和金碧辉煌的效果，因此得到皇室喜爱和大力推崇，促进这类家具镶嵌工艺的发展。图 3-35 所示为清康熙掐丝镶嵌珐琅。

镶嵌原材料中还有鸡蛋壳、鸭蛋壳、鸵鸟蛋壳、鹌鹑蛋壳等，色泽有红、白、绿、青等多种。蛋壳取材方便，加工容易，而且色泽多种多样，能满足镶嵌的多种要求。但由于蛋壳有一定曲率，如果镶嵌面积较大，一般先将蛋壳弄碎再拼接成图案，因此细看会有类似马赛克效果。

图 3-35　清康熙掐丝镶嵌珐琅

3.2.4　镶嵌工艺

镶嵌材料与镶嵌类型不同，镶嵌工艺技术也有较大的差异，分别进行论述。

3.2.4.1　确定镶嵌工艺需要考虑的因素

① 材料的质地　材料的质地会直接影响镶嵌的质量及外观。木材虽属于天然材料，有着美丽的自然纹理，富有弹性，易于加工，便于着色等优点，但木材种类繁多，其材质、外观千差万别，即使是同一种木材也有较大差异。所以，需要根据不同等级的家具去选用，对于高级家具，一般选用名贵优质木材作为镶嵌元件的原材料。石材以结构致密细腻、质地坚硬、花纹图案美丽、色泽丰富、能打磨光滑如镜为精品。石材品种多，可选范围广，也需要根据家具的等级去合理选用。天然石材加工性能不如木材好，且不易着色，但人造石材能克服这些缺点，所以多作为低档家具的镶嵌材料，借以降低成本。

② 材料的加工性能　材料的加工性能直接影响镶嵌工艺技术的难易程度及生产效率。如木材比石材、贝壳、骨材、金属等要容易加工。但木质材料要考虑其含水率是否能满足工艺要求。对于塑料要考虑其延展性、热塑性等理化性能。对于玻璃材料要考虑热脆性、色彩等是否符合工艺要求。

③ 材料的雕刻性能　镶嵌与雕刻实为一体，镶嵌离不开雕刻，因此在选材方面要考虑材料的可雕性，使之在雕刻过程中不易被破坏，表面易修整光滑。

④ 材料的胶合性能　传统家具，特别是明式家具，提倡少用胶。但现代的镶嵌工艺，很难离开胶黏剂。现代家具为了提高材料的胶接强度，通常要用热压或冷压进行胶合。因此，镶嵌工艺应优先选择便于胶合且胶合强度高的原材料。

⑤ 镶嵌的经济性　这是生产所有产品必须考虑的重要因素。镶嵌材料的经济性包括材料的价格，加工人力、物力消耗、材料利用率及材料资源是否丰富等因素。取材应广泛，优先选用价廉物美、加工便利、利用率高、来源广的材料，以降低生产成本。

3.2.4.2　挖嵌工艺

挖嵌工艺流程为：制作镶嵌元件→雕刻凹坑→涂胶→镶嵌→修整。

① 制作镶嵌元件　根据设计的镶嵌图案，选择原材料，确定制作方法。对于木材可以加工成透雕图案或拼接图案。对于石材、玻璃、陶瓷等材料，根据镶嵌图案直接加工成型，然后磨光滑即可。而对于贝壳、骨材，应先制成光滑的片材，再将片材加工成所要求的规格与形状，然后再拼成镶嵌图案，并完整牢固地粘贴在强度较高的薄纸上。

② 雕刻凹坑　在被镶嵌家具零部件的镶嵌部位，绘出镶嵌图案外形轮廓界线，用雕刻刀具沿轮廓界线雕出凹坑。凹坑的深度需要根据设计要求，等于、大于或小于镶嵌图案的厚度。并将凹坑底面与周边修整平滑，清理干净。

③ 涂胶　在凹坑的周边及底面涂上一层均匀的胶黏剂。所用胶黏剂可以是动物胶、乳

白胶、脲醛胶等。

④ 镶嵌　将加工好的镶嵌元件嵌入凹坑中，镶嵌后需要加一定的压力，务必要镶嵌平整、牢固。

⑤ 修整　待胶层固化后，根据镶嵌图案选择适合的刀具、砂纸进行修整加工，务必使镶嵌图案清晰，表面光滑洁净。

3.2.4.3　实木雕刻图案镶嵌工艺

实木雕刻图案镶嵌工艺跟挖嵌工艺基本相同，其工艺流程如下：

① 雕刻图案　采用刨、锯、剖、雕、铲、镂等工艺手段将木材雕刻成镶嵌图案或雕刻构件（镶嵌过程中，再将构件组拼镶嵌成图案）。

② 雕刻被镶嵌工件　在被镶嵌工件表面的装饰部位雕出镶嵌图案的镶嵌凹槽。凹槽的轮廓线跟镶嵌图案的轮廓线完全相同，只是稍大一点，便于镶嵌图案顺利嵌入。

③ 涂胶　在被镶嵌工件表面凹槽的底部及周边涂上一层薄而均匀的胶层。

④ 镶嵌　将雕刻好的图案或构件嵌入被镶嵌工件表面的凹槽中，应嵌实、嵌平、嵌牢固。

⑤ 修整处理　对镶嵌好的图案进行修边、砂磨处理，使之平整光滑，木纹清晰，表面洁净。

⑥ 进行涂饰　跟木家具透明涂饰一起完成，在涂饰工艺一章中将进行详细论述。

3.2.4.4　薄木拼贴工艺

薄木拼贴工艺流程为：制作拼贴元件→涂胶→胶贴→胶压→修整。

① 制作拼贴元件　薄木拼贴镶嵌又称薄木拼花镶嵌，薄木拼花又分为普通拼花与挖嵌拼花两种。普通拼花，一般所拼贴的图案幅面跟被装饰部件的幅面相同，即先按设计图案要求，把薄木剪切成所需规格、形状薄木片，然后用胶带将薄木片胶拼成完整的拼贴图案。若采用挖嵌拼花，先将薄木剪切、胶拼成挖嵌图案，工艺过程跟上述普通拼花基本相同；然后，在另一张较大薄木的镶嵌部位按挖嵌图案的轮廓线进行挖雕，接着将挖嵌图案镶嵌进去，并用胶带固定牢即可。要求两薄木之间的拼缝严密平整，跟胶带的胶合应牢固，不允许脱胶。

② 涂胶　一般在被装饰的家具部件表面涂上一层均匀的胶层，并让胶层充分湿润家具部件的表面。所用胶黏剂现多为乳白胶、脲醛树脂胶。

③ 胶贴　将薄木图案贴在涂上胶的家具部件表面，应贴平整，不能偏斜。

④ 胶压　现多采用冷压机或单层热压机。若用冷压机，应将胶贴好薄木图案的家具部件整齐地堆放在压机中，堆放高度为 1～1.5m，然后开启压机进行加压。加压的压力约 1MPa，加压时间 4～6h。若用单层热压机加压，其加压压力、加压时间、加压温度跟所用胶种、薄木厚度等因素有关，请参看 2.1.5 薄木胶拼。

⑤ 修整　即对薄木图案表面进行砂光处理，可用手工或砂光机砂磨，要求表面平整光滑，图案清晰。图 3-36 所示为薄木普通拼花与挖嵌拼花图案，即对跟家具部件表面规格相等的胶贴采用普通拼

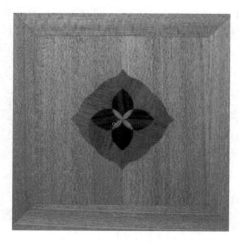

图 3-36　薄木普通拼花与挖嵌拼花

花，然后又对普通拼花薄木进行挖嵌拼花。

3.2.4.5　镂花胶贴工艺

镂花胶贴较为简单，一般是用较薄的优质木板加工成透雕图案。也可在市场上购买专业厂家生产的透雕图案，且花色品种较多，可根据需要选购。图 3-37 所示为镂花胶贴木件，多为专业厂家生产，市场上有供应。在胶贴时，要先将家具表面的装饰部位及透雕图案背面砂磨平整光滑，并清除灰尘；接着在透雕图案背面涂上一层胶液，再胶贴到家具表面的装饰部位，进行加压，加压时间与压力大小跟所用胶种有关，若用快干胶或骨皮胶，稍加压力，约 1～2min 即可，若用聚醋酸乙烯乳白胶、脲醛树脂胶，可参考 3.2.4.4 薄木拼贴工艺中的胶压工艺参数。

3.2.4.6　压嵌工艺

压嵌工艺过程及要求跟镂花胶贴工艺的基本相同。不同的是要求被镶嵌家具零部件的基材密度要小，较大压缩率及耐压性能，如松木、杨木、椴木、法国泡桐木等软质材作基材；并要求压嵌的装饰图案用硬度较高、抗压性能较好的原材料来制作。压嵌时，同样需要先将被镶嵌家具零部件的装饰处及镶嵌图案背面砂磨平整光滑，然后在镶嵌图案背面涂上胶液，接着将镶嵌图案准确地胶贴在被镶嵌家具零部件的装饰处，立即放进加压机构进行加压，以使镶嵌图案被压入家具零部件，并达到一定深度，彼此牢固接合为一体。

图 3-37　镂花胶贴木件

所用胶黏剂跟镂花胶贴相同。但胶压时，应逐步加大压力，直至镶嵌图案被压至所要求的深度（一般为 2～5mm），便进行稳压。稳压时间以实验确定，以被镶嵌家具零部件形状稳定不反弹为准。

3.2.4.7　框架构件镶嵌装饰工艺

前文中图 3-29 所示的框架构件镶嵌装饰件，即为典型的框架构件镶嵌结构。其镶嵌的基本工艺过程是：根据家具设计图纸，先制作框架构件，并将框架构件背面内框的周边加工成阶梯形嵌槽，嵌槽宽度为 5～10mm，嵌槽深度比镶嵌元件的厚度大 6～8mm，阶梯形嵌槽应平整光滑。框架构件的镶嵌元件多选用装饰效果好的大理石、人造石材、艺术玻璃等材料来制作，也可以为木雕图案。要注意的是，镶嵌元件的幅面尺寸与形状需要跟框架构件内框背面的阶梯形嵌槽相吻合，使之嵌入后其周边应有缝隙，以免以后变形破坏框架构件的接合结构。镶嵌时，对阶梯形嵌槽与镶嵌元件均不能涂胶，将镶嵌元件嵌入阶梯形嵌槽后，要在镶嵌元件背面覆盖一块幅面尺寸、形状相同的薄板，再在薄板的周边嵌一根厚度为 5～8mm、宽度为 6～10mm 的木条，并用木螺钉或圆钉固定在框架结构件上即可。

3.2.4.8　传统金漆镶嵌工艺

金漆镶嵌是我国家具史上应用最多的镶嵌手法，并涵盖彩绘、雕填、刻灰等工艺，统称为"金漆镶嵌"工艺。所谓"金漆"是指天然漆涂饰工艺，"金漆镶嵌"即在天然漆的漆膜上进行镶嵌，如图 3-38 所示。

（1）金漆镶嵌的主要特征

① 属宫廷艺术　我国漆器不但历史悠久，艺术内涵博大精深，文化底蕴深厚，而且产地众多，遍布大江南北，仅重点产区就有十余个省市。全国各地的漆器同根同源，大家都是

图 3-38　金漆镶嵌

从河姆渡走来。在材料运用和工艺技法方面基本相通，或者说是大同小异。而在工艺品种和艺术风格方面各具特色，各有所长。金漆镶嵌从师传系统、工艺技法到艺术风格都直接继承和发展了明、清宫廷艺术，成为宫廷艺术的重要组成部分。

② 品种繁多　金漆镶嵌的工艺技法，从大的门类划分，包括镶嵌、彩绘、雕填、刻灰、断纹、虎皮漆等。而每一门类又可细分为诸多工艺，如镶嵌类，从材质上划分有玉石镶嵌、彩石镶嵌、螺钿镶嵌、百宝镶嵌；从工艺上划分，有平嵌、矫嵌和立体镶嵌。彩绘类包括描漆、描金、搜金、扫金、洒金、平金开彩、平金开黑、堆古等。雕填类又有填金、填银、填漆之别。刻灰类有彩地刻灰和金地刻灰两种。断纹类从工艺上划分有烤断、晒断、撅断、颤断；从艺术风格上划分有龟背断和流水断。虎皮漆类还包括漆宝砂。不同工艺所使用的材料、工具，采用的技法和最后形成的艺术风格都各有差异。

③ 门派多　自集多种工艺之大成的清宫内务府造办处解体前后，民间作坊由于受师传和规模的影响，形成了四支传承体系，并形成了大体分工。在传承关系中，总体上属于社会性传承，而不属于家族式传承。这与金漆镶嵌门类繁多，技艺复杂，一人一家难以独立完成，需要分工合作，集体完成有关。

（2）金漆镶嵌的价值

金漆镶嵌堪称"民族瑰宝"，其价值主要体现于以下四个方面：

① 历史价值　数千年来，随着时代的发展而发展，有源有流，有继承有创新。优秀的民族传统文化具有永久不衰的魅力。

② 艺术价值　金漆镶嵌的艺术价值主要体现在两个方面：一是工艺种类繁多，艺术表现手法丰富多彩。一件产品可以只采用一种工艺制作，也可以将多种工艺综合运用，你中有我，我中有你，变化万千。或穆然古朴，或典雅清新，或鲜活艳丽，或金碧辉煌。二是题材广泛，有历史典故、文学名著、宗教神话、民间传说、山水人物、龙凤花鸟、名人字画、民俗民风等，几乎涵盖了各个文化领域。同时还有现代题材和外国题材，大多有繁荣昌盛，前程锦绣、福禄寿喜、吉祥如意之寓意。

③ 实用价值　金漆镶嵌产品既是工业产品，又是文化产品；既有很高的艺术价值，又有广泛的实用价值；既是自成体系，相对独立的一种艺术，又与器皿文化、家具文化、屏风文化、牌匾文化、壁饰文化和建筑装饰密不可分。

④收藏价值　每一件精美的金漆镶嵌工艺品都具有收藏价值，尤其是历史性作品、精品、孤品、绝品、大师作品更是具有增值潜力很大的收藏价值。

（3）金漆镶嵌的步骤

① 镶嵌图案设计　要求造型美观、结构科学、主题突出、布局合理、适应工艺及便于操作。要使艺术性与实用性、造型与纹样、题材与工艺、材料与技法、主景与配景相互呼应，相得益彰。

② 制作木胎　选用上好木材经烘制定型处理后制成木胎（如实木家具、实木工艺品

等）。一般选用红、白松木。因为松木材性较为稳定，不易开裂变形，资源丰富，价格便宜。虽然松木质地较软，花纹也不够美观大气，但经多道天然漆涂饰工艺处理后不再显露木纹材质，可谓扬长避短。

③ 髹漆　即在木胎表面涂饰天然漆（涂饰工艺将在涂饰工艺一章中详细论述）。首先要在木胎上涂上一层均匀的天然漆，接着贴上麻布（俗称披麻）或棉布，要求贴平、贴牢，不起褶皱；再在麻布上涂刮 2～4 道天然漆腻子，每道腻子涂层宜薄，干后都要砂磨平整，以增强腻子涂层之间的附着力。再在腻子涂层涂刷 3～4 道天然漆或改性天然漆，每道漆层干后，都得砂磨平整。对于漆膜表面光泽度要求较高的漆胎，待整个漆膜干燥后，尚要进行抛光处理。要求制成的漆胎漆色匀正，表面平整光洁，明亮似镜。

④ 表面装饰　即在漆膜表面进行装饰处理。

（4）金漆装饰类型

① 立体镶嵌装饰　多以人物及龙、凤、麒麟等鸟兽为装饰题材。首先要根据设计要求制作木雕（或脱胎），进而做成漆胎，再将玉石、兽骨、螺钿等加工成众多形态各异的片、甲、麟、块，精心组合，黏附于漆胎之上。图 3-39 所示为动物立体镶嵌。这类产品雕琢纤细，拼嵌严谨，神形兼备，光彩照人。镶嵌工艺有"三分雕，七分磨"之说。通过精心打磨，方能突出形象美和材质美。

图 3-39　动物立体镶嵌

② 彩绘装饰　以各色漆胎为画面，以各种色漆及金银粉为颜料，以特制的画笔为工具，精心描绘。调色要准确，润彩要丰富自然。细分之，又有描漆、描金、搜金、平金之别。这类产品犹如国画中的工笔重彩，生动而细腻，典雅而隽秀，情景交融，灿如锦绣，图 3-40 所示为金漆彩绘装饰图案。搜金产品则虚实相间，层次分明，苍劲古朴，意味深沉。而平金产品更显现出金碧辉煌的特征。所谓"平金"，即在漆胎上敷贴金箔。要根据气候变化，掌握好金胶的调配比例。涂金胶要均匀，贴金要掌握火候，平整、严实、光洁、鲜亮、无明显接口，不混金，不蹭金。

③ 雕填装饰　雕填的基础是彩绘。彩绘之后，应按纹样轮廓以特制的勾刀勾勒出较为浅细的纹路，称为"刺"或"雕"。线条的深浅粗细要均匀一致，不崩不豁，不能"跑刀"。打金胶后，戗之以金银粉，称为"填"。要填得饱满实足，干净利落，图 3-41 所示为雕填装

图 3-40　金漆彩绘装饰图案

图 3-41　雕填装饰图案

饰图案。这类产品具有线条流畅，锦地规整，色彩艳美，富丽堂皇的风韵。

④ 刻灰装饰　即在金漆涂膜表面刻绘花纹图案。要求金漆涂膜略厚，且刚韧相济。髹漆后，在金漆涂膜表面以勾、刺、片、起、铲、剔、刮、推等技法，雕刻出和谐、精细的凹陷纹路，构成精美的花纹图案，最后施粉、搭彩、固色。图 3-42 所示为刻灰花鸟图案，图像栩栩如生，具有很好的装饰效果。

图 3-42　刻灰花鸟图

⑤ 断纹装饰　即在被镶嵌家具零部件表面涂上一层裂纹漆，使其漆膜产生均匀细密的裂纹。由于裂纹漆的漆膜形成裂纹的方法不同，传统有晒断、烤断、撅断、颤断等工艺之分；从艺术形式上又有龟背断、流水断之别。图 3-43 所示为在断纹漆膜表面镶嵌的装饰图案。其漆纹裂而不断，仿古旧而不脏，给人以饱经沧桑后自然形成之感。要求是所产生的断纹均匀一致。

⑥ 虎皮漆装饰　先要在漆膜表面制作高低不平的花纹，低凹处层层涂饰各种颜色的色漆，磨平滑后，呈现出五彩斑斓的虎皮图案，如图 3-44 所示。其要领是既不能呆板，又不能杂乱，虽是人工所为，却似天然成就。

图 3-43　断纹装饰的镶嵌图案

图 3-44　虎皮漆装饰图案

思　考　题

1. 手工木雕有哪些主要工具？说明每种工具的结构特征、作用及其操作要领。
2. 有哪些主要木工雕刻机床？说明每种机床的主要组成部分及其工作原理。
3. 雕刻可分为哪几种类型？说明每种雕刻的概念及其工艺技术要求。
4. 何为镶嵌？镶嵌可分为哪些主要类型？说明每种镶嵌工艺技术要求。
5. 传统金漆镶嵌有何主要特征？镶嵌分哪些主要步骤？
6. 传统金漆镶嵌有哪些主要类型？说明每种金漆镶嵌的工艺技术要求。

第4章 软体家具外套部件及其制作工艺

软体家具表面的覆面材料是家具结构的最外层，它是"软体家具的时装"。首先，软体家具的外套，通过色彩、材质、肌理，在视觉和触觉上给人整体的感观效果；其次，通过面料的分割拼接特点，块面连接线的不同组合以及装饰件、细节标识等获得中心视觉的局部效果。

俗话说"佛靠金装，人靠衣裳"，软体家具的覆面外套及其构成是软体家具品位的重要体现，或婉约细腻，或粗犷厚实。要获得不同的艺术品位，离不开对覆面外套材料品种、厚度、部位、纹理等的合理选择应用；离不开块面组合、线型、针样等的形式美法则科学表达。

4.1 软体家具覆面外套材料

软体家具覆面外套材料包括天然皮革、人造合成皮革、织物等。随着时代的发展，科学的不断进步，已经有越来越多的新型材料运用到软体家具中。

软体家具的覆面外套通常与人体接触紧密、使用频繁，这就对软体家具外套材料提出了要求。一方面软体家具外套材料要具有良好的触感、质感，满足人体对舒适、健康的需求；另一方面软体家具外套材料要便于清洁与养护。

以下就对软体家具覆面外套材料作一些介绍。

4.1.1 皮革

皮革主要用于沙发等软体家具的覆面外套材料，具有保暖、吸音、透气、防冲击等功能，并具有豪华高贵的艺术效果。

4.1.1.1 真皮

（1）真皮制品的来源

真皮是使用动物皮革（如羊皮、牛皮、猪皮、马皮等）加工制作而成，常用来制作高级软体家具。真皮的透气性、弹性、耐磨性、耐脏性、牢固性、触摸感及质感等都比较好。真皮种类繁多，品种多样，结构不同，品质各异，价格也相差悬殊。真皮制品的来源有头层革、二层革，另外，真皮的下脚料可用来制作再生革。

头层革由动物的原皮直接加工而成，或把具有较厚皮层的牛、猪、马等动物皮脱毛后横切成上下两层，纤维组织严密的上层部分则加工成各种头层革。头层革带有粒面的，皮面有自然的疤痕和血筋痕等，偶尔还有加工过程中的刀伤以及利用率极低的肚腩部位，进口头层革还有编号烙印。

头层革分为全粒面革、修面革、半粒面革等，如图4-1至图4-3所示。全粒面革由伤残较少的上等原料皮加工而成，革面上完整保留粒面，毛孔较为清晰、细小、紧密，排列没有规律，表面丰满细致，极富有弹性及良好的透气性，涂层薄，能展现出动物皮自然的花纹美。头层革不仅耐磨，而且具有良好的透气性。在众多生产原料皮中，身价位居榜首，是皮革产品原料的高档产品。半粒面革是利用设备加工修整，打磨掉一部分粒面，故称为半粒面革。半粒面革保留了大部分天然皮革的风格，毛孔平坦呈椭圆形，排列不规则，手感相对全粒面革硬，一般选用等级较差的原料皮，属中档皮革。因工艺的特殊性其表面无伤残及疤痕且利用率较高，其制成品不易变形。修面革表面平坦，无毛孔及皮纹，在制作中利用磨革机将表面轻微磨修饰，然后在皮革上面喷涂一层有色树脂，掩盖皮革表面纹路，再喷涂水性光透树脂，再压上相应的花纹而制成的。实际上是对带有伤残或粗糙的天然革面进行了"整容"。此种革富有弹性及良好的透气性，但是几乎失掉了原有的表面状态，花纹是加工而成，不自然。

图 4-1 全粒面革   图 4-2 半粒面革   图 4-3 修面革

二层革是用片皮机剖层而得，是纤维组织较疏松的二层部分，也就是真皮的下面一层，如图 4-4 所示。经化学材料喷涂或覆上薄膜加工而成，二层革只有疏松的纤维组织层，只有在喷涂化工原料或抛光后才能用来制作皮具制品，具有一定的自然弹性和工艺可塑性的特点，但强度较差。头层革用手按下去有明显的皱纹，二层革表面发涩，按下去也没有皱纹。

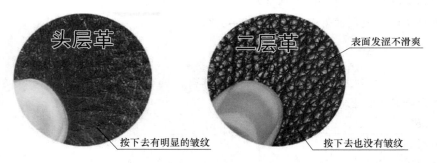

图 4-4 头层革和二层革

再生革是将动物的废皮及真皮下脚料粉碎后，调配化工原料加工制作而成。再生革表面加工工艺同真皮的修面革一样，特点是皮张边缘较整齐、利用率高、价格便宜，但是皮身一般较厚，强度较差，如图 4-5 和图 4-6 所示。

（2）皮革生产的主要流程

① 生皮阶段（水厂阶段）　削皮，防腐，削整，分皮，水洗，削肉，浸灰，除毛，起灰皮，脱灰，酵解，浸酸。

② 制皮阶段（从兰湿皮开始）　削磨，分层，水洗，中和，染色，加脂，压整，干燥，振荡，涂饰，打光，压平，压花。

（3）皮革生产工序

主要分为水场和干场。

图 4-5　再生革

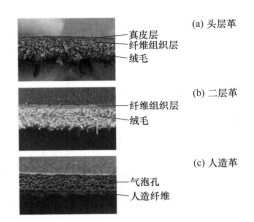

图 4-6　头层革、二层革和人造革的剖面结构

水场部分：自然与水脱离不了关系，制造场所也到处是水。

① 生皮从动物身上取下后要用盐腌防腐，再有货柜车运至皮革厂。

② 削边　整理，分类，然后浸水，使生皮因加盐防腐而丧失的水分还原。方法：让生皮在水槽中滑动，让其充分吸水。

③ 削肉　经过削肉机上的滚刀，除去生皮上残余肉类。

④ 除毛　利用强性硫酸钠和碱石灰，以消除毛发，化解皮面上角质层，并除去一些可溶性蛋白质。

⑤ 脱灰　除去除毛时残留在皮里的碱性石灰。

⑥ 酵解　除去一切不需要的非皮质纤维。

⑦ 浸酸　以降低皮身的 pH，只有酸性皮身才能吸收踩革剂（铬盐）。

⑧ 铬鞣　皮身在铬盐等鞣革剂中浸泡，转鼓中运转 4～6h。

⑨ 挤水，削皮　挤出皮在生产中吸收的水分，后削皮（即皮革分层）。

⑩ 染色和加脂　染色是生产苯染皮的必经过程，即皮身在染料剂中浸泡滑动。加脂是将加脂剂加入皮革中，使皮革恢复原有的脂肪含量。通常用的有植物提炼的加脂油，也有动物油脂。不同的油脂和油脂量的多少决定了皮革软硬程度。

⑪ 张皮，干燥　用夹子将皮料崩开，拉开，晾干或用真空干燥。

干场部分：此阶段的皮身基本不含多少水分。

① 回湿　经过干燥的皮身会变得较硬，喷少许水回湿。

② 摔软或打软　用软鼓（同洗衣机甩干原理）将皮料摔软，用机器上下拍打将皮料打软。

③ 磨皮　磨去皮表面的斑痕，伤疤。

④ 表面涂饰，压花　皮表面喷涂料或印花纹以达到客户所要求的色泽，手感及软硬度。

⑤ 成品皮革应通过以下各项测试　脱色程度，抗拉力强度，抗撕裂强度，耐高温，耐寒，耐曲折等。

（4）真皮的鞣制工艺

鞣制是制革重要工序，通过鞣剂使生皮变成革的物理、化学过程。是皮肤原与鞣剂发生结合作用使生皮变性为不易腐烂的革的过程。主要鞣制工艺有植鞣、铬鞣、铝鞣、油鞣。

植鞣是以植物鞣剂加工皮革。植鞣革，俗称树膏革（树糕革），其加工过程相对环保，但是在颜色上有局限，有很多鲜艳的颜色不能染。一般植鞣革是做原色皮具、皮雕的最佳选择。植物鞣料指含植物鞣质（单宁含量≥8%），具有工业开发价值的植物组织材料，如木材、树皮、果实、叶、根等。经过植鞣处理后，成型性好，板面丰富富有弹性，无油腻感，革的粒面、绒面有光泽，吸水易变软，可塑性强，容易整形，颜色从浅肉粉色到淡褐色，最适合做皮雕工艺。要做成植鞣革必须选上乘的皮原胚，也就是说皮纹要细、伤疤很少的坯皮（全粒面革）。植鞣采用天然植物鞣剂鞣制，很环保。植鞣革一般都是原色，几乎看不出涂层，因此毛孔都比较清晰地呈现在表面，也正是因为这样，才比较容易吸水。植鞣革遇水容易变形，如不及时处理还会就此定型。因为植鞣革的吸水特性，用它制成的皮革的吸湿性也是最好的。根据植鞣革具有滴水变色的效果可以判断是否为植鞣革。深色的可能不太明显，但浅色和白色的就很明显，滴水以后很快渗透，皮面会变红，水干了之后，颜色会变得深一些。随着使用时间增加，皮面会逐渐变成棕黄色，再过段时间，颜色趋于稳定，加以保养，皮面光泽度非常好，变成许多人喜欢说的老蜜蜡的颜色。虽然植鞣革的色彩有限，但因其色彩附着力不错，可以采用刷色技术，使之成为各种鲜亮的颜色。采用无污染、无公害的颜料渗入皮层的方式进行上色，牛皮革表面的质感不会因为上色而改变，依然保留最原始皮质手感和视觉感受，这也是染色植鞣革最有魅力的部分。全植鞣革最硬、最厚。

铬鞣，就是用铬盐鞣革，鞣性的铬盐是三价碱式铬盐，常用的铬鞣剂为商品铬盐精，有效成分是碱式硫酸铬。铬鞣革遇热变形，耐水，吸湿性不如植鞣革好。用它制成的革耐水洗，耐储藏，稳定性强。皮革柔软、轻巧、舒展，色彩艳丽。

铝鞣，铝盐主要有铝明矾、硫酸铝及氯化铝（铝鞣剂）等。铝明矾简称白矾，有三种类型：钾明矾、钠明矾和铵明矾。由于铵明矾的溶解性好，所以常用。铝盐与植物鞣剂进行植-铝结合鞣（铝复鞣）能提高革的收缩温度，改善耐汗法和柔韧性，也可节约栲胶。铝鞣革的特点为色白、柔软、延伸性好、耐温中等，不耐水，遇水或在水中洗涤时，就会将鞣剂洗去，造成脱鞣，干后变硬。

油鞣，采用油鞣法鞣成的革称为油鞣革。常用的油脂是海产动物油，因其富含不饱和脂肪酸，至少含两个以上的双键，碘价高，酸价低。用此类油脂处理后的皮，置于一定温、湿度条件下，油脂发生缓慢氧化，其氧化聚合物包裹胶原纤维，使胶原纤维间具有活动性和疏水性。产生的醛类和其他氧化物与皮胶原发生胶联而起鞣制作用。用油鞣法鞣成的革称为油鞣革，俗称麂皮，是绒面革的一种，非常柔软。以往由野生麂皮制作，现今多用剖去粒面的绵羊皮制作。成革呈浅黄色，柔软、泡松，两面起绒，绒毛细致有丝绸感，其延伸性、吸水性、透水性、透气性都很好，耐水洗，干后不变形。

在鞣制过程中也可结合两种不同的鞣制方法。铬鞣法和植鞣法构成了两种不同的鞣革技术体系，它们也可结合使用（铬-植结合鞣法）。铬鞣法收缩温度高，生产周期短，弹性大而无可塑性，便于染整修饰，重点用于轻革。植鞣法成革丰满、坚实、耐磨、弹性小且有可塑性，多用于重革。

（5）真皮表面处理

根据表面处理工艺，真皮可分为压花皮、打光皮、漆皮、擦色效应皮革、黏膜革、打蜡皮、磨砂皮、油皮、捽纹皮、翻毛皮等，如图4-7至图4-9所示。

①压花皮　一般选用修面革或开边珠皮来压制各种花纹或图案而成。比如，仿鳄鱼纹、蜥蜴纹、鸵鸟皮纹、蟒蛇皮纹、水波纹、美观的树皮纹、荔枝纹、仿鹿纹等，还有各种条纹、花格、立体图案或反映各种品牌形象的创意图案等。

②打光皮　以一种传统的皮革处理方式，用酪蛋白做表面涂饰，然后以机器玻璃滚筒

重复磨光的皮面，以产生优雅的透明光泽，目前在高级的小牛皮、小羊皮、蛇皮上仍然应用此种方式处理。

③ 漆皮　用二层革坯喷涂各色化工原料后压光或消光加工而成的皮革。传统的漆皮革涂饰是一种非常耗费体力的方法，它是使用热的亚麻油进行涂饰，也叫热漆革涂饰。现在的漆革生产使用的是冷漆革涂饰方法，它是在颜料膏树脂底上再涂一层很厚的聚氨酯光亮剂层，以得到高光亮的顶层。

图 4-7　压花皮　　　　　　　图 4-8　打光皮　　　　　　图 4-9　漆皮绣花布沙发

④ 打蜡皮　也称烧焦打蜡皮，是采用精选的优质黄牛皮原料以及环保生态的化工原料加工而成的环保坯革，不经后续的任何涂饰加工整理，如图 4-10 所示。打蜡皮分为打蜡牛皮（黄牛和水牛）和打蜡羊皮两种。打蜡皮制革时皮身经过严格挑选，要求毛孔细，表面无伤痕，经过染色后打蜡抛光处理，毛孔清晰，无涂层感，手感光滑，不易死褶，透气性好，护脚排汗。制成品毛孔、皮纹都很清晰，表面光泽自然。打蜡皮渗入性好较易吸潮，汗渍和水浸碰后容易变色。特别要注意防止油、咖啡、牛奶等液体滴在皮面上引起皮面变色。部分有擦色效果的蜡皮，主要是通过生产过程中使用专用蜡以控制温度的方式形成的不均匀的效果，如烧焦效果的皮料。它们的皮本质跟蜡皮一样，因此使用中也要注意防水。由于打蜡皮属于无涂层皮料，所以护理时不允许使用水性护理剂和清洁剂，也不可以使用非专用护理产品。日常清洁只用柔软的干布经常擦拭保持表面清洁即可。一周左右使用专用海绵或干布在鞋面均匀涂上一层薄薄的真皮滋养膏，放置半小时左右，待滋养膏充分渗透到皮层之后用柔软的干布反复擦拭抛光，即打理完成。

⑤ 擦色效应皮革　也可叫擦色皮，是以底面用浅色涂饰，表面喷成较深的颜色，根据特殊需要擦去或经过布轮摩擦后，即可产生美丽的双色效果，再做封面、饰面，也可叫花色皮面革。图 4-11 所示为擦色皮沙发。

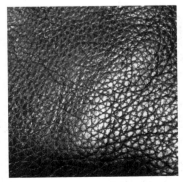

图 4-10　打蜡皮　　　　　　　　　　图 4-11　擦色皮沙发

⑥ 黏膜革　即俗称的"植绒革"，在二层革层或革面上贴上一层植绒皮，特点是绒毛长，感观好，但易磨损，难以修复，只做清洁保养，如图 4-12 所示。

⑦ 磨砂皮　是将皮革表面进行抛光处理，并将粒面疤痕或粗糙的纤维磨蚀，露出整齐均润的皮革纤维组织后再染成各种流行颜色而成的头层或二层革，就是亚光的经过腐蚀处理的一种皮革，类似于磨砂玻璃，如图 4-13 所示。

⑧ 油皮　又称"变色龙"，这种皮用指甲一刮或用手撑开，颜色就会变浅，但以手抚平后又恢复正常，其特点是油感黏腻，涂层着色原料有变色油脂和金属络合染料，此皮同时具有苯胺效应和皮层变色效应。耐湿强，皮质光亮弱，手感好，要讲究专业护理。如图 4-14 所示。

图 4-12　植绒皮革

图 4-13　磨砂皮沙发

⑨ 摔纹皮　是把皮在转鼓里摔来摔去形成一种比较自然的纹路，质感较好，没有经过机械压纹。这种皮革比较柔软，摸起来更加舒服细腻，看起来更加美观。如图 4-15 和图 4-16 所示。

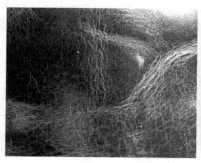

图 4-14　仿古油蜡牛皮

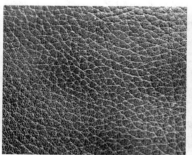

图 4-15　复古自然摔

图 4-16　软粒面自然摔

⑩ 绒面皮和翻毛皮　这类皮经细砂磨过，表面呈绒布状。如牛巴哥，羊绒皮，如图 4-17 所示。

4.1.1.2　人造革

人造革是一种外观、手感似皮革并可代替其使用的塑料制品。通常以织物为底基，涂覆合成树脂及各种塑料添加制成。可以根据不同强度、耐磨度、耐寒度和色彩、光泽、花纹图案等要求加工，具有花色品种繁多、防水性能好、边幅整齐、利用率高和价格相对真皮便宜的特点，但绝大部分的人造革，其手感和弹性无法达到真皮的效果；它的纵切面，可看到细微的气泡孔、布基或表层的薄膜和干干巴巴的人造纤维。它是早期一直到现在都极为流行的一类材料，被普遍用来制作各种皮革制品，或代替部分的真皮材料。它日益先进的制作工艺，正被二层革的加工制作广泛采用。如今，极似真皮特性的人造革也有生产面市，它的表面工艺及其基料的纤维组织几乎达到真皮的效果，其价格与国产头层革的价格不相上下。

人造革主要有 PVC 人造革、PU 人造革和 PU 合成革三类。由于加工过程不受时间、原料的限制，产品均一性较好、幅宽一致，易于裁剪加工，近年是替代天然皮革的良好材料。其中，PVC 人造革主要是用溶液、悬浮液、增塑溶胶或薄膜等

图 4-17　翻毛皮

形式涂覆于织物底基上制得，优点是价格便宜、色彩丰富、花纹繁多。PU 合成革从化学结构来说，手感弹性好，不易变硬、变脆，同时具有色彩丰富、花纹繁多、耐用性较久的优点。

人造革的生产工艺包括基布处理、胶料制备、涂覆、贴合、凝胶化、表面处理、压花、冷却、卷取等工序。其主要生产方法有 4 种：

① 直接涂覆法　将胶料用刮刀直接涂覆在经预处理的基布上，然后入塑化箱进行凝胶化及塑化，再经压花、冷却等工序，即得成品。此法可生产各种布基的普通人造革、贴膜人造革和发泡人造革。

② 转移涂覆法　又称间接涂覆法。将糊料用逆辊或刮刀涂覆于载体（离型纸带或不锈钢带）上，经凝胶化后，再将布基在不受张力下复合在经凝胶化的料层上，再经塑化、冷却并从载体上剥离，然后进行后处理，即得成品。此法适于生产针织布或无纺布基泡沫人造革和普通人造革。

③ 压延贴合法　按配方要求，将树脂、增塑剂及其他配合剂计量后，投入捏合机中混合均匀，再经密炼机和开炼机或挤出机炼塑后，送至三辊或四辊压延机压延成所需厚度和宽度的薄膜，并与预先加热的基布贴合，然后经压花、冷却即得成品。此法可生产不同布基的各种人造革。为了提高基布与薄膜的贴合效果，常在基布上先涂一层胶黏剂。

④ 挤出贴合法　将树脂、增塑剂及其他配合剂在捏合机中混合均匀，经炼塑后，由挤出机挤成一定厚度与宽度的膜层，然后在三辊定型机上与预热的基布贴合，再经预热、贴膜、压花、冷却即得成品。此法用于制造较厚的产品，如地板革、传送带等。

4.1.1.3　超纤合成革

由于天然皮革加工造成的环境污染问题日渐突出，越来越多的国家和地区逐渐限制天然皮革的非清洁加工与销售。作为替代天然皮革的新材料——超纤皮革已经量产 10 年且已成熟化、产业化。用超纤皮革部分替代天然皮革，已经是很多箱包皮具、鞋类、服装、车船游艇、飞机生产企业内饰升级降低成本的不二选择，同时也是未来替代真皮的选择方向。

超细纤维合成革（简称超纤合成革）是新一代人工皮革，它是以超细纤维制成的无纺布作为基体，具有与天然皮革相似的微观结构——微细的胶原纤维相互缠合而成，同时采用聚氨酯合成革后处理工艺，制出与天然皮革相似的外观。超纤合成革在外观、手感和内在结构上都接近真皮，在耐酸性、耐碱性、耐黄变性、剥离强度、顶破强度等性能上甚至优于真皮，可广泛用于软体家具、装饰等行业。其生产工艺主要有定岛和不定岛两种，其中定岛技

术制得的合成革染色均匀度好，机械性能高，但柔软度和起绒后的手感较差；不定岛技术制得的合成革比较柔软，起绒后的手感较好，但强度相对低一些，容易出现染色不匀、色牢度差等问题。另外，起绒的纤维易脱落，抗起球性能较差。超细纤维合成革目前面临着染色加工过程中生产成本较高，能耗大，环境污染治理难度相对较大等一定的问题和挑战。

4.1.2 织物

织物，是由纺织纤维和纱线制成的、柔软而具有一定力学性质和厚度的制品，也就是人们通常所说的纺织品。织物是家具的传统材料，主要应用在家具的覆面和家具配饰中，犹如人类的衣着，保护着家具的同时又装扮着家具，对于家具的形态和内涵都起着举足轻重的作用。此外，纺织物具有可拆卸和可换洗的独特功能，可以根据使用环境和心情进行变换，这是其他材质无法满足的。

织物柔软、款式多样、图案丰富。将其应用于软体家具不仅可以弱化金属、玻璃、木制品等材料的冰冷感，而且能够增加软体家具的舒适度、美观度，因而受到了越来越多的喜爱。特别是其简约时尚的设计理念备受年轻人的追捧。

4.1.2.1 织物的分类

（1）天然织物

以动植物纤维等天然材料为主要原料的纺织品，原料有棉花、麻、果实纤维、羊毛、兔毛、蚕丝等。天然纺织物具有轻盈、吸湿、透气、柔软、舒适等优点，但也具有弹性和坚韧性差、易褪色、易起褶等缺点。一般棉麻质纺织物较多被应用在家具覆面或家具配件上，给人淳朴、自然的感受。

棉布即是一种以棉纱线为原料的机织物，棉布具有穿着柔软舒适、保暖、吸湿、透气性强、易于染整加工等特点，由于它的这些天然特性，早已被人们所喜爱，成为生活中不可缺少的基本用品。

麻布是以亚麻、苎麻、黄麻、剑麻、蕉麻等各种麻类植物纤维制成的一种布料。麻布制成的产品具有透气、清爽、柔软、舒适、耐洗、耐晒、防腐、抑菌的特点。

绒布指经过拉绒后表面呈现丰润绒毛状的棉织物，通过在布的表面做的针孔扎绒工艺，产生较多绒毛，立体感强，光泽度高，摸起来柔软厚实。

随着科技的快速发展，新型天然纤维——竹纤维出现，它是继棉、麻、毛、丝之后的第五大天然纤维。竹纤维除具有良好的透气性、吸水性、耐磨性和染色性等特性，还具有抗菌、抑菌、防臭和抗紫外线功能。竹纤维制成的织物被业内人士誉为"21世纪最具有发展前景的健康面料"。

（2）人造织物

人造织物是利用天然的高分子物质或合成的高分子物质经化学工艺加工而取得的纺织纤维总称。按原料和生产的方法可分为人造纤维和合成纤维。

化纤纺织物是指由化学合成纤维加工而成的纺织物，如涤纶、氨纶、腈纶等。化纤纺织物具有很强的弹性和韧性，但是化纤面料的吸湿性和舒适性较差。化纤纺织物很难满足以舒适性为主要追求的消费需求。于是大量仿真的化纤纺织物应运而生，如涤纶仿真丝面料。仿真丝面料的外观和手感与真丝绸一致。吸湿性能也超越了棉和真丝等天然纤维。化纤作为人造的高分子聚合物，在生产过程中可以预先设计其功能性，可以使纺织物具有抗菌、低辐射、耐紫外线辐射、阻燃等特殊功能。

植绒是常用的人造织物。植绒是利用电荷同性相斥异性相吸的物理特性，使绒毛带上负电荷，把需要植绒的物体放在零电位或接地条件下，绒毛受到异电位被植物体的吸引，呈垂直状加速飞升到需要植绒的物体表面，由于被植物体涂有胶黏剂，绒毛就被垂直黏在被植物体上，因此静电植绒是利用电荷的自然特性产生的一种生产新工艺。

植绒布特点是立体感强、颜色鲜艳、手感柔和、豪华高贵、华丽温馨、形象逼真、无毒无味、保温防潮、不脱绒、耐摩擦、平整无隙。植绒布在软体家具上的应用主要有植绒沙发，布艺沙发，静电植绒布做成的窗帘等。清洗时应注意，切忌将其泡在水中揉洗或刷洗，只用棉纱布蘸上酒精或汽油轻轻地揩擦就行了，如果绒布过湿，切忌用力拧，以免绒毛脱掉，影响美观。正确的清洗方法应该是用双手压去水分或让其自然晾干，以保持植绒原来的面貌，如图 4-18 和图 4-19 所示。

图 4-18　植绒布沙发

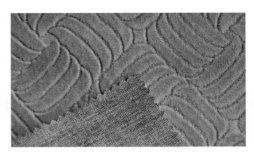

图 4-19　灰色沙发植绒布

（3）混合织物

混合织物是由化学纤维和棉、麻、丝、毛等天然纤维混合纺织制成的纺织物。混合织物兼具了天然纺织物和化纤纺织物的优点，又尽可能地避免了它们的缺点。以涤棉为例，涤棉集聚了棉、麻、丝、毛和化纤的全部优点。

4.1.2.2　织物的基本功能

（1）保护功能

软体家具织物作为家具的蒙面套用材料可以有效地保护家具，避免污损。尤其是人们经常使用的沙发、椅子、桌子，为了保持整洁，使家具表面不致损伤。此外，还可以防止阳光直接照射引起的家具变质、变色。某些新型纺织物具有抗菌、阻燃、防污、防水、防辐射、耐高温、耐酸碱等功能作用，也逐渐在家具上有所使用。

（2）舒适功能

家具织物一般都具有较好的弹性和柔软性，使铁质或木质的沙发、座椅、桌子加上了一层纤维材料的外衣，改变了原来质地坚硬、冰凉冷漠的外观效应，给人以温馨亲切之感。在实际使用时，人们身体接触到的家具织物柔软温暖，有良好的触感和保暖性，大大提高了家具的适用性能与舒适性能。

（3）美化功能

软体家具织物可以随着环境气氛的变化和装饰点缀的需要进行更换，使家具织物有效地与室内环境色彩、风格、气氛、情趣协调统一，形成特点突出、风格鲜明的整体效应。织物的灵活多变性使其成为室内美化中十分重要的因素。

纺织品的品质影响着家具的品质和销售族群。不同品质的织物与家具相结合可以提高或降低家具的销售价格。纺织品的图案、花色能够改变家具的视觉效应。竖条纹的布艺会增加家具的高度，水平条纹的布艺会增加家具的水平视觉感受。为软体家具配备不同的织物进行更换，不仅提高了软体家具自身的附加值，也方便了消费者，如图 4-20 和图 4-21 所示。

图 4-20　条纹织物沙发

图 4-21　素色织物沙发

4.1.2.3　软体家具织物的基本性能要求

（1）坚牢度

软体家具的织物有家用和商用两大类。商用类家具覆盖织物的性能标准通常比家用类高，应为商用类织物使用率高，需要专门设计，比大多数家用类织物组织紧密、拉伸强度高，并具有较强的坚牢度。

（2）摩擦因数

用作沙发、椅垫套的家具织物应具有一定的表面摩擦因数，使人们靠坐其上不至于滑溜移动，增加坐垫的稳定性和舒适性。这类织物大多采用绒面结构、结子线等花式纱线交织技术，织物外观风格比较粗犷，毛绒与粗结凸出于织物表面，既耐磨又能增大摩擦因数，具有较好的实用效果。

（3）稳定性

家具覆盖织物的织物密度要尽可能紧密，组织浮长要尽可能缩短，一般以平纹、变化平纹、斜纹、人字斜纹组织为多，可以有效提高织物的外观稳定性。

4.1.2.4　织物的选用原则

（1）以人为本

首先织物的艺术表现形式及手法可以传达人们内心的艺术理想和追求。调节心理情绪的变化，让人在优美的环境中感受舒心惬意。其次，应根据不同的展示环境及家具品牌的不同要求，合理地利用织物的装饰效能。一方面要通过高度的概括和提炼，使艺术灵感与理性的构想有机地组合并巧妙应用，使织物以新的艺术形式呈现在家具展示氛围中。另一方面，利用织物的设计，打破展示空间中一些相似的形态，力求创造变化多样而别具一格的空间环境。运用织物独特的外观和柔软的特质，有效地拉近人与展示空间的距离，以丰富多彩的织物生动地营造出优美的展示空间，并由此修饰和弥补其他装饰材料上的缺陷和不足，给坚硬冷漠的空间环境增添柔和、温馨和融洽的元素。充分展示设计语言中的象征意义，表现形式和精神内涵，以人为本，创造舒适宜人的家具空间。

（2）符合环保标准

多选用天然棉麻、丝织品，少用化纤面料，以减少对家居环境的损害；用于家具的纺织品应具有阻燃的性能，以使火灾的危害降到最低限度。

（3）彰显文化

织物要根据不同的家具展示空间来具体选择，注重艺术性和主题性，以创造出高品位、艺术感和优吸引力的优美环境。织物设计主题内容广泛，既可以结合本国的文化背景去寻求不同的民族文化风格，从各地的风俗民情、文学艺术、历史典故、时代风范、地理气候等诸多方面追寻艺术灵感的撞击，也可以利用科学技术手段找到独特的创意和特定的设计理念。

（4）注重个性

在选择织物时，除了要调整好织物与展示空间、家具品牌的关系，把握整体设计的风格，除对织物的纹样、色彩、质地等与功能的完美结合之外，还要对具体的家具品牌做较全面的研究，力求体现该家具品牌的宗旨与特色，赋予不同家具展示空间独特的个性。

（5）系列配套

织物的种类繁多，各种植物都有它自身的系列性，如染色工艺有各种色相的染色系列；印花工艺有印花的系列；绳编工艺有绳花系列；织花工艺有织花系列；挑、补、绣工艺有挑花、补花、绣花系列；靠垫有靠垫系列。靠垫和沙发可以构成系列，甚至织物和室内的其他物件如灯具、器皿、大件陈设物构成系列变化，并开发出相关的配套产品，更好地作用于家具展示空间。

4.2　软体家具覆面外套制作的设备与工具

软体家具覆面外套多为自由曲面包覆形式，这样，覆面外套的生产过程中很难实现全面的机械化制造，许多工艺环节必须以手工工具来完成，随着时代的发展，大多数家具企业采用半机械化生产。

4.2.1　手工工具

4.2.1.1　锥子和拆线器

锥子可以在皮革的皮面上划线，还能穿线孔、修正散开的缝线等。拆线器用来拆掉定位用线或缝制错误的线，如图 4-22 至图 4-24 所示。

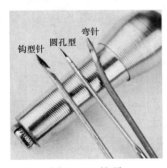

图 4-22　锥子　　　　图 4-23　可换锥针的锥子　　　图 4-24　手缝拆线器

4.2.1.2　裁皮刀

裁皮刀经过仔细研磨后可拥有最佳的利度。除了图片中的刀款外还有斜刃与左撇子专用等刀款。半圆裁皮刀为半圆形双面开刃，双向（推拉）切割方式，既美观又实用。美工刀可以裁切较薄的皮革，适合与量尺并用以裁切直线。此外，常用的裁皮工具还有皮革剪刀和裁剪刀，如图 4-25 至图 4-30 所示。

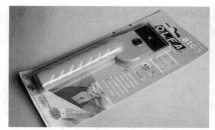

图 4-25　换刀式裁皮刀

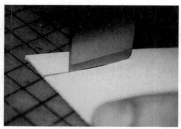

图 4-26　裁皮刀的使用

图 4-27　半圆裁皮刀

图 4-28　美工刀

图 4-29　皮革剪刀

图 4-30　裁剪刀

4.2.1.3　皮革打薄刀

削薄刀主要用来削薄皮革，一般手工艺中是削薄皮革边缘，使皮革缝接时没那么厚，如图 4-31 至图 4-33 所示。

削边器是以固定宽度削去皮革边缘的工具。薄质皮料与比较柔软的皮料不适合使用削边器，应改用研磨片进行削整，如图 4-34 所示。

削皮刨有三种类型，分别是平底型刨刀、船弧型刨刀、内 R 型刨刀，如图 4-35 和图 4-36 所示。其中，平底型刨刀适合用于刨整直线侧边，船弧型刨刀则适合刨整内弧侧边。刨刀除了可以刨整侧边之外还可以进行削薄加工，因此若能备齐会较为方便。

图 4-31　皮革打薄刀

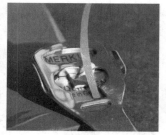

图 4-32　皮革打薄刀的使用

图 4-33　皮革削片刀

图 4-34　削边器

图 4-35　削皮刨

图 4-36　皮革削片机

4.2.1.4　菱斩/平斩/圆斩/字斩

菱斩和平斩都是用于凿出皮革缝纫线孔。圆斩多是凿出供固定扣或四合扣等零件所使用的工具。而花斩样式很多，用于凿出不同形状的图案，如图 4-37 至图 4-42 所示。

图 4-37　一字斩

图 4-38　一字斩打孔图

图 4-39　一字斩

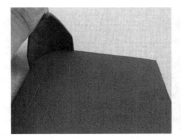

图 4-40　一字斩的使用

图 4-41　一字斩的效果

图 4-42　半圆斩

4.2.1.5　缝线定位工具

缝线为线孔的基准，因此划线时必须与侧边维持均等的间距。主要工具有拉沟器（可刻出沟槽）、间距规（适用于薄皮料）、边线器（可拉装饰线），如图 4-43 至图 4-48 所示。

图 4-43　边线器

图 4-44　挖槽器

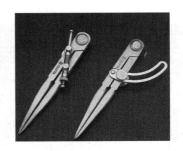

图 4-45　间距规

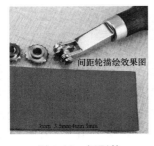

图 4-46　间距轮

图 4-47　白钢菱斩

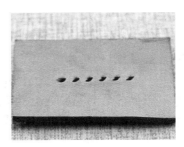

图 4-48　菱斩打孔图

边线器/压边器：用于压出整齐的缝纫线或装饰线。

挖槽器：和边线器的用途一样，但它可以拉出线槽，使缝纫线陷入皮革内起到一定的保护作用。适用于厚质皮料上划线的挖沟器。因缝合后缝线会藏于沟缝中，所以能防止缝线磨损。

间距规可在皮面层较薄的皮料上拉出准确的缝线。使用时应将一只针脚紧靠与侧边上，再以另一侧的针脚划出缝线。间距轮则是可以在缝线上压出等间距线孔记号的工具。

4.2.1.6 上油及压合工具

边油笔：用于给皮革的边缘涂油，也有用棉签、毛衣针、吸管等替代，如图 4-49 所示。边油笔的使用如图 4-50 所示。

皮革推轮：前端推轮可以自由滚动，在黏合皮革时在皮革上方来回滚动，能透过平均施压来达到确实贴合的目的。使皮革黏合更为紧密，如图 4-51 所示。

 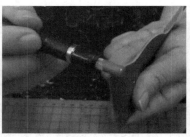 

图 4-49 边油笔　　　　图 4-50 边油笔的使用　　　　图 4-51 皮革推轮

4.2.1.7 磨边工具

磨边工具是用来处理做好皮具的边，在皮革边缘涂 CMC 或者革侧边背面处理剂，磨边蜡后，抓住它放在皮革边上来回滚动，得到有光泽、圆滑的皮革边缘，如图 4-52 至图 4-54 所示。

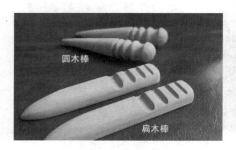  

图 4-52 磨边器　　　　图 4-53 磨边器的使用　　　　图 4-54 紫光檀电动打磨棒

4.2.2 机械或半机械设备

4.2.2.1 缝纫机种类

缝纫机种类很多，主要有家用缝纫机和工业用缝纫机之分。家用缝纫机又可细分为机能少、缝制力量弱小的缝纫机及附带电脑、力量增强、价格昂贵的高端缝纫机。家用缝纫机虽然可以缝制牛仔裤等略微厚重的布料，但是其力量弱小，无法胜任皮革等的缝制。且缝制速度无法与工业用缝纫机相比。因而商用都选择工业用缝纫机。工业缝纫机适用于缝纫工厂或其他工业部门中大量生产缝制工件。工业用缝纫机可分为通用、专用、装饰用及特种缝纫机等种类。

（1）通用缝纫机

工业平缝机是生产中使用面广、量大的设备，主要用于平缝。近年来，工业平缝机正在向高速化、计算机化发展，车速已从 3000r/min 提高到 5000～6000r/min。缝纫功能除一般用途外，还具有自动倒缝、自动剪线、自动拨线、自动松压脚和自动控制上下针位停针以及多种保护功能。

包缝机分 3 线、4 线和 5 线包缝机，其中 3 线包缝机（锁边机、码边机）和 5 线包缝机应用广泛。

绷缝机主要用于绲边、折边、绷缝等。

（2）专用缝纫机

专用缝纫机是用于完成某种专用缝制工艺的缝纫机械，如钉扣机、套节机等。

（3）装饰用缝纫机

装饰用缝纫机是用于缝制各种漂亮的装饰线迹及缝口的缝纫机械，如绣花机、曲折缝机、月牙机等。

（4）特种缝纫机

特种缝纫机是能按设定的工艺程序自动完成严格作业循环的缝纫机械，如自动开袋机、自动缝小片机等。

4.2.2.2　平缝机的构造及使用方法

（1）机针的选择和安装

一般情况下，缝制薄、密的缝料应选用小号针，而缝制厚、柔、疏的缝料则宜用大号针。如果在缝制薄料时用粗针，机针上升时缝料会随机针在压脚槽内上升，延缓了线环的形成，从而引起跳针。如果缝制厚料时用了细针，则会引起机针弯曲或断针。

在高速缝制低熔点的化纤织物时，高速缝纫机针和缝料的剧烈摩擦会导致机针针温过高，严重时会在化纤织物中形成孔洞或造成化纤缝线熔融，针孔过线阻力增加，使面线成形条件恶化而引起跳针或断线，因此应采取适当的措施降低机针的温度。首先可以采用双节机针或高速机针，双节机针上节粗，可增加机针刚度，下节细，可减少针与缝料摩擦，从而使针温降低。高速机针的针尖部和针孔两侧尺寸比针杆直径粗 5%～7%，可减少针杆与缝料的摩擦生热。其次，在缝线上加硅油及风冷的方法可有效降低针温。硅油无色、易挥发，挥发过程中可带走机针部分热量。

安装机针时切断电动机电源，转动上轮，使针杆上升到最高位置，旋松装针螺丝，将机针的长容线槽朝向操作者的左面，然后把针柄插入针杆下部的针孔内，使其碰到针杆孔的顶部，再旋紧装针螺丝。

装针和穿面线方法如图 4-55 和图 4-56 所示。

（2）缝纫线的选择和穿线

在选用缝纫线时首先应考虑其可缝性、强度和均匀度，这样才能保证线缝的牢度。速缝纫机使用的面线应选左旋线，而且捻度适中，底线左、右旋线均可使用。缝线旋向的区分方法是一手捏住缝线不动，另一手捻其垂下的部分，捻紧方向即为线的旋向。缝针、缝线、缝料的关系见表 4-1。

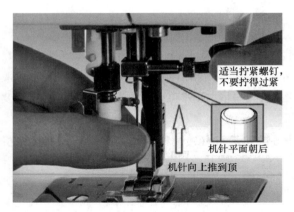

图 4-55　装针方法

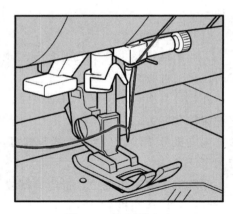

图 4-56　穿面线方法

表 4-1　　　　　　　　　　　　　　缝针、缝线、缝料的关系

机针号	缝　　线	缝　　料
9 号	80～100 公支	极薄料，绉纱、乔其纱、透明纱等
11 号	80～100 公支	薄料，绸、印花布、府绸等
14 号	50～60 公支	普通料，棉、毛织物
16 号	30～50 公支	中厚料，毛织物、防雨布、薄皮革等

　　穿线：穿面线时针杆应在最高位置，然后由线架上引出线头。引底线时，先将面线线头捏住，转动主动轮，使外杆向下运动，再回升到最高位置，然后拉起捏住的面线线头，底线即被牵引上来。最后将底、面两根线头一起置于压脚下前方。

　　底线的绕法：将梭芯插入绕线转动轴上，缝线在梭芯上绕几圈；按下满线跳板，使绕线轮与皮带接触；调节绕线量调节螺钉，使绕线量约为 80%，将调节螺钉向右转，绕线量增大，反之则绕线量减少；绕线轮自动停止转动后，将梭芯取下，如图 4-57 和图 4-58 所示。

图 4-57　底线的绕法

图 4-58　将底线装入梭芯套

　　梭芯的装法：拿住梭芯，使线的绕向朝右，并把它放入梭芯套；将线通过梭芯套上的线槽拉出，再通过夹线簧下将线从线孔内引出，如图 4-59 和图 4-60 所示。

　　（3）针距调节

　　倒（顺）送料针距的长短，可以转动针距旋钮来调节，旋钮盘上的数字表示针距长短的尺寸（单位为 mm）。

　　（4）压脚压力

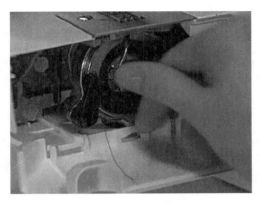

图 4-59　梭芯的装法

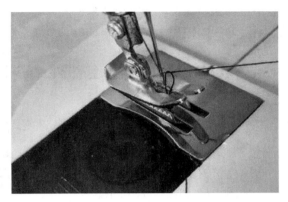

图 4-60　拉底线的方法

　　要根据面料的厚度加以调节，首先旋松螺母，在放入厚料时，应加大压脚压力，即顺向转动压脚调节螺钉，使压力增大。缝纫薄料时，与之相反。如图 4-61 和图 4-62 所示。

图 4-61　针距调节

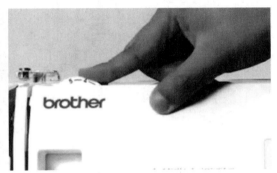

图 4-62　张力调节

　　（5）缝线线迹的调节

　　底线张力调节，用小号螺丝刀旋转梭壳上的梭批螺丝。

　　一般来说，底线如采用 60 号棉线，梭芯装入梭壳后，拉出缝线穿过梭壳线孔，捏直线头吊起梭壳，梭壳如能缓缓下落，则可使用。

　　面线张力以底线张力为基准。面线张力的调整主要通过调节夹线螺母来实现，进行试缝后，观察线迹形成情况。面线紧，说明面线张力过大，应逆时针旋转夹线螺母，放松面线压力。底线紧，说明底线张力过大，应将梭皮螺丝旋松。面、底线都松，应同时调整面、底线的张力，使之配合。面、底线都紧，应将上线夹线螺母与梭皮螺丝同时调松。

　　（6）送布牙工作高度的调节

　　送布牙工作高度指送布牙上升至最高位置时露出针板面的高度。缝制较厚或较硬的面料，送布牙工作高度要高，反之则低些。在缝制一般面料时，送布牙工作高度为 0.7～0.8mm，缝厚料可调至 1mm，缝薄料时则可调至 0.5mm。

　　调节时松开抬牙摆杆紧固螺钉，在调节抬牙摆杆达到合适高度时拧紧螺钉即可。虽然标准安装的送布牙通常与针板面是平行的，但遇到特殊性质的面料时，仍应做适当的调节，如可调成前高后低或前低后高的形式。送布牙前高后低时，使压脚底面与送布牙接触面减少且重心前移，可防止面料起皱，但易使面料滑移，所以对上、下层面料对位要求较高的缝纫不宜采用；送布牙前低后高时将压脚与送布牙的接触重心后移，可防止面料拉伸变形，但易使面料起皱，故多用于需要收拱的缝纫加工。

4.3 软体家具覆面外套部件结构及工艺

4.3.1 缝制前用料处理

棉麻制品作为软体家具的覆面材料，若不锁边，用久了会有脱线现象，因此需要在缝制前进行锁边处理。采用了皮料的软体家具覆面外套，则需要注意一些厚皮使用前需要对缝合的边缘处铲皮及铲薄，以免厚皮与厚皮缝合影响整体的视觉效果，而且也可使缝合略微轻松，如图4-63和图4-64所示。

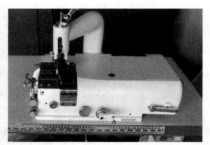

图 4-63 锁边　　　　　　　　　　图 4-64 铲皮机

4.3.2 排料

4.3.2.1 排料

排料是包布的重要阶段，家具外观在很大程度上还是取决于面料的丈量与裁剪。丈量好尺寸之后，必须将其转移到包布织物上，转移时必须考虑正确安排所有式样的位置和织物纤维的方向。

软体家具中常用到的面料布片形式有：座面，座围（前面与侧面），内背，外背，背围，内扶手，外扶手，软垫面，软垫底，软垫围，扶手面，前扶手片，内侧翼，外侧翼，裙边或荷叶边，嵌线。家具式样不同，所需要的面料布片及数量也不同。在软体家具中，数量少的只有座面、内背和外背，数量多的则有18～20片不同形式的面料布片，如图4-65和图4-66所示。激光扫描电脑排料裁剪如图4-67所示。

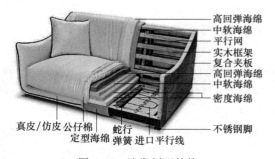

图 4-65 沙发剖面结构

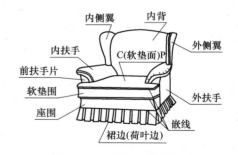

图 4-66 面料各部分的名称

某些布片中还有拉片。拉片是用结实且价廉的布料（如粗斜纹布）缝到较贵的面料上，

图 4-67　激光扫描电脑排料裁剪

在家具难操作的部位使用它来拉紧面料，使其定位。一方面避免了高价布料的浪费，另一方面使覆面更容易安装，结实耐用。

4.3.2.2　丈量

① 列出要丈量的面料片的明细表　在明细表项目中，列出布片名称，如："座面""内背"等，每种布片所需的数量、宽度（包括活缝头、订边等所有余量）和长（深）度（包括余量）。

② 按所列次序量各布片尺寸　将尺子贴住表面，尽可能拽紧尺子，但不能压迫表面。

③ 首先量出宽度尺寸　必须在表面最宽部分量取。

④ 要留余量　留 13～19mm 做缝头和钉到外露木材表面用。使用绷紧器或拔具时要加 50mm 余量，如要把布料拽绕到框架边缘之后钉上，则加 100mm 余量。

⑤ 按不同部位的丈量方法量取各种尺寸。

⑥ 根据每片的尺寸做成纸样　打上式样记号，以便每边留出余量。

⑦ 将纸样别在用作面料的布上　从最大片开始，然后到次大片，按此顺序进行，将各片与布料的剩料边对齐。

⑧ 嵌线排料取面料布的宽度方向。

⑨ 特别要注意在面料上将所有样片摆正，对布条和重复花纹或具某些特色的图案更要注意。

⑩ 绒毛的方向也很重要　除座子之外，所有布片的绒毛都应朝下（即朝向地面），座子绒毛应该朝前。把所有纸样都别到面料布上后，就剪开，摘下纸样。接下来就可以把面料布片缝到一起装到家具上。

面料尺寸明细见表 4-2。

表 4-2　　　　　　　面料尺寸明细表

面料名称	所需布片数	宽度	长度
座面	1		
座围	1～4		
内背	1		
外背	1		
背围	1～3		
内扶手	2		
外扶手	2		
软垫面	1	—	—
软垫底	1		
软垫围	1～4		
扶手面	2		
前扶手片	2		
内侧翼	2		
外侧翼	2		
裙边（荷叶边）	1～4		
嵌线	取决于要压盖的接缝数量		
全长＝			

4.3.3 上面料

尼龙与亚麻线都用于手缝，但通常只限于在家具的不可见部分应用。在面料上，少数暗针脚部位可能使用尼龙线或亚麻线，其他所有外露的接缝大都用普通缝线。线的重量决定于布料的重量。

4.3.3.1 缝与缝法

缝是由针脚连在一起的材料接边，缝有多种，因为不同的包布织物有不同的特性（重量、织法等），所以采用的缝口与缝法的种类要取决于加工的织物特性。如平缝可以用于薄布，而贴边缝则更适宜于厚布。

绷缝是将两块布料暂时连在一起的一种方法，它是暂时性的。这是为了在不良永久性连接在一起之前确定布料之间的配合，以及对图案等进行必要的调整。绷缝可以用别针或用松而大的针脚来缝。当所有调整都完成之后，就可以平行于绷缝线或别针加上永久性的缝线，然后拆去绷缝线或别针。

缝头是布料伸展到缝后面的那一小部分。

平缝是最容易构成的缝，它由单行直线脚构成，如图 4-68 所示。

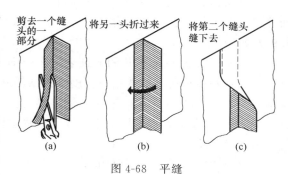

图 4-68 平缝

4.3.3.2 嵌线

嵌线是用来盖缝和修饰边缘的包布长绳，如图 4-69 所示。上嵌线时需要将嵌线缝头插入并缝在面料之间。嵌线可以买成品或者自制。嵌线成品选用材料种类多，颜色多样，使用方便，但是如果希望嵌线布料与面料相配就必须自制。

图 4-69 嵌线的应用

制作嵌线的步骤：①要从与面料相同的布料上裁剪嵌线包布材料。裁剪时，要使每片布料上的图案（如条纹）都呈斜向，才能配合得当。裁剪绒面布料（如丝绒及类似织物）时，尽量使每一嵌线小条的绒面走向与大布料相同。②裁剪出宽度为 40～50mm 的布条以满足制作嵌线需要，数量一定要估算准确。如果少了，就可能很难再找到相同的布料了。③如果需要将多块布料缝在一起来做嵌线，两块布料要成 90°放置，跨过布料轧一道斜线。剪去多余布料，将两块连接布料展开，就延伸成相互连接的长布料了，如图 4-70 所示。④嵌线绳直径有多种，最常用的直径 3～6mm。嵌线绳可用几种不同的材料制造，主要取决于所要求的坚挺性。⑤在嵌线布料正中放上嵌线绳。25mm 左右的端头折回来，将嵌线布料折转过来包住嵌线绳，折后布料两边缘要对齐。将两个缝头别在一起，以防止布料在通过缝纫机时分开。⑥将嵌线（绳）一端压到缝纫机上，在包裹布料上尽量靠近嵌线绳处轧一道线，要保持缝直。拆去别针。⑦将做好的嵌线缝到面料上。

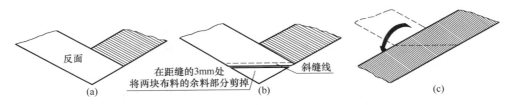

图 4-70　将嵌线包布条接长

4.3.3.3　暗缝

即暗针，因为这种缝口在缝制后被遮盖而得名。暗缝常常用来上衬垫片和面料的外露部分（靠背、侧翼、扶手）。接缝完全隐蔽不可见，如图 4-71 和图 4-72 所示。

图 4-71　用暗缝压脚进行暗缝

图 4-72　暗缝后的正面

4.3.3.4　暗钉

暗钉通常用在靠近可加钉木材的部位用以把加工痕迹隐蔽起来。

4.3.3.5　缝面料

面料的式样因被包覆家具的种类而有所不同，但是最低限度至少应该有若干块布料供座子、内背和外背之需，其他的布料则取决于家具的式样。缝制面料的工艺因缝制工件而异。

4.3.3.6　座

座通常首先包覆，包覆工艺因式样而异。座并非总是指家具中人们坐在上头的那部分。在具有活软垫的包布椅子上，座则为椅子中软垫放在上面那部分，也包括框架的前壁和后靠扶手立柱而向两侧延伸的部分。这里主要指的是具有"T"形活软垫的椅子。

座子和前壁固定工艺如下：

① 部分座子面料都是斜纹粗布或其他便宜但结实的布料。这些布料都在软垫之下，要与较贵的包覆座子前部和前壁的面料缝接。用来做拉片的较便宜布料缝到座子布料的侧边和后边。

② 假定座前已经覆盖了一层棉花衬垫，或者棉花衬垫之下还有其他衬垫层，那就将包覆布料放在棉花衬垫之上，然后将布料钉到座子上。座子部位也应有一层填料，上面有一层棉花衬垫。

③ 将座面料从钉档各座望顶之间穿过向下拉，把覆于椅框前面的面料钉好。

④ 将座面料侧边钉到座望外侧，并用拔针整平前面的面料钉好。

⑤ 将座面料穿到后面拉紧，并钉到座望的外背面，将所有多余料剪去。

敞开式座是没有被包布扶手或靠背所封闭的座子。这种座子的四面都是敞开可见的。因此没有缝接到面料上的拉片。面料可以拉向下，钉到框底或座望外侧的中下部。轻便椅、支椅和厨房椅都是敞开式结构的椅子。包覆座子的工艺因式样而异，因此，座面料的铺装、钉座面前壁、钉座面侧边、前壁角部整平等要有所变化，以适应包覆不同家具的需要。

4.3.3.7　扶手的包覆

内扶手面料通常装设于封闭型的框架上，在完成座子包覆后进行。常常先把内扶手面料的上边剪好并固定上，以便随后能沿扶手外边加钉与缝接。因此，对于这种扶手来说，扶手上边和内扶手面料二者可合剪成一块。

如果扶手前面要用衬垫片，那么扶手前面的四周必须留有 25～50mm 的布料搭头，搭头钉死。要注意与包覆棉布时的扶手前边固定法略有不同，包覆面料时，卷边周围的布料不要剪开，取而代之的是用一根束紧线。拉紧束紧线形成均匀的褶子。褶子形成后将其钉上。如果前面没有衬垫片，那就必须沿扶手前面周围搜紧布料，折入 13～19mm，并钉到框架的外边。

在封闭型框架上固定内扶手面料的工艺：

① 在包覆内扶手的麻布上铺上棉花衬垫。

② 将内扶手面料铺在要覆盖的部位。

③ 把内扶手面料的上边紧贴外露涂饰木材部分的边缘钉到木框上。注意将那些搭在扶手面上的多余布料随后修剪掉。另外还有一种较难的操作方法，是将面料剪成准确尺寸（加余量），将加钉余量折下，并将其钉到框上。

④ 将内扶手布料后边从内扶手与内背之间塞入。

⑤ 将缝到内扶手片下部的拉片向下，从座望与扶手钉档间穿出。

⑥ 将步骤④塞入的布片后边拉紧。整平所有褶皱，并将其下钉到背梃上或钉档上。

⑦ 将下部钉片拉紧，并将其固定到座侧望上。

⑧ 修剪掉拉片上的多余料。

⑨ 修剪掉搭在扶手面上的多余料。

4.3.3.8　靠背包布

靠背，像座子一样，敞开式或封闭式的都可以。在这两种形式中，封闭靠背的构成较复杂。封闭式靠背的内背面料出现某些在敞开式靠背中不存在的特殊问题。很明显，如果扶手也是封闭的布料就不能拉绕和钉到框架的背面。可以把钉片即拉片加到面料的下方，以节省昂贵的面料。

封闭式靠背的加工步骤如下：

① 在内背麻布上铺上任何填料和棉花衬垫。

② 在棉花衬垫上铺上内背面料，并将跨过框顶的面料浮钉住。从框中心向两边加钉。在操作的同时，整平所有褶皱。

③ 从钉档与框架之间将下部与边部钉片（即拉片）拉到外背，拉紧至足以使内背面料张紧并平滑为准。把它们钉到框上，并修剪掉多余布料。

④ 外背是一整片，钉在框架后面。对这一特定椅子，外背首先用棉花衬垫包覆。然后将面料的上边钉到框架上，位置正好在露出的涂饰木材边框之下，然后将外背面料拉紧并钉

到座框底下。两侧暗钉到腿柱延伸的边框上。

⑤ 修剪掉所有越过椅子顶部的多余布料。

敞开式靠背的结构远不如封闭式靠背那么复杂。靠背内侧应首先包覆。由于这一侧常常外露于视线下，所以应预先采取某些措施，保证配合平整紧凑。

敞开式靠背的内背面料裁剪时要留有足够的布料以备钉到椅框上，不需要把拉片加到面料上。工艺如下：

① 将内背面料浮钉上，从中心向角部加钉，加工同时要整平褶皱。靠近框架立柱与角部处则不要给布料加钉。一定要保证布料准确对中，以确保布料的式样或图案处于适合的位置。

② 如果要布料与框架立柱相配，就要将其剪配好。在裁剪处将布料折好后浮钉上，加钉时将布料拽向立柱，以消除褶皱。

③ 角部可能需要将布料折入或打褶。

④ 如果面料的位置已经准确，就用钉子钉死。

⑤ 现在就可以准备固定敞开式靠背的外侧面料。从顶上开始，将布料对中，沿布料上边折入 25mm，用压条将其钉紧。从中心向两边加钉，操作时整平所有褶皱。

⑥ 将外背面料拉紧并浮钉到靠背档的下面。在布料的中部只使用两三个等距钉子。外背面料的两边必须先固定，然后才能将下边钉死。两边也可以用暗钉。

⑦ 如果两边不用暗钉，那就将布料边部折下 25mm。将外背面料两边临时别紧。从上头开始，向下进行，同时整平所有褶皱。加工时要将布料拽紧。用 100mm 弯针将外背面料缝到内背面料边上，将外背面料下边钉死在靠背下横档上。

⑧ 用相同的针将靠背顶缝好（包括角部打褶与折入）。

如果要使用嵌线，就必须在步骤⑤之前将其加上。沿靠背顶，然后沿两边向下将嵌线钉上。剪开嵌线，以形成转角。然后开始步骤⑤，但一定要保证嵌线缝头处在外背面料与压条之下。

不规则靠背（曲顶、盾形等）包覆时可以将靠背面料剪成被包覆部分的规格，约留13～19mm 的布料作为折下的余量。折下布料并用金属钉尽量靠边钉住。

4.3.3.9　上麻纱

麻纱也称为"防尘布"。防尘布是一种价钱不高的布料，能防尘，这是经过上胶或上浆处理的结果。设置它是为了收集从椅子内部掉落下来的灰尘和填料微粒。

量度家具底下框架外边的尺寸，增加 25mm 作为折入和加钉余量。将家具翻转让其面朝下。从座后望下底中心开始。铺上麻纱，让上浆的表面朝外，将边部折入 25mm，将布料浮钉到框上。向两角逐个加钉，但到距离角部至少 25～75mm 处停止。麻纱必须剪开并折边，以便和腿柱周围配合。将麻纱拽向座前望下底，并重复上述操作。现在对侧边进行同样的操作。看表面平滑紧凑，就将钉子钉死。剪开角部，和腿柱周围配合。折边，并钉到框上。

4.3.3.10　填充片

家具的某些部位使用填充片或填充装饰片来覆盖。这些片包含一个被裁成与覆盖面形状一样的基底（通常为一个胶合板薄片）。基底用与面料相同的布料包覆。周边使用嵌线作为装饰，填充片可以胶或钉到木质表面。填充片制成品也可以买到，有许多形状和用各种布料制造。它们特别适合那些预期有大量给定式样的场合，如家具制造厂或大量重新包布作业。

4.3.3.11　装饰条与上条钉

装饰条是装饰性条子（13mm），用来覆盖与外露木材表面相邻的边缘。其主要作用是覆盖固定面料的钉子。

装饰条有多种颜色与式样，使用多种材料（棉花、蚕丝、人造丝、皮革和塑料）制成。装饰条通常用胶粘上。用上条钉（每千个 57～227g 的小头钉）将其固定，直至胶黏剂干燥。上条钉可以用装饰钉遮盖。不过这只是上装饰条的四种方法之一，这四种方法如下：

① 用胶和浮钉将装饰条钉上，当胶干后将钉子拔除。

② 将装饰条胶粘到表面，并用上条钉将其固定，用装饰钉将上条钉覆盖。

③ 使用胶和上条钉。

④ 用胶和金属（装饰）钉。注意，当装饰条绕过特别尖锐的转角时要开 V 形槽打褶，不要拉拽装饰条。

4.3.3.12　装饰钉

装饰钉制造时分成种类繁多的颜色、式样和规格。同样也可以按指定要求定制，以满足特定加工的需要。正如它们的名字那样，这些钉子是用来给人以一种额外的装饰效果的。也常用来作为面料边缘的分界线，同样也用于无须或不可能将钉子隐蔽之处。

4.3.3.13　金属钉

金属钉一般用来将塑料或皮革面料固定到家具上，也用于其他方面。实际上，金属钉是一种漆包圆头钉，通常称为"包布工匠钉"。钉子有圆盖和扁盖两种，这些钉子主要用在塑料与薄布上，可防止布料撕割。

4.3.3.14　裙边紧固件

将裙边缝到椅子下面，用装饰钉将裙边紧固件钉上。这种用途的专用紧固件也有制造。

4.3.3.15　花边和边饰

刷状缨穗花边（或边饰）用来做接缝装饰，通常用人造纤维或棉纤维制作。需要加强装饰效果时，可用刷状缨穗花边来代替嵌线。珠毛呢缨穗边饰的作用与刷状缨穗花边相同，用人造纤维、蚕丝或尼龙制造，一般认为它的质量比刷状缨穗花边高。金丝缨穗花边的作用与裙边相同，也与刷状或珠毛呢缨穗边饰相似。金丝缨穗花边附接在家具框架的下部，并向下垂到距地板小于 13mm。同样它是用人造纤维、尼龙或蚕丝制造的，通常成卷出售，宽度 75～150mm。

4.3.3.16　裙边

裙边或称荷叶边，是附接在家具四周的布片（与面料同质）。裙边下垂到离地面小于 13mm。遮挡椅腿，看不见。

式样：裙边是制成多种式样的布片。三种最流行的式样为：抽褶裙或称抽紧裙；打褶裙；直裙，即平裙。

① 抽紧裙　抽紧裙（即抽褶裙）包括一条穿入裙边上褶边内的抽带。这根抽带是用来形成抽紧的。制作抽褶裙的工艺如下：

a. 确定尺寸：抽褶裙应下悬到离地 13mm 并应向上延展到家具框架底边之上 13mm。此外还需要留出褶边余量，13mm 作为下褶边，38mm 作为上缝头。或用另一种确定方法，让材料的裁剪总宽度等于从地板到框架的距离加上 50mm。

b. 做裙边：可以将几块布料缝在一起做成裙边，也可以用一整块布做裙边，然而对沙发或类似的大件家具，一整块布的做法不方便，又必须分开，一定要保证所有图案和织纹相配，倒向相同。要决定裙边的总长，用一块布料试验一下。将布料抽成所需的规格，直到抽紧长度达到 300mm 为止，用别针在 300mm 处打上记号。然后将抽紧展开，量开始至别针处之间的距离就是椅子或沙发周边每 300mm 必须增加的布料量。例如，假定别针移动了120mm（即每 300mm 裙边需要 120mm 布料用于抽紧，或每米裙边需要 0.4m 抽紧余量）。与此裙边相配的椅子周围尺寸为 3.7m，抽紧余量应为 1.5m（0.4×3.7≈1.5），1.5m 应加到 3.7m 的周边上，即在抽紧前裙边布料总长应为 5.2m。如果裙边布料不是厚布料，最好用一块棉布衬底。

　　c. 将抽带穿入上褶边：抽带应结实，保证不会抽断。但又要小，不能从褶边内显露出来。

　　d. 使用蒸汽熨斗压平裙边上的所有褶皱：现在可抽紧抽带直至布料抽褶符合要求为止。如果需要在距裙边上边 25mm 处缝一道线，以便将抽褶固定死。此外，也可以在抽紧裙边构成之后，沿裙边上缘缝一道嵌线。嵌线也是固定裙边的一种方法。

　　e. 裙边固定：裙边固定时应该使布料两端相接的缝落在家具后面中心位置上。

　　② 打褶裙　打褶裙主要分为两类：多褶和角褶。多褶有两种，取决于褶子是边连边还是分隔一段距离。

　　给抽褶裙量取尺寸的方法也适用于打褶裙，但长度除外。打褶造成布料重叠，需要使用额外的布料。此外，褶子分间格必须仔细。主要是要使家具两角之间的每个褶子距离都相等，褶边分隔的距离也都必须完全相等。

　　③ 直裙（平裙）　这是一种特别容易制作的裙边。按照上述抽褶裙或打褶裙的工艺进行。直裙的特殊之处是在角部与嵌线结合。嵌线有时也用到下边缘。

4.3.3.17　扣子

　　用于软体家具制作的扣子种类繁多。扣子也可以自制。扣子主要用来装饰，但在某些场合下，也用来防止填料滑离原位。

　　扣子可以在家中自行加盖，用手工或用制扣机完成。扣子主要有 4 类，根据固定方法来区分。四种固定方法为：钉；缝到面料上的钉扣材料；金属环；金属分叉或称弯钩钉。如图 4-73 和图 4-74 所示。

　　扣子加盖不像看上去那么困难。每个扣子包含一个为扣子提供形状的基体和一个将它固定在家具上的部分。这个基体通常为圆形，直径 13~19mm，用厚纸板、薄胶合板、塑料或金属制成。基体上要冲或钻出一个透孔。将钉子、金属分叉、环或打扣材料穿过圆孔。孔口上胶粘一个帽子，帽子上胶粘棉花，棉花上用面料包覆。把一条抽带（实际上为一根线）缝

图 4-73　软体家具上的扣子

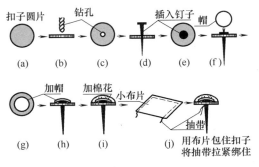

图 4-74　制作扣子的一种方法

进扣子覆面料中，缝处为扣子边外 13～16mm，然后把覆面料绑到扣子上。图 4-74 所示扣子使用钉子，其他扣子可用此固定方法构成。现在就可以将扣子固定在家具上。首先要确定扣子的间距。量出每个钉子（或环等）的位置，并用粉笔在面料上轻轻打上记号。在钉扣的包布头上放一块厚纸板，然后把它们敲进木材中，不要敲得太重。用来打扣的扣子绑到下层绑带或麻布上。

思 考 题

1. 真皮分哪些种类？牛皮的组织结构特点是什么？
2. 织物在家具中的应用有哪些？
3. 软体家具覆面外套制作的手工工具有哪些种类？
4. 缝纫线及机针有哪些特点？
5. 软体家具覆面外套制作工艺包括哪些方面？主要考虑哪些因素？

第 5 章　家具表面涂饰工艺

尽管涂饰材料品种繁多、涂饰方法多种多样、被涂家具的基材不同及其造型千变万化，但却有共同的规律可循，即整个涂饰工艺过程包括被涂家具的表面处理、涂饰涂料、涂层干燥及涂膜修整四大部分，根据家具涂饰后基材是否清晰可见，可将涂饰工艺分为透明、半透明及不透明涂饰工艺。根据家具的涂膜反射光线的强弱，又可分为有光、半有（或半亚）光、无（或亚）光涂饰工艺。另外，还有其他特种涂饰工艺等。将在本章进行详细探讨。

5.1　透明涂饰的技术要求

透明涂饰就是利用无色透明的清漆涂饰家具，形成透明的涂膜，以使被涂面基材的质感、纹理、色彩很清楚地渲染出来的一种涂饰。所以透明涂饰主要是用于木家具及其他木制品的涂饰，尤其是具有美丽天然纹理与优良质感的高级木家具、木制乐器及其木雕工艺品等的涂饰，以更好地表现出木材天然美。由于木家具透明涂饰的工艺技术比其他任何类型的涂饰（如不透明涂饰、模拟花纹涂饰、珠光涂饰、爆花漆涂饰等）都要全面、复杂得多，要求也严格得多。为此，只要能切实了解并掌握木家具透明涂饰的工艺技术，那么其他涂饰的工艺技术问题都会迎刃而解。所以在本节，将以木家具透明涂饰的工艺技术为代表，重点分析讨论。

木家具透明涂饰不仅在于它要求涂膜具有极好的装饰性、透明度及保护性，而且还要给木家具染出新颖的色彩，同时又要使家具表面的天然木纹更清晰地显现出来，以更好地表现木家具的天然美。这便是木家具透明涂饰工艺技术的复杂性所在。正因为如此，凡高级木家具，几乎都要求采用透明涂饰。木家具透明涂饰跟其他任何涂饰一样，主要技术包括表面处理与涂饰涂料两大部分，现分别予以介绍。

5.1.1　木家具表面技术处理

被涂木家具表面是否平整光滑、洁净，是否有色斑、胶痕、树脂等缺陷，对涂饰的质量有着直接的影响。为此，涂饰时先要对被涂面进行各种必要的技术处理，才能涂饰涂料。木材表面处理主要包括去树脂、脱色、除木毛、嵌补洞眼和裂缝等技术处理。

5.1.1.1　去树脂

不少木材含有树脂，表面呈油腻状，严重影响木材染色和降低涂膜附着力。为此，应将木材表面的树脂与油迹清洗干净。清除的方法有下列几种：

（1）用热肥皂水清洗

若树脂的含量较少，可用热肥皂水将树脂擦洗掉，再用清水揩干净即可。

（2）用碱溶液清洗

若树脂的含量较多，则需要用碱溶液跟树脂起反应，使之生成可溶性皂，然后用纱头蘸取清水擦洗，很容易清除干净。常用的碱溶液有 $6\%\sim10\%$ 的碳酸钠的水溶液和 $4\%\sim5\%$ 的苛性钠的水溶液。树脂多，碱溶液的浓度相应提高。木制品白坯表面在碱溶液的作用下，颜色会有所加深，主要是变成浅黄。所以对要求涂饰浅色的木家具，宜采用浓度稍大的肥皂水来清除树脂。

（3）漆膜封闭法

采用上述两种方法只能将木材表面的树脂除掉，没能从根本上将树脂完全除掉。时间长了或环境温度升高，木材深处的树脂仍会渗出。因此，在表层去脂后为避免内部树脂继续向表面渗出，常用树脂不能溶解的漆马上将材面封闭。常用的封闭底漆有虫胶漆、聚氨酯底漆等。如果材面树脂较少，可以直接用封闭法隔断。

5.1.1.2 脱色

如果木家具表面有天然色斑，或是被其他色素污染，会影响涂饰色彩的均匀协调性，那就需要进行局部脱色处理，除去色斑或污迹。若家具需要进行浅色或白色透明涂饰，而木材本身的颜色又深浅不一，或是整个表面的颜色偏深，那就应将木材表面全部进行脱色。常用的木材表面脱色的方法有：

（1）过氧化氢脱色法

用30％～35％过氧化氢溶液和28％氨水溶液按1∶1混合均匀后，即用漆刷将混合溶液涂敷在色斑或污染处，色斑与污迹一般会自行消除。该法脱色效果好，涂刷一次即可，不用水洗。但有氨气臭味，调配好的混合溶液（脱色剂）有效期只有30min左右。为此，可将这两种溶液分别接着涂在木材表面脱色处，同样能获得较好的脱色效果。

（2）氢氧化钠水溶脱色法

用浓度为30％～35％的氢氧化钠水溶液涂擦木材表面脱色处；约10min，再涂上30％浓度的过氧化氢，让其充分反应去掉色素，然后用清水擦洗干净；接着用浓度为1.2％的醋酸或草酸水溶液进行中和；最后再用清水擦洗干净，使之充分干燥。该法对水曲柳、栎木等木材脱色效果显著。

（3）次氯酸钠水溶液脱色法

在浓度为5％次氯酸钠热水溶液中，加入微量（约为次氯酸钠溶液的1％～2％）草酸或硫酸搅拌均匀，涂在脱色处，会使颜色自行脱去。该法对消除柳桉木材的色素效果更佳。

（4）去掉铁污染的方法

去掉铁污染的色素可用浓度约为5％的草酸溶液与浓度约为5％的过氧化氢溶液混合均匀后使pH约为8，涂于污染处，让其反应、褪色，然后用清水擦洗干净。

（5）去掉酸污染的方法

去掉酸污染的色素（一般呈淡红色），可用pH为8～9，浓度为2％～10％的过氧化氢处理。开始用浓度约为2％的过氧化氢处理，若去色素效果不明显，再提高过氧化氢的浓度，直到色素完全消失为止。

（6）去掉碱污染的方法

去掉碱污染的色素（一般呈褐色），可用pH为5～7，浓度为5％～10％的过氧化氢溶液处理。过氧化氢的pH可以为7，若去色的效果不明显，可以调到5，逐步增加过氧化氢的酸性。

5.1.1.3 除木毛

木材表面经过切削加工，虽然具有一定的光洁度，但由于木材是由纤维构成的，无论经过怎样的精刨或细砂，总会有一些柔软的木毛附在木材表面。一般木毛由下列几种情况产生：一是已被切削但尚未脱离木材表面的一些微细木纤维，在刮光或砂磨时，压入管孔里或纤维之间躲藏起来；其次就是细微裂缝的边缘；还有粗孔材被刨削开的大导管边缘。这些木纤维平时多是倒伏在木材表面或管沟中，一旦在木材表面涂上液体涂料，木毛就会被湿胀变硬而竖立起来，原来显得光滑的木材表面却变得粗糙了。这样就会影响木材染色的均匀性，因染料溶液会聚集在木毛的基部，木毛内部未被着色，当磨掉木毛时，折断的木毛根部露出木材白坯的颜色，使漆膜出现小白点，形成"芝麻"状的白点，俗称为"芝麻白"；同时，还会降低涂膜的附着力。清除木毛常用下列方法：

（1）涂刷水湿润后砂磨

先用纱头或毛巾浸水后稍微拧干，沿木材纤维方向涂擦制品表面，使木毛湿胀，然后横纤维方向揩擦使木毛竖起来。待木毛干燥变硬后，用 1 号木砂纸沿纤维方向砂磨，否则会割断木材纤维，越砂木毛越多，横痕也越多，木材表面的纹理也会遭到严重破坏。用这种方法消除木毛虽然很经济，但木材表面干燥慢，且木毛不够硬，难以砂干净，故应用较少。

（2）涂刷骨、皮胶水溶液后砂磨

用浓度约为 5％ 的骨胶或皮胶水溶液涂刷在制品表面，木毛湿胀会竖起来，干后硬度也较大，用 1 号木砂纸沿纤维方向将木毛砂除掉，效果较好。

（3）涂刷虫胶清漆后砂磨掉

用浓度约为 15％ 的虫胶清漆涂刷制品表面。木毛遇到虫胶清漆会立即湿胀竖起，迅速干燥变硬，很容易用砂纸沿木材纤维方向砂除干净。这种方法可靠，应用广泛。

（4）涂刷清漆后砂磨掉

浓度为 5％～8％ 聚氨酯清漆或其他清漆，涂刷在制品表面，木毛也会湿胀竖起变硬，待充分干燥后再用砂纸彻底砂除掉。在砂除木毛的同时，也应将制品表面所存在的污迹全部砂除干净。清除木毛的砂纸，一般用 0 号或 1 号木砂纸，因砂纸过粗会影响木材表面光洁度，过细则砂纸消耗多、砂磨效率低。

5.1.1.4　表面嵌补

一般木家具表面除木材的天然缺陷外，在生产加工过程中，也会产生裂缝、钉眼、缺棱等缺陷。这些缺陷的存在会影响制品的涂饰质量，应修整好。

（1）嵌补的腻子

在涂饰施工中，常用各种涂料跟体质颜料、着色颜料调成厚糊糊状的腻子去进行嵌补。由于所用的涂料不同，可将腻子分为油性、硝基、酚醛、醇酸、生漆、虫胶等多种类型。其中以虫胶腻子具有干燥快、易砂磨等特点，故在木家具涂饰中获得广泛应用。生漆腻子是专用于涂饰生漆家具的表面嵌补与填纹孔用。硝基腻子主要用于修补硝基漆膜时使用，因其成本较高，故很少大量使用。因油性、酚醛、醇酸等腻子干燥较慢，故较少单独用于嵌补洞眼与裂缝，主要用于木家具填纹孔，在填孔的同时，将木制品上的洞眼与裂缝一并嵌补好。也就是说，对于使用油性、酚醛、醇酸等腻子填纹孔的木家具，无须再进行嵌补洞眼与裂缝了。

（2）腻子的颜色

调配时，注意腻子的颜色应比木家具要涂饰的颜色略浅一点，如家具要涂饰成红木色，腻子要涂饰成浅红木色。因为当后续工序对木家具进行着色处理时，嵌补在木家具上的腻子也会吸收颜色，使自身的颜色跟木家具表面被涂饰的颜色相一致。

（3）注意腻子稠度的变化

调配好的虫胶腻子，在使用的过程中会逐渐变稠，不好嵌补，可适量增加虫胶清漆或酒精，重新调成厚糯糊状，可继续使用。否则，会降低腻子的附着力。

（4）嵌补的技术要领

木家具表面嵌补主要靠手工操作。嵌补前应先将凹陷、洞眼、裂缝中的灰尘与木屑等清除干净，以免降低腻子的附着力。然后用嵌补刀将腻子嵌补到洞眼、裂缝中去，要稍用力向里压紧，使之嵌实、填满。嵌好的腻子层应尽量控制在凹陷处，不要扩大到周围的木材表面，但应使嵌补好的腻子层稍微高出周围的木材表面，以使腻子层干缩后经砂磨能跟木材表面取得一致的平整度。木材表面的缺陷很难一次完全腻平，当涂过底漆发现腻子干后收缩或漏填处，还要再补填一次，称复填腻子。有时可能甚至需要腻平2～3次，直到完全腻平。

木家具表面经过上述工艺技术处理后，获得较好的平整光滑度，色差减小，也无树脂油迹等缺陷，方可进行涂饰涂料。

5.1.2 涂饰涂料的技术要求

涂饰涂料的工艺过程包括填纹孔、染色、涂饰底漆、砂磨与涂饰面漆。

5.1.2.1 填纹孔

木材内部存在无数的导管，每一根导管在木材表面有一个导管孔。在木制品行业中将这个导管孔称为纹孔，由无数纹孔形成的花纹称为木纹或纹理。这些无数纹孔的存在不仅影响木材表面的平整度，而且涂饰到木材表面的液体涂料也会经纹孔渗透到导管中，会损耗部分涂料。同时，导管中的空气又会从导管中溢出到木材表面的涂层中，使涂膜中形成许多细小的气泡，严重影响涂膜的装饰性与附着力。为此，涂饰时，应先用填纹孔涂料将纹孔填好、封闭好，以防止面层涂料渗到木材导管中，减少价格较贵的面层涂料的消耗，降低涂饰成本，同时也能提高制品表面的平整度及防止面层涂膜起泡，如图5-1所示。

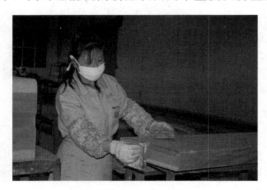

填纹孔涂料一般是在涂饰时，由施工人员自行调配，并应在填孔涂料中加入适量着色颜料，使其颜色跟家具所需涂饰的颜色一致。因填纹孔涂料是有色物质，故在对木家具进行填纹孔处理的同时也给家具着上了颜色。由于这种着色是将着色颜料填入了木材的纹孔中，虽有极少数的颜料微粒吸附在木材表面，但这些微粒只是跟木材机械地结合，并不跟木材纤维产生化学反应，不会使木材纤维本身变成新的颜色。故将这种着色称为基础着色，以跟木材染色相区别。

图5-1 填纹孔（刮灰）

基础着色虽不能改变木材纤维本身的颜色，但可将新的颜料微粒均匀地涂覆在家具表面，形成极薄的色彩层，使家具获得一定的着色效果。为此，现在有些木家具生产企业，为了降低涂饰的成本，仅以填纹孔对家具进行一次性着色处理，不再给家具进行染色。若木家具单靠填纹孔涂料进行基础着色，不再染色，其着色效果要差得多，也不耐久，而且木纹的清晰度也会有不同程度的降低。所以一般中、高级木家具填纹孔后，仍要进行染色。

木家具常用填纹孔涂料的种类、配比及调制方法，将在第6章"填纹孔涂料"一节中进行详细介绍。使用较普遍的有水老粉、油老粉、油性腻子、胶性腻子等多种。其中，复合腻子与树脂色浆，可将填纹孔与染色两道工序合并，并能获得较好的着色效果。

（1）用水老粉填纹孔

水老粉一般用于纹孔较小的木家具填纹孔，对纹孔较粗的木家具填纹孔的效果较差。但由于调配方便，价格便宜，毒性极小，故应用广泛。涂饰水老粉多用手工操作，其方法是用手握一小把竹刨花或细软的纱头，蘸取调匀的水老粉，先在木家具表面横纤维方向按螺旋形轨迹进行揩涂，以使水老粉充分揩入木材纹孔及缝隙中去。紧接着沿木纹方向反复直揩，力求将木材全部纹孔填平实，并使木材表面色彩基本均匀一致。同时趁木材表面未干之前，再用较干净的细软的纱头沿木纹方向将浮在木材表面的余粉揩清爽，务必使木材纹理清晰。

（2）用油老粉填纹孔

油老粉填纹孔效果比水老粉好，附着力强，木纹清晰度高。但成本比水老粉高，涂层干燥较慢。跟水老粉一样，多用于纹孔较细密的木家具填纹孔，特别是形状与线条较复杂的木家具、木雕工艺品，用油老粉填纹孔能获得理想的效果。其填纹孔的操作方法与质量要求跟水老粉的完全相同。

（3）用各种腻子填纹孔

油性腻子、水性腻子及复合腻子作为木材纹孔较粗的木家具填纹孔涂料，不仅填纹孔效果好，而且能使木制品纹理清晰。自然也能用于细孔材家具的涂饰。

用各种腻子填纹，可用刮刀或辊涂机涂饰。对于刮涂与辊涂的方法及技术要求，将在第6章中的手工涂饰、辊涂中介绍。对于板式部件填纹孔，最好用辊涂机进行涂饰，有利于生产质量与效率的提高及劳动条件的改善。

（4）用树脂色浆填纹孔

使用树脂色浆填纹孔，应先用羊毛漆刷将调匀的树脂色浆均匀地涂刷到家具表面，然后改用细软的棉纱头进行揩涂，先螺旋形揩，后直揩，以使纹孔填平实，色彩均匀。

以上填纹孔涂料中，水老粉、油老粉、油性腻子等属传统填纹孔涂料，为人们所熟悉，应用广泛。胶性腻子、羟甲基纤维素腻子、聚乙醇腻子、复合腻子及树脂色浆等是新型填纹孔涂料，填纹孔的效果很好，附着力强，几乎能与所有面层涂料配套使用，应用日渐广泛，有取代传统填纹孔涂料之势。

无论使用哪种填纹孔涂料，待填纹孔涂料的涂层干后，还要涂饰一度底漆（常用虫胶清漆）进行封闭，以增加填纹孔涂料与纹孔的接合力。待底漆涂层干后，要用 0 号木砂纸轻轻砂除家具表面的浮粉、尘粒等杂质，使之光滑、木纹清晰。

（5）工艺技术要求

木家具填纹孔的工艺技术要求总结为以下三点：要将全部纹孔、洞眼、裂缝填实填平；要揩清制品表面的浮粉，确保木纹清晰；要力争制品表面的颜色基本均匀，并跟制品所需涂饰的颜色大致相同。

5.1.2.2　染色

木家具表面染色是其涂饰工艺中最关键的一道工序，是家具获得所需色彩的重要环节。木材表面染色有两种方法：一种是用染料或染料跟颜料混合物的水溶液进行染色；另一种是利用媒染剂水溶液进行染色，如图5-2所示。

（1）染料溶液染色

用染料水溶液对木家具进行染色是使用最

图 5-2　染色

普遍的方法。在涂饰施工中，通常是将所选用的各种染料按一定比例溶于清水中，配成所需色彩的水溶液，简称为水色。多数木家具要求涂饰成复色，如板栗色、红木色、柚木色、古铜色、咖啡色、金黄色、蟹壳青色等。诸如这些色彩，均需选用多种不同颜色、染料按一定比例调配而成。涂饰工作者一般要根据"颜色样板"或用户所要求的色去调配水色，应由浅到深，边调边看边试，直到接近样板或使用户满意为止。

木家具染色现多用手工涂刷。一般先用漆刷将染料水溶液涂刷到家具整个表面，做到无遗漏。然后立即用另一把刷毛较干、弹性好、毛端整齐的软毛漆刷，先沿横木材纤维方向涂刷一至数遍，以使水色被木材纤维充分吸收；紧接着沿木材纤维方向涂刷，以使木家具表面的色彩基本均匀一致，并将家具表面多余的水色处理干净，以免流挂。最后尚要用弹性好的优质羊毛刷轻轻涂刷一遍，以去掉可能留下的尘粒、刷痕、流挂等缺陷，使家具表面色彩更加均匀。

涂刷水色，动作要快，眼睛要明，要求在涂饰表面未干之前将色彩涂刷均匀。家具表面经染色后，暂不能用手摸，也不能让水滴在上面，以免破坏色彩的均匀性。待水色干后，需要涂饰一度虫胶清漆（或黏度很小的清漆），以封闭色彩，使之与木材牢固结合，不再掉色。

涂饰水色除了用漆刷进行涂饰外，还可用棉花球进行揩涂。先用棉花球蘸上水色沿横木材纤维方向进行螺旋形揩涂，以使水色充分进入木材纤维中。然后沿木材纤维方向直揩，将色彩涂饰均匀，并将多余的水色揩干净。用棉花球揩水色，染色效果比用漆刷涂饰好。缺点是手指被污染，一时难以清洗干净。

（2）媒染剂染色

所谓媒染剂染色，就是借助某些无机盐（如硫酸亚铁、高锰酸钾、重铬酸钾）水溶液跟木材中的单宁发生化学反应，而使木材获得新的色彩。因有些无机盐水溶液自身是无色的或有色，要跟木材中的单宁发生化学反应来改变木材的色彩。无机盐水溶液在此起媒介作用，故也将这种染色称为媒介剂染色。

一般阔叶材都含有不同程度的单宁，同一块木材的不同部位含单宁的数量也难以相同。由于单宁的含量不同，所以用同一种无机盐给木家具染色，也无法获得均匀一致的色彩；另外，用该法染色所获得的色相也是很有限的，无法多变，其颜色的深浅完全取决于木材中含单宁的多少。当然，用此法给木材染色，染出的色彩耐候性与耐水性好，不易褪色，并能使木材染色的深度较大，且木纹特别清晰。所以，媒染剂染色仍有一定的实用价值，特别是对樟木薄皮封边条染色，可以获得理想的装饰性色彩，这也让樟木薄皮封边条在现代板式家具获得广泛应用。

制备与保存媒染剂水溶液，要用陶瓷或玻璃器皿，以免发生化学反应。制备媒染剂溶液，应先将媒染剂溶于热水中，加以搅拌，使其充分溶解。然后用白布滤去杂质，待其冷却到室温，便可用漆刷将它涂刷到木材表面，并要涂得略有多余，以使木材充分吸收并进行化学反应。当木材色彩符合要求时，立即用纱头或毛巾将木材表面多余的媒染剂溶液揩擦干净即可。

若是直接对薄木或零件（如木拉手、木条嵌线、木脚、木刻花边等）进行媒染剂染色，可将它们浸泡在媒染剂溶液中，当观察到它们染出的色彩符合要求时，立即捞出进行干燥便可。

无机盐水溶液的浓度大小可由试验确定。一般，浓度大，染色速度快。如对红樟木薄木染色，用浓度为 2％的硫酸铁水溶液，在室温下要浸泡 8h 左右。如果加热浸泡，或将硫酸亚铁水溶液的浓度提高到 10％，则可大大缩短染色的时间。

一般樟木通过硫酸亚铁水溶液染色会变成墨绿色、深褐色、浅褐色相间连在一起。用浓度为 10％的重铬酸钾水溶液涂刷在桦木表面，让其充分反应干燥后，再涂刷一次氨水，便可染成褐色。

对不含单宁的针叶材家具，可先用单宁水溶液涂在家具表面，使之渗透到木材纤维中。然后再用媒染剂水溶液涂刷在家具表面，使之跟渗入到木材纤维中的单宁起化学反应，而使家具表面显现出新的颜色。

还可用浓度为 1％～2％的间苯二酚或邻苯二酚、邻苯三酚水溶液，先涂刷在家具表面，待干燥后，再用一定浓度的媒染剂溶液涂刷到家具表面，使之进行反应，也可获得一定的染色效果。

也可用氨气跟含有单宁的木家具表面接触，几小时后，会使木家具生成新的色彩。方法是将木家具放在充满氨气的密室中，让其充分反应，然后取出即可。但应注意，氨气毒性大，要有防护设施。

（3）染色实例

利用媒染剂和染料的水溶液可将一些普通薄木染成名贵木材的色彩，且质感真实。

① 将樟木薄皮染成黑桃木色　其水色按硫酸亚铁（绿矾）∶水＝1∶70 进行调配。将清水注入桶内，按比例加入硫酸亚铁，并通入水蒸气（或用电等）加热至 80～90℃，待绿矾充分溶解后，即将薄木垂直放入桶内，并使薄木全部浸泡在水溶液里。薄木之间不能压紧，以便染料溶液充分渗入薄木内部。在 80～90℃保温 8～10h，便能染成黑桃木颜色。取出用清水洗净后再烘干或晒干，使其含水率为 10％左右，就可胶贴到产品上。

② 将椴木单板染成花梨木色　其水色配比如表 5-1 所示。

按上述比例依次将清水、NaOH、食盐、染料（用少量开水先溶解）溶液加入桶内，并搅拌均匀，再将水加热到 80～90℃。接着把椴木单板垂直放入桶内，并使之全部浸没，单板之间不宜压紧，应留一定空隙，以利染料渗入单板。在 70～80℃保温 7～8h，即可染成花梨木色。取出洗净烘干至含水率约为 10％，便可使用。

表 5-1　椴木单板染成花梨木色的水色配比

材料名称	质量/g
黑纳粉	1000
酸性毛元 AA	32
酸性大红 GR	35
30％NaOH 水溶液	100
食盐	50
清水	50000

5.1.2.3　拼色

木材是一种各向异性的材料，即同一零部件上的不同部分的物理、化学性能及颜色不一定相同，多数会有不同程度上的差异。虽经统一染色处理，但各部位对水色的吸收量不一定相同，再加上自然色差的存在，所以难以获得均匀一致的色彩。故经染色后，尚要进行拼色，也称修色（或补色），以消除色差，获得均匀协调的色彩。拼色主要是针对中、高档家具，对于普通家具来说，只要经过涂底色和面色后，颜色能够达到均匀一致，一般不需要再进行拼色。

（1）拼色材料

用"酒色"，即用着色颜料或染料跟虫胶清漆调配成所需要的各种色彩。在进行拼色时，即调即用。用毛笔将着色颜料、染料、虫胶清漆分别放入配色盘中，根据家具表面存在的色差要求，调配成需用的色彩，针对实际情况进行拼色。若某局部的色彩较浅，就要给予加深；要是某处色彩较深，就要用浅色调去遮盖掉，以使家具整个表面的色彩均匀一致。

（2）拼色的技巧

拼色是一道精工细琢的工序，需要丰富的经验与熟练的技巧。要使色差由浅而深（或是由深而浅）地精细地进行描绘修补，务必要随时注意把颜色调准。并要眼明手准，逐步而迅速地把家具表面的色彩修补均匀。为提高拼色的速度，可先用小排笔将色差面积大的部分进行粗补，然后根据情况分别选用大、小毛笔将细小部位的颜色修补好，最后使家具的色彩变成均匀一致。

5.1.2.4　涂饰底漆

（1）涂饰底漆的目的

涂饰底漆主要是为了配合填纹孔、染色各道工序的顺利进行。如填纹孔后，应涂饰底漆增强填纹孔涂料层跟纹孔的结合力，同时将它封闭起来不易脱落，以利进行后续工序。染色后涂饰底漆，显然是为了封闭色彩，增加家具色彩稳定性，以便进行下道工序。底漆也能形成一定厚度的涂膜，自然会减少价格较贵的面漆的用量。涂膜厚度总是有一定限度，过厚反而会降低附着力。所以底漆用量多，面漆的用量定要减少。底漆用量的多少，应根据工艺需要及家具质量要求合理确定。

（2）对底漆的要求

既要满足涂饰工艺的要求，确保涂饰质量，又要能降低涂饰成本。为此，底漆应具有以下特点：

① 涂层干燥快　涂层在常温下能快速干燥、固化成涂膜。

② 施工方便　能适于多种方法涂饰，且容易涂饰；涂饰的工具易清洗；用不完的涂料只要保存好，可继续使用。

③ 配套性能好　涂膜附着力好，并能跟面漆涂层没有任何不良反应，结合牢固。底漆一定要跟面漆相配套，即底漆形成的涂膜不能被面漆涂层中的溶剂所溶解。否则底漆的涂膜会遭到破坏，如图5-3所示漆膜被掀起，这样不仅会降低整个涂膜附着力，而且底漆涂膜被掀起，而无法继续涂饰面漆，情况严重的甚至要彻底返工，重新开始涂饰。若用硝基、聚氨酯、丙烯酸等涂料作面漆，就不能用酯胶、酚醛、醇酸等涂料作底漆。这是由于前面涂料中使用的强溶剂能溶解后者的涂膜。要是后者的涂膜已彻底固化（约半年后），才可使用有强溶剂的涂料作面漆。

④ 涂膜封闭性能好　不能让填入木材纹孔中的颜料向上反渗到面漆涂层中去，要使底层着色牢固，不褪色。

⑤ 价格便宜　作为底漆，应价格便宜，来源广泛，以达到降低材料成本的目的。

图5-3　漆膜被掀起

（3）底漆的选择

虫胶清漆基本具有上述特点，故广泛用作木家具涂饰的底漆，特别是它几乎能作所有涂料的底漆，即跟面漆的配套性能好。其缺点是在较潮湿的环境中施工，涂层易吸潮泛白，要采取干燥措施，防止这种潮湿性泛白的产生。

由于虫胶的价格上涨幅度大，应用范围又广，供应较紧张，很多地区无货供应。为此，也可用所用的面漆作底漆。假如是采用聚氨酯清漆作面漆，那么可拿出部分聚氨酯清漆，再加入约 4 倍的聚氨酯稀释剂进去搅拌均匀，即可作底漆用。用这种浓度很低的聚氨酯清漆作底漆用，对木家具染色、填纹孔等工序影响不大。同理，其他清漆进行稀释后，也可用作底漆。

5.1.2.5　砂磨

通过底漆涂饰后，用 0 号木砂纸轻轻砂掉家具表面底漆漆膜上气泡、杂质等，再除去浮粉、尘粒等，使之光滑，木纹清晰。

5.1.2.6　涂饰面漆

所谓面漆是指涂膜上层的涂料，要求其涂膜有较好的装饰性能和优异的理化性能，从而能更好地美化和保护家具。

（1）涂膜厚度的确定

家具的涂膜主要由面漆形成，底漆占的比例较小。所以家具涂膜的厚度主要取决于面漆的用量。涂饰面漆应使家具的涂膜达到一定的厚度要求，应使涂膜显得丰满、平整、光滑，能真正起到保护与美化家具的作用。但涂膜过厚，内应力会增大，其弹性降低、脆性增大，会导致早期龟裂，影响使用寿命。再者面漆消耗多，不经济。因此，涂膜的厚度应适当。各种涂料的涂膜厚度究竟以多厚为佳，现尚无确切的数据，也无统一的标准，有待继续研究确定。目前，各生产单位根据产品的质量与价格要求，以及涂料的品种，来确定单件产品或单位面积的用量。如固体含量约为 50% 的聚氨酯、丙烯酸等清漆其用量一般为 $250 \sim 450 \text{g/m}^2$；对于固体含量达 95% 以上的不饱和聚酯清漆、光敏涂料，一般用量为 $200 \sim 300 \text{g/m}^2$；对于固体含量为 20% 的硝基清漆等，一般用量为 $400 \sim 800 \text{g/m}^2$。表 5-2 为几种涂料的涂膜厚度数据，以供参考。

表 5-2　几种涂料的涂膜厚度

涂料名称	涂膜厚度/μm
虫胶清漆的涂膜	20~40
硝基清漆的涂膜	80~120
聚酯清漆的涂膜	50~200

上列涂膜厚度是经过磨水砂与抛光修整后的数值，对未修整的漆膜厚度，还应相应增加 30%～50%。一般按单位面积规定的涂料用量，应分多次涂饰完毕才能保证涂饰的质量。涂饰次数的多少，主要根据涂料的固体含量而定。固体含量多，涂料用量少，涂饰的次数也就相应减少；相反，则涂饰的次数就要相应地增加。如涂饰固体含量达 95% 以上的聚酯涂料与光敏涂料，只要涂饰 1～2 次即可。涂饰固体含量为 50% 的聚氨酯等清漆，一般应分 3～5 次涂饰完毕。

（2）涂饰次数的确定

对于按单位面积规定的涂料用量，分多次涂完。对于固体含量只有 20% 左右的硝基清漆，即使是采用淋涂，也得淋涂 4～5 次；若是采用棉花球揩涂，至少应揩涂 50 遍以上，多的要揩涂 100 余遍，才能达到工艺要求。对于固体含量为 50% 左右的涂料，若用手工刷涂，一般应涂饰 3～5 遍；用涂饰机械涂饰，也应涂饰 3～4 遍。对于固体含量高达 95% 以上的涂料，则只要涂饰 1～2 遍。

当然，涂饰的次数越多，涂饰工艺就越复杂，涂饰的效率就越低。但涂饰的次数过少，则每次涂饰的涂料用量就多，涂层的厚度就大。这样，不仅易使涂层产生流挂、流淌、皱皮、起泡、难干等缺点，而且会增加涂膜的内应力使其附着力降低，严重影响涂饰的质量。为此，面漆涂饰的次数，应根据所用涂料的性能、产品的形体特征及质量要求而合理确定。

（3）涂饰方法的选择

在本章系统地介绍了涂饰的方法，应根据所用涂料的性能、产品造型结构来合理选用。

手工涂饰虽适应范围广，但劳动强度大，涂饰效率低，质量也不稳定，一般只适于小规模、多品种的家具涂饰。对于大批量的家具涂饰，应争取实现涂饰机械化和自动化。即使机械化涂饰，也要合理选用，如形状复杂的零部件及整件家具，特别是椅、凳类家具，应首选静电喷枪喷涂，其次是高压喷涂，尽量不采用气压喷涂。因后者对涂料浪费太大，污染环境太严重。对板式部件的涂饰，就首选淋涂，其次是辊涂，因前者比后者的涂饰质量更好、效率更高。

（4）涂层之间的砂磨

要提出的是，每涂饰一次底漆或面漆，待涂层表面干后，应用 0 号砂纸或 1 号砂纸轻轻砂磨一遍，将涂膜表面上的小气泡、刷毛、尘粒等杂物砂除掉，使之清洁平整，以提高相邻涂层之间的结合力及整个涂膜的透明度与装饰性。最后一次面漆涂饰完毕，应让整个涂层进行充分干燥，最后进行涂膜修整。

5.2　透明涂饰工艺

由于木家具及其他木制品的等级有高低之别，涂饰的色彩千变万化，对涂饰质量与装饰效果的要求也有差异。所以涂饰工艺有繁有简，有难有易；所用涂料也有高低之分。涂饰的工艺流程主要根据家具的等级来制定。

5.2.1　常用色彩的配方与作色方法

木家具透明涂饰最关键的工艺是着色，透明涂饰着色的全过程可分为 3 个阶段，即涂底色（基材着色）、涂面色（涂层着色）与拼色（调整色差）。此外，在涂底色后又是采用剥色方法使透明涂饰的木纹更加清晰。

透明涂饰着色效果的影响因素较多，其中主要是着色剂品种与色调的选择。但是在选择、调配与使用着色剂时，决不可忽视木质基材颜色与结构的影响，以及着色之后还要注意到涂饰几层清漆的问题。因此，透明涂饰着色效果的影响因素有着色剂品种与色调、木材的颜色和结构、清漆颜色与性能以及具体的涂饰工艺。另外，还涉及嵌补洞眼裂缝的腻子、填纹孔涂料、染料水溶液以及酒色等涂饰材料色彩的调配与着色技巧。技术难度大，质量要求高，需要技术全面而熟练的工人来操作。如调配嵌补洞眼裂缝的虫胶腻子，是边调配边看边使用，色彩全凭施工者眼光来判断，难以采用确定的配比去调配。"酒色"用于修整被染色家具表面的色差，其色彩应根据色差来确定，而色差变化是无常的，深浅不一，无法采用固定的配比，只能凭操作者的眼光与经验，临时边调边试，直到能消除家具表面的色差为止。填纹孔涂料与染料水溶液的色彩可按一定的配比调配成所需要的色彩。

为此，只能提供填纹孔涂料及染料水溶液的常用色彩的配方，作为参考。对于嵌补用的虫胶腻子与拼色用的"酒色"，则只能提供配色用的着色剂，其配比全靠操作者根据施工的实际情况临时定取。

5.2.1.1　仿柚木木纹作色工艺

柚木是一种名贵的硬阔叶材，质感很好，木纹漂亮，材色也为人们所喜爱。为此常将其他木家具着上柚木色，以提高制品的装饰效果。现市场上还有柚木色的木纹纸出售，模仿得很逼真，远看几乎跟柚木薄皮一样，主要用于装饰材质较差的木家具，或用于刨花板与中密度纤维板制作的家具。对于材质较好的木家具完全可以涂饰成柚木色来装饰。

① 家具表面处理　去树脂、油迹、胶痕、色斑、木毛等缺陷。

② 涂饰底漆　涂饰一度淡黄色虫胶清漆，让涂层干燥。

③ 嵌补　用虫胶清漆、老粉、铁黄、铁红、铁黑、哈吧粉调成浅柚木色的腻子，将洞眼裂缝等缺陷嵌补好。

④ 砂磨　待嵌补的腻子干后，用其1号木砂纸将嵌补处及整个被涂表面砂磨平整光滑。

⑤ 填纹孔　老粉68份、铁红1.8份、铁黄1.8份、铁黑1.4份、水27份调配成柚木色水老粉，或用老粉68份、松香水22份、凡立水5份、铁红1.8份、铁黄1.8份、铁黑1份调成油老粉。可用其中的一种来填纹孔，即用竹刨花或棉纱头蘸取油老粉（或水老粉），反复涂擦家具的被涂饰表面，以使油老粉充分填入纹孔中。接着将表面浮粉揩擦干净，力争木纹清晰，色彩均匀。待填纹孔涂层干后，再用干净的细白布或毛巾将表面浮粉轻轻揩干净。

⑥ 染色　用黄纳粉3.4份、黑汁1.9份、开水94.7份调成柚木色的水色，对家具表面进行染色处理。

⑦ 剥色　用0号木砂纸蘸上浓度约为80％的酒精溶液，将被涂表面的浮粉砂磨掉，务必使木纹清晰，色彩比较均匀。

⑧ 涂饰底漆　涂饰一度虫胶清漆，让其干燥。

⑨ 涂饰底漆　涂饰一度虫胶清漆，干后轻轻砂磨光滑。

⑩ 涂饰底漆　涂饰一度虫胶清漆，干后砂磨光滑，继续涂饰一度虫胶清漆。

⑪ 拼色　用虫胶清漆、铁黄、铁红、铁黑、哈吧粉、碱性金黄调配酒色，进行拼色，以使被涂表面色彩均匀一致。

⑫ 涂饰底漆　涂饰一度虫胶清漆。待涂层干后，砂磨光滑即可涂饰面漆。

若对柚木家具涂饰柚木色，即涂饰成柚木木纹本色，其涂饰工艺过程与工艺技术要跟上述的完全相同，只是填纹孔涂料与染料水溶液的配比有点不同，其色彩应跟柚木木纹本色相同。其填纹孔涂料与染料水溶液的色彩在上面的基础上作适当的调整。接着涂饰面漆。

（注：涂饰一度，属涂饰专业术语，即涂饰一遍、一次、一道。以下相同）

5.2.1.2　仿红木木纹色作色工艺

红木是一种名贵木材，材质坚硬，相对密度较大，材性稳定，材色别致，质感高雅，可以说是木中之"王"。而红木资源非常稀少，因此价格相当昂贵，也很难买到，远不能满足人们对红木家具的需求。为此，常将其他优质硬阔叶材（水曲柳、榉木、榆木、樟木等）家具涂饰成红木色，称之为仿红木家具。现在高级宾馆家具及出口家具多数涂饰成红木色，使之显得高雅珍贵，以提高其身价。

红木的学名为酸枝，由于有香气故又称香枝木。颜色有黄、红、紫、黑等之别。故在涂饰配色时，应根据颜色样板或实物的色调来调配，应严格掌握好红色调与黑色的配比，对黄色调也需用得恰当。并要很好掌握作色技巧。

① 家具表面处理　去树脂、油迹、胶痕、色斑、木毛等缺陷。

② 涂饰底漆　涂饰一度虫胶清漆。

③ 嵌补　用虫胶清漆跟老粉、铁红、铁黑、铁黄调成所涂饰的红木色的虫胶腻子，将洞眼等缺陷嵌补好。

④ 填纹孔　用老粉73份、黑墨水6.4份、水20.6份调成水老粉，进行填纹孔。应将全部纹孔填平实，并揩净表面浮粉，做到木纹清晰，色彩均匀。

⑤ 砂磨　待嵌补腻子干后，将嵌补处及整个被涂面砂磨光滑。

⑥ 染色　用优质黑纳粉 7 份、开水 83 份配成水色溶液，对家具进行染色。力求染色均匀一致。

⑦ 第二次染色　仍用第⑥道工序的水色溶液再进行染色，力争染色均匀。

⑧ 涂饰底漆　涂饰一度虫胶清漆。待涂层干后砂磨光滑。

⑨ 涂饰底漆　在虫胶清漆中加入少量碱性金黄的酒精溶液及微量黑蓝，并搅拌均匀，然后在家具表面上涂饰一度。待涂层干后，砂磨平滑。

⑩ 涂饰底漆　跟⑧相同。

⑪ 拼色　若家具表面色彩不均匀，用虫胶清漆跟碱性金黄、黑蓝调配酒色，进行拼色，确使家具表面色彩均匀一致。

⑫ 涂饰底漆　跟⑧相同。

红木色有深浅之别，但作色工艺完全相同，只是水色溶液与填纹孔涂料的色彩配比有所不同。应根据深浅不同，作适当的调整，接着涂饰面漆。

5.2.1.3　淡木纹本色作色工艺

一些木材本来的颜色淡雅，材质优美，天然纹理漂亮，为人们所喜爱。故涂饰时不需要改变木材的本色，并使木材的天然纹理渲染得更清晰。一般选择材质好，材色浅而匀，木纹较美观的家具涂饰淡木纹色。如用优质的水曲柳、椴木、桦木、白樟木等木材制作的家具，适宜涂饰淡木纹色。其作色工艺如下：

① 家具表面处理　去树脂、油迹、胶痕、色斑、木毛等缺陷。

② 嵌补洞眼裂缝　用虫胶清漆、老粉及微量铁黄、哈巴粉、铁黑调配成木纹本色的腻子。然后用嵌刀或小刮刀将腻子嵌平所有的洞眼与裂缝。嵌好让其充分干燥。

③ 填纹孔　用老粉 73 份、凡立水（即清油、光油、酯胶清漆、酚醛清漆、醇酸清漆的统称，用其中任何一种均可）7 份、松香水 18 份、立德粉 1.8 份、铬黄 0.2 份，调成所涂饰的淡木纹色的油老粉。然后用竹刨花或棉纱头蘸取油老粉进行填纹孔。反复涂擦，以使油老粉充分填入纹孔中。接着将表面浮粉揩擦干净，力争木纹清晰，色彩均匀。待填纹孔涂层干后，再用干布或毛巾将表面浮粉轻轻揩干净。

④ 砂磨　待嵌补腻子干透后，用 1 号木砂纸将嵌补处砂磨平滑。再将整个被涂表面重新砂磨光滑，以彻底砂除木毛与脏痕，再清除灰尘。

⑤ 涂饰底漆　涂饰一度漂白虫胶清漆。若无漂白虫胶清漆，可在所用的清漆中加入约两倍的稀释剂搅拌均匀后代用，涂饰的涂层宜薄。待涂层干后，砂磨平滑。

⑥ 涂饰底漆　工序同⑤。

⑦ 拼色　家具表面若有深浅不一的色差，可用虫胶清漆、立德粉、铁黄、铁黑、哈巴粉调配酒色，进行拼色，使其色彩协调一致。

⑧ 涂饰底漆　涂饰一度漂白虫胶清漆。涂层干后用旧砂纸轻轻砂磨光滑，接着再涂一度漂白色虫胶清漆。如发现木纹颜色仍有不均匀处，再用上面的酒色进行拼色，务必使色彩均匀一致。最后再涂饰一度白色虫胶清漆，干后砂磨光滑。作色完毕，接着涂饰面漆。

5.2.1.4　咖啡木纹色作色工艺

① 家具表面处理　同上。

② 嵌补洞眼裂缝　用虫胶清漆、老粉、哈巴粉调成咖啡色的腻子，用嵌刀将洞眼裂缝嵌补好。

③ 填纹孔　用老粉 69 份、凡立水 7 份、松香水 22 份、铁红 1.7 份、铁黑 0.3 份，调配

成咖啡色的填纹孔涂料。将被涂表面全部纹孔填平实，并揩净表面浮粉，以使木纹清晰，色彩均匀。

④ 染色　调制咖啡木纹色染料水染色。

⑤ 涂饰底漆　涂饰一度虫胶清漆，让其干燥。

⑥ 砂磨　待嵌补腻子干后，用 1 号木砂纸砂磨平滑。并将整个表面砂磨一遍进一步砂除木毛，再清除灰尘。

⑦ 涂饰底漆　涂饰一度虫胶清漆，干后用旧砂纸砂磨光滑。

⑧ 涂饰底漆　涂饰一度虫胶清漆，干后砂光滑。

⑨ 拼色　用虫胶清漆跟哈巴粉、铁红、铁黑配酒色，进行拼色，使家具表面的色彩均匀一致。

⑩ 涂饰底漆　涂饰一度虫胶清漆，干后砂磨光滑，即可涂饰面漆。

5.2.1.5　淡棕木纹色作色工艺

① 家具表面处理　同上。

② 嵌补　用虫胶清漆、老粉及少量铁黄、铁黑、哈巴粉调成淡棕色的虫胶腻子，将洞眼、裂缝、缺棱、凹陷处嵌补好。

③ 填纹孔　用老粉 78 份、凡立水 7.4 份、松香水 11.6 份、哈巴粉 2.3 份、铁黑 0.6 份调配成淡棕色油老粉，用竹刨花或棉纱头蘸取油老粉将被涂表面纹孔填好。并揩净表面浮粉，使木纹清晰。

④ 染色　调制淡棕木纹色染料水染色。

⑤ 涂饰底漆　涂饰一度浅黄虫胶清漆，让其干燥。

⑥ 砂磨　待嵌补腻子干后，用 1 号木砂纸砂磨平滑，并将整个表面砂磨一遍进一步砂除木毛，再清除灰尘。

⑦ 涂饰底漆　涂饰一度虫胶清漆，干后砂磨光滑。

⑧ 涂饰底漆　涂饰一度虫胶清漆，干后砂磨光滑。

⑨ 拼色　如家具表面色彩不均匀，可用虫胶清漆、哈巴粉、铁红、铁黑配酒色，进行拼色，以使其色彩均匀一致。

⑩ 涂饰底漆　涂饰一度虫胶清漆，干后砂磨光滑即可涂饰面漆。

5.2.1.6　桃红木纹色作色工艺

① 家具表面处理　同上。

② 嵌补　用虫胶清漆、铁红、铁黄、铁黑调配成桃红色的虫胶腻子，将洞眼、裂缝等缺陷嵌补好。

③ 砂磨　待嵌补腻子干后，用 1 号木砂纸将整个涂饰表面砂磨光滑。

④ 填纹孔　用粉 73 粉、凡立水 6 份、松香水 18 份、铁红 2 份、红调和漆 1 份调配成桃红色油老粉，将被涂表面的纹孔填好（其工艺技术要求跟木纹本色的相同）。

⑤ 染色　调制桃红木纹色染料水染色。

⑥ 涂饰底漆　涂饰一度浅黄虫胶清漆，让其干燥。

⑦ 涂饰底漆　涂饰一度浅黄虫胶清漆，干后砂磨光滑。

⑧ 拼色　用虫胶清漆、铁红、铁黄、铁黑调配酒色，将被涂饰表面色彩拼均匀。

⑨ 涂饰底漆　涂饰一度浅黄虫胶清漆，干后砂磨光滑即可涂饰面漆。

5.2.1.7 淡黄木纹色作色工艺

① 家具表面处理　同上。

② 嵌补　胶清漆、老粉、铁黄、铁红、哈巴粉配成淡黄色虫胶腻子，将洞眼、裂缝等缺陷嵌补好。

③ 填纹孔　用老粉 71.3 份、凡立水 7.5 份、松香水 20.5 份、铁红 0.2 份、铁黄 0.1 份、哈巴粉 0.4 份配成淡黄色的油老粉，将家具表面的纹孔填好（其工艺技术要求跟木纹本色的相同）。

④ 染色　调制淡黄木纹色染料水染色。

⑤ 涂饰底漆　涂饰一度浅黄虫胶清漆。

⑥ 砂磨　待嵌补腻子干后，用 1 号木砂纸将整个涂饰表面砂磨光滑。

⑦ 涂饰底漆　涂饰一度浅黄虫胶清漆，干后砂磨光滑。

⑧ 拼色　用虫胶清漆、铁红、哈巴粉、铁黑、立德粉配酒色，将家具表面的色彩拼均匀。

⑨ 涂饰底漆　涂饰二度淡黄虫胶清漆，干后刷光滑即可涂饰面漆。

5.2.1.8 蟹青木纹色作色工艺

① 家具表面处理　同上。

② 嵌补　用虫胶清漆跟老粉、铁黄、铁红、铁黑、哈吧粉调配成蟹青色虫胶腻子，将洞眼裂缝等缺陷嵌补好。干后将嵌补处及整个被涂表面砂磨平整光滑，扫净灰尘。

③ 填纹孔　用老粉 68 份、铁黑 0.9 份、铁红 0.6 份、铁黄 0.6 份、哈吧粉 0.9 份、水 29 份调配成蟹青色的水老粉，进行将纹孔填平。

④ 染色　用黄纳粉 2.2 份、黑墨水 8.8 份、开水 89 份调配成蟹青色，对家具进行染色处理。力求染色均匀一致。

⑤ 拼色　用虫胶清漆、铁红、铁黄、铁黑、哈吧粉、碱性金黄（又名块子金黄）调配酒色，进行配色，消除色差，使色彩均匀协调。

⑥ 涂饰底漆　涂饰一度虫胶清漆。

⑦ 涂饰底漆　涂饰一度虫胶清漆，干后砂磨光滑。

⑧ 剥色　用 0 号木砂纸蘸取浓度为 80% 的酒精溶液，将被涂表面的浮粉砂除掉，并力求表面色彩均匀。

⑨ 涂饰底漆　涂饰一度虫胶清漆，干后砂磨光滑。

⑩ 涂饰底漆　涂饰一度虫胶清漆。

⑪ 涂饰底漆　涂饰一度虫胶清漆，干后砂磨光滑。作色完毕，即可涂饰面漆。

5.2.1.9 荔枝木纹色的作色工艺

① 家具表面处理　同上。

② 嵌补　用虫胶清漆、铁黄、铁红、铁黑、哈吧粉与老粉调配成所要涂饰的荔枝色的虫胶腻子，将洞眼裂缝等缺陷嵌补好。干后将嵌补及被涂表面砂磨平整光滑。

③ 填纹孔　用老粉 68 份、黑墨水 2.5 份、铁红 1.5 份、哈吧粉 5 份、水 23 份调配成所要涂饰的荔枝色（应参照荔枝色的样板或样本进行比较）的水老粉，将纹孔填好，并要揩净表面浮粉，力争木纹清晰。

④ 染色　用黄纳粉 6.6 份、黑墨水 3.4 份、开水 90 份配成所涂饰的荔枝色的水色溶液，对制品进行染色处理，力争染色均匀一致。

⑤ 拼色　用虫胶清漆跟铁黄、铁红、铁黑、哈吧粉配酒色，进行拼色，消除色差，使被涂表面色彩均匀一致。

⑥ 涂饰底漆　涂饰一度虫胶清漆。

⑦ 涂饰底漆　涂饰一度虫胶清漆，使其干燥。

⑧ 剥色　用 0 号木砂纸蘸取以酒精 90 份、水 10 份的混合溶剂，将被涂表面上的浮粉彻底砂磨干净，确保木纹清晰，色彩一致。

⑨ 涂饰底漆　涂饰一度虫胶清漆，干后砂磨光滑。

⑩ 涂饰底漆　涂饰一度虫胶清漆，干后砂磨光滑，再继续涂饰一度虫胶清漆。

⑪ 涂饰底漆　涂饰一度虫胶清漆，干后轻轻砂磨光滑，作色完毕即可涂饰面漆。

5.2.1.10　栗壳木纹色作色工艺

① 家具表面处理　同上。

② 嵌补　用虫胶清漆、铁红、铁黄、铁黑、哈吧粉与老粉调配成所要涂饰的栗壳色，将洞眼、裂缝等缺陷嵌补好。干后将嵌补处及被涂饰的整个表面砂磨平整光滑。

③ 填纹孔　用老粉 71 份、铁红 1.4 份、哈吧粉 4.4 份、黑墨水 5.2 份、水 18 份调配成栗壳色，将被涂表面上的纹孔填好。

④ 染色　用黄纳粉 13 份、黑墨水 25 份、开水 62 份调配成栗壳色的水溶液，对家具进行染色。

⑤ 剥色　用 0 号木砂纸蘸取浓度为 80% 的酒精与 12 份水混合溶液，将家具表面上的浮粉砂磨干净，务必使木纹清晰，力求色彩一致。

⑥ 拼色　用虫胶清漆跟铁红、铁黄、铁黑、哈吧粉、碱性金黄配酒色，进行拼色，消除色差，确保被涂面色彩均匀一致。

⑦ 涂饰底漆　涂饰一度虫胶清漆。

⑧ 涂饰底漆　涂饰一度虫胶清漆，使之干燥。

⑨ 涂饰底漆　涂饰一度虫胶清漆，干后砂磨光滑。

⑩ 涂饰底漆　涂饰一度虫胶清漆，干后砂磨光滑。

⑪ 涂饰底漆　涂饰一度虫胶清漆，干后砂磨光滑即可涂饰面漆。

5.2.1.11　古铜木纹色作色工艺

所谓古铜色，是指使用时间很久的铜器的外表面所呈现出亮度与饱和度不同的颜色。即在铜器凸起部位，因经常受外界物体的摩擦，其色浅而高度大；而凹陷部位由于存在不同程度的氧化层，便形成由浅而深的渐变色彩，其亮度也是由明而暗地逐渐变化。故显得质朴，古雅，富有自然的立体感，颇受人们赞赏。为此，在某些制品（如家具）上涂饰古铜色，可获得较好的装饰效果。其着色方法是：

① 家具表面处理　同上。

② 嵌补　用虫胶清漆跟老粉、铁红、铁黄、铁黑、哈吧粉调配成浅铜褐虫胶腻子，将洞眼、裂缝等缺陷嵌补好。干后，将嵌补处及整个被涂表面砂磨平滑，清除灰尘。

③ 填纹孔　用老粉 73 份、黑墨水 6.4 份、铁红 0.5 份、哈巴粉 0.1 份、水 20 份调配成填纹孔涂料，将被涂表面全部纹孔填平实，并要揩干净表面浮粉，揩均匀色彩。

④ 染色　用黄纳粉 4 份、黑墨水 16 份、开水 80 份调成水色。可以用刷涂或揩涂、喷涂的方法，将水色涂在家具表面。对家具各个部件（如门板、面板、旁板等）染色时，在其四周的色应涂得深一些（即水色溶液多一点），再逐渐向中心淡下来，形成由深而浅的渐变

色，中心处的色最浅。要跟古铜的色彩相似。

⑤ 第二次染色　再用上面的水色，以同样的方法与要求，重新染一次色，使形成的色更接近古铜色（样板或实物的色）。

⑥ 拼色　若家具表面形成的色彩跟古铜色样板或实物的色彩尚有较大差距，可用虫胶清漆跟黄纳粉、铁黑配酒色，进行拼色，使之基本跟样板的色彩相同。

⑦ 涂饰底漆　涂饰一度虫胶清漆。

⑧ 涂饰底漆　涂饰一度虫胶清漆，干后砂光滑。

⑨ 涂饰底漆　涂饰一度虫胶清漆，干后砂光滑。

⑩ 涂饰底漆　涂饰一度虫胶清漆，干后砂磨光滑。

⑪ 涂饰底漆　涂饰一度虫胶清漆。

⑫ 涂饰底漆　涂饰一度虫胶清漆，干后砂磨光滑，即作色完毕。

涂饰古铜色还有另一种方法，作色的基本工艺跟上面相同，只是在第④道工序后，再涂饰一度极薄一层金粉底漆（用黏度 $5\sim10s$ 的硝基漆跟少量的金粉调匀即是），待涂层干后，便可按第⑤道工序进行染色，直到最后一道工序，作完色彩即可涂饰面漆。

5.2.1.12　黄纳木纹色作色工艺

黄纳粉是染料生产厂家根据广大用户的要求而设计出的一种混合染料，人们把这种混合染料染出的家具颜色称为黄纳色。黄纳粉在木家具涂饰中，应用极其广泛，所形成的颜色也颇受用户欢迎。其着色工艺如下：

① 家具表面处理　同上。

② 嵌补　用虫胶清漆跟老粉、铁红、铁黄、铁黑、哈巴粉调配成所要涂饰的黄纳色，将洞眼、裂缝等缺陷嵌补好。干后，将嵌补处及整个被涂饰表面砂磨平滑。

③ 填纹孔　用老粉 66 份、哈巴粉 3.5 份、铁红 0.3 份、铁黑 0.2 份、水 20 份配成黄纳粉色的填纹孔涂料，将被涂饰表面的所有纹孔填好，并揩净表面浮粉，力争颜色一致。

④ 染色　用黄纳粉 16 份、黑墨水 5 份、开水 79 份配成水色，对家具进行染色，染色均匀。

⑤ 拼色　若色彩仍不均匀，用黄虫胶清漆跟铁红、铁黄、铁黑、哈巴粉、碱性金黄配酒色，进行拼色，做到色彩均匀一致。

⑥ 涂饰底漆　涂饰一度虫胶清漆。

⑦ 涂饰底漆　涂饰一度虫胶清漆，使之干燥。

⑧ 剥色　用 0 号木砂纸蘸取浓度约为 80% 的酒精溶液，砂磨掉被涂表面的全部浮粉，务必使木纹清晰，力求色彩均匀。

⑨ 涂饰底漆　涂饰一度虫胶清漆。干后，砂磨光滑。

⑩ 涂饰一度虫胶清漆　干后砂磨光滑，再涂一道黄虫胶清漆。

⑪ 涂饰底漆　涂饰一度虫胶清漆。干后砂磨光滑，即作色完毕即可涂饰面漆。

5.2.1.13　黑纳木纹色作色工艺

跟黄纳粉一样，黑纳粉也是由染料生产厂家为广大用户所设计的一种混合染料。由这种染料染出的颜色称为黑纳色，也是广大用户所喜欢的一种色彩。其作色工艺是：

① 家具表面处理　同上。

② 嵌补　用虫胶清漆、老粉、铁黑、铁红调成所要涂饰的黑纳色虫胶腻子，将洞眼、裂缝等缺陷嵌补好。干后，连同整个涂饰表面砂磨平滑，清掉灰尘。

③ 染色　用黑纳粉 19 份、开水 81 份调成水色，进行染色，要求染色均匀。

④ 拼色　若被涂表面色彩有深淡色差，就用虫胶清漆跟黑蓝配酒色进行拼色，消除色差，使被涂表面色彩均匀协调一致。

⑤ 填纹孔　用老粉 70 份、黑墨水 12 份、水 18 份调成水老粉，将被涂表面纹孔填平实，并揩清表面浮粉，力求木纹清晰，色彩均匀。

⑥ 涂饰底漆　涂饰一度虫胶清漆。

⑦ 涂饰底漆　涂饰一度虫胶清漆，干后砂磨光滑。

⑧ 涂饰底漆　在虫胶清漆中加入 0.5%～1% 的黑蓝（应先用少量酒精浸透研细，再倒入虫胶清漆中搅拌均匀），涂饰一度。待其涂层干后，砂磨光滑。

⑨ 涂饰底漆　用加入黑蓝的虫胶清漆再涂饰一度。

⑩ 饰底漆涂　涂饰一度虫胶清漆或加入黑蓝的虫胶清漆。待涂层干后，砂磨光滑，作色完毕即可涂饰面漆。

5.2.1.14　镶色家具作色工艺

所谓镶色家具，是指家具周边轮廓的色彩跟其表面的色彩不相同，形成对比，使家具轮廓线格外醒目。例如将衣柜的门面涂饰成淡黄色，而将其门框（即顶板、底板、旁板的正视面边缘）涂饰成墨绿色；又如将写字台的表平面涂饰成柚木色，而将其周边涂饰成蟹青色（又称咸菜色）。使之形成较强烈的对比色调，借以丰富色彩的层次，突出家具的形体美。一般表平面的面积大，多数涂饰浅色，为主体色；而周边面积小，多数涂饰深色，为辅助色。当然，相反也行。

镶色家具，涂饰两种或两种以上的色彩，作色工艺比作单一色彩要复杂得多。往往需要根据实际情况，灵活处理。一般规律是先涂饰好浅色部分，并用底漆封闭好色彩涂层，然后再作较深的色彩。在作色过程力求每道涂饰工序都不得过楞，如涂饰桌面时，先将表平面的色作好，在作色过程中，不得使填纹孔涂料、水色、虫胶清漆等过楞而涂到桌面周边上去。相反，涂饰周边，则不得过楞到表平面。为减少色彩过楞带来的麻烦，一般先作浅色，浅色作好后须先涂饰一度、二度底漆，把所作的浅色封闭好，以使后续工序溅上去的色彩易被揩掉。在作浅色过程中有色过楞到相邻边，因为颜色浅，比较容易用砂纸砂磨掉，要是万一有点痕迹也无妨，也会被深颜色所融合而难以呈现出来。相反，要去掉深色就难得多，再者浅色难以融合深色，在浅色中的深色斑痕会明显地呈现出来。

对于需要封边的板式家具来说，可将封边部位（薄木封边带或实木封边条）涂饰成较深的色彩，形成镶边色彩，其他表平面涂饰浅色，作为主体色。这样可以增加装饰效果。

镶色家具在温州、苏州等地较为流行，具有地方特色与古色古香的格调。现代的彩色家具与此密切相关，也可以说是一脉相承。

5.2.1.15　彩色家具作色方法

此处所指的彩色家具，即将家具的不同部位或不同部件涂饰成不同的色彩，以形成对比明显的彩色图案，使家具显得华丽醒目。

在我国的一些地区曾把涂饰蓝色、绿色系列色彩的家具称为彩色家具。也有把涂饰成渐变色的家具（即家具的色彩由深而浅逐渐变化，如由深蓝色逐渐变成天蓝色）称为彩色家具。根据颜色的定义，在自然界中除了消色（即白、灰、黑），其他所有的颜色都称为彩色。

彩色家具的作色方法，跟上面所介绍的作色方法一样。最好是将各个部件先涂饰好，然后再组装。这给涂饰作色带来很大的方便，并有利于涂饰机械化的实现。凡较为先进的家具厂，都是采用先涂饰后组装的生产工艺。对板式家具来说，无论是手工业生产或大工业化机械生产，都能采用先涂饰好各种零部件，然后再进行组装的先进生产方式。

若彩色家具是用色漆进行不透明涂饰，其涂饰工艺比透明涂饰要简单得多。现在国际流行的彩色家具主要是用色漆进行涂饰，属不透明涂饰，将在以后介绍。

5.2.2 木家具透明涂饰工艺流程

由于木家具存在普级、中级、高级三种等级上的差别，故涂饰时所采用的面漆与涂饰工艺及技术要求也有所不同。对于中级与高级家具的涂饰，所用涂料（主要是面漆）往往相同，主要是涂饰工艺及技术要求会有所差异。如高级家具涂饰，要求所有表面的色彩均匀一致，木纹特别清晰，涂膜要全部进行磨水砂、抛光处理。而中级家具涂饰，主要是要求正视面与台面跟高级制品家具相同，而对侧面（旁板）的要求没有高级家具那么严格。现介绍涂饰实例。

5.2.2.1 硝基清漆涂饰中、高级家具的传统工艺流程

（1）涂饰的工艺流程

硝基清漆涂饰中、高级家具的涂饰工艺流程如表 5-3 所示。

表 5-3　　　　　　　　　硝基清漆涂饰中、高级家具的工艺流程

序号	工序名称	高级家具		中级家具		备　注
		浅色	深色	浅色	深色	
1	白坯检查	O	O	O	O	未涂饰的家具称为白坯
2	清除污渍	O	O	O	O	即清除树脂、色斑、油迹等
3	嵌补洞眼等	O	O	O	O	首选虫胶腻子
4	砂磨	O	O	O	O	砂除家具表面的污染物
5	清除木毛	O	O	O	O	
6	填纹孔	O	O	O	O	
7	砂磨	O	O	O	O	砂平嵌补处
8	染色	O	O	O	O	
9	工序检查	O	O	O	O	
10	涂底漆	O	O	O	O	浅色用漂白虫胶清漆
11	砂磨	×	O	×	O	
12	剥色	O	O	×	×	用浓度为 80% 的酒精
13	涂底漆	O	O	O	O	浅色用漂白虫胶清漆
14	砂磨	×	O	×	O	
15	涂底漆	×	O	×	O	浅色用漂白虫胶清漆
16	涂底漆	O	O	O	O	浅色用漂白虫胶清漆
17	揩底漆	O	O	O	O	浅色用漂白虫胶清漆
18	砂磨	O	O	O	O	
19	检查修补	O	O	O	O	
20	刷一度硝基面漆	O	O	O	O	
21	砂磨	O	O	O	O	

续表

序号	工序名称	高级家具		中级家具		备　注
		浅色	深色	浅色	深色	
22	揩硝基面漆	0	0	0	0	连续揩 30 遍左右
23	磨水砂	0	0	0	0	用 400 号水砂纸
24	揩硝基面漆	0	0	0	0	连续揩 30 遍左右
25	磨水砂	0	0	×	×	用 500 号水砂纸
26	揩硝基面漆	0	0	×	×	连续揩 30 遍左右
27	磨水砂	0	0	0	0	用 600 号水砂纸
28	抛光	0	0	0	0	
29	敷油蜡	0	0	0	0	

注："0"表示要进行的工序；"×"表示不进行的工序。下同。

　　上述涂饰工艺被称为"三揩三磨"工艺，即揩涂三次硝基清漆，磨三次水砂。这是上海地区涂饰高级家具、钢琴、木雕工艺品等的传统高级涂饰工艺。

　　（2）工艺技术要求

　　硝基清漆涂饰中、高级家具，各道涂饰工序的工艺技术要求如表 5-4 所示。

表 5-4　　　　　　　　　　　　**硝基清漆涂饰中、高级家具的工艺技术要求**

序号	工序名称	工序的工艺技术要求
1	白坯检查	检查白坯家具是否符合本级涂饰工艺要求,对涂饰无法修补的缺陷交木工修复
2	清除污渍	对家具表面的树脂、油迹、胶痕、色斑等缺陷,用前面介绍的方法清除掉
3	砂磨	用砂纸将制品表面沿木纹方向砂磨光滑及砂除污染痕迹
4	涂底漆	在家具表面涂一度浓度为 25％的虫胶清漆,使家具木毛变硬竖立,便于砂磨干净
5	嵌补	用所需颜色的虫胶腻子或油性腻子、胶性腻子等,将被涂面上的洞眼等嵌补好
6	砂磨	用砂纸沿木纹方向将嵌补处砂平,将木毛砂除,使被涂表面平整光滑
7	清除木毛	家具表面撕裂或斜纹处木毛尚未彻底消除,应再涂一度虫胶清漆,干后再砂除
8	填纹孔	根据要求,可用水老粉、油老粉或油性腻子等填纹孔涂料将纹孔填平并揩净浮粉,使木纹清晰、色彩均匀
9	工序检查	检查上面各道工序中是否有遗漏或损坏等缺陷,若有,应一一修补好
10	染色	染色分两种情况:对涂饰浅颜色(如淡木纹本色)的家具,可在漂白虫胶清漆中加入适量颜料或染料,进行染色;而对涂饰深颜色的家具,常用染料水溶液进行染色。都要求染色均匀
11	涂底漆	涂一度浓度为 25％的虫胶清漆,以封闭填入纹孔中的涂料,使之牢固结合
12	剥底子	用 0 号木砂纸蘸上浓度约为 80％的酒精水溶液沿木纹方向轻轻砂磨掉家具表面的浮粉,使木纹更清晰
13	涂底漆	涂一度浓度为 25％的虫胶清漆,以封闭染好的色彩。应涂均匀、无遗漏、流挂
14	拼色	用毛笔或旧排笔蘸上调配好的酒色进行拼色。笔蘸取的酒色宜少,以免拼色后形成"地图"痕迹,影响色彩均匀性
15	涂底漆	涂饰一度浓度为 20％的虫胶清漆,应涂饰均匀,无遗漏、流挂等现象
16	砂磨	用旧砂纸沿木纹方向轻轻砂磨光滑
17	揩底漆	用棉花球蘸取浓度为 30％的虫胶清漆,先横木纹后顺木纹方向直揩各一遍,进一步填平封闭纹孔

续表

序号	工序名称	工序的工艺技术要求
18	砂磨	用旧砂纸轻轻砂磨光滑
19	检查修补	根据涂饰工艺要求和色彩样板，检查上面各工序是否符合要求或有遗漏处，并逐一修补好
20	涂底漆	用羊毛漆刷沿被涂表面木纹方向涂刷一度硝基清漆，使之干燥
21	砂磨	用旧砂纸轻轻地将涂膜表面砂磨光滑
22	揩硝基面漆	用棉花球揩涂硝基清漆，先沿木纹方向圈涂，再横木纹方向圈涂，再后沿木纹方向直揩，就这样反复交错进行揩涂，直到全部纹孔都填实（约揩30遍）
23	磨水砂	待硝基清漆涂层经24h自然干燥后，用400号水砂纸包住一小块平整的软木块，加肥皂水，沿木纹方向将涂膜表面砂磨平滑，将涂膜表面原有光泽层刚好砂掉便符合要求，严防砂穿涂膜，再将涂膜表面揩干净
24	揩硝基面漆	先检查上道工序是否将涂膜磨穿或将木材砂白，若有即补好。然后仍按第22道工序要求继续揩涂硝基清漆。约揩涂30遍，使之形成一定厚度的涂膜
25	磨水砂	按第23道工序要求，用500号水砂纸包住一平整软木块将涂膜表面原有光泽层刚好磨掉，使之平整光滑
26	揩硝基面漆	按第22道工序要求，用棉花球继续揩涂硝基清漆，直到将定额的硝基清漆全部揩完为止，约揩涂40遍，应使涂膜显得厚实饱满
27	磨水砂	待涂层充分干透后，用600号水砂纸包住一个平整软木块（如杉木块），加肥皂水将涂膜表面原光泽层刚好砂除，使之平整光滑
28	抛光	用细软棉纱头蘸取适量溶好的抛光膏，在涂膜表面沿木纹方向反复直擦，直擦到涂膜表面无丝路，无雾光而新呈现出柔和明亮的光泽为止
29	敷油蜡	用清洁软细的棉纱头将涂膜表面揩干净，再用新棉花球蘸上油蜡涂敷到涂膜表面，要求全部涂敷到，随后再用清洁的棉纱头揩擦干净，涂膜便会出现明亮如镜的光泽

5.2.2.2 聚氨酯清漆、丙烯酸清漆、酸固化氨基清漆涂饰中、高级家具工艺

聚氨酯清漆、丙烯酸清漆及酸固化氨基清漆的固体含量可达50%，涂膜耐温、耐寒、耐磨，装饰性能好，现广泛用作中、高级家具的面层涂料，即面漆。特别是聚氨酯涂料，由于物美价廉，现是全国家具行业中使用量最多的一种面漆。这三种涂料的涂饰工艺基本相同，如表5-5所示。

表5-5　聚氨酯清漆、丙烯酸清漆及酸固化氨基清漆涂饰中、高级家具工艺流程

序号	工序名称	高级家具		中级家具		备注
		浅色	深色	浅色	深色	
1	白坯检查	○	○	○	○	
2	清除污渍	○	○	○	○	树脂、色斑
3	嵌补	○	○	○	○	洞眼、裂缝
4	砂磨	○	○	○	○	砂除污痕
5	填纹孔	○	○	○	○	
6	砂磨	○	○	○	○	砂平嵌补处
7	染色	×	○	×	○	
8	涂底漆	○	○	○	○	浅色用漂白虫胶清漆
9	砂磨	○	○	○	○	砂除木毛

续表

序号	工序名称	高级家具		中级家具		备　　注
		浅色	深色	浅色	深色	
10	拼色	〇	〇	〇	〇	
11	涂底漆	×	〇	×	〇	浅色用漂白虫胶清漆
12	砂磨	×	〇	×	〇	
13	涂底漆	〇	〇	〇	〇	浅色用漂白虫胶清漆
14	砂磨	〇	〇	〇	〇	
15	涂底漆	〇	〇	〇	〇	浅色用漂白虫胶清漆
16	砂磨	〇	〇	〇	〇	
17	涂面漆	〇	〇	〇	〇	用聚氨酯清漆或丙烯酸清漆
18	砂磨	〇	〇	〇	〇	
19	磨水砂	〇	〇	×	×	用 400 号水砂纸 每涂饰一次待涂层表干后砂磨
20	涂面漆	〇	〇	〇	〇	
21	涂面漆	〇	〇	〇	〇	
22	涂面漆	〇	〇	〇	〇	中级家具只涂正面与台面
23	磨水砂	〇	〇	〇	〇	中级家具只磨正面与台面
24	抛光	〇	〇	〇	〇	中级家具只抛正面与台面
25	敷油蜡	〇	〇	〇	〇	

　　各道工序的工艺技术要求，跟表 5-4 硝基清漆涂饰中、高级家具的工艺技术要求中的相同名称工序完全相同。

5.2.2.3　不饱和聚酯清漆涂饰中、高级家具工艺

　　用固体含量高达 95％以上的不饱和聚酯清漆、光敏树脂清漆及电子束固化涂料涂饰，一般只要涂饰 1～2 次，最多 3 次。也不需要进行涂膜修整。表 5-6 为涂饰工艺流程。

　　涂饰聚酯清漆不能用虫胶清漆作底漆来配合作色，而是采用专门与之配套的聚酯底漆，多数为聚氨酯与硝基涂料，并将其浓度调配为 5％～10％来代替虫胶清漆。由于硝基清漆有快干的特点，故涂饰聚酯清漆常用稀硝基清漆作底漆，来配合去木毛、嵌补、填纹孔、染色、拼色各道工序，使之能顺利进行，并能获得较好的作色效果。

表 5-6　　　　　　　　　　　　不饱和聚酯清漆涂饰中、高级家具工艺

序号	工序名称	高级家具		中级家具		备　　注
		浅色	深色	浅色	深色	
1	白坯检查	〇	〇	〇	〇	
2	清除污渍	〇	〇	〇	〇	
3	填纹孔	〇	〇	〇	〇	造漆厂提供的配套腻子或硝基腻子
4	砂磨	〇	〇	〇	〇	
5	染色	×	〇	×	〇	
6	涂底漆	〇	〇	〇	〇	造漆厂提供的配套底漆或浓度约为 6％的硝基清漆

续表

序号	工序名称	高级家具		中级家具		备　注
		浅色	深色	浅色	深色	
7	涂底漆	×	0	×	0	同 3
8	砂磨	×	0	×	0	
9	涂底漆	0	0	0	0	同 3
10	拼色	0	0	0	0	
11	涂底漆	0	0	0	0	同 3
12	磨水砂	0	0	0	0	用 400 号水砂纸
13	涂面漆	0	0	0	0	不饱和聚酯清漆
14	涂面漆	0	0	0	0	不饱和聚酯清漆
15	涂面漆	0	0	0	0	不饱和聚酯清漆
16	砂磨	×	0	×	0	
17	抛光	0	0	0	0	
18	敷油蜡	0	0	0	0	

涂饰家具若以聚酯清漆作面漆，填纹孔涂料可用前面介绍过的胶性腻子、油性腻子、树脂色浆或用生产聚酯清漆厂家提供的配套腻子。

5.2.2.4　用凡立水漆涂饰普通家具的工艺

"凡立水"是上海地区对酯胶、酚醛、醇酸等树脂涂料的统称。是一些价格较便宜的传统涂料，具有良好的耐水性与耐候性，但涂膜的硬度、透明度、装饰性欠佳。多用于普通家具、建筑门窗、室外制品的涂饰。用于普通家具透明涂饰的工艺如表 5-7 所示。

表 5-7　　　　　　　　　酯胶、酚醛、醇酸树脂清漆透明涂饰工艺

序号	工序名称	一级		二级	备　注
		浅色	深色		
1	白坯检查	0	0	0	
2	表面处理	0	0	0	
3	嵌补	0	0	0	首选虫胶腻子
4	砂磨	0	0	0	用 1 号木砂纸
5	填纹孔	0	0	0	用水老粉
6	砂磨	0	0	0	用 0 号木砂纸
7	染色	×	0	×	
8	涂一度虫胶底漆	×	0	×	浅色用漂白虫胶清漆
9	拼色	0	0	0	
10	涂一度虫胶底漆	×	0	×	浅色用漂白虫胶清漆
11	涂一度虫胶底漆	0	0	0	浅色用漂白虫胶清漆
12	砂磨	0	0	0	用旧木砂纸
13	涂一度虫胶底漆	0	0	0	浅色用漂白虫胶清漆
14	涂一度虫胶底漆	0	0	0	浅色用漂白虫胶清漆

续表

序号	工序名称	一级		二级	备　注
		浅色	深色		
15	砂磨	0	0	0	用旧木砂纸
16	检查修整	0	0	0	
17	涂一度面漆	0	0	0	
18	砂磨	0	0	0	用 0 号木砂纸
19	涂一度面漆	0	0	0	
20	砂磨	0	0	×	用 0 号木砂纸
21	涂一度面漆	0	0	×	

5.3　木家具亚光透明涂饰工艺

亚光透明涂饰，是指透明的涂膜表面基本无耀眼的光泽反射出来，但仍十分平整光滑，木纹特别清晰，家具显得朴实淡雅，别具一格。

从生理角度考虑，家具表面涂膜的光泽度越高，对眼睛的刺激就越大。若眼睛长期在强光线的刺激下，会有损于视力。为保护视力，应使室内的家具不反射强烈耀眼的光线，以提供一个舒适典雅的休息环境。因此，现在国内的用户，逐渐喜欢亚光涂饰的家具，不少中、高级家具采用亚光透明涂饰。出口家具则以亚光透明涂饰为主。

亚光透明涂饰的家具，应选用优质硬阔叶材制作，要求木纹漂亮，这样方能获得较好的装饰效果。因木家具亚光透明涂饰一般涂膜都比较薄，主要突出木材的自然质感美，在使用过程中经常敷油蜡进行清洁保养。

5.3.1　涂膜获得亚光的方法

（1）使用消光面漆

在使用的面漆中加入适量消光剂（如硬脂酸锌、硬脂酸铝等）便成为消光漆，其涂膜便无耀眼的光线反射出来。消光剂一般由涂料厂在涂料生产过程中加入，也可由涂饰施工人员自行加入。其用量约为所用涂料总量的 2%，先用适量溶剂（二甲苯或醋酸丁酯）溶解，再倒入涂料中搅拌均匀，便可使用。表 5-8 为硝基亚光清漆的质量百分配比。

表 5-8　硝基亚光清漆的质量百分比

材料名称	配方一	配方二	备注
硝基清漆	46	33	
香蕉水	—	65	稀释剂
硬脂酸锌	—	2	消光剂
滑石粉	2	—	消光剂
聚氨酯清漆含 NCO 组分	5.999		
201 号硅油	0.001		消泡剂
醋酸丁酯	46		稀释剂

调配时，应将消光剂先跟稀释剂充分搅拌均匀（如硬脂酸锌用香蕉水调，滑石粉用醋酸丁酯调），然后再分别加入硝基清漆中，并搅拌均匀，便可使用。为使涂料的黏度达到涂饰的要求，一般用涂-4 杯测量为 15～20s。稀释剂的用量可适量增减。

（2）磨掉涂膜上的光泽层

若使用一般有光涂料，待涂层干结成膜后，用 600 号水砂纸将涂膜表面耀眼的光泽层砂磨掉，不要抛光，只用油蜡揩擦光滑即可。

5.3.2　亚光涂饰的分类

① 按照所涂饰的面漆分　若用硝基涂料作面漆，就叫硝基亚光；用虫胶清漆作面漆，就叫虫胶亚光，以此类推。

② 按涂饰表面是否显露木材纹孔分　可分为显孔亚光与无孔亚光。显孔亚光又称为有孔亚光，即涂饰时不进行填纹孔，并要求木材的纹孔充分显现出来，以增强立体感，更好地表现木材的天然美。无孔亚光则相反，在涂饰时需要填纹孔，以提高涂饰木材表面的平整度，并以填纹孔涂料的颜色去渲染木材纹理的美观性。

5.3.3　显孔与无孔亚光透明涂饰工艺

优质硬阔叶材家具常采用显孔亚光透明涂饰。其面漆可用有光或无光硝基清漆、虫胶清漆、聚氨酯清漆或其他清漆。其涂饰工艺如下：

① 白坯表面处理　即清除木材表面的树脂、色斑、胶痕等缺陷。

② 嵌补　用虫胶腻子将被涂饰表面的洞眼、裂缝等缺陷嵌补好。

③ 染色　用配好的染料水溶液对被涂饰表面进行染色处理，力求染色均匀。

④ 涂底漆　涂饰一度虫胶清漆，干后用 1 号木砂纸砂磨光滑。

⑤ 涂底漆　涂饰一度虫胶清漆，以封闭水色。

⑥ 拼色　若色彩不均匀，就用酒色进行拼色，使被涂饰表面色彩均匀一致。

⑦ 涂底漆　涂饰一度虫胶清漆，以封闭拼好的色彩。

⑧ 砂磨　用 0 号木砂纸将被涂饰表面砂磨光滑。

⑨ 涂面漆　连续涂饰二度、三度面漆。每涂饰一度，待涂层表面干后，需用 0 号木砂纸轻轻砂磨光滑。涂完最后一度面漆，应让其充分干燥。

⑩ 磨水砂　用 800～1000 号水砂纸将漆膜表面耀眼的光泽层砂掉。由于亚光透明涂饰的涂膜较薄，用肥皂水干砂很容易把涂膜 1 砂穿。为此，砂磨时，一定要用肥皂水，切勿用力过猛，以防砂破涂膜。

⑪ 敷油蜡　用清洁细软的纱头蘸取适量油蜡，在涂膜表面上进行揩擦，应全面揩擦到，然后再用干净的纱头把黏附在涂膜表面的油蜡揩擦干净即完工。

无孔亚光透明涂饰跟一般透明涂饰基本相同。只是待木材白坯表面处理好后进行填纹孔，其他工艺跟显孔亚光透明涂饰工艺一样。故不再重述。

5.4　玉眼木纹涂饰工艺

5.4.1　玉眼木纹涂饰工艺的概念与特点

（1）概念

指被涂饰的木材纹孔的颜色跟木材纤维的颜色形成明显的对比，使木材的纹理被渲染更加清晰悦目。

有些木家具表面的纹孔较粗，且所形成的木纹又很漂亮，具有较高观赏价值。为了使这种天然木纹更清晰地显现出来，提高家具的美观性。在涂饰时，特地使填纹孔涂料的颜色跟给木材纤维染色的染料水溶液的颜色有明显的区别，形成较强烈的对比色，从而使家具表面的木纹更加醒目。

由于过去涂饰大师多用玉色（白色或象牙色）油性腻子作为填纹孔涂料，使木材纹孔呈现"玉色"，故有玉眼木纹之称。这种称呼一直沿用到现在，不管所用的填纹孔涂料是否是玉色，也都称为玉眼木纹涂饰。实际上，现代的玉眼木纹涂饰，其填纹孔涂料的颜色多种多样，只要能跟木材纤维涂饰的颜色形成鲜明对比，更好地显现木纹的天然美就行了。

（2）特点

玉眼木纹涂饰的特点是，一定要先对家具进行染色处理，并要用底漆封闭好，使之形成极薄的涂膜，但又不能将纹孔堵死封住。然后再用具有较好黏性的填纹孔涂料（常用油老粉）进行填纹孔。应特别注意的是，只能将填纹孔涂料填入纹孔内，务必将家具表面的浮粉彻底揩干净，确保木纹清晰。

5.4.2　玉眼木纹涂饰常用色彩的作色方法

（1）黄眼木纹象牙色

木家具的木材纹孔呈黄色，木材纤维呈象牙色。以下类同。

① 白坯表面处理　同上。

② 嵌补　用虫胶清漆，老粉调成虫胶腻子，将洞眼、裂缝嵌补好，让其干燥。

③ 砂磨　用 1 号木砂纸砂磨平整，清除灰尘。

④ 染色　调制淡黄木色色染料水染色。

⑤ 填纹孔　用老粉 69 份、松香水 9 份、煤油 9 份、黄调和漆 13 份调成油老粉，在被涂饰表面反复揩擦，以使油老粉充分填入木材纹孔中，同时将涂膜表面上的浮粉尽量揩干净。

⑥ 砂磨　用 1 号木砂纸砂磨平整，清除灰尘。

⑦ 涂底漆　涂饰一度漂白虫胶清漆，干后砂磨光滑。

⑧ 揩底漆　用棉花球揩涂三度浓度为 15％的硝基清漆。

⑨ 揩掉浮粉　待填入纹孔中的油老粉稍干后，用干净的细软布揩掉涂膜表面上的浮粉。若不能揩干净，再用纱头蘸一点肥皂水在涂膜表面揩几圈，然后用干棉纱头揩净表面浮粉，务必使木纹十分清晰。

⑩ 涂底漆　涂饰一度漂白虫胶清漆，最好是低压喷涂。若采用刷涂，则应轻轻地接触被涂饰表面，不能反复涂刷，以免把纹孔中的颜色刷出来，即一刷涂过即可，不要回刷。干后，砂磨光滑即可涂饰面漆。

（2）绿眼木纹玉石色

① 白坯表面处理　同上。

② 嵌补　同上。

③ 染色　用染料水溶液给木材纤维染成所需要的绿色。

④ 填纹孔　用老粉 71 份、松香水 10 份、煤油 9 份、绿调和漆 10 份调配成油老粉。将被涂饰表面的纹孔全部填平实；并揩清表面的浮粉，砂磨。

⑤ 涂底漆　待底漆干后砂磨。

⑥ 揩底漆　同上。

⑦ 揩掉浮粉　待填入纹孔中的油老粉表干后，用干净的细软布将表面上的浮粉彻底揩

擦掉。

⑧ 涂底漆 涂一度漂白虫胶清漆封闭纹孔，干后，砂磨光滑即可涂饰面漆。

（3）黑木纹玉石色

其涂饰工艺跟黄眼木纹象牙色的完全相同。只是填纹孔涂料由老粉 76 份、松香水 9.5 份、煤油 9.5 份、黑调和漆 5 份调配而成。

（4）红眼木纹玉石色

其涂饰工艺跟黄眼木纹象牙色的完全相同，只是填纹孔涂料由老粉 74 份、松香水 10 份、煤油 10 份、红调和漆 6 份调配而成。

（5）玉眼木纹豆沙色

① 白坯表面处理 同上。

② 涂底漆 涂饰一度虫胶清漆。

③ 嵌补 用虫胶清漆、老粉、哈巴粉、铁红调配成豆沙色的虫胶腻子，将洞眼、裂缝等缺陷嵌补好。

④ 砂磨 用 1 号木砂纸将嵌补处及整个被涂饰表面砂磨平整光滑。

⑤ 填纹孔 用老粉 55 份、立德粉 11 份、松香水 10 份、煤油 10 份、白调和漆 14 份调成玉石色的油老粉，将被涂饰表面上的纹孔全部填平实，并揩净表面浮粉。

⑥ 染色 用黄纳粉 7.6 份、黑纳粉 1.4 份、黑墨水 1 份、开水 90 份调配成豆沙色水溶液，将家具表面木纤维染成豆沙色。

⑦ 涂底漆 涂饰一度虫胶清漆，干后砂磨光滑。

⑧ 涂底漆 用虫胶清漆跟适量哈巴粉，黑蓝调成豆沙色，连续涂刷三度。每涂刷一度，待涂层干后，应用旧砂纸轻轻砂磨光滑。

⑨ 拼色 用虫胶清漆跟黑纳粉、铁红、黑蓝、哈巴粉调配酒色，进行拼色，以使家具表面色彩均匀一致。

⑩ 涂底漆 涂刷一度硝基清漆或浓度为 5%～10% 所要涂饰的面漆，干后砂光滑。

⑪ 揩掉表面浮粉 同上。

⑫ 涂底漆 涂饰一度虫胶清漆，以封闭纹孔。

（6）玉眼木纹咖啡色

其涂饰工艺跟（5）相同，仅染料水溶液是由黑纳粉 8 份、黄纳粉 2 份、黑墨水 23 份、开水 67 份调成的咖啡色水溶液。

（7）玉眼木纹黑墨色

① 白坯表面处理 同上。

② 嵌补 用虫胶清漆、老粉、铁黑调成黑虫胶腻子，将洞眼、裂缝等嵌补好，干后砂磨平整光滑。

③ 填纹孔 用老粉 55 份、立德粉 11 份、松香水 10 份、煤油 10 份、白调和漆 14 份调成玉石色的油老粉，将纹孔填平实，并力求揩净表面浮粉。

④ 涂底漆 在虫胶清漆中加入少量（约 4%）铁黑，搅拌均匀后，连续涂刷三度。再涂刷一度，干后，用旧砂纸砂磨光滑。

⑤ 涂底漆 用棉花球揩涂三度硝基清漆或涂刷一度浓度为 5%～10% 所要涂饰的面漆。

⑥ 涂底漆 涂饰一度较薄的虫胶清漆，以封闭纹孔。

（8）玉眼木纹黑蓝色

① 白坯表面处理　同上。

② 嵌补　用虫胶清漆、老粉、铁黑、铁蓝调成所要涂饰的黑蓝虫胶腻子，将洞眼、裂缝嵌补好。干后砂磨平整光滑。

③ 填纹孔　同上。

④ 染色　用黑墨水 35 份、蓝色染料 3 份、水 62 份调成黑蓝色水溶液，对制品进行染色处理。并力求染色均匀。

⑤ 涂底漆　涂饰一度虫胶清漆，干后砂磨光滑。

⑥ 涂底漆　在虫胶清漆中加入约 1% 的黑蓝搅拌均匀后，连续涂刷三度。每涂刷一度，干后，用旧砂纸轻轻砂磨光滑。

⑦ 涂底漆　涂饰一度较薄的虫胶清漆，以封闭纹孔，干后，砂磨光滑即可涂饰面漆。

5.4.3　玉眼木纹涂饰工艺流程

玉眼木纹涂饰工艺流程如表 5-9 所示。

表 5-9　　　　　　　　　　　　玉眼木纹涂饰工艺流程

序号	工序名称	一级		二级	
		淡纹孔深色	深纹孔淡色	淡纹孔深色	深纹孔淡色
1	白坯检查	○	○	○	○
2	砂磨	○	○	○	○
3	嵌补	○	○	○	○
4	砂磨	○	○	○	○
5	染色	○	×	○	×
6	涂白色虫胶漆	×	○	×	○
7	砂磨	×	○	×	○
8	填纹孔	○	○	○	○
9	砂磨	○	○	○	○
10	拼色	○	×	○	×
11	涂白色虫胶漆	×	○	×	○
12	砂磨	×	○	×	○
13	揩硝基清漆	×	○	×	○
14	刷硝基清漆	○	×	○	×
15	喷虫胶清漆	○	○	○	○
16	砂磨	○	○	○	○
17	涂面漆	○	○	○	○
18	砂磨	○	○	○	○
19	涂面漆	○	○	○	○
20	磨水砂	○	○	×	×
21	砂磨	×	×	○	○
22	涂面漆	○	○	○	○

续表

序号	工序名称	一级		二级	
		淡纹孔深色	深纹孔淡色	淡纹孔深色	深纹孔淡色
23	磨水砂	○	○	×	×
24	涂面漆	○	○	×	×
25	砂磨	○	○	○	○
26	涂面漆	○	○	○	○
27	磨水砂	○	○	○	○
28	抛光	○	○	○	○
29	敷油蜡	○	○	○	○

注：这是上海地区早年推行的工艺。其所推行的样板，可谓是谁见谁爱，爱不释手。

5.5　半透明涂饰工艺

半透明涂饰是使用带有色彩呈半透明状的清漆涂饰制品。其特点是，在被涂饰面上所形成的涂膜，色彩呈半透明状态。

是在所用面漆（清漆）中加入少量的色精（即用有机溶剂浸泡的着色颜料或着色颜料与染料混合物经研磨制成）调配而成，以使其涂膜形成所需涂饰的色彩。因此，有的地区形象地将此种涂饰称为"面着色"涂饰。

5.5.1　半透明涂饰的应用

半透明涂饰多用于材质较差的木家具。它对被涂饰表面着色要求不高，只要利用填纹孔进行基础着色，不再进行染色与拼色。对家具的着色均匀性、木纹清晰度、材质等级及制作精度等要求较低。

半透明涂饰家具难以显现木材纹理的天然美，仅依靠涂膜的色彩、质感来起装饰作用，故装饰效果较差。但由于涂饰工艺简单，生产成本低，对涂饰技术要求不高，所以被不少家具厂家采用。

5.5.2　半透明涂饰工艺流程

半透明涂饰工艺流程如下：

家具表面处理（清除树脂、胶痕、油迹等）→砂除木毛→嵌补洞眼、裂缝→砂磨平整→填纹孔→涂底漆→砂磨→涂面漆→砂磨→涂面漆→砂磨→涂面漆→磨水砂→抛光→敷油蜡。

涂饰工艺的技术要求跟一般透明涂饰的基本相同，只是对填纹孔的涂料颜色及工艺要求要低一些，没有透明涂饰那样严格。

5.6　不透明涂饰工艺

不透明涂饰，是通过涂饰在制品表面形成一层不透明的具有色彩的涂膜，将制品原来基底全部遮盖住的一种涂饰工艺。

5.6.1　不透明涂饰应用范围

（1）用于材质较差的木家具涂饰

由于不透明涂饰的涂膜是不透明的，无论被涂饰表面的质感如何，都会被全部盖住，无法显现出来。为此，不透明涂饰主要用于木材质量较差的木家具的涂饰。

在此，需要提醒的是，只要具有比较美丽花纹的普通材质的木家具，一般都应采用透明涂饰。因为木材的天然美远胜于任何色漆涂膜的美，且色漆涂膜色彩耐久性有限，无法跟木材的天然美相比。所以木家具涂饰应以透明涂饰为主。

（2）用于刨花板、纤维板、黑色金属等家具的涂饰

由于刨花板、纤维板、黑色金属等家具表面不美观，只有采用不透明涂饰，使其表面获得各种各样新颖的色彩或花纹图案，以提高其美观性与装饰效果。

（3）用于涂饰具有特殊使用功能要求的家具

有的家具对涂膜有着特殊的使用功能的要求，如防锈、防霉、防火、耐候、耐强酸碱等，采用清漆进行透明涂饰往往难以达到要求，只有采用具有特殊性能的色漆进行不透明涂饰方能满足要求。

5.6.2　不透明涂饰工艺技术要求

① 木家具表面处理　木家具不透明涂饰，其被涂饰表面同样要进行精刨或砂磨光滑，也应清除树脂、油迹、胶痕、灰尘及其他影响涂膜附着力的污渍。若涂饰表面有较大的死节疤，应进行挖补，并要求补嵌的木材纤维方向跟被补表面的木材纤维方向一致。

② 嵌补　若家具被涂饰表面有较大的洞眼、裂缝、凹陷等，难以在填纹孔时利用填纹孔涂料填补好，可先用虫胶腻子嵌补好，干后砂磨光滑。但对嵌补腻子的颜色无要求。

③ 填纹孔　获得一个平整光滑的涂饰表面及消除木材早、晚材质密度上的差异，一般要在家具被涂饰表面刮涂一度、二度油性腻子或猪血老粉，以填平封闭表面上的全部纹孔，获得平整的涂饰表面。干后，砂磨光滑。同样，对填纹孔的颜色无要求。

④ 涂底漆　若所用的面漆价格较贵，为降低涂饰成本，减少面漆的用量，在不影响涂饰质量要求的前提下，可用价格便宜的色漆来作底漆。但所用的底漆所形成的涂膜须跟面漆无不良化学反应，应有很好的附着力。要是所用面漆价格不贵，可免去涂底漆这道工序，直接多涂饰一度、二度涂面漆。

⑤ 涂面漆　不透明涂饰所用的面漆，主要根据家具的等级选用。硝基、聚氨酯、丙烯酸、聚酯等漆，是用于涂饰高级家具的面漆。而酯胶、酚醛、醇酸等漆，主要用于涂饰普通家具。油性调和漆主要用于普通门窗的涂饰。

⑥ 涂饰面漆的次数　不透明涂饰的面漆，一般应分 2～4 次涂饰完。每涂饰 1 次，待涂层干后，应用 1 号木砂纸砂磨光滑。

⑦ 涂料的黏度　应控制在 40s（涂-4 杯）内为宜。因黏度过高，涂层的流平性差，会影响涂膜的平整光滑度及附着力。

⑧ 防止色漆的颜料沉淀　在涂饰的过程中，应防止色漆中的颜料沉淀，故涂饰时要经常搅拌均匀，以免影响涂膜色彩的均匀性。

⑨ 涂膜厚度　不透明涂饰家具的涂膜厚度，若不进行磨水砂处理，一般为 $80\sim100\mu m$，如经磨水砂处理，则应为 $100\sim200\mu m$。涂膜过厚内应力大，容易龟裂，附着力低，会严重

降低使用寿命。

⑩ 涂膜表面修整　若要求涂膜进行磨水砂、抛光、敷油蜡各道工序处理，其技术要求跟木家具透明涂饰的完全相同。

5.6.3　不透明涂饰常用色彩配方

在涂饰施工中常用同种类（如硝基类、酚醛类、聚氨酯类等）的红、黄、蓝、白、黑单色漆配制成所需要的复色漆。从理论上讲，只要有了红、黄、蓝、白、黑的单色漆，其他任何颜色的色漆都能用它们配制出来。应注意的是，一般只能采用同种类的单色漆来配制复色漆，因为不同种类的单色漆混合在一起，有可能产生不良的化学反应，而影响涂饰的质量。若要混合使用，应先做样板试验，效果好，则可以混合使用。表 5-10 为各种单色漆配制成复色漆的质量百分配比，以供参考。

表 5-10　　　　　　　　　　　　单色漆配制复色漆的质量百分配比

复色漆 ＼ 单色漆	白色	黑色	黄色	红色	蓝色
橙红	—	—	53.0	47.0	—
樱桃红	—	—	—	85.0	15.0
紫红	—	—	—	90.0	10.0
浅肉红	96.2	—	3.2	0.6	—
蔷薇红	92.0	—	4.6	3.4	—
浅玫瑰红	69.0	—	5.5	20.0	5.5
浅杏红	76.8	—	20.5	2.4	—
橘黄	-	—	85.0	15.0	—
珍珠白	98.6	—	1.4	—	—
奶油白	95.0	—	4.4	0.6	—
米黄	82.0	—	14.3	3.7	—
稻黄	—	—	60.0	40.0	—
棕色	—	5.0	65.0	30.0	—
中驼色	30.0	3.0	42.0	25.0	—
珍珠灰	93.0	4.0	1.0	2.0	—
中绿色	50.0	—	25.0	—	25.0
深绿色	18.0	—	30.0	—	52.0
墨绿色	—	4.0	20.0	10.0	66.0
草绿色	20	3.0	36	8.0	33.0
浅翠青	75.0	—	14	—	11.0
苹果绿	83.0	—	10.0	—	7.0
湖绿	80.0	—	14.0	—	16.0
浅橄榄灰	80.0	6.0	7.5	—	6.5
深橄榄灰	62.4	14.4	23.2	—	—
蟹灰色	80.0	12.0	8.0	—	—

续表

复色漆＼单色漆	白色	黑色	黄色	红色	蓝色
湖蓝	87.0	—	5.0	—	8.0
翠青	60.0	—	15.0	—	25.0
浅孔雀蓝	82.0	—	2.0	—	16.0
灰蓝	83.5	2.8	—	—	13.7
天蓝	93.5	—	—	—	6.5
浅蓝	83.0	—	—	—	17.0
中蓝	57.0	—	—	—	43.0
深蓝	8.3	5.7	—	—	86.0
银灰色	90.7	4.8	3.2	—	1.3
中灰色	73.7	25.1	—	—	1.2
蓝灰色	77.3	16.5	—	—	6.2
深灰色	64.7	33.9	—	—	1.4

5.6.4　不透明涂饰工艺流程

5.6.4.1　高级磁漆涂饰中、高级家具的工艺流程

现在常用的高级磁漆指硝基、聚氨酯、丙烯酸、聚酯、氨基等树脂磁漆。表 5-11 所示为高级磁漆涂饰中、高级制品工艺流程。

表 5-11　　高级磁漆涂饰中、高级家具的工艺

序号	工序名称	高级家具	中级家具	备注
1	白坯表面处理	○	○	去树脂、油、胶
2	涂铁红调和漆	○	○	用松香水稀释
3	嵌补洞眼裂缝	○	○	用虫胶腻子
4	砂磨	○	○	用 1 号木砂纸
5	刮涂油性腻子	○	○	填纹孔
6	砂磨	○	○	用 1 号木砂纸
7	涂铁红调和漆	○	○	用松香水稀释
8	刮涂油性腻子	○	○	将表面刮平
9	磨水砂	○	○	用 280 号水砂纸
10	涂面漆	○	○	高级磁漆
11	磨水砂	○	○	用 400 号水砂纸
12	涂面漆	○	○	高级磁漆
13	砂磨	○	○	用 0 号木砂纸
14	涂面漆	○	×	高级磁漆
15	砂磨	○	×	用 0 号木砂纸
16	涂面漆	○	○	用同类清漆罩光
17	磨 600 号水砂	○	○	中级只磨正面与台面
18	抛光	○	○	中级只抛正面与台面
19	敷油蜡	○	○	中级只敷正面与台面

5.6.4.2　用硝基磁漆涂饰中、高级家具的传统工艺

用硝基磁漆涂饰中、高级家具的传统工艺流程，如表 5-12 所示。

表 5-12　　　　　　　　　　硝基磁漆涂饰中、高级家具的传统工艺

序号	工序名称	高级家具	中级家具	备注
1	白坯检查	0	0	不好的返工
2	施工准备	0	0	摆、垫好家具
3	填补洞眼裂缝	0	0	用虫胶腻子
4	砂磨	0	0	用 1 号木砂纸
5	填纹孔	0	0	刮涂油性腻子
6	磨水砂	0	0	用 280 号水砂纸
7	涂底漆	0	0	涂铁红调和漆
8	填纹孔	0	—	刮涂油性腻子
9	磨水砂	0	—	用 300 号水砂纸
10	砂磨	—	0	用 1 号木砂纸
11	涂底漆	0	—	涂铁红调和漆
12	砂磨	0	0	用 1 号木砂纸
13	涂涂底漆	0	—	铁红调和漆
14	砂磨	0	—	用 0 号木砂纸
15	喷涂硝基面磁漆	0	0	先横后竖喷均匀
16	磨水砂	0	0	用 400 号水砂纸
17	喷涂硝基面磁漆	0	0	横竖喷两次
18	砂磨	0	0	用 0 号木砂纸
19	喷涂硝基面磁漆	0	0	横、竖喷两次
20	砂磨	0	0	用 0 号木砂纸
21	喷涂硝基面清漆	0	0	横竖喷两次
22	磨水砂	0	0	用 600 号水砂纸
23	抛光	0	0	
24	敷油蜡	0	0	

5.6.4.3　普通磁漆及调和漆涂饰普通家具的工艺

普通磁漆是指酯胶、酚醛、醇酸等磁漆。调和漆包括油性、酯胶、酚醛、醇酸等调和漆，其主要成膜物质是以油为主的色漆。这类色漆的装饰性能与理化性能虽有差异，但总的来说，属中下水平。主要用于普通家具及房屋门、窗的涂饰。涂饰工艺如表 5-13 所示。

表 5-13　　　　　　　　　　普通磁漆及调和漆涂饰普通家具工艺

序号	工序名称	一级普通家具	二级普通家具	备注
1	白坯表面处理	0	0	去树脂、油、胶痕
2	砂磨	0	0	用 1 号木砂纸
3	涂底漆	0	0	涂铁红调和漆

续表

序号	工序名称	一级普通家具	二级普通家具	备注
4	嵌补	○	○	若眼、缝小，可不嵌
5	填纹孔	○	○	刮油性腻子
6	磨水砂	○	—	用 280 号水砂纸
7	砂磨	—	○	用 1 号木砂纸
8	涂底漆	○	○	涂铁红调和漆
9	刮油性腻子	○	○	将表面刮平
10	砂磨	○	○	
11	涂面漆	○	○	二级用调和漆
12	磨水砂	○	—	用 400 号水砂纸
13	砂磨	—	○	用 0 号木砂纸
14	涂面漆	○	○	用普通磁漆
15	磨水砂	○	—	用 0 号木砂纸
16	涂面漆	○	—	用普通磁漆

5.7　天然漆涂饰工艺

天然漆涂饰可分为广漆、生漆、推光漆三种，其涂饰工艺稍有差异，将分别介绍，以供参考。

5.7.1　广漆透明涂饰工艺

广漆，也称熟漆、笼罩漆、金漆、赛霞漆等，是在无杂质的优质生漆中加入桐油和亚麻油混合而成。特点是漆膜坚韧、色浅鲜艳、光亮透明，耐久、耐热、耐潮、耐化学腐蚀等。广漆由于色浅，涂膜透明度较高，因而被广泛用于中、高级家具透明涂饰。广漆涂饰工艺跟一般清漆涂饰工艺大致相同，其涂饰工艺流程可归纳为：

家具表面处理→刷涂染料水色→刮涂广漆腻子→砂磨→刮涂广漆腻子→砂磨→刷涂染料豆腐色→砂磨→刷涂广漆 2～3 遍。

现以涂饰红木色为例，介绍操作要领及技术质量要求。

① 家具表面处理　应彻底清除家具表面的灰尘、油迹、胶痕、树脂、色斑、木毛等缺陷，使表面平整光滑，木纹清晰。并要求家具的木材含水率小于 15%，以确保涂膜附着力的提高。

② 刷涂染料水色　即用染料水溶液对家具进行染色。若要染成红木色常用优质黑纳粉（或碱性品红）、墨汁、沸水调成所要求的红木色。可用漆刷、排笔涂饰水色，操作时要使染色均匀，不得有流挂、漏刷、刷花等缺陷。

③ 刮涂广漆腻子　家具表面有纹孔及洞眼、沟纹、裂缝，要用广漆腻子进行刮涂，以不影响广漆涂膜的附着力。因采用油性或胶性腻子会降低广漆涂膜的附着力。

广漆腻子的配比大致为广漆∶熟石膏∶水＝1∶(0.8～1)∶(0.1～0.15)。若要配成红木色或其他色，还要另加入适量相应的着色颜料。应边调边看边试，直到黏度与色彩符合要求为止。腻子不要一次调得过多，一般以当天用完为准，以免时间过长而干结不能使用。

刮涂时应注意，要沿木纹方向刮涂，每刮涂一处（一条），要尽快刮涂好，做到无遗漏、无刮刀痕迹、无浮粉、平整光滑、木纹清晰、色彩基本一致。

④ 砂磨　待腻子涂层干透后，用 1 号木砂纸将家具表面砂磨光滑。根据家具木材纹孔的粗细及表面平整度要求，尚可再刮涂 1～2 次腻子。每刮涂一次，干后均应砂磨一次。

⑤ 染色　先用开水将黑纳粉溶解，再加入水豆腐充分拌匀，然后用纱布滤去杂质。若经试刷后，尚不符合样板色，可再加入适量黑纳粉水溶液、墨汁等调配准确。然后用猪鬃漆刷将染料溶液，先横木纹方向、后顺木纹方向刷涂到家具表面，应刷涂均匀，不得有遗漏。接着用棉纱头顺木纹方向全面揩擦一遍，以清除家具表面的浮汁、灰尘，使色彩更均匀、木纹更清晰。

豆腐中含有豆胶，起固定与封闭色彩的作用。同理，因猪血含有血胶，故也常将染料水溶液跟猪血混合过滤成染料猪血水溶液，对家具进行染色，同样可获得较好的染色效果。所不同的是用豆腐可调配各种色彩，特别是浅色的染料水溶液。这是我们祖先创造出来的传统涂饰材料与涂饰工艺，实用、可靠、无污染。

⑥ 刷涂广漆　由于广漆黏度仍较高，涂饰难度大，传统涂饰，一般由两人配合进行涂饰，一人用丝团蘸漆在被涂物面上进行揩擦或滚动，将漆液大致均匀地揩擦到被涂物面上（现在多用牛角刮刀将漆液基本均匀地刮涂到被涂物面上）。接着由另一人用大漆刷先反复交替进行横刷、斜刷、直刷，目的是使漆层充分跟空气中的氧结合而逐步聚合，以加速涂层固化，同时使涂层更均匀。最后须按顺木纹方向轻轻反复来回理刷平直即可。应注意的是，每次涂层宜薄不宜厚，用量约为 60～80g/m²，若每次涂层过厚会产生表干里难干的现象，会引起皱皮的缺陷。

一般要涂刷 2～3 道广漆，待上道涂层干燥后，用砂纸砂磨光滑清除灰尘，用上述方法重新进行涂饰即是。

⑦ 漆膜修整　若对漆膜的装饰性要求高，可用 600 号水砂纸进行磨水砂，接着进行抛光与敷油蜡。

5.7.2　生漆透明涂饰工艺

涂饰生漆工艺，俗称擦漆工艺，是涂饰者先在被涂物面上涂上生漆，然后用老棉絮进行全面揩擦，以使漆层薄而均匀，无刷痕，无尘粒，色泽柔和，平整光滑，透明度高，装饰性能好。若对涂饰要求不是很高，可像涂饰广漆一样刷涂 2～3 道即可。

擦漆工艺细致复杂，常用于材质坚硬、木纹细密而光滑的红木、紫檀木、花梨木等精制或雕刻的高级家具的涂饰。也可用于材质较硬、纹孔较小的桦木、白牛子木等阔叶材家具的涂饰。并较多地涂饰成红木色。

生漆俗称"土漆"，又称"国漆"或"大漆"，它是从漆树上采割的乳白色胶状液体，一旦接触空气后转为褐色，数小时后表面硬化而生成漆皮。具有耐腐、耐磨、耐酸、耐溶剂、耐热、隔水和绝缘性好、富有光泽等特性。

生漆涂饰可分为刷生漆和擦生漆两种。刷生漆的特点是：工艺简单、操作省力、易掌握，漆膜坚硬、耐磨、耐久、耐腐蚀性强，但色深、不透明。主要适用于涂饰化学实验台的台面。擦生漆的特点是：装饰质量高、漆膜平滑如镜，但工艺复杂，操作要求细致。适用于涂饰核桃木、檀木等制作的高档木器。

5.7.2.1　生漆透明涂饰工艺常用色彩配方（为质量百分比）

（1）生漆柚木色

① 头道腻子配比　生漆 15 份、广漆 30 份、熟石膏 49 份、铁黄 2 份、水 4 份。用量约 150g/m²。

② 第二道腻子配比　生漆 24 份、广漆 28 份、熟石膏 43 份、铁黄 2 份、水 3 份。用量约 100g/m²。

③ 染料溶液配比　水豆腐 80 份、黄纳粉 3 份、开水 17 份。先将黄纳粉溶于开水中，然后再跟水豆腐拌匀后用纱布过滤即可使用。用量约 100g/m²。

（2）生漆红木色

① 头道腻子配比　生漆 42 份、石膏粉 53 份、铁红 1 份、水 4 份。用量约 150g/m²。

② 第二道腻子配比　生漆 49 份、石膏粉 47 份、铁红 1 份、水 3 份。用量约 100g/m²。

③ 染料溶液配比　生猪血 90 份、盐基品红 0.6 份、乙醇 9.4 份。先将盐基品红溶解于乙醇中，然后再跟生猪血拌匀后用纱布过滤待用。涂饰红木色一般应先对被涂物面进行染色，然后再刮涂头道腻子。再刮涂完最后一道（即第二道或第三道）腻子，干后砂磨光滑再染一次色，这会使色彩均匀艳丽。用量第一次约 100g/m²，第二次约 50g/m²。

（3）生漆金黄色

① 头道腻子配比　生漆 44 份、熟石膏 50 份、深铬黄 2 份、水 4 份。用量约 150g/m²。

② 第二道腻子配比　生漆 48 份、熟石膏 47 份、深铬黄 2 份、水 3 份。用量约 100g/m²。

③ 染料溶液配比　水豆腐 96 份、酸性金黄 4 份。用量约 100g/m²。

（4）生漆大红色

① 染料溶液配比　生猪血 88 份、酸性大红 12 份。用量约 150g/m²。

② 头道腻子配比　生漆 44 份、熟石膏 51 份、大红粉 1 份、水 4 份。用量约 150g/m²。

③ 第二道腻子配比　生漆 48 份、熟石膏 48 份、大红粉 1 份、水 3 份。用量约 100g/m²。

5.7.2.2　擦漆工艺流程

家具表面处理→刮涂头道生漆腻子→砂磨→刷涂水色→刮涂第二道生漆腻子→砂磨→拼色→刮涂第三道生漆腻子→砂磨→揩涂头道生漆→砂磨→揩涂第二道生漆→砂磨→揩涂第三道生漆→砂磨→揩涂第四道生漆→砂磨→揩涂第五道生漆→磨水砂→抛光→敷油蜡。

5.7.2.3　擦漆工艺操作方法及技术要求

（1）家具表面处理

跟广漆涂饰工艺基本相同，一定要使被涂物面平整、洁净、光滑。对雕刻花纹和线条处，要精心砂磨光滑，不得损坏雕刻花纹和线条的形状，为整个涂饰打下良好的基础。

（2）刮涂生漆腻子

为提高整个生漆涂膜的附着力，应采用生漆腻子来填平家具面上的纹孔、洞眼、裂缝及沟纹等。生漆腻子用生漆、熟石膏、着色颜料及少许清水调配而成。刮涂的技术要领及质量要求跟广漆涂饰工艺基本相同。只是对雕刻花纹及较复杂的线条，可用老棉絮蘸取腻子进行揩擦，务必将雕刻花纹和线条中的纹孔、洞眼、裂缝填实填平，并揩清表面浮粉，确保十分清晰光滑。应注意的是千万不能有多余的腻子堆积在雕刻花纹中，因生漆腻子干燥后很坚硬，很难剔除砂磨光滑。

刮涂生漆腻子的道数应根据家具面上的纹孔、洞眼、裂缝是否已填平而定。一般刮涂 2 道可获得较好的平整度，最多刮涂 3 道。刮涂的方法跟上述相同。

（3）砂磨

每刮涂一道生漆腻子，待涂层干后均要砂磨光滑并清除灰尘。砂磨材料现多用 0 号木砂纸。若要磨水砂，可用 300～400 号水砂纸。传统材料是用木贼草、沙叶来砂磨。

木贼草是一种中草药，外观为青灰色，大小类似粗稻草，外形也是一节一节的，表面有较均匀细丝纹，丝纹上布满细密绒状锐刺，好似极细的砂纸，能砂磨涂膜表面。经它砂磨的涂膜表面，手感格外平滑、柔和。通常是将木贼草编成草辫，用水先浸湿，并带水进行砂磨。对于雕刻花纹及嵌条，可用湿木贼草包住特制的细木棒精心砂磨光滑。木贼草使用前定用水浸软，以提高其坚韧性，然后用湿毛巾包住，以免干燥发脆不耐用。

沙叶是沙朴树的叶子，具有优于 600 号水砂纸的砂磨效果。经它砂磨的涂膜手感光洁平滑、细腻舒适。使用前同样要用水浸泡使其柔韧耐用，然后像用手拿住水砂纸一样拿住沙叶在涂膜上顺木纹方向轻轻地砂磨光滑。

（4）刷涂水色

用漆刷将染料的水溶液（也可在染料水溶液中加入适量水豆腐或猪血作粘接剂，再滤去杂质）先横后竖均匀地刷涂到被涂物面上，并趁涂层未干之前用排笔顺木纹方向轻轻刷涂一遍，使之表面无刷痕、无流挂、色彩均匀协调。

（5）拼色

家具经染色后，往往局部色彩或深或浅，应进行拼色以消除色差。拼色可用各色染料分别溶于酒精中配成酒色，然后用毛笔蘸取所需酒色调配成所要拼的色彩，再加入适量生漆调匀，即可进行拼色。拼色要领及要求跟透明涂饰工艺的完全相同。

（6）揩涂生漆

揩涂 4～5 道，要求每道涂层薄而均匀，以使形成的涂膜结实、附着力强。每道涂层的用漆量为 $40～50g/m^2$，涂层总用量约 $200g/m^2$。涂饰时，先用大漆刷蘸取生漆大致均匀地刷涂到家具表面，随即用老棉絮先横后竖地用力进行揩擦均匀，应使整个涂层平整光滑，不得有遗漏、余漆堆积或流挂现象。若遇到复杂的雕刻花纹或嵌线的凹陷处有积漆，应用细木条剔除，并用漆刷进一步刷均匀，接着用老棉絮揩擦平整光滑。要是花纹中有余漆堆积，就会出现皱纹而极难干透，会造成返工损失。因此揩涂应特别注意。

5.7.3 推光漆不透明涂饰工艺

我国传统推光漆涂饰多采用黑色推光漆，其涂膜乌黑不透明、坚硬耐磨、耐酸、耐碱、耐热、耐寒、耐化学药品腐蚀、保光保色性好、附着力强等。古人常用细瓦灰浆对漆膜进行反复推擦研磨，使之似镜面般平整光滑，呈现出乌黑晶莹般的光泽。并常涂饰金线、彩图予以点缀，相互辉映，能给人以金碧辉煌、豪华典雅之感。故被称为古代涂饰技术之精华，一直在国内外享有盛誉。主要用于名胜古迹、工艺美术精品以及高级屏风、牌匾、柜台、桌面、凳面、挂衣架、化验台面等的涂饰。

5.7.3.1 涂饰工艺流程

家具表面处理→刮涂头道腻子→砂磨→褙夏布→刮涂第二道腻子→砂磨→刮涂第三道腻子→砂磨→刮涂第四道腻子→磨水砂→刮涂第五道腻子→刮涂第六道腻子→磨水砂→刷涂墨汁染色→刷涂头道黑推光漆→磨水砂→刷涂第二道黑推光漆→磨水砂→推光→敷油蜡。

5.7.3.2 涂饰工艺操作方法及技术要求

（1）家具表面处理

跟广漆涂饰工艺基本相同。若家具为实木拼板结构，则要求同一拼板部件应采用材种相同或材性相似的木板拼接而成，以减少开裂变形，防止漆膜早期龟裂脱落。

（2）刮涂头道腻子

由于黑推光漆涂饰属不透明涂饰，刮涂腻子不求家具表面木纹清晰，只要求表面十分平整光滑，故可以在家具表面保留一层牢固结实、平整光滑的腻子涂层。可用广漆或生漆来作腻子的粘接剂，其配比为：广漆（或生漆）：熟石膏：水=1：（0.8～1）：（0.1～0.2）。在最后两道腻子中尚可加入约为腻子重量1%的铁黑或炭黑，配成黑色腻子。将家具表面的纹孔、洞眼、沟纹、裂缝填平。待涂层干后，用1号木砂纸砂磨平整，并清除灰尘。

（3）褙布

对木材干燥质量好、材质较硬、拼缝严密的拼板部件或表面胶贴胶合板的板式部件，一般不需褙布。对于材质较差较软，做工不细，拼缝不够严密的拼板部件，在每条拼缝上褙上宽约40mm的夏布条，以防止日后裂开。因夏布为细麻线布，抗拉强度较一般棉布高，故被经常采用。剪布前将布下水浸透后再晒干，即让它缩水，然后跟纵边约成45°剪成约40mm宽的直条。

褙布常用较稀的生漆腻子作粘接剂，腻子的质量配比约为：生漆：熟石膏：水=1.5：1：0.4。调配时，应将生漆、清水逐步加到熟石膏内，边加边搅拌，同时观察熟石膏是否"来性"（即突然变硬），如开始"来性"，便继续将配比中的生漆与水加入，并充分搅拌，使之不再变硬，直至成为较黏稠的腻子为止。否则刮涂到拼缝处或布条上也会突然变硬，而失去黏性，无法将布条褙牢固，造成返工浪费。

褙布操作步骤：先用牛角刮刀将生漆腻子刮涂到要褙布的拼缝部位，再用大漆刷涂刷均匀，立即将布条暂时平贴在上面；接着用大漆刷蘸取适量腻子把布面刷满，刷湿，刷匀，随即将布条揭起待用；紧接着在暂时贴过的部位，再复涂一层薄而匀的生漆腻子；然后把上面揭起待用的布条刷涂过生漆腻子的一面粘贴上去，再拉直、拉平，并用牛角刮刀在布条上面进行刮涂，将布条刮平，使之粘贴得更牢固；最后用漆刷在布条的表面刷涂一道生漆腻子，要反复刷涂，使布条全部湿透；接着用牛角刮刀刮去布条上多余的生漆腻子，使之形成薄而均匀的腻子涂层。

褙布应注意的事项：一是在同一条木板拼缝上，若一条布条的长度不够，需要接长。要将接长的两布条端头重叠5～10mm，待整条拼缝褙布完毕后，立即用快口凿子或其他刀具在布条重叠处的中间将布条切断，并挑出上下多余的布头，接着用刮刀将接口处布端压紧使之粘胶牢固；二是用斜口快刀将粘贴好的布条两边的外露纱头切除掉，使布条两边齐整光滑；三是褙布的生漆腻子应当天调好，当天用完，以保证粘贴强度。

如果施工时气温低，腻子涂层干燥慢，可在调配生漆腻子时加入适量水漂土子粉末，能加速腻子涂层固化。

（4）刮涂第二道腻子

要使腻子涂层基本覆盖住布纹，并要刮涂平整。约经24h干燥后，用1号木砂纸砂磨平整，并清除灰尘。

（5）刮涂第三道腻子

用大牛角刮刀将腻子全部刮涂到制品家具表面。先大致刮涂均匀；然后横木纹方向刮涂均匀，最后顺木纹方向轻轻收刮理直，收掉多余的腻子，消除刮痕，使腻子涂层平整光滑。

（6）刮涂第四道腻子

刮涂腻子的次数以及腻子涂层的总厚度，以涂膜的平整度与丰满度为准。刮涂的道数少则 3 道，多则 6 道，一般为 4 次。腻子涂层一般宜薄不宜厚，薄则附着力强，内应力小，不易龟裂，使用期限长。腻子涂层厚则质感好，装饰效果高，但耐久性差。故腻子涂层的总厚度在 2～3mm 为宜（不褙布的应小于 2mm）。

（7）砂磨

砂磨在推光漆涂饰工艺中特别重要。一般砂磨，是用木砂纸进行干砂磨，通常用 0 号或 1 号木砂纸。也可用 300～400 号水砂纸，对腻子涂层进行磨水砂。

（8）刷涂推光漆

常用的黑推光漆有 T09-8 黑精制大漆、T09-4 黑油基大漆，前者质优。推光漆的用量，一般约为 200g/m²。若黏度过高可用适量二甲苯稀释。如果发现漆内有杂质，应用细白布过滤后再使用。涂饰前，应检验漆液的干燥性。检验方法如下：

用刮刀蘸取少许漆液涂在洁净的小木板上（涂层面约 50mm×50mm）。涂层稍厚点，但应均匀。待 10min 后，用大漆刷在涂层上反复搋动（即打圈、横、竖交替刷涂），在搋动时，感觉漆液先紧后松，刷纹平整光亮；约经 20min 再同样反复搋动，感觉涂层有所紧刷（刷漆用力较大），光泽增亮，即表示漆的性能较好。如涂层在 30～40min，经反复搋动仍不紧刷，则表示漆已开始变质，干燥性差；取出少许掺入适量优质生漆，重新试验，再不符合要求则不能使用。如果涂层上的刷纹久不消失，经用大漆刷反复搋动刷痕仍粗糙，只紧刷不发光，则表示漆中水分较大，应将漆液放在太阳中晒，并反复翻动，使漆中水分发挥一部分后再试。

刷涂推光漆，一般先用牛角刮刀将漆液均匀地刮涂到被涂物面上，接着用大漆刷反复纵横交替进行刷涂，直到涂层开始紧刷（即涂层已充分氧化开始进行聚合固化），再改为纵向（即顺木纹方向）全面刷涂，以使整个涂层无横向刷痕而均匀、平整光滑。同时注意将四周边线的漆液刷涂均匀，不得有流挂、皱皮等缺陷。刷完后送至阴凉、潮湿的涂层固化室，经约 24h 固化。待涂层干燥后，用砂纸轻轻砂磨光滑并清除灰尘，用同样的方法再刷涂第二道、第三道，甚至第四道，以满足工艺要求为准。

（9）推光

推光是指推光漆涂膜的抛光，跟其他涂料涂膜修整方法可以相同，即磨水砂后用抛光膏抛光。传统工艺是采用细瓦灰浆来研磨漆膜，把漆膜上原有的光泽层刚好研磨掉，传统工艺中称此为"褪光"或"脱衣"。然后再继续用瓦灰浆研磨，漆膜便发热发亮，呈现出明亮似镜的光泽。为了解这一传统工艺，特予以详细介绍，供参考使用。

瓦灰制作是将破碎的泥瓦用榔头锤成细粉末，然后将粉末浸泡在水中，并反复搅动，以使较细的瓦灰浮在上面。使用时，将上面的细瓦灰浆撒在涂膜上，手握头发团（约 50～60g）或柔软毛毡压住瓦灰浆并加少量水，顺木纹方向反复来回推擦。在推擦过程中，可看到瓦灰浆由灰色逐渐转变成红色，漆膜的原来光泽也渐渐全部消失（褪光）。接着拿掉头发保留瓦灰浆，改用手掌带动瓦灰浆进行推擦，在推擦过程中如瓦灰浆已干，应随时滴水保持一定湿度（且不能过湿）推擦，直推擦到涂膜全部发热放光，再继续推擦到瓦灰浆变成干粉末，漆膜明亮如镜、光彩夺目才算完工。

这种传统的推光工艺不仅麻烦，而且费工费力，操作者的手掌皮也常磨起泡，故现很少应用。现在多采用 600～1000 号水砂纸进行水砂，以褪掉漆膜原有光泽层，将漆膜砂平，然后用抛光膏抛光。可使漆膜获得完全相同的装饰效果。

（10）敷油蜡

用洁净的毛巾或棉纱头涂覆经推光的涂膜，全部涂到即可，然后再用洁净棉纱头进行揩擦，涂膜变得十分洁净明亮为止。

5.8　木蜡油涂饰工艺

由于木蜡油的固体含量较高，不宜喷涂，一般采用刷涂。工艺过程主要有基材处理和刷涂两个工序，一般刷涂一至两次。

（1）基材处理

由于木蜡油中的蜡具有较好的疏水性，因此木蜡油对基材含水率要求不高。目前大部分企业的产品说明书中仅要求基材含水率控制在 20％以内即可。木蜡油涂饰对基材表面粗糙度的要求较高，因此，通常需要至少 2 次砂光：用 240 目以上的砂纸顺纹初次打磨，用 420 目以上的细砂纸再次打磨至表面光滑平整，以避免表面毛刺引起涂饰不均等缺陷。

（2）刷涂

① 木蜡油呈乳脂状，固体含量较高，开罐后需要充分搅拌均匀至无沉淀物为止，否则会造成色差。

② 使用毛刷将木蜡油顺着木纹方向均匀地涂刷，静置数分钟待其略微干燥后，用干净的棉布擦去表面多余的木蜡油，避免表面堆积成膜，影响涂饰效果。如需抛光，待表干后用抛光垫、百洁布或粗布进行抛光。

③ 在温度 20℃左右、通风良好的室内晾干，表干 4～6h，实干 12～24h。若遇低温条件，干燥时间相应延长。

（3）工艺要点

① 涂饰方案的选择　从基材角度考虑，实木应尽量选用清油或清油调色，以展现纹理。含节子较多的集成材，推荐使用颜色偏深的木蜡油；优质集成材（双面无节或单面无节），推荐使用清油。木质儿童玩具类产品，除了结合基材品质以外，还应结合造型和色彩的需要，综合考虑选择涂装方案。一般来说，管孔比较明显的环孔材，如橡木、水曲柳、榆木等，涂饰木蜡油可以起到强化木材纹理的作用，可选用的色彩较多，表现力丰富；管孔比较稀少、纹理比较淡雅细腻的散孔材或半散孔材，如枫木、樱桃木等，则应选用无色木蜡油。若需修色，宜选择和木材原色相近的木蜡油，避免遮盖木材的纹理。对于擦色工艺，需要对节子、洞眼等缺陷用透明或同色腻子补色，使涂饰前的表面干燥、无油脂及灰尘。对零件连接处留有白乳胶痕迹的地方，应用刮刀清理干净，否则容易形成色差，使胶痕更加明显。

② 木蜡油黏度的控制　木蜡油的黏度是影响其施工质量的重要参数。黏度过高，影响施工的便利性及涂擦的均匀性，造成原料浪费，且易留下擦痕，影响美观度；黏度过低，则木蜡油渗透和干燥过快，造成刷涂不均，易在基材表面形成膜，破坏木蜡油特有的质感。由于木蜡油中的蜡在油中呈悬浮状态，温度过高或者过低，均会影响蜡在油中的分散度。实践表明，环境温度在 14～24℃，蜡在木蜡油中的分散状态最佳，木蜡油的黏度相对较高和稳定。在施工前和施工过程中，应以 300～500r/min 的速度不断对木蜡油进行搅拌，防止因静置时间过长产生分层，导致前后涂刷木蜡油的黏度不一致，影响最终的施工质量。

③ 打磨过程的策略　第一遍涂刷木蜡油后，木材会因木蜡油渗透产生毛刺，需要使用 1000 目以上的细砂纸精砂至其表面光滑，以免影响后期着色不均匀。第二遍木蜡油的涂刷量相对较小，主要为局部的平整和修复，局部在第一遍打磨后会少许泛白，经过二遍打磨就会变得较为完美。打磨完成后可用 0 号抛光垫进行细微抛光，用软布去除表面的灰尘，并再

次检查木材表面是否存在明显的砂痕和细小毛刺，确保达到施工质量要求。

5.9 美式家具涂饰工艺

美式家具涂饰工艺流程：

（1）白身检砂

涂装上线前除了确保产品外观干净、平滑、完善外，还应检查白身产品修补状况，可用240号砂纸针对修补地方连接处做人工砂磨处理，如图5-4所示。应控制薄片砂穿、雕刻刀痕、跳刀、粗糙等不良现象，板面不能有砂穿及凹陷现象。但若需喷涂抽屉面板时，首先把抽斗内外边、路轨上的灰尘吹扫干净，再可用胶带或伸缩膜分别包裹抽斗内外，如图5-5所示，只露出待喷涂的抽屉面板，即可配套上线。

图 5-4 白身检砂 　　　　　　　　　　图 5-5 包抽斗

（2）破坏处理

仿古破坏是美式涂装过程中仿古效果极强的一道加工工序，它主要仿造风蚀、风化、虫蛀、碰撞以及人为破坏等留下痕迹。如图5-6和图5-7所示。其作用是增强产品仿古效果，掩饰产品的缺陷，提高产品的附加值。

图 5-6 破坏后效果 1 　　　　　　　　图 5-7 破坏后效果 2

美式涂装中常见的"破坏"种类有：大破坏、虫孔、敲打、锉刀痕、倒角、倒边、铁锤痕、五角钉、梅花印、螺杆破坏、铁钉马尾、蚯蚓痕等。

① 虫孔　虫孔是仿产品长时间存放后木头被虫蚀、虫蛀后留下的痕迹。一般来说虫蛀

现象多见于产品的破坏处、朽烂处以及边缘的地方，产品有疤节的以及木材的正中心处相对来说比较坚硬，虫一般不会蛀到这些地方，虫蛀既有散落的个别现象也有密集的成团现象。

②锉刀痕　锉刀痕是仿产品在长期使用或存放过程中被带锯齿形的物体拉划的痕迹。

③铁锤痕　铁锤痕是用铁锤倾斜一定的角度敲打后留下的痕迹，它主要是仿产品长期使用过程中被压伤或其他器物掉落下来砸伤的痕迹。

④马尾、蚯蚓痕　白身马尾痕也称划痛，它是仿产品在使用过程中被划伤、刮划的痕迹；蚯蚓痕是仿产品长期使用或存放过程中被虫蚀、虫爬过后留下的痕迹。破坏处理的工具如图 5-8 和图 5-9 所示。

图 5-8　锉刀

图 5-9　钉枪

（3）吹灰

气管吹扫木粉、灰尘。

（4）背色

主要是对床头柜、多斗柜、床等底部和背面看不见的地方进行打底色，通过采用喷涂着色剂施工方式，将木材颜色涂成近于样板颜色，针对产品的不同要求，选择对应的着色剂进行施工，如图 5-10 所示。

（5）素材调整

由于木材本身的各种原因（如成本价格，自然干燥，强制干燥早材、晚材、边材、心材及不同素材薄片贴合等的差异）而有颜色的差距，如图 5-11 所示，可由染料或颜料混合于溶剂制成，再将素材的不同颜色调整成一致的颜色。

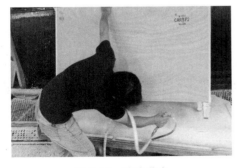

图 5-10　喷涂背色

图 5-11　木材材色差距

素材调整采用等化剂（俗称绿水）或白边漆（俗称红水、修色剂）根据色板颜色进行，目的是进一步消除色差。需要注意的是一般只用其中一种，并且素材应该进行漂白才可获得预期效果。Equalizer 又叫等化漆或绿水，是一种浅绿色或黄绿色的色漆。Equalizer 可以将红色的木材转换成棕色或淡灰白的中性颜色，使整个产品的白身颜色基本一致，主要有青绿水、黄绿水等。Sap stain 又叫白边漆或红水，是一种由染料或染料与颜料混合而成的色漆，颜色为浅红色。Sap stain 的作用是使木料较白的部分转变成浅红色，以使整个产品的白身颜色一致为原则，白边漆根据产品需要可调配成红棕色、浅红色等。

（6）底色

底色又称底着色或素材着色，采用适合的着色剂，将整体、整批产品的底色颜色进一步趋近于色板颜色，根据基材和产品可以选择不起毛着色剂、吐纳、杜洛着色剂和油性着色剂。一般采用喷涂方式，全部均匀喷涂，根据产品需要可多道底色。此道工序一般工厂里多用渗透底色，不得加入过大比例的色浆，否则既不能较好流平，又会导致渗透不匀，不能达到填孔着色的目的。底色喷涂时严禁漏喷、喷流，勿将底色喷花及喷流油。NGR STAIN 俗称不起毛着色剂，它是一种不溶于溶剂的染料所做成的染色剂，这种染色剂可溶于木材表层内部而显现出强烈的透明度，可用作修色，多为酒精性质，如图 5-12 所示。

图 5-12　喷涂底色

（7）头度底漆

头度底漆又称 Washcoat，胶固底漆，一般生产中常用黏度为 8～12s，固体含量通常在 4%～14%，因黏度很低故很快就能渗入木材的表面层，提供涂装过程中"延续"效果。其作用为：控制仿古漆的残留量；保护产品底色；避免端头发黑；处理因溢胶而出现的颜色不均匀现象。使用头度底漆可以使一件家具中各种不同素材表面的导管得到较一致的效果，使表面平滑，以利擦拭仿古漆后增加导管的清晰度及层次感，还有就是保护底色。端头易发黑的地方不能漏喷，需加喷一次；端纹是指木材边缘导管结束的地方，如果这些端纹封固不够好，待擦拭仿古漆后颜色会变得太黑，要想清除这些发黑的颜色是非常困难的。其处理方法是，在喷涂头度底漆之前或之后，用小毛刷在所有端纹处刷一道底漆，确定完全干燥后再砂光擦拭仿古漆，或在头度底漆砂磨之后，擦拭仿古漆之前擦拭清油。

（8）干燥

烘干房 37～40℃干燥 30min 左右。

（9）砂磨、吹灰机砂或手砂

320～400 号砂纸或纱布用力均匀砂光，砂光时要顺木纹砂光，严禁砂白、砂穿、漏砂等，所有工艺线、沟槽及雕花内应光滑，气管吹扫漆灰。

（10）喷、擦格丽斯

格丽斯＋松香水＋主剂，喷涂后用碎布手工擦拭均匀，为避免导管较粗的木材端部发黑可加喷一道头度，再进行喷格丽斯。

格丽斯又称为仿古漆或仿古油，是在慢干及易于擦拭的油或树脂中加入透明性较好的颜料分散剂，用慢干溶剂制成。通常用在头度底漆之后，一般不宜直接上涂于白身素材。其作用是通过擦拭使材面形成柔和的对比及阴影效果，产生古典味道。因为是慢干油性着色剂，不会溶解下层的头度底漆和上层的二度底漆，所以同时通过保留少许做效果用。做仿古油时，如果遇到素材导管较大、较深，为获得较好的涂膜、平滑度以及节约油漆用量，生产中一般应加入少量填充剂，含有少量树脂和体质颜料，搅拌均匀使用效果较好。擦拭之后要用毛刷将仿古漆过多的地方调匀至较少的地方。对于一些木质较软的木材，由于吸色严重，涂擦格丽斯时有可能出现局部黑块现象，解决这个问题需要在产品涂装前浸泡或喷涂头度底漆，如图 5-13 至图 5-15 所示。

图 5-13　喷涂格丽斯

图 5-14　擦格丽斯 1

图 5-15　擦格丽斯 2

（11）抓 HILI

抓 HILI 是美式涂装的一项重要工序，是层次的意思，也称"抓海拉"。它是生产品着色过程中用钢丝绒（如图 5-16 所示）按一定规律抓出一些颜色较浅的部分或布印后整理出一些颜色较浅部分，使产品颜色呈现出明暗对比的层次来，这其中颜色较浅的部分我们称为 HILI，如图 5-17 至图 5-19 所示。

（12）干燥

烘干房 37～40℃干燥 30min 左右。

（13）底漆

底漆＋天那水，18～20s，均匀喷涂。

（14）干燥

同上。

图 5-16 钢丝绒抓海拉

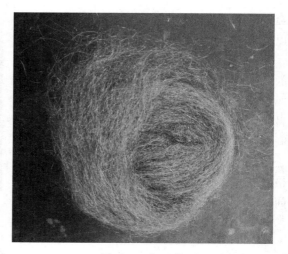

图 5-17 钢丝绒

（15）砂磨、吹灰

同上。

（16）干刷

在美式仿古流程中，干刷是最复杂的一种，它要求在操作之后其效果必须看上去很自然，和抓明暗后的效果相当，目的是起仿古作用。一般用毛刷蘸上适当的格丽斯，在产品的表面和边缘、拐角处、拉角或雕花处，参照色样进行操作，做出特有的效果，要求自然、打散、形成阴影状，如图 5-20 和图 5-21 所示。

图 5-18 "抓海拉"前

图 5-19 "抓海拉"后

图 5-20 干刷 1

图 5-21 干刷 2

（17）底漆

底漆＋天那水，18～20s，均匀喷涂。

（18）NC 补土

NC 补土也称嵌补或基材修整。采用配制好的成品填充剂，主要针对素材的缺陷（如凹痕、拼缝过大等问题）进行修补，以使素材的均一，如图 5-22 所示。

（19）第一道修色

走枪均匀灵活，颜色一致，基本与产前样颜色相符；不流、不麻、不花、死边角不露白。这是整个涂装过程中最后一道着色工程，这道涂装过程必须对照标准色板进行修色，修色可全面喷涂，也可按实际状况做局部加强修色。若用酒精性着色剂修色，修色完成后，可以用抹布或钢丝绒来做局部的修补工作。

图 5-22　补土

（20）底漆

底漆＋天那水，14s，均匀喷涂。

（21）干燥

同上。

（22）砂磨、吹灰

同上。

（23）第二道修色

色精＋天那水，参照色板，根据产品颜色需要进行进一步加深，如第一道修色过深，则应用丙酮将产品"洗澡"褪掉全部颜色，重新进行工艺调整再次上色。

（24）扫马尾、喷点

① 马尾　也叫牛尾，主要模仿马或牛的尾巴扫过产品后留下的脏脏的痕迹。画牛尾通常使用格丽斯着色剂，用牛尾笔或棉纱丝蘸格丽斯在被涂面上轻甩画上像牛尾一样一丝一丝的痕迹，以达到仿古的效果，一般在较浅色的地方及边缘处可多画一些牛尾痕，如图 5-23 所示。

② 喷点　也称"苍蝇黑点"，点为黑色、深咖啡色，是一种透明或不透明的着色漆，外国人俗称"苍蝇黑点"，如图 5-24 所示。它主要仿产品在长期过程中苍蝇停留在产品上留下的痕迹，是仿古效果较强的一道工序。作用是增强产品的仿古效果。按其稀释剂的不同喷点可分为酒精点（多为布印点）、松香水点（抹油点）、天那水点等。

③ 布印　布印也称造影，是美式涂装过程中经常用到的一项工序，其主要作用是增强产品的层次感，加深产品的颜色，又可称为修补着色剂。一般是用酒精性着色剂，用醇类稀释剂来调整所需浓度，在一些特殊涂装修色上，是用软布来对涂膜进行布印操作，以擦拭、拍打的方式，将较浅的颜色加深，做出明亮层次效果，加强木材纹理效果，增加立体感，应特别注意要有柔和自然感觉。

（25）面漆

面漆＋天那水，12s，均匀喷涂。

（26）干燥

同上。

图 5-23　扫马尾

图 5-24　苍蝇黑点

（27）砂磨、吹灰

同上。

（28）灰尘漆

灰尘漆多为局部漆，增强产品的仿古效果，在产品的边缘、沟槽、雕花或破坏处涂一道灰尘漆，以仿效产品使用时间久远，外观呈现出陈旧、古老的样子，好像经过了长时间，聚集了许多灰尘或发霉一般的效果，如图 5-25 至图 5-28 所示。

图 5-25　喷涂灰尘漆

图 5-26　喷涂完灰尘漆

图 5-27　擦拭灰尘漆

图 5-28　灰尘漆后

① 灰尘漆多为局部刷涂，主要针对产品的沟槽、破坏处刷涂，并且要将外边多余的部分擦掉。

② 灰尘漆很多时候要稀释，稀释时要注意使用 FS25 灰尘漆专用稀释剂，若用错稀释剂很可能灰尘漆擦不干净。另外，稀释的浓度也要适当，过浓则可能出现灰尘漆断裂的现象，过稀则达不到应有的仿古效果。

③灰尘漆用钢丝绒整理后可能会残留一部分在沟槽内，所以一定要吹干净残余的钢丝绒后方可喷漆。

④ 注意灰尘漆的取舍，根据产品的要求不同，灰尘漆有的要求连续一致的，有的则为断断续续的。

⑤ 做好灰尘漆后一般不要再修色或多次喷漆，在一定范围内修色或多次喷漆会影响其仿古效果。

（29）面漆

面漆是涂装流程的最后步骤，也是产品最直觉的外观，所以涂装的丰满度和透明度非常重要。良好的面漆应具有下列特性：干燥性、耐水性、耐酒精性、抗污染性；易抛光、不回黏；硬度高、韧性佳、附着性优、涂膜不龟裂。涂饰面漆可以保护涂膜下层效果并增加涂膜厚度，大多喷涂两遍。如果需要上沟槽漆，应在第一道面漆之后进行，并且注意涂饰沟槽漆之前不要砂光，便于涂后擦除；此道工序操作非常困难，因为大部分沟槽漆在喷涂面漆后会溶掉，在喷涂面漆时保留多少才能达到效果，多数取决于经验。

（30）干燥

烘干房 37～40℃干燥 4～6h，如图 5-29 和图 5-30 所示。

（31）下线

下线后可对部分有色差区域进行对色、修补、微调。

说明：① 一般采用三底两面涂饰工艺。

② 底、面漆喷涂可根据产品需求进行增减。

③ 补土可适当增加，一般安排在底漆喷完后，此时缺陷比较明显，易于操作。

图 5-29 烘干房

图 5-30 烘干房

④ 扫阴影、抓海拉要实时对照样板进行适当补加操作。

⑤ 部件有沟槽地方底漆喷涂不均匀，可手工擦拭格丽斯遮盖白底。

⑥ 底漆配料都一样，只是黏度上不一样，效果主要是靠面漆来调配。

⑦ 白身吹灰应专道工序气管吹净，手工砂磨后油漆灰一般是线上枪手喷涂前用枪吹扫后再喷涂。

5.10 仿古地板涂饰工艺

仿古地板涂饰生产线，如图 5-31 所示。

（1）素板检查

不允许有腐朽、开裂、虫眼、髓心、夹皮、变色、黑线、死节、水渍等材质缺陷；榫槽完整光洁、铣切口平整光滑，不允许有毛刺、大小倒角、缺榫、啃头、扫尾、毛边、崩边、崩角、烧焦等加工缺陷；颜色均匀一致的素板一般做本色地板，有差异的一般做染色地板，如图 5-32 和图 5-33 所示。

图 5-31 仿古地板涂饰生产线

图 5-32 本色素板

图 5-33 染色素板

（2）四面封漆

① 根据订单要求和素板材色，确定使用色漆或本色漆，原则是与板面颜色一致。

② 使用本色漆四面封漆时，根据油漆的黏度情况按比例使用溶剂稀释到喷漆要求黏度，NC 漆使用天那水，稀释比例为 1∶1；水性漆使用纯净水，稀释比例为 1∶（1.5～2.5）；稀释剂加入油漆要搅拌均匀后方可使用。

（3）喷漆方法

① 喷漆质量主要取决于油漆的黏度、压缩空气工作压力、喷嘴与工件的距离、操作者的技术熟练程度等。

② 喷涂时，视线随喷枪移动，注意漆膜形成的状况和漆雾的落点，控制好喷嘴与工作的喷射距离和垂直，操作者身体配合臂膀要随喷枪移动，不可移动手腕。

③ 喷枪运行时，应保持喷枪与被涂面呈直角，保持平行运枪，移动速度控制在 0.3～0.6m/s，尽量保持匀速运动，否则会造成漆膜不均，干燥不均匀。

④ 喷涂幅度的边缘应重叠 1/3～1/2（即两条漆痕之间搭接的断面宽度），搭接宽度应保持一致，否则漆膜厚度不均匀，多道重复喷涂时，喷枪的移动方向应与前一道漆的喷涂方面相互垂直。

⑤ 喷涂时应在喷枪移动时开启、关闭扳机，否则产品容易出现漏涂或过量喷涂。

⑥ 使用直径 1.2～1.5mm 口径 W-71 喷枪，枪嘴与产品的距离约为 150～300mm。

⑦ 喷涂工作压力、喷漆量调整要适当，否则造成雾化不良，出现流挂或缺漆。

⑧ 手动喷涂采用自然干燥，调漆稀释时要考虑当时温度、湿度，以利于干燥，干燥时间 1～4h，触摸不黏手为合适。

⑨ 涂层要求附着力良好、光滑、平整、均匀一致、无流挂，起到基本封闭作用，如图 5-34 和图 5-35 所示。

（4）背漆辊涂

底漆＋色母＋色精，如图 5-36 和图 5-37 所示。

（5）热空气干燥

（6）端部补喷

第一次人工喷涂后，颜色不够。

（7）仿古破坏处理

图 5-34　第一道四面封漆后　　　图 5-35　第二道四面封漆后

手刮刀或手提电刨操作，如图 5-38 至图 5-43 所示。

① 仿古地板材料材质除了腐朽、端裂、表面裂隙缺陷以外都可使用，重型破坏仿古倾向低等级材料，轻型破坏倾向高等级。

② 使用仿古地板专用刮刀处理素板板面：

a. 刀路：手刮破坏总体刀路是不规则、棱角圆滑、顺纵向纹理的刮刀槽，刮槽接口处要自然交叉，且覆盖素板全部板面。

b. 点缀破坏：刮刀在纵向刮拉过程中，板面还需要添加少量不同形式的点缀破坏。如跳刀——刮刀刃与板面角度放大，产生的粗细不同、自然的横向刀痕；蜂窝——遇到乱纹、横纹、节子等材质缺陷时，自然产生蜂窝状的小坑或粗糙面；撕裂——刮削过深，产生拉

图 5-36　背漆辊涂线进料

图 5-37　背漆辊涂

图 5-38　人工破坏 1

图 5-39　手刮刀

起、撕裂的自然、局部、纵向木丝；刮挖——刮刀切削较深、较短的自然、纵向曲面凹坑等。

c. 点缀破坏量要求：长度≤600mm，允许 2 处；长度≤900mm，允许 2～3 处；长度≤1200mm，允许 2～4 处；距离≥250mm，位置错开；明显撕裂尺寸≤15mm×15mm；明显

图 5-40　人工破坏 2

图 5-41　机制破坏

图 5-42　机制破坏表面

图 5-43　人工破坏表面

刮挖尺寸≤(15~50)mm×(15~30)mm×0.6mm。

d. 倒角：两侧倒角以刮刀刮拉加工，宽度 2~3mm；两端倒角以 80~150 号砂布（硬材~软材）砂磨，宽度 3~5mm；倒角角度 30°~40°，两端倒角要大于两侧倒角且有轻微粗糙手感。

e. 较小材质缺陷、经修补但刮板后又出现缺陷的需要修补，则随手修边。

f. 用刮刀清理干净修补处。

g. 检查刮板质量；合格板以砂纸手工砂磨板面，硬材使用 120~150 号砂纸，软材使用 150~180 号，不能漏砂。

h. 重型破坏与轻型破坏区别：重破坏包括以上 7 种处理方法，轻型破坏不需要点缀破坏、较大的材质缺陷及其修边。

③ 刮板要调整合适的工作台及其后手、内侧、外侧定位条，内、外侧定位条间距比素板宽度（包括榫头）大 5mm；工作台安装 40W、长 1000mm 的日光灯，日光灯安装高度 120~150mm，光照斜度 120°，确保刮板位置的光亮度。

④ 机制轻型破坏是利用四面刨加工的曲面素板，使用手电刨在各种规格曲面素板板面适当加工、修整即可。

⑤ 机制轻型破坏素板修整法：

a. 在曲面素板的榫端或槽端中间凸曲面上，用手电刨自端头向里刨削，刨削量由大渐小，形成端头开口中部为顶端的扁长抛物凹面形状，开口宽度与素板曲面凹槽宽度相近，抛物凹面长度≤素板长度的1/3。

b. 在750～1200mm长度素板的中间1/3处刨削，使用手提刨由浅渐深、到板长的1/2处再由深渐浅、到板长的2/3处结束，形成扁长的椭圆曲凹面；椭圆曲凹面长度≤素板长度的1/3。

c. 规格素板加工形式：长度450～600mm——1个端头抛物凹面（榫或槽端）；长度750mm——1个端头抛物凹面（榫或槽端）、1个椭圆曲凹面＋1个端头抛物凹面（榫或槽端）、1个椭圆曲凹面；长度900～1200mm——1个椭圆曲凹面＋1个端头抛物凹面（榫端或槽端）、1个榫端抛物凹面＋1个椭圆曲凹面＋1个槽端抛物凹面。

d. 机制轻型破坏素板板面处理总体形式（从板宽截面上看）：凹曲面＋椭圆曲凹面或抛物凹面＋凹曲面、凹曲面＋凸曲面＋凹曲面。

e. 若规格素板同时存在1个榫端抛物凹面＋1个椭圆曲凹面＋1个槽端抛物凹面时，其凹面累计总长度≤素板长度2/3。

f. 倒角：倒角使用刮刀、80～150号砂布（硬材～软材）进行手工加工，两侧宽度：2～3mm，两端倒角宽度：3～5mm，倒角角度：30°～40°，两端倒角要大于两侧倒角，有轻微粗糙手感。

g. 机制曲面、椭圆曲凹面、抛物凹面相互结合部位要使用刮刀修整到自然过渡、无规律、棱角圆滑、流畅的板面。

h. 椭圆曲凹面、抛物凹面宽度：31～34mm，深度：0～0.8mm。

i. 机制轻型破坏板面要求：各个曲面要无规律、自然过渡、圆滑、流畅，不允许有啃头、扫尾、板面崩缺、横向波纹、毛边、崩边、崩角等缺陷。

（8）板面抛光

① 本工序是关键工序，要经首件检验确认方可生产；在生产抛光时，抛光下压不宜过大，否则会损坏设备精度、造成仿古素板的边角损伤。

② 根据材料树种、硬度选择砂带型号；表板材料是密度大、材质较硬的树种，选择低的砂粒号（如150号）砂带；反之则选择高的砂粒号（如180号）砂带。

③ 仿古素板抛光要求：曲面无规律、自然、圆滑、流畅，不允许有啃头、扫尾、板面崩缺、横向波纹、毛边、崩边、崩角等缺陷，如图5-44和图5-45所示。

（9）人工擦色

① 上板到皮带运输机后，使用碎布卷蘸染色水性漆擦拭涂布仿古素板板面，涂布要均匀，包括倒角、点缀破坏的凹坑等都要涂布到位，同时还要观察涂布状况及与色板样板的色差，如需要，可适当补涂修色至与要求颜色一致为止。

② 染色水性漆的涂布量要适当，一般调配好的染色水性漆涂布量为18～22g/m²，过多会造成污染和浪费，如图5-46和图5-47所示。

（10）热空气干燥

热空气干燥如图5-48所示。颜色深：60～80℃，颜色浅：50～60℃。

① 染色仿古素板干燥是逐块连续进给，一般全线进给速度12～18m/min。

② 根据地板的水性底漆涂布量、进给速度、天气状况等调整设定干燥温度，温度不宜过高，一般设定在60～90℃。

图 5-44　抛光、挑选

图 5-45　缺陷板

图 5-46　人工擦色

图 5-47　人工修色

③ 干燥机的进给速度要适当大于前面皮带运输机。

④ 素板漆面达到表干，确保在抛光工序不掉色，含水率达到标准要求。

（11）色坯抛光

水性漆干燥后，木毛竖立导致表面不平整，应砂光滑，如图 5-49 所示。

① 色坯抛光作用　清除色坯板面漆面的颗

图 5-48　热空气干燥

粒、毛刺；增强后工序油漆附着力；提高后工序 UV 漆的手感。

②色坯抛光要求　色坯经抛光后，纹理清晰、色调均匀合适、板面光滑、无颗粒、毛刺、严重刷痕、边角漏白等缺陷。

（12）分选、修补

① 染色仿古素板（色坯）要求　素板经过染色后，染色色调均匀、漆面附着力达 1 级以上、纹理清晰、与样品色差微小，含水率控制在 7％～11％。表面干燥、不掉色，无堆色、缺色、边角漏白污染严重等缺陷。

② 观察并挑选出染色不均、色调不符合要求、堆色、缺色、污染严重等缺陷的色坯，单独码放以待修补。

③ 缺陷板修补　色坯的染色不均、色调不符合要求、掉色、污染严重等缺陷面积较大时，刮掉染色漆面，重新擦色；针对染色缺陷较小的色坯板，可以用小刀片刮去缺陷，再用毛笔蘸染色水性漆点涂修补。

图 5-49　色坯抛光

（13）水性底漆辊涂

① 水性均匀底漆作用　提高素板板面与 UV 漆之间的附着力。

② 根据生产、工艺、设备要求调整辊涂机，胶辊高度（即素板的压紧力，一般比素板厚度小 0.3～0.7mm）、胶辊与钢辊的间距、正逆转、速度差、刮刀安装状况、运输机进给速度调整要适当，否则造成油漆渗透、润湿性不良，附着力不佳；或造成端头堆漆、缺漆、横纹等缺陷。

③ 水性底漆涂布量控制适当，在确保油漆附着力前提下，尽量减少涂布量，一般控制在 12～18g/m²；油漆要求是连续供给，生产时注意漆泵系统的调整，确保辊涂连续顺畅。

④ 工序要求　涂布均匀、无端头堆漆、缺漆、横纹等缺陷，检验 UV 漆膜附着力达 0～1 级。

（14）红外干燥

根据素板的水性底漆涂布量、天气状况、辊涂机到红外线干燥机出口的距离、进给速度，调整设定干燥温度，温度不宜过高，一般为 35～50℃，如图 5-50 所示。

（15）底漆辊涂

① 底漆涂饰一般采用"六底两面"，但根据树种、实际要求等不同，会出现底漆涂饰道数不一致。除了上述的水性底漆外，还会添加涂饰加硬底漆、耐磨底漆、砂光底漆、低光泽底漆等相应需求的工艺，如图 5-51 所示。

图 5-50　红外干燥

图 5-51　底漆辊涂

② 根据生产、工艺、设备要求调整辊涂机，同（13）。

③ UV 底漆涂布量控制适当，在确保板面流平效果的前提下，尽量减少涂布量；若底漆黏度较大、流平性较差时，可用水浴加热的方法降低其黏度，增强底漆的流平性，减少皱皮、纵纹、缺漆、堆漆等缺陷。

④ 一般树种素板材料使用砂光底漆，涂布量控制在 $25\sim35g/m^2$。

⑤ 工序要求涂布均匀、面填充效果好、无端头堆漆、缺漆、横纹等缺陷，检验 UV 漆膜附着力达 0～1 级。

⑥ 确保设备及室内地面干净整洁，同时油漆线门窗要密闭，以防灰尘飞扬进入，影响地板油漆质量。

（16）底漆 UV 光固化

① UV 半固化如图 5-52 和图 5-53 所示。

a. UV 底漆光照固化时，进给速度不宜过快，否则影响 UV 漆流平效果，一般为 12～18m/min。

b. 调整 UV 灯到半固化状态：$150\sim300MJ/cm^2$。

② UV 全固化

a. 同前 UV 固化干燥工序。

b. 辊涂最后一道面漆时，需要调整到全固化状态：$400\sim650MJ/cm^2$；在后工序需要砂光时，将 UV 能量适当调大，但不能全固化，否则影响后续漆膜的附着力。

图 5-52　UV 光固化

图 5-53　UV 光固化

（17）底漆砂光

① 根据漆板规格及要求调整砂光机的砂光量、进给速度；生产时要合理调整砂光量，约 0.05mm，砂光量不宜过大，否则会损坏设备精度，同时影响漆板曲面砂光效果，造成边角损伤如图 5-54 和图 5-55 所示。

② 漆板砂光表面效果一定程度上依赖砂光机的设备精度及调整，包括：砂辊前后压脚、压辊磨损程度和安装、调整水平精度；砂光辊、机架安装水平度；输送皮带平整度等。

③ 经常检查压缩空气气压、除尘系统，清理砂光机中的灰尘，以免影响设备精度、灵敏度和砂光质量效果。

④ 漆板砂光要求各个曲面自然过渡、圆滑、流畅、纹理清晰、色调均匀合适、板面光滑，不允许有啃头、扫尾、横向波纹、颗粒、边角漏白等缺陷。

⑤ 砂光进给速度要合适，与全线匹配，一般为 12～18m/min。

⑥ 本工序是关键工序，要经首件检验确认方可生产。

（18）底漆辊涂

（19）UV 半固化

图 5-54　砂光机 1

图 5-55　砂光机 2

（20）底漆辊涂

（21）UV 半固化

（22）砂光

（23）底漆辊涂

（24）UV 半固化

（25）砂光

（26）底漆辊涂

（27）UV 半固化

（28）砂光

（29）毛刷机

（30）面漆

第 1 道，UV 固化 10 度光耐刮伤面漆；UV 涂料调整到半固化状态：$150\sim300MJ/cm^2$。

① UV 耐刮伤面漆有良好的流平、低光，抗刮擦性能优异。

② 根据生产、工艺、设备要求调整辊涂机，同（13）。

③ 在确保板面效果具有良好油漆光泽、流平、耐刮、手感细腻的前提下，UV 耐刮面漆涂布量尽量少，一般为 $10\sim13g/m^2$。

④ 根据客户不同的漆面光泽要求，可适当添加 50％光泽的油漆调配，搅匀即可。

⑤ 工序要求底漆填充要求半开放式、涂布均匀、漆面流平效果好，无端头堆漆、缺漆、横纹等缺陷，检验 UV 漆膜附着力达 0～1 级，漆面耐磨性≤0.08g/100r。

⑥ 油漆要求是连续供给，生产时注意漆泵系统的调整，确保辊涂连续顺畅。

⑦ 地板能否具有良好板面油漆效果及质量关键就在于面漆辊涂，其很大程度依赖于设备安装调整精度（包括机架、运输带、皮带下的胶辊、辊筒的水平度和平行度）、设备精度（减速机、轴承、辊筒同心度）以及保养、调整方法。

⑧确保设备及室内地面干净整洁，同时油漆线门窗要密闭，以防灰尘飞扬进入，影响地

板油漆质量。

⑨ 若 UV 耐刮伤面漆黏度较大、流平性较差时，可用水浴加热的方法降低其黏度，增强其流平性，减少皱皮、纵纹、缺漆、堆漆等缺陷。

（31）UV 半固化

（32）面漆

第 2 道，UV 固化 10 度光耐刮伤面漆；调整到全固化状态：$600\sim750\mathrm{MJ/cm^2}$。

（33）UV 全固化

（34）下线

漆板要求如图 5-56 至图 5-58 所示。

① 颜色　四面封漆比板面颜色稍浅，四边在榫槽以上部分均匀染色，主色调与样板一致，允许有自然的轻微色差，个别比样板颜色稍深。

② 光泽度　一般 17.5%±2.5%，特殊要求以样板为准。

③ 附着力　≤1 级，测试时应在较平整的位置测试，或用平板以同样的油漆工艺上漆后测试。

④ 耐磨性　≤0.08g/100r，或 S-33 砂纸，第一次（点）磨破≥400 转，第四次（点）磨破≥500 转。

⑤ 耐刮　用中号钢丝棉垂直地沿板宽度方向用力摩擦 15 个来回后，板面无明显刮痕。

⑥ 硬度　≥2H。

⑦ 不允许堆漆、流挂、颗粒、气泡等缺陷，允许不明显（0.8m 距离观察）的缺漆、边角漏白、砂穿、砂痕、污染等缺陷。

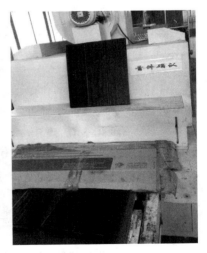

图 5-56　成品挑板　　　　图 5-57　成品缺陷板　　　　图 5-58　首件确认

5.11　金属家具涂饰工艺

金属家具表面往往有氧化皮、锈蚀、焊渣、毛刺、油污等缺陷及污染物，若不彻底清除，就会严重影响涂膜的附着力，降低涂膜的装饰性，减少涂膜的使用寿命。所以涂饰前，对金属家具表面进行处理十分重要。

金属家具表面处理主要包括除油、除锈、磷化处理三个方面。

金属家具表面经过粗糙度、除油、除锈处理后，虽很洁净，但若不能在 8h 内涂饰防锈底漆封闭又会重新锈蚀，且锈蚀日渐严重。由于家具的生产周期不可能这么短，为此家具经除油、除锈处理后，应紧接着进行磷化处理，在家具表面覆盖一层紧密的磷酸盐薄膜（称为磷化膜），使之与外界物质隔绝开来，从而起到防蚀的作用。

磷化处理主要用于普通碳素钢家具，也可用于锌、镉等金属制品。优质合金钢，特别是铬钒钢、铬钨钢及含铜钢等家具，不宜进行磷化处理，否则会影响涂膜的附着力。

（1）浸渍磷化处理的热磷化液的配方及工作条件

配方一：按在 1L 水中加入马日夫盐（即磷酸二氢铁锰）50g、硝酸锌 100g 的比例配制水溶液，温度为 60～70℃，处理时间 3～5min。

配方二：按在 1L 水中加入磷酸二氢锌 40～45g、硝酸锌 120g 的比例配制水溶液，温度为 60～70℃，处理时间 13min。

配方三：按在 1L 水中加入磷酸锌 14g、硝酸锌 28g、碳酸铜 0.05g 的比例配制水溶液，温度为 65～75℃，处理时间 15min。

（2）磷化处理的方法

多数采用浸渍法，即把钢家具或其零部件浸入载有磷化液的槽中，使之跟磷化液进行化学反应，在表面形成一层磷化盐薄膜即可。磷化液配比，反应温度与时间参照上面配方。

因冷磷化即在室温下进行磷化处理，若不给磷化液加热，家具表面所获得的磷化膜太薄且附着力不强。为此，应将磷化液加热到 60℃以上进行磷化处理。

（3）质量检验

检查磷化膜的质量，现多用眼睛视察。若覆盖的磷化膜结晶细而均匀没有斑点、锈痕疏松等缺陷，即符合要求。磷化膜应呈钢灰色或浅灰色。

金属家具经过磷化处理后，即可涂饰涂料，其涂饰工艺过程如下：

① 涂饰底漆　经磷化处理的家具，应在规定的时间内涂饰底漆，否则暴露在潮湿的空气中仍会锈蚀。底漆的作用是防止家具表面再锈蚀，并能增强腻子与面漆对家具表面的附着力。它是整个涂膜的基础，对涂膜的质量起着决定性的作用。

金属表面就使用的底漆，主要是防锈漆。应根据家具的材质及所用面漆来选择。铁红环氧底漆适用范围广，几乎对所有金属及任何面漆都适用。其次是铁红醇酸底漆与铁红酚醛底漆对黑色金属、镀锌、镀镍、铝制品及使用醇酸、酚醛、硝基等色漆作面漆均能适用。

底漆一般采用刷涂，也可喷涂，涂饰 1～2 次即可。如果是自干型（即常温干燥）底漆，也可进行烘干，但烘烤温度不能过高，以防皱皮和鼓泡。表 5-14 为常用底漆的烘烤温度。

表 5-14　　　　　　　　　　　**常用底漆的烘烤温度及时间**

底漆名称	烘烤温度/℃	烘烤时间/min	
		面漆为油性色漆	面漆为硝基色漆
铁红醇酸底漆	100～110	35	60
铁红纯酚醛底漆	120～130	20	35
铁红环氧底漆	140～150	15	20
锌铬黄酚醛底漆	100～120	35	60

② 刮腻子　一般金属家具表面都会或多或少有凹陷、焊接气孔、裂缝、磨损等缺陷，

而影响家具表面的平整度，故需借助腻子来嵌实填平。任何腻子涂层都不能提高家具表面的防护性能，一般腻子涂层干后弹性差、易龟裂，涂层厚度越大，越易龟裂脱落。为此，应尽可能采用机械加工的方法使家具表面达到平整度的要求，尽量争取不用或少用腻子填补家具表面的缺陷。

金属家具表面嵌补用的腻子以油性、氨基、硝基、过氯乙烯、醇酸、环氧等清漆或色漆作粘接剂，以相应溶剂作稀释剂，跟着色颜料（铁红、氧化锌）和体质颜料（碳酸钙等）调配成稠厚的糨糊状，即可使用。

待底漆涂层干透后，利用刮刀将腻子刮涂到家具表面，把孔洞、缝隙、疤痕、砂眼及粗糙不平处填平实。刮涂的次数可能是一次或数次，视家具表面是否达到平整度要求而定。刮涂腻子要求技术熟练，速度要快，不宜多次反复刮涂，以免将漆料刮挤而浮在表面，造成腻子涂层表干而里难干的现象。

③ 砂磨　待整个腻子涂层干透后，对于普通家具，一般用 1 号木砂纸砂磨平滑。对于高级家具，应用 300 号水砂纸加肥皂水进行水砂。手工砂磨，最好用砂布或水砂纸包住一块约为 100mm×50mm×3mm 的平滑木块进行砂磨。砂磨时，压力不宜过大，但往返砂磨的速度宜快，并要不断地清除砂布上磨下的粉尘。这样既能确保砂磨质量，又能提高砂磨效率。

对大批量生产，采用手提式电动砂光机进行砂磨。这对减轻劳动强度和提高砂磨效率是很有益的，应用广泛。

④ 涂底漆　其目的是为了填平已砂磨平滑的腻子涂层上的针孔、砂痕等缺陷。可用漆刷或喷枪涂饰一层较薄的底漆涂层。待涂层干透后，再用 0 号砂布轻轻砂磨光滑。

⑤ 涂饰面漆　面漆应分多次涂饰，一般要涂饰 2～4 次。每次涂饰的涂层宜薄（小于 40μm），但要均匀，以防起皱、流挂。面漆可以用漆刷进行刷涂，也可以用喷枪进行喷涂。刷涂效率低，质量较差，但节省涂料，主要用于小批量生产。喷涂则恰好与之相反。每涂饰 1 次面漆，一般待涂层干透后，要用 0 号砂布砂磨光滑或用 400 号水砂纸进行磨水砂处理，并揩干净，然后才能进行下一道涂饰。若所用面漆为烘干型，往往采用"湿碰湿"的涂饰方法，即在上道涂层仅表干时就接着喷涂第二层，涂层不需砂磨，这样涂饰效率高。

对于要求涂膜光泽度高及防护能力强的家具，常在色漆涂膜表面上再涂饰一层相适应的高级清漆，也可用一定比例的清漆和色漆混合作为最后的罩光面漆。

⑥ 涂膜表面修整　跟木家具涂饰一样，待涂膜充分干透后，进行磨水砂、抛光、敷油蜡处理。所用材料与工艺技术也完全相同，不再重述。

5.12　艺术木纹涂饰工艺

艺术木纹涂饰是指在被涂饰表面模拟出各种名贵木材的优美花纹或绘制图案（如大理石图案），以提高制品的艺术性与观赏价值。

5.12.1　艺术木纹涂饰的特点、应用及方法

（1）特点

特点是将不透明涂饰与透明涂饰有机地结合为一体。首先利用不透明涂饰将家具基材表面全部遮盖掉，并形成一层带有所需颜色的平整光滑的涂膜；然后在涂膜上绘制或印制各种

花纹图案；最后再涂饰清漆形成透明的涂膜，将花纹或图案固定封闭起来，使之更为清晰和经久耐用。

只要掌握好涂饰技巧，涂饰出适合的底色涂膜，绘制出逼真的天然花纹，使人们难辨真假，从而使低质材的家具获得较高的艺术价值，而受用户所欢迎。

（2）应用

艺术木纹涂饰主要用于材质较差的木家具及纤维板、刨花板家具。由于这些基材表面很不美观，仅用色漆涂饰虽然获得新色彩，但仍缺少艺术性，显得单调。为此，在利用色漆进行一般不透明涂饰的基础上派生出了艺术木纹涂饰。

（3）模拟艺术花纹的方法

模拟艺术花纹的方法，有手工直接描绘和机械印刷两种。小批量生产多用手工描绘，其描绘的工具，应根据所绘花纹特点而选择，有毛笔、排笔、油画笔、橡皮块、丝瓜筋、纸团等。若是大批量工业化生产，应采用丝网印刷或辊印。丝网印刷是将花纹复制在丝网上，然后通过丝网印刷到家具底漆涂膜表面。辊印是将花纹图案的照片复制到钢辊上，然后再辊涂到家具底漆涂膜表面。丝网印刷与辊涂不仅速度快，而且质量好。

5.12.2 艺术木纹涂饰工艺

① 家具表面处理　清除树脂、油迹、胶痕、木毛及灰尘。

② 嵌补　有较大的洞眼与裂缝，难以用填纹孔涂料填补好，用虫胶清漆跟老粉调成虫胶腻子进行嵌补，干后砂磨光滑。

③ 填纹孔　用油性或胶性腻子填纹孔。刮涂次数与技术要求跟一般不透明涂饰完全相同。

④ 底漆　底漆的作用是使制品被涂面形成所需色彩的平整光滑的底漆涂膜。这种底漆涂膜好比绘画的纸，以利在其上绘制木纹或图案。如绘制水曲柳木纹，底漆涂膜的色应跟水曲柳的材色相似；若要绘制柚木木纹，则底漆涂膜的颜色应跟柚木材色相似。以此类推。所用底漆定要跟面漆相配套，彼此能很好结合，而无不良反应。一般需涂饰 2～3 遍，以形成一层均匀而较薄的涂膜。

⑤ 砂磨　待底漆涂层干透后，用 0 号木砂纸砂磨光滑，清除灰尘。

⑥ 绘制木纹图案　绘制木纹，可用黄纳粉 14 份、黑汁 19 份、明矾 1 份、开水 66 份调配成水色溶液。然后用毛笔蘸取水色参照实际木纹，在底漆涂膜上描绘木纹。绘上去的水色应湿些，并趁未干之前用干净的排笔轻轻弹扫一下，以使绘制的木纹显得更自然逼真，然后让其彻底干燥。若是绘画，则需用色漆来调配色彩，用于绘画。

⑦ 涂虫胶清漆　涂饰一度浓度约为 15%～20% 的漂白虫胶清漆，用以封闭绘制好的花纹图案，最好是喷涂。若用手工刷涂，排笔含虫胶清漆宜少（不能过多），并轻轻地一笔接一笔地往后涂，千万不能在一处往返重复涂刷，会刷坏绘制的花纹图案。

⑧ 砂磨　待涂虫胶清漆的涂层干后，用 0 号木砂纸轻轻砂光滑，并清除灰尘。

⑨ 涂面漆　据制品的等级，可先用高级清漆或普通清漆涂饰。用高级清漆可涂饰三度或四度，每涂饰一度，待涂层干后，需用 0 号木砂纸轻轻砂光滑。对于普通家具，可用普通清漆涂饰二度即可，不需要进行磨水砂和抛光处理，即完工。

⑩ 磨水砂　待最后一度涂层干透后，需要用 600 号水砂纸进行磨水砂。

⑪ 抛光　用手工或抛光机进行抛光。

⑫ 敷油蜡　用细软的棉纱头蘸取油蜡，将整个涂膜揩擦干净即完工。

5.13　特种涂饰工艺

这里所指的特种涂饰是利用各种美术涂料、金粉涂料、蜡液等来涂饰家具及用金箔等来装饰家具。因具有独特的装饰效果，其涂饰方法也有特别之处，故称之为特种涂饰。

5.13.1　锤纹涂饰

5.13.1.1　锤纹涂饰概念及其应用

将锤纹涂料喷涂于家具表面，便在被涂家具表面形成均匀细小而美丽的锤痕，有较强立体感的装饰效果，故将此种涂饰称为锤纹涂饰。由于锤纹涂料是一种美术色漆，所以锤纹涂饰属不透明涂饰。

锤纹涂料是在色漆中加入适量锤纹剂（甲基硅油）而制得。如在银粉（即铝粉）色漆中加入锤纹剂，其涂膜显银灰色锤纹。以此类推，便可获得各种颜色锤纹涂料。

锤纹涂饰现主要用于仪器、仪表、钢家具等金属制品的涂饰。当然，也用于刨花板、纤维板家具及材质较差的木家具涂饰。其涂膜具有一定的立体感，能获得较好的装饰效果。

5.13.1.2　锤纹涂饰的涂饰工艺

现以在木家具表面涂饰天蓝色锤纹涂料为例，介绍其涂饰工艺流程及工艺技术要求。

① 家具表面处理　将家具表面的树脂、色斑、胶痕等清除干净，砂磨光滑，扫掉灰尘。

② 嵌补　若有较大的洞眼、裂缝，就用油性腻子嵌补好，干后砂磨光滑。

③ 填纹孔　将油性腻子刮涂到被涂面的纹孔里，并要将被涂表面刮涂平整，让其充分干燥。

④ 磨水砂　用 280 号水砂纸加肥皂水砂磨光滑。

⑤ 涂底漆　刷涂一度铁红油性调和漆，并加入 30%～40% 的松香水进行稀释调匀后，才进行刷涂，干后砂磨光滑。

⑥ 刮涂油性腻子　将上面填纹孔的油性腻子中的漆料增加一点，调得稀一点。将表面重新刮涂一次，一定要刮涂得平整结实，让其充分干燥。

⑦ 磨水砂　用 400 号水砂纸加肥皂水砂磨光滑，揩干净。

⑧ 喷头度锤纹涂料　用银色锤纹涂料 70 份、深蓝色漆约 4 份、二甲苯约 26 份（可根据黏度增减）调制成所需要的天蓝色锤纹涂料，应使其黏度为 16～20s（涂-4 杯）。最好使用储漆罐在喷枪上方的喷枪进行喷涂，以防止铝粉沉淀。喷涂用的压缩空气压力约控制为 $2.94×10^5$Pa，喷射距离约为 200mm。因头度锤纹涂料的涂层是基底，要求喷均匀，为喷第二度锤纹涂料显示锤纹创造条件。

⑨ 喷第二度锤纹涂料　待头度涂层表干，即用指背触不粘，便可喷第二度。

若头度涂层未表干就喷第二度，则喷上的涂层流展得快，显示锤纹虽快，但不稳定，两三分钟后，锤纹会变得模糊不清。如果头度涂层已干结成硬膜，则会影响到第二度涂层的流展，使形成的锤纹大小不一，甚至产生斑点，难以达到装饰的要求。为此，必须把握好这一时期，这是形成锤纹最关键的一度涂饰。应要求锤纹涂料的黏度为 20～22s（涂-4 杯），比头度稍高一点，其配比为：银色锤纹涂料 85 份，深蓝色浆 4 份，二甲苯约 11 份（根据黏度而定）搅拌均匀。喷枪喷嘴的口径应稍大一点（为 2～2.5mm），压缩空气的压力为

$1.47×10^5～1.96×10^5$ Pa，喷射距离 200～350mm，根据形成的锤纹粗细随时调整。应使喷射出来的涂料微粒像细雨点一样洒得均匀。喷后约 5min 会呈现出均匀的锤纹。

⑩ 喷涂一度罩光清漆　若嫌形成的锤纹涂膜光泽度不高，可再喷涂一度高级清漆（如硝基、聚氨酯、聚酯等清漆）。

⑪ 涂膜修整　磨水砂、抛光、敷油蜡，其技术要求与前面的相同。

5.13.2　裂纹涂饰

5.13.2.1　裂纹涂饰概念

裂纹涂料属美术涂料，其涂层在干燥成膜的过程中，会自然地显现出美丽的龟裂花纹，具有独特的美观性，并将这种涂饰称为裂纹涂饰。

5.13.2.2　裂纹涂饰工艺

裂纹涂饰的工艺跟一般色漆喷涂的工艺基本相同。

① 家具进行表面处理　跟不透明涂饰的相同。

② 填纹孔　刮涂油性腻子，使家具表面平整光滑。

③ 涂底漆　喷涂色漆，以形成所需色彩的平整光滑的漆膜。色彩应跟所喷涂的裂纹涂料的色彩形成明显的对比。例如裂纹涂料为墨绿色，则底漆的色彩可为白色、黄色或红色。这样会使家具出现白色、黄色或红色的精细裂纹，跟墨绿色形成明显对比，相互映衬，使裂纹格外清晰，更为醒目。

④ 砂磨　待底漆涂膜固化后，应用 600 号水砂纸砂磨光滑。若有细孔或不平之处，一定要再喷一次，干后再磨水砂，务必达到平整光滑的要求。

⑤ 喷涂裂纹漆　在喷涂的裂纹涂料中加适量的稀释剂，将黏度调整到 20～22s（涂-4杯），然后用扁嘴喷枪进行喷涂。必须注意喷涂均匀，不允许存在不均匀现象，并要求一次性喷涂好，不得回枪补喷。因为涂层厚薄不均，回枪补喷会造成裂纹不均匀，形成的图案大小不一，影响涂膜的装饰效果。

喷涂后，大约间隔 50min 就会呈现出非常美观的裂纹。裂纹涂层形成裂纹的规律大致是：涂层厚则裂纹粗，涂层薄则裂纹细，若涂层过薄便不会形成裂纹。

5.13.3　皱纹涂饰

5.13.3.1　皱纹涂饰概念

皱纹涂料也是装饰用的美术涂料，其涂膜会自然形成均细而美丽的皱纹，故将这种涂饰称为皱纹涂饰。

这种涂饰的特点是：涂膜花纹起伏，立体感强，光泽度低，手感粗糙，摩擦力大。主要用于金属制品的涂饰。因其涂层要经高温烘烤才能形成坚硬的皱纹涂膜，这类涂料属烘干型涂料。

5.13.3.2　涂料选择

皱纹涂饰常用黑、紫、棕、灰色酯胶、酚醛皱纹涂料。这类涂料便于喷涂，不易流挂。而醇酸皱纹涂料的涂膜坚固，耐酸性强，但易流挂，要特别小心。如果涂饰浅色皱纹，可在涂层干燥结成膜后，再喷涂一度相适合的清漆，使浅色的皱纹显得更漂亮。皱纹涂料种类较多，可通过试用来选择。

5. 13. 3. 3　皱纹涂饰工艺

①　家具表面处理　同上。

②　填纹孔　刮涂 1 道油性腻子，将表面纹孔、洞眼、裂缝填平。干后砂磨光滑。

③　涂底漆　涂饰一度铁红防锈磁漆，干后砂磨光滑。

④　喷涂皱纹涂料　其黏度为 20s（涂-4 杯）左右，压缩空气的压力约为 $3.92 \times 10^5 \mathrm{Pa}$，喷射距离约为 300mm。喷涂方法应先横喷一道紧接着竖喷一道即完工，做到涂层不流挂为原则。

⑤　涂层干燥　将喷涂好的家具送到烘房或烘道中，用 120℃左右的温度烘烤。约 10min 后，会逐渐显现出均匀的皱纹。待整个涂饰表面都显现出均匀的皱纹后（约 20min），便可以从烘房或烘道中取出，让其冷却到室温。

起皱纹的规律通常是：喷的涂层越厚则皱纹就越粗，涂层越薄则皱纹越细，涂层过薄则难以出现皱纹，即使产生皱纹也不均匀。

⑥　修补涂层　对未起皱纹或有缺陷部位，可用排笔蘸取皱纹涂料予以修补，然后再送往烘房或烘道中烘烤到涂膜完全干燥为止。第二次进行烘烤的温度应控制在 100～200℃，对浅色涂层可为 85℃左右，烘烤时间 2～3h。

⑦　喷涂清漆　工艺要求跟裂纹涂饰相同，上述裂纹涂饰无此道工序。

⑧　涂膜修整　工艺要求跟裂纹涂饰相同，上述裂纹涂饰无此道工序。

5.13.4　"玻璃钢"涂饰

5. 13. 4. 1　"玻璃钢"涂饰概念

"玻璃钢"涂饰指将玻璃纤维布放入不饱和聚酯清漆的涂膜中，使之一起固化成坚硬的涂膜。由于单纯的不饱和聚酯涂料的涂膜具有较高的硬度，但脆性大不耐冲击。若在涂层中夹住一层透明玻璃纤维布，固化成膜后便硬而不脆，异常坚硬，具有很好的机械强度。故将这种涂膜比成"玻璃钢"，将这种涂饰称为"玻璃钢"涂饰。其意是指其涂膜似玻璃一样硬，似钢一样坚韧，经久耐用。"玻璃钢"涂饰主要用于刨花板、纤维板及木材质量较差的家具涂饰。

5. 13. 4. 2　"玻璃钢"涂饰工艺

①　家具表面处理　用砂光机或手工将被涂饰表面砂磨平滑，并清除灰尘。若有洞眼、裂缝，应用虫胶或油性腻子嵌牢实，干后砂平。

②　粘贴木纹纸　先在经过处理的表面涂饰一层较薄的不饱和聚酯涂料，接着将裁剪好的木纹纸覆盖在涂层上（正面在外），然后用橡胶滚筒将木纹纸推平，并使之牢固粘贴在基材表面。

③　粘贴玻璃纤维布　在木纹纸表面先涂饰一层较薄的不饱和聚酯涂料，然后将剪裁好的透明玻璃纤维布覆盖在涂层上，要贴平整，不能有褶皱。

④　涂不饱和聚酯涂料　在玻璃纤维布上浇涂一层稍厚的不饱和聚酯涂层，使涂料渗透玻璃纤维布跟下面涂层一体。

⑤　覆盖塑料薄膜　用一块塑料薄膜将整个涂层覆好，接着用橡胶滚筒在塑料薄膜上平推，将下面的涂层推平、推均匀。若在涂层与塑料薄膜之间有气泡，要将气泡推至涂层边界排出。

⑥　揭掉塑料薄膜　待整个涂层固化后（一般约 20min），将塑料薄膜揭掉即可。

5.13.5 蜡涂饰

蜡在常温条件下呈固体状，熔融或溶解后变成液体，能渗入木材纤维内。当温度降至常温或溶剂挥发后又恢复为固体。所以将蜡液涂饰在木家具表面，让它充分渗入木材纹孔与纤维中，再用优质棉纱头或较粗的呢布、白布、毛巾等柔软织物把浮在表面的蜡层揩擦干净，家具表面手感格外滑爽舒适，能更清晰地显现木材自身的色泽与花纹美，具有天然、高雅的装饰效果。多用于榉木、核桃木、樟木等材质较硬、纹理较漂亮的家具及木雕工艺品等的涂饰。其涂饰工艺分为涂蜡工艺与烫蜡工艺两种。

5.13.5.1 涂蜡工艺

① 家具表面处理　将家具表面的树脂、色斑等清除掉，并嵌补平整，砂磨光滑。

② 染色　若需染色，就用染料水溶液进行染色，并将色彩拼均匀。若是进行木材本色涂饰，就不需另行染色。

③ 调制蜡液　取蜂蜡或虫白蜡3份，松节油或松香水2份。先将蜡隔水加热熔化，然后逐渐加入松节油，并不断搅拌，直至成均匀的溶液。如要对家具着色，可在溶液中加入油溶性染料，继续搅拌使染料充分溶解均匀。

④ 涂饰蜡液　用漆刷将蜡液均匀涂饰到家具表面，全部涂好后，在35℃以上的室温中放置约1h，以让蜡液充分渗入木材中。

⑤ 揩净表面蜡层　用纱头或粗布将家具表面的蜡层揩擦平滑，使蜡膜薄而均匀，木纹十分清晰。

⑥ 揩抹滑石粉　为增加蜡膜的光泽与光滑性，可用滑石粉揩擦一遍，最后将滑石粉揩干净。

5.13.5.2 烫蜡工艺

在木家具表面进行"烫蜡"，工艺简单易行，也可获得同样的装饰效果。

其工艺为：在家具经过表面嵌补、砂磨、着色等工序处理后，用电吹风进行吹风加热，边加热边在家具表面是擦蜡，并使擦上的蜡受热熔化渗入木材中。待整个表面烫蜡后，用纱头或粗布用力揩擦，一要把表面浮蜡揩干净，二要使蜡将纹孔填实、填平。以使家具表面平整光滑，光泽柔和，色彩协调，纹理清晰。

5.13.6 贴金、涂金装饰

5.13.6.1 贴金装饰

（1）贴金装饰概念及应用

用涂料将金箔贴于家具上雕刻的花纹、图像、文字、边框等装饰部位，使之形成金光闪闪、永不褪色的金膜，以获得珍贵豪华的装饰效果。佛像、名胜古迹及仿古建筑等，多采用贴金装饰。

还有一种由铜锌合金制造的合金金箔，其颜色与质感跟真金箔相似，但价格便宜得多，可用于家具等室内制品的装饰。只是粘贴后要在其表面涂饰一层清澈透明的清漆，以延缓、减少锈蚀变色。

金箔是由真金锻打加工而成，大的为三寸方（约100mm×100mm），小的为一寸方（约33.3mm×33.3mm）不等。根据厚度不同可分为厚金箔、中金箔、薄金箔三种。厚金箔主要用于室外制品装饰，中金箔适用于家具及其他室内制品的装饰，薄金箔只适用于圆雕、木雕工艺品等制品的装饰。每张金箔都用薄纸衬着保存，以防破裂，胶贴时才将纸揭去。

（2）贴金装饰工艺

贴金装饰的表面跟不透明涂饰完全相同。应彻底清除污渍，砂磨光滑。若条件允许，用生漆或广漆腻子嵌补好洞眼裂缝，填好纹孔，干后砂磨平整光滑。

涂饰广漆或特制清漆（亚麻仁油∶铅黄∶松节油＝100∶6.5∶适量。松节油用于调节清漆的黏度，其用量使清漆的黏度符合工艺要求即可）。每次涂饰的涂层宜薄，其用量约为 $40g/m^2$，并要防止雕刻花纹的深处和线脚凹陷处不能有淤漆，以防干后皱皮。一般要涂饰 3～4 遍。等前一道涂层干后，用 0 号木砂纸砂磨光滑，并清除灰尘，再涂下一道。

当最后一道涂层干至手指背轻触不黏但仍保有黏结时，即可进行粘贴金箔或合金箔。贴时，将金箔细心地铺在待贴表面，每张金箔的接头处应稍微相搭接；贴好后，接着用细软而有弹性的平头扫金笔，在金箔表面轻扫以将金箔贴平、贴牢；然后用排笔（即优质羊毛漆刷）掸掉搭接处多余的金箔。若发现有漏贴处应立即补贴好。最后要涂饰一道优质、透明度好的广漆，涂饰方法跟一般广漆涂饰相同，请参看广漆涂饰工艺。

5.13.6.2　涂金装饰

金粉有真金粉与合金粉两种，真金粉是将金箔研磨而成，合金粉为铜锌合金的粉末。涂饰时，将金粉调入所用的清漆（如硝基清漆、丙烯酸、聚氨酯等清漆）中，若黏度过高可加入适量所用清漆的溶剂进行稀释，拌均匀即成金粉色漆。然后用普通毛笔或油画笔将金粉漆描绘在涂饰好底漆或涂饰好 1～2 道面漆的花纹图案上（如雕刻的花纹、字画、嵌线、镜框等，或直接绘制所设计的图案）。描绘要十分认真，应使金粉涂层均匀牢固，表面平整光滑。不得有遗漏或使所描绘的图案走样变形。等金粉涂层干燥后，再涂饰 2～3 道高级清漆。待整个涂层完全固化后，可进行磨水砂、抛光处理，以使家具表面获得金光灿烂的装饰效果。

5.13.7　幻彩爆花漆涂饰

幻彩爆花漆是一种特殊的色漆，用来喷涂家具表面，能够获得似彩云般变幻莫测的彩色花纹图案，可谓变幻无穷，美丽多彩，为人们所喜爱。

其涂饰工艺为：家具表面处理→刮涂第一道腻子→干后砂磨光滑→喷涂底色漆→干燥→喷涂彩幻爆花色漆（将喷枪的涂料喷嘴调细，均匀薄喷）→做幻彩爆花花纹（立即用纱布团沾爆花水洒在涂层上，即可产生奇光异彩幻彩爆花花纹）→干燥（经约 2h 自然干燥）→喷涂第 1 道面漆→表干后轻轻砂磨光滑→喷第 2 道面漆→约经 24h 自然干燥→磨水砂→抛光→敷油蜡。

5.13.8　银珠闪光色漆涂饰

涂料的着色颜料中含有适量的银（铝合金）粉、金（铜锌合金）粉或金银混合粉末，其涂膜能闪现出繁星般点点银光、金光或金银混合的光泽。有的将闪银光的称为银珠漆，现统称为银珠闪光涂料或闪光涂料。可使家具表面获得一种华贵的装饰效果，格外醒目。

多用于金属家具的涂饰，也可用于刨花板、中密度纤维板等家具的不透明涂饰。其涂饰工艺跟一般不透明涂饰的基本相同：

白坯表面处理→刮涂腻子→干后砂磨平滑→喷涂底漆→干后砂磨光滑→再喷涂 1 道底漆→实干后用 400～600 号水砂纸进行水砂→喷涂闪光色漆，涂层薄而均匀→待涂层表干后

(均 15min 后)喷涂第 2 次闪光色漆（涂层稍厚些，且均匀无流挂）→干燥（自然干燥约 24h）→磨水砂（用 800～1000 号水砂纸进行水砂，揩干净晾干）→喷涂 1～2 道清澈透明的高级清漆（待实干）→磨水砂（用 1000 号水砂纸进行水砂）→抛光→敷油蜡。

5.13.9　贝母色漆涂饰

将适量的贝母粉末调入色漆中，能使色漆涂膜闪现出一种特有的光彩，具有独特的装饰效果与自然美感，颇受人们喜欢。可用于各种家具及室内装饰的不透明涂饰。其涂饰工艺跟闪光色漆相同。

5.14　固化技术

5.14.1　涂层固化机理

由于涂料的性质不同，所以其干燥固化的机理也不尽相同，在涂料一章中也有所论述。

（1）仅靠涂层中的溶剂挥发而固化

如硝基漆、虫胶漆的涂层干燥，仅靠涂层中的溶剂挥发，在干燥过程中，不发生化学反应，即涂层干燥成膜后，仍可用它的溶剂将其溶解成涂料，故又将这类涂料称为可逆性涂料。若其涂膜被破坏，极易修复好。这类涂料属于纯挥发性涂料，对于其涂层的干燥，只要采取技术措施加速其涂层中溶剂挥发就行了。

（2）仅依靠涂层化学反应而固化

如不饱和聚酯涂料与光敏涂料的涂层固化，则完全是依靠化学反应来固化的，基本没有挥发物，故将这类涂料称为化学反应固化型涂料。要采取促进其涂层化学反应的措施来加速涂层的固化。对不饱和聚酯涂料来说，加速涂层固化的主要措施是所用固化剂与促进剂要合理，还要充分隔绝氧气，对气温与湿度无特殊要求，处于常温就行了。而光敏涂料的涂层必须在强紫外线照射下才能迅速固化成坚硬的涂膜，否则就永不固化。又如油脂涂料与天然漆涂层的干燥过程为复杂的氧化聚合过程，要跟氧气充分接触，其干燥措施是要加速其氧化聚合反应。

（3）依靠涂层溶剂挥发与化学反应而固化

如聚氨酯、丙烯酸、氨基等多数的涂层干燥过程中，既有溶剂挥发，又有复杂的化学反应，所采取的措施不仅要求促进涂层溶剂挥发，而且要加速涂层的化学反应。

为此，涂层干燥固化的方法，应根据所用涂料的性质及干燥机理而合理选用。

5.14.2　涂层固化方法

5.14.2.1　对流加热干燥

对流加热是指热源的热能要借助被加热的空气传给涂层，涂层周围的空气是加热介质，如图 5-59 所示，图中带圆圈的箭头表示溶剂蒸气移动的方向，带十字的箭头表示热能传递的方向，即热能传递的方向跟溶剂蒸气移动的方向相反。因为涂层具有一定的厚度，热能是从涂层表面逐渐传递到涂层的底层，所以涂层固化是由涂层的表面开始，慢慢扩及到底层，即涂层是由表及里进行干燥。

（1）对流加热的特点

用对流加热干燥涂层，如果升温过快过高，涂层表面结膜就越快，这样就会阻碍涂层下层溶剂蒸气自由挥发，反而会延长涂层干燥时间，甚至还会影响涂层的干燥质量。因为，当涂层内部溶剂蒸气挥发受到涂层表层先凝结成的胶凝膜的阻碍时，就会形成蒸气压力，当涂层中蒸气压力达到一定限度时，有可能冲破

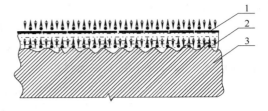

图 5-59　涂层对流加热干燥过程
1—胶凝膜　2—涂层　3—被涂件

涂层表层胶凝膜而挥发出去，结果会给胶凝膜留下小气孔，称为"针孔"；要是表层的胶凝膜已变硬，涂层中的蒸气无力冲破，就会把表层的胶凝膜顶起来，形成气泡，使涂膜不平。涂膜若产生密密麻麻一大片针孔或气泡，会严重影响其装饰性与附着力。为避免这些缺陷的产生，开始对涂层加热的温度不能过高，一般先经 20～25℃气温干燥 10～20min，以使整个涂层中的大部分溶剂在涂层表层未胶凝之前挥发掉。然后逐步升温，使之快速干燥成膜。涂层干燥温度高低应根据所用涂料的性能，通过试验合理确定，既要提高干燥速度，又要保证干燥质量。

（2）加热器的选择

对流干燥的加热器主要有蒸气管加热器、热风管加热器及电热加热器等几种。由于蒸气管加热成本低，使用安全，故应用较普遍。热风管加热器，大多是利用家具生产的剩余物——木屑、刨花及木材的边角废料，在专用的炉中燃烧产生热气输送到热风管中，以对涂层加热。由于热风管加热器是利用生产剩余物燃烧的热能，故成本低，但要注意安全防火。电加热有红外线加热器与普通电热丝加热器两种，前者热效率高，干燥质量好，应用比后者普遍。电加热装置结构简单，便于控制温度，使用方便，但成本较高。所以，针对实际情况合理选用。

（3）加热装置的选择

加热装置有周期式、连续式及周期连续式等多种。

① 周期式干燥装置　就是将干燥器（如蒸气管、热风管、电加热器）安装在专门的干燥室中，并在干燥室内设有通风与排风装置及温度、湿度计。将涂饰好的家具送进干燥室中进行干燥，控制好温度，并定时开动排风机，抽换室内的空气，使充满溶剂蒸气的空气定时排出，以利于加速涂层的干燥。待家具的涂层干燥后，再更换新涂饰好的家具进行干燥。就这样一批一批进行干燥。

② 连续式干燥烘道　图 5-60 所示为连续式干燥烘道，由输送装置、烘道及排风装置组成。将干燥器（蒸汽管或电热器）安装在烘道的上方，涂饰好的零部件随输送带从烘道一端输送到另一端，在输送过程中，涂层逐渐被干燥固化成涂膜。

为使涂层获得较好的干燥质量，一般应将整个烘道分为低温区、高温区、中温区。让涂饰好的制品先经低温区，以使涂层中的部分溶剂能自由挥发掉，同时让涂层得到充分流平。

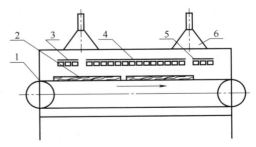

图 5-60　涂层干燥烘道示意图
1—输送装置　2—被涂件　3—低温区加热管
4—高温区加热管　5—中温区加热管　6—排气管

接着进入高温区加速涂层干燥，然后再经中温区继续干燥完毕，出烘道。如果被涂件直接从高温区取出，由于温度急剧下降，会导致涂膜收缩过急而引起皱皮并降低其附着力。为此，烘道出口端的温度不能比室温高得太多。连续式干燥装置的干燥效率比周期式的要高，有利于涂饰机械化和自动化施工，但投资大。

③ 连续周期式干燥室　此种干燥装置是将周期式干燥与连续式干燥融为一体，兼有两者的优点。图 5-61 所示为连续式干燥室的平面布置图，是由蛇形轨道运输装置、干燥室、涂饰室等主要部分组成。其特点是利用运输轨道将涂饰室与干燥室串联起来，以减少被涂件的搬运，实现连续化涂饰。

涂饰时，先将干燥室的温度升高至所要求数值，并基本保持不变，中途定期进行换气，以将从涂层中挥发出来的溶剂蒸气定时排掉。将涂饰好的产品置于轨道的托板上（或将产品放在轨道上的托板上直接进行喷涂），随轨道在干燥室的运行过程中进行干燥。产品被输送出干燥室后，还可再涂饰，再干燥，以此反复循环涂饰多次，直到涂膜厚度符合要求为止。

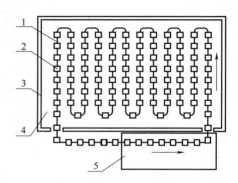

图 5-61　连续干燥车间平面布置图
1—导轨　2—托板　3—保温层
4—干燥室　5—涂饰室

5.14.2.2　红外线辐射固化

红外线是一种电磁波，其波长范围为 $0.72\sim1000\mu m$。其中波长为 $0.72\sim2\mu m$ 的称近红外线，波长为 $2\sim25\mu m$ 的称中红外线，波长为 $25\sim1000\mu m$ 的称远红外线。红外线是直线辐射，它能穿射某些物体，也能被某些物体反射或吸收，但不像可见光线那样能被肉眼所见。红外线一旦被某种物质吸收，就使其物质分子发生振动而产生热能。

（1）红外线波长范围的选择

实验证明，一般有机涂料对红外线（尤其是远红外线）有着强烈的吸收能力，因此，红外线对涂层干燥的效果非常显著。从涂层固化的效果来考虑，最好是选择能最大限度地透过涂层，而又不能透过被涂件（如木材）的那种波长范围的红外线。因为这种红外线能刚好在被涂件与涂层交接处转化为热能，从而能使涂层自下而上地进行干燥，能使整个涂层中的溶剂自由挥发。

一般涂料树脂分子振动光谱的波长范围为 $3\sim100\mu m$，正好在红外线的波长范围之内，所以一般涂料对波长为 $3\sim100\mu m$ 的红外线吸收能力强。如我国自行车、摩托车、钢家具等金属制品涂饰，所用的氨基醇酸树脂涂料对波长为 $5.5\mu m$ 以上的红外线有很强的吸收能力。又如三聚氰胺树脂对 $50\mu m$ 以上波长的远红外线几乎能全部吸收。其他有机涂料，如环氧、酚醛、醇酸、丙烯酸、聚氨酯、聚酯、聚氯乙烯、硝基、虫胶等树脂涂料对远红外线均有很强的吸收能力。

（2）红外线干燥原理

红外线干燥原理如图 5-62 所示。图中带圆点的箭头表示溶剂蒸气的移动方向，箭头则表示热能传递的方向。从图中可以看出，涂层中溶剂挥发的方向跟热能传递的方向是一致的，整个涂层干燥是由底层开始逐渐达到表层，溶剂蒸气挥发不受阻，促使涂层固化速度快。采用远红外线辐射干燥涂层，比用对流加热干燥要快 4 倍以上，并且干燥质量好，不会出现针孔、起泡等缺陷。因此，对绝大多数涂料来说，远红外线辐射固化是较为理想的一种干燥方法。

红外线辐射固化器的类型有多种，如灯泡红外线、煤气红外线、碳化硅电热丝红外线、以氧化镁结晶为填料的金属电加热红外线等。以碳化硅电热丝远红外线干燥器结构简单，热效率最高，应用最为普遍。

（3）碳化硅远红外线辐射干燥器的类型及结构

碳化硅远红外线辐射干燥器有板式和管式两种，也可根据涂层干燥工艺的要求设计成其他结构形成。图 5-63 所示为板式碳化硅远红外线辐射干燥器的结构简图（上图为主视图，下图为俯视图）。

图 5-64 所示为碳化硅管式加热器。在碳化硅管的外表面涂覆能辐射红外线的辐射层。如在烘道中使用这种干燥器，应在它背干燥涂层的一面装上抛光铝板，使背面辐射出去的红外线能反射到被干燥涂层的表面，以提高辐射能的利用率。

（4）碳化硅红外线干燥器烘道

图 5-65 所示为碳化硅管式红外线干燥器烘道的端面示意图。

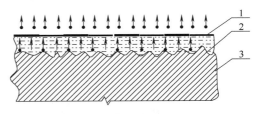

图 5-62　红外线干燥涂层的机理
1—涂层　2—胶凝层　3—被涂件

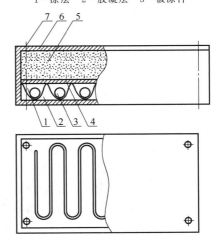

图 5-63　板式碳化硅远红外线干燥器
1—远红外线辐射层　2—碳化硅板
3—电热丝　4—石棉板　5—玻璃纤维
6—外壳　7—紧固螺栓

图 5-66 所示为板式碳化硅红外线烘道长度方向的示意图，从图中可以看出，红外线干燥烘道也应分为低温区、高温区、中温区，其烘道干燥温度可以实现自动控制，且干燥速度快，质量可靠，有利于实现涂饰自动化。

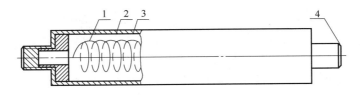

图 5-64　碳化硅管红外线干燥器
1—电热丝　2—碳化硅管　3—红外线辐射层　4—接线柱

5.14.2.3　紫外线辐射固化

紫外线辐射只适用于固化光敏涂料的涂层，对其他涂料的涂层不仅不能固化，反而会破坏涂料的理化性能。有的企业由于没有弄清这一道理，引进紫外线辐射干燥机来干燥硝基、聚氨酯、丙烯酸等涂料的涂层，务必对此引起注意。

（1）紫外线辐射固化光敏涂料涂层的原理

光敏涂料，因它含有光敏剂，这种光敏剂只有在特定波长紫外线照射下才能产生非常活

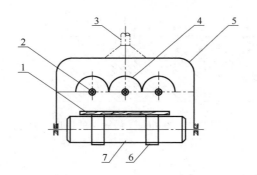

图 5-65 碳化硅管式干燥器烘道端面示意图
1—被涂件 2—碳化硅管式干燥器 3—排气管
4—反射铝板 5—烘道外壳 6—输送带 7—输送辊

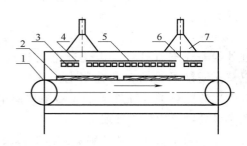

图 5-66 碳化硅板式红外线烘道长度方向示意图
1—输送机 2—被涂件 3—碳化硅红外线板
4—低温区 5—高温区 6—中温区 7—排气管

波的游离基。这种游离基又极易跟光敏涂料中的苯乙烯分子发生猛烈的连锁反应，又重新产生大量的游离基。这些游离基能急剧地聚合形成网状体型结构，使涂层在 30～40s 内完全固化成不溶、不熔的坚硬涂膜。光敏涂料的涂层若不在紫外线照射下则难以固化成膜。

（2）紫外线强度跟涂层固化速度的关系

光敏涂料的涂层固化速度跟紫外线的强度成正比，强度越大，固化速度就越快。而涂层的厚薄在一定范围内对固化速度影响不大，无论涂层多么薄，都需要有一定能量和时间才能固化。如厚度分别为 $10\mu m$ 和 $50\mu m$ 的涂层，其固化时间基本相等；厚度分别为 $100\mu m$ 和 $300\mu m$ 的涂层，固化时间也差不多；只有当涂层超过 $300\mu m$ 厚，其固化时间才随涂层厚度的增大而略有增加。

（3）紫外线波长范围的选择

紫外线也是一种电磁波，其波长范围约为 $0.01～0.4\mu m$，而适合光敏涂料涂层固化的为 $0.3～0.4\mu m$。

（4）紫外线辐射器的选择

低压水银灯和高压水银灯，均能产生波长为 $0.3～0.4\mu m$ 的紫外线，都可以使光敏涂料的涂层固化。

① 低压水银灯　即为普通照明用的日光灯，其外壳为软质玻璃，玻璃内壁涂有黑光粉，管内充有高纯度水银液及一些稀有气体，开灯后管内会有 0.1mm 水银柱蒸气压。此种紫外线辐射器发热量小，而紫外线辐射率又可达 18%，其波长为 $0.36\mu m$，故有利于光敏涂料涂层的固化。只是其功率太小，需要很长的固化时间。为此，只能用于涂层的预固化，让涂层在预固化期（约 5min）内得以流平。

② 高压水银灯　若要使光敏涂料的涂层快速固化成膜，应采用高压大功率水银灯。电压应达到 6000V，功率密度要达到 $100W/cm^3$ 以上。这种紫外线辐射器需要特制，其外壳是用能透过紫外线的石英玻璃管制成，管内有高纯度水银液及稀有气体。通电后，管内水银液很快被汽化，其蒸气压力可达几个大气压，紫外线辐射率为 8%，波长主要为 $0.365\mu m$，强度比低压水银灯高得多，故使涂层的固化时间大为缩短，一般在 30～40s 就能固化成坚硬的涂膜。

高压大功率水银灯管在使用时管壁温度可达 800℃，会辐射出大量的热能，致使涂层受到高温而起泡。为此，该灯管应安装在特制的水冷却装置中。因为水能吸收使灯管产生热能的红外线，将热能带走。这样可以通过调节冷、热水循环流动的速度来控制灯管的温度，使之稳定在许可的范围内。而水不吸收涂层固化所需要的紫外线，故采用水冷却装置最为理想。图 5-67 所示为拆装式水冷却装置结构示意图。水冷却装置的外套管和内套管，均要用能透过紫外线的石英玻璃管制作。外套管的直径约为 100mm，内套管的直径要略大于高压水银灯管的直径，约为 50mm，管壁厚约为 2.5mm。这样可以使内、外管之间的水夹套层在 25mm 以下。据有关资料介绍，紫外线透过 25mm 以下的水层，其损失甚微，而 25mm 的水层对红外线的吸收率可达 95% 以上。进、出水管的位置，进水管在下侧，出水管应在上侧，以利于冷、热水的循环对流。

（5）紫外线固化烘道

如图 5-68 所示，被涂饰光敏涂料的工件由输送带先经过低压水银灯组区进行预固化，并使被涂件上的涂层得到充分流平，然后经高压水银灯区固化成坚硬的涂膜，送出烘道。为提高高压水银灯所发射出的紫外线的利用率，应在其灯管的上方安装抛光铝皮反射罩，将灯管辐射出来的紫外线基本都反射到涂层上。此外，还要在烘道的高压水银灯管处及低压水银灯管组区安装排风管道以利于通风散热，并排除涂层固化反应产生的废气，确保干燥质量与车间卫生。

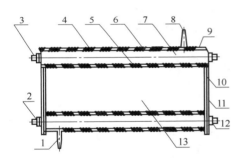

图 5-67　拆装式水冷却装置结构示意图
1—进水管　2—密封圈套　3—密封圈
4—石英玻璃外套管　5—石英玻璃内套管
6—不锈钢拉杆　7—水夹层　8—出水管
9—橡胶垫圈　10—石棉垫圈　11—封端法兰
12—螺母　13—高压水银灯床

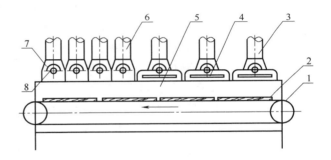

图 5-68　紫外线固化烘道示意图
1—输送带　2—被涂件　3—低压水银灯排风管
4—低压水银灯组　5—烘道　6—高压水银灯排风管
7—抛光铝反射罩　8—高压水银灯

5.14.2.4　电子束辐射固化

电子束固化，就是利用电子加速器所发射的电子束来加速涂层固化的一种方法。电子束只能用来固化由甲基丙烯酸和乙烯基丙烯酸制造的不饱和聚酯涂料，如上海科技大学于 20 世纪 80 年代初期研制的 H-20 丙烯酸不饱和聚酯涂料，在电子束的辐射下，只需几秒钟就能固化成不溶、不熔的坚硬涂膜。在当时，这是一种先进的涂层干燥方法。但跟紫外线一样，对于一般涂料的涂层不仅不能起固化作用，反而会破坏其涂膜的理化性能。它只适用于专门要求用电子束来固化的涂料，其涂层没有电子束照射不会固化成膜。

电子束固化涂料，涂层固化需要使用 300kV 电子加速器。影响涂层固化的因素主要是电子的能量、辐射量及辐射功率（单位时间的辐射量）。电子的能量主要根据涂层的厚度而定，对 $500\mu m$ 厚的清漆涂层使用的电子能量应达 300kV 左右。电子的辐射量取决于涂料的性质，应通过实验确定。辐射量过大，会降低漆膜的理化性能，严重的还会使涂膜产生裂纹、变色。电子束辐射功率大，固化速度快，但达到一定程度后，即使继续增加，涂层固化的速度也不会再加快了。

用电子束固化涂层可在室温下进行，只需几秒钟就能固化成膜，且涂膜固化质量好，这是最突出的优点。但由于设备投资大，适应电子束固化的涂料品种与数量也不多，故目前应用较少，有待进一步推广。

5.14.3 涂层干燥工艺规程

涂层干燥工艺规程是指合理地确定涂层干燥的各种技术参数，并编制成指导涂饰施工的技术文件。制定涂层干燥工艺规程主要根据所用涂料的性质、涂层厚度及所采取的干燥方法，现举例予以说明。

（1）染料水溶液干燥工艺规程

对涂饰过染料水溶液的木材表面，最好放在 60℃的气温下进行干燥。图 5-69 所示为加热干燥时间跟加热温度的关系。图中曲线 1、2、3 分别是栎木、桦木、松木染色，表示对流加热干燥的时间与温度的关系，曲线 4 为这三种木材染色表面用红外线辐射干燥的时间与温度的关系。从图中可以看到，如果将干燥温度提高到 60℃以上，对于缩短干燥的时间并无明显的效果，若温度过高有可能破坏染料的颜色或使木材变形。同时还可以看出，在相同温度条件下，采用红外线辐射干燥的时间，比对流加热干燥的时间要少得多。

（2）纯挥发型涂料涂层的干燥工艺规程

对于纯挥发型涂料的涂层干燥，主要靠提高加热温度、降低空气湿度及增加空气流速来加快其涂层中溶剂挥发的速度，以使涂层迅速干燥成膜。但温度过高、空气流速过快会导致涂膜出现起泡、针孔、皱皮等缺陷，涂层越厚这些缺陷会越严重。因此，随着涂层的增厚，加热的温度和空气的流速必须相应降低，那么干燥的时间自然会延长。对于同一涂层来说，若采用的干燥方法不同，允许加热的温度也会有所不同。红外线辐射干燥的温度可以比对流加热干燥的温度

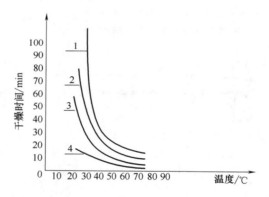

图 5-69　木材表面染料水溶液涂层
干燥时间与温度的关系

高，这样不仅涂层干燥的时间短，而且干燥的质量也要好。硝基漆的涂层采用红外线辐射干燥时，最高温度不能超过 50℃，特别是干燥初始阶段（10min）不能超过 35℃。最好先在 30℃的气温中干燥 6～8min，以使涂层得以充分流平，并让涂层中大部分溶剂挥发掉；然后在 45～50℃的温度下干燥 15～20min，再缓慢降至室温。这样既能缩短涂层干燥时间，又能保证涂层干燥质量。

（3）既有溶剂挥发又有化学反应的涂料涂层的干燥工艺规程

如聚氨酯与丙烯酸涂料的涂层，若采用红外线辐射干燥，最初干燥温度在 30～35℃干燥 5～6min，然后在 55～65℃的高温中干燥 15～20min 后，缓慢降至室温即可。若是在周期式干燥室中干燥，最初 5～10min 以 25～30℃的温度为宜，然后可升至 50℃高温干燥 70～90min，再缓慢降至室温，便可取出。若是在施工车间里干燥，以 25～30℃的温度为最理想，并要求空气相对湿度在 70％以下。

（4）纯化学反应固化涂料的干燥工艺规程

如蜡封闭型不饱和聚酯涂料的涂层，适合的固化温度是 15～30℃，若温度低于 15℃，则石蜡会在涂层中结晶，引起涂膜模糊不清，表面层难以彻底固化；若温度高于 30℃，则涂层胶凝作用进行得快，致使溶于涂层的蜡液来不及浮至涂层的表面形成连续的封闭层，也会使涂层模糊不清，表层难以彻底固化而发黏。薄膜封闭型不饱和聚酯涂料的涂层固化温度应高于 10℃，在 10℃以下就难以固化，甚至不能固化。适宜的固化温度在 25～35℃，涂层固化速度较快，固化质量好。

（5）氨基醇酸涂料涂层的干燥工艺规程

酸固化氨基醇酸涂料中固化剂的含量约为涂料重量的 5%～10%，应根据气温来定。当气温为 15℃时约为 10%，在 20℃时约为 8%，在 25～30℃时，约为 5%。固化剂的最高限度为 10%，若过高，虽能有加速固化的作用，但会缩短涂料的活性期，并会引起涂膜发白及硬度增加而龟裂。酸固化氨基醇酸涂料的固化时间、温度跟固化剂用量的关系如图 5-70 所示。从图中可以看到温度为 30℃时，涂料中固化剂的用量对缩短干燥时间影响不大。当温度从 10℃升至 20℃时，对缩短涂层干燥的时间有着显著的作用，而从 20℃升至 30℃时，对缩短涂层干燥的时间影响就不明显。故酸固化氨基醇酸涂料理想的固化温度是 20～25℃。

（6）光敏涂料涂层的固化规程

因光敏涂料的品种不同而有所差异。如丙烯酸环氧酯光敏涂料的固化，先经 100W 的低压水银灯组，在 70℃、80mm 照距下照射 5min 左右，烘道温度控制在 30℃左右，进行预固化，同时使涂层得到充分流平。然后再进入功率密度为 100W/cm³ 的高压水银灯区，在 500mm 左右的照距下，烘道温度控制在 50℃左右，照射 30～40s，便可固化为坚硬的涂膜。而以浮蜡型光敏不饱和聚酯涂料作腻子底漆使用，当涂料用量为 100～150g/m² 时，直接用高压水银灯（在上述条件下）照射 15s 即能完

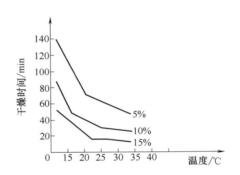

图 5-70　氨基醇酸涂料的固化时间与温度跟固化剂用量的关系

全固化。若以浮蜡型光敏不饱和聚酯涂料作面漆使用，其用量为 80～100g/m² 时，涂好后先静放 3min，待蜡液浮在涂层表面形成连续的封闭层后，再用高压水银灯照射约 60s 即可完全固化。

天然漆涂层的干燥主要靠漆酶的作用，实验证明，当气温为 40℃、空气相对湿度为 80% 时，并使天然漆带弱酸性，漆酶的活性最强，涂层干燥最快。一般应在气温为 20～40℃、空气相对湿度为 70%～80% 的环境中涂饰施工，才能获得较好的干燥效果和较好的涂饰质量。

任何涂料的涂层干燥工艺规程，都要在生产实践中不断摸索改进，使之更完善合理，以获得理想的干燥效果。

5.15　涂膜表面修整

涂料的涂层在干燥过程中会发生体积收缩现象，涂料的固体含量越低、涂层的厚度越

大，则涂层固化后体积收缩就越多。这种收缩使得原来表面平整光滑的涂层变得不那么平整光滑了，还会出现微细的波纹，特别是固体含量只有20％左右的纯挥发型涂料的涂层，固化后其涂膜的波纹度更大。涂层的流平性差或涂料中的杂质及空气中的尘粒沉降到涂层表面也会影响涂膜的平整度。为了获得装饰性能较高、平整光滑的涂膜，在涂层充分干燥成坚硬的涂膜后，还应进行修整加工处理。现普遍采用的方法是磨水砂和抛光，最后再敷上油蜡除去污迹，便可使涂膜平整，光亮似镜。

5.15.1　磨水砂

涂料的涂层固化成膜，会产生各种长短、高低不同的波纹度。在修整过程中，一般先用水砂纸砂除较长、较高的粗波纹。砂除涂膜表层较粗的波纹一般采用380，400，500，600号水砂纸，号数越小砂粒就越粗，砂磨速度快，砂纸损耗小，但砂磨出来的涂膜表面砂痕粗，平整度差；号数越大砂粒越细，砂磨后的涂膜表面砂痕微细，平整度好，但砂纸消耗多，砂磨速度慢。因此，应根据产品的质量要求，合理选择水砂纸的号数，一般砂磨中级产品可选400号水砂纸，若砂磨高级产品应选用500号或600号水砂纸。

磨水砂可用手工操作。其方法是用裁好的水砂纸包住一块约为30mm×70mm×120mm的平整光滑木块，用手指拿住，蘸取肥皂水，在涂膜表面沿木纹方向（对木制品透明涂饰而言）往复砂磨。用力不宜过猛，以防止将涂膜砂穿。一般只要把涂膜表面原有耀眼的光泽层刚好砂磨掉即可，较粗的波纹也就砂掉了。如果再继续砂磨，就要严重减少涂膜的厚度，是很不符合工艺要求的，也很不经济。在砂磨的过程中应加入适量的肥皂水（清水也可以），起冷却和润滑作用。这样砂磨出来的涂膜表面不会因发热而起泡，表面的平整度、光滑度也高，水砂纸也不会被砂磨下来的涂膜粉末所黏结，利用率高。肥皂水的加入量不宜过多，只要能保持涂膜表面湿润就可以，不能让肥皂水流到未被涂饰表面，以免污染产品，还可能使木制品受潮变形。但是手工磨水砂不仅劳动强度较大，而且生产效率低，也较难砂磨平整。所以现在越来越多的企业采用磨水砂机来进行磨水砂。

磨水砂机的种类和规格较多，主要根据被磨件的大小来定。现国内主要用卧式水砂机，如图5-71所示，是连续进给水砂机的结构示意图。水砂机的水砂头作水平往复直线运动，被砂磨件由输送机带动作连续进给运动。

水砂头可由偏心轮带动作往复水平直线砂磨运动，被砂磨件由输送机带动作连续进给运动，在连续进给的过程中，被砂磨件表面的涂膜被砂磨光滑。图5-72所示为横向进给磨水砂机的工作原理图。所用肥皂水可自动滴入，或由手工涂上。

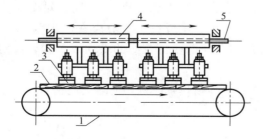

图5-71　连续进给水砂机的结构示意图
1—输送带　2—被砂磨件　3—水砂头
4—滑块　5—导轨

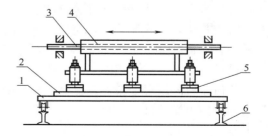

图5-72　横向进给磨水砂机工作原理图
1—横向进给工作台　2—被磨件　3—导轨
4—滑块　5—水砂头　6—钢轨

被砂磨件也可以由机械推动相对水砂头运动方向作横向往复进给运动。水砂头用偏心轮带动作往复水平直线运动，被磨件由工作台带动相对水砂头运动方向沿钢轨作横向往复水平直线运动，直到砂磨符合要求为止。水砂机的导轨可以是钢管式的，也可以是铸铁托板。

连续进给水砂机的水砂头应交错排列，如图 5-73 所示。共分两组，每组有 6 个（或 6 个以上）水砂头交错排列，其排列宽度略宽于被砂磨件的宽度，并要求被砂磨件都应砂磨到，中间不能有遗漏。应使被磨件上的涂膜在运行过程中一次性被砂磨平整光滑，故生产效率较高。被磨件作横向进给运动水砂机的水砂头排在一条直线上，一般有两个水砂头即可，最多不会超过四个。

也可以利用卧式砂光机来砂磨涂膜，用 00 号砂带进行干砂磨。优点是砂磨速度较快，操作方便，但砂磨质量远不及磨水砂好，且要求涂膜厚度大，否则极易砂穿，故现国内很少使用。

5.15.2　抛光

涂膜经磨水砂后，表面还留有微细的波纹和水砂痕迹，致使表面的光泽度很低，还不及亚光涂饰的涂膜光泽度。所以，应经过抛光处

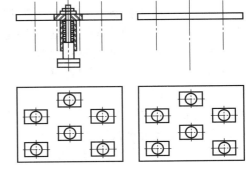

图 5-73　连续进给水砂机的水砂头排列方式

理，涂膜表面的波纹长度小于 $0.2\mu m$ 方可获得似镜面般的光泽度，基本无刺眼的散射光线反射出来，所反射出来的光线是平行的，光感柔和、舒适。

涂膜抛光需要使用抛光膏，俗称砂蜡或去污砂蜡。由硬度较小的细粉磨料（如硅藻土、煅烧白云石、氧化铝、氧化铬等）跟石蜡组成。现使用较普遍的有 201 型白色抛光膏和 101 型棕红色抛光膏两种。使用时，将它敲碎放入有盖的器皿中，再加入煤油（可用松香水或汽油代替，但不如煤油好），使之溶解成浆糊状（若气温低要稍加热使其快速溶解）。然后用手指抓一小把细软的棉纱头（或绒布、旧棉毛衫等柔软的纺织物），蘸取适量的抛光膏，在涂膜表面沿木纹方向（仅对木制品而言）用力（但不能过猛）反复地擦（即抛光），直擦到涂膜表面发热、发亮，光泽符合工艺要求为止。要一鼓作气抛光一处，才可以更换抛光另一处，决不能中途停顿，更不能这处没有抛好就换另一处抛，结果无法将涂膜抛光。因涂膜要擦到发热后才能发出光泽，此时应坚持摩擦使之更加发热，那么发出的光泽也会随之增强。否则，当涂膜被擦到刚开始发热、发亮时就停止不擦，或改擦另处，那就会很快冷却。再返回去擦得重新开始擦起，等于前面的功夫白费了。抛光膏的用量不能过多，否则会擦伤涂膜，越抛越不亮。抛光时用力不能过猛，否则也会擦伤涂膜，使之变色，往返擦速度宜快，越快越容易抛亮。手工抛光体力消耗大，生产效率低，质量也难以符合工艺要求，所以应力求使用机械抛光。涂膜抛光机的类型和规格有多样，但结构较为简单。

图 5-74 所示为我国家具行业普遍使用的一种单辊卧式抛光机的结构简图，多数是家具厂自行制造，现也有定型产品出售。在抛光机的立柱上装有横臂悬梁，在悬梁的上方装上电机，经过三角皮带带动安装在悬臂下面的抛光辊筒旋转。载着被抛光件的小车由另一电机（图中未表示出来）驱动沿导轨作往复直线运动。同时通过手轮、丝杆、螺母机构调节，使抛光辊跟被抛光件的涂膜表面相接触。由于两者产生相对运动而摩擦发热使涂膜表面被迅速抛光。抛光膏可以直接涂在抛光辊上，也可以涂在被抛光件的涂膜上。

还可以采用多辊筒连续进料抛光机，其工作原理见图 5-75。使用时，被抛光件由输送机构带动从抛光辊下面通过而被抛光。抛光辊的个数越多，输送进给的速度可以越高，那么抛光的效率就越高。这种抛光机投资大，但有利于流水作业线的实现。

对于零部件周边（无论是平面、型面或曲面）涂膜的抛光，可用图 5-76 所示的立式抛光机来抛光。如图所示，立式抛光辊筒在电机的带动下作旋转运动，载有工件的推车沿钢轨作往复直线运动。抛光时，使被抛光件的周边紧靠抛光辊。若被抛光件的周边是成型面，则抛光辊上的纺织物随之发生形变，跟周边的型面相吻合，而使型面得到很好抛光，对周边是曲面的被抛光件可用手拿着直接在抛光辊上进行抛光。

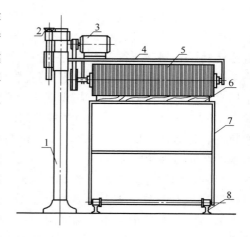

图 5-74　单辊卧式抛光机结构简图

1—柱　2—手轮　3—电机　4—横梁
5—抛光辊　6—被抛光件　7—小车　8—钢轨

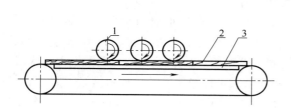

图 5-75　多辊筒抛光机原理图

1—抛光辊　2—被抛光件　3—输送机

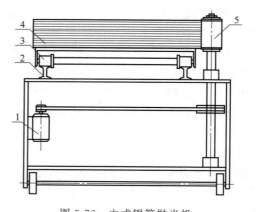

图 5-76　立式辊筒抛光机

1—电机　2—钢轨　3—推车　4—被抛光件　5—抛光辊筒

抛光辊筒的结构如图 5-77 所示。是将白棉布、呢绒等植物纤维或毛的纺织物剪成大小适合的圆环（圆环外径为 400～600mm，内径与钢管主轴的直径相等，约为 60～80mm），穿在主轴上。为了增加织物的刚性，并防止织物被抛光膏的蜡质粘接成块影响抛光质量，应在两相邻圆环织物之间隔一块圆环形硬纸板（外径为 150～200mm）。

由于涂膜多属热塑性物质，黏结有抛光膏的抛光辊筒高速摩擦而极易发热变软，并在抛光辊筒的作用力下被"烫平"，从而能获得较高的平整度。抛光辊筒的线速度越快，则抛光的速度也就越快。但抛光辊筒的线速度太快，则涂膜发热太快，极易被烧伤。再者，抛光辊筒线速度过快，转速也要相应增加，则离心力也会增加，为防止机械振动，就得增加整个抛光机的强度，而使抛光机变得粗笨，投资加大。抛光辊筒的线速度一般为 400m/min 左右。涂膜的硬度较大，可相应加大一点。被抛光件的进给速度为 15～20m/min，抛

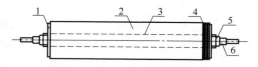

图 5-77　抛光辊筒的结构简图

1—挡环　2—抛光布　3—硬纸板　4—压环
5—主轴　6—螺母

光膏要定期定量加入，否则会影响抛光效率与质量。

　　涂膜经抛光后，其表面会粘有残余的抛光膏，并有极微细的摩擦痕迹而影响涂膜的光泽度与透明度。为此，还应使用油蜡（也称光蜡）进行上光处理，又称为敷油蜡。油蜡由蜂蜡、石蜡、硬脂酸铝等组成，称为无磨料的抛光膏。敷油蜡常由人工用柔软而洁净的细棉纱头蘸取油蜡对涂膜表面全部揩擦一遍，以使涂膜充分显现出自身镜面般的光泽度与透明度。经敷油蜡后，涂膜表面会形成一层极薄、极光滑的油蜡层，使涂膜表面难以黏附灰尘及其他污染物，对涂膜有保护作用。若涂膜在使用过程中，定期敷油蜡，不仅能使涂膜表面保持清洁明亮，而且能起润滑作用，防止涂膜早期龟裂，延长涂膜的使用寿命。如小轿车的涂膜应定期敷油蜡，道理就在于此。其实所有高级制品的涂膜都应定期敷油蜡进行保养，以使涂膜长期如新。

思 考 题

　　1. 何为透明涂饰？木家具透明涂饰其表面需进行哪些处理？说明每种处理方法及质量要求。

　　2. 木家具透明涂饰为什么要填纹孔？填纹孔有何质量要求？

　　3. 木家具染色有哪些主要方法？请简要说明每种方法所用材料、技术要领及质量要求。

　　4. 木家具染色后为什么要进行拼色？如何调配拼色用的色彩？拼色有何技术要领及质量要求？

　　5. 何为底漆？木家具透明涂饰为何要涂饰底漆？对底漆的理化性能有哪些要求？

　　6. 何为面漆？面漆为何要分多次涂饰？为什么每涂饰一次待涂层干后需要进行砂磨？

　　7. 何为亚光涂饰？何为显孔、无孔亚光涂饰？获得涂膜亚光的方法有哪几种？

　　8. 何为玉眼木纹涂饰？其涂饰跟一般的透明涂饰相比较有何主要特点？

　　9. 何为不透明涂饰？主要用于哪些家具的涂饰？请说明其工艺技术的主要要求。

　　10. 请制定木蜡油的涂装工艺流程。

　　11. 请制定美式家具涂饰工艺流程。

　　12. 请制定仿古地板涂饰工艺流程。

　　13. 何为艺术木纹涂饰？其涂饰工艺流程是什么？并简要说明每道工序的技术质量要求。

　　14. 金属家具表面处理有何重要意义？有哪些处理方法？说明每种处理方法所用的工具设备及工艺技术要求。

　　15. 金属家具工艺流程是什么？说明每道工序的工艺技术要求。

　　16. 请分别说明木家具涂饰广漆、生漆、推光漆的涂饰工艺流程。

　　17. 特种涂饰有哪几种？分别说明各自的涂饰工艺流程及工艺技术要求。

　　18. 分别说明硝基涂料、天然漆、不饱和聚酯涂料的固化机理。

　　19. 涂层固化有哪些主要方法？请说明每种方法的概念、固化原理，设备的结构及优缺点。

　　20. 家具涂膜表面为何需要修整？有哪些修整方法？说明每种方法的作用、所用设备及工艺技术要求。

　　21. 一批木家具要进行柚木色透明涂饰，应选用何种面漆、底漆、溶剂及哪些染料与颜料？请制定涂饰工艺流程。

　　22. 一批木家具要进行黄眼木纹象牙色透明涂饰，应选用何种面漆、底漆、溶剂及哪些染料与颜料？请制定涂饰工艺流程。

　　23. 一批木家具需用生漆进行红木色透明涂饰，应选用哪些涂饰材料？试制定涂饰工艺流程，并对每道涂饰工序所用材料、技术要求等予以简要说明。

第6章　家具涂饰常用涂料

简要介绍涂料的组成与分类，根据家具工业生产实际以及绿色化、水性化等趋势，系统介绍了天然树脂涂料、三种溶剂型涂料、水性树脂涂料、辐射固化涂料、填孔涂料等的特点、品种和应用，国家标准对涂料中有害物质限量以及储存中的有关问题的规定。

6.1　涂料的组成与分类

6.1.1　涂料的组成

涂料一般由成膜物质、颜料、溶剂和助剂4种主要成分组成。现分述如下：

（1）主要成膜物质

主要成膜物质是油料与树脂，能够单独形成涂膜，也能黏结颜料共同形成涂膜。涂膜性能由主要成膜物质决定。所以，主要成膜物质是涂料的主要成分，没有主要成膜物质就不能成为涂料。

（2）次要成膜物质

次要成膜物质是颜料，它是有色不透明涂料的重要成分。它虽不能单独形成涂膜，但能跟主要成膜物质一起结成涂膜，并能改进涂膜的理化性能。

（3）辅助成膜物质

辅助成膜物质包括溶剂与助剂两大类。它们都不能形成涂膜，在涂层固化成膜的过程中几乎全都会挥发或反应掉。但是没有它们就无法生产出液体涂料，而且对涂料的理化性能有较大的影响。

不同品种的涂料，其组成成分不相同，不一定都含有上述各种成分，但成膜物质是不可缺少的，否则就不能成为涂料。

6.1.2　涂料的基本名称

（1）涂料的基本名称

涂料的基本名称大多是根据涂料的特性、功能及使用范围等来命名的。由于涂料的基本名称在涂料生产、经营、使用及技术交流中都用到它，所以国标《GB/T 2705—2003 涂料产品分类和命名》已将常用的每一种涂料的基本名称列出来，详见表6-1。

表 6-1　　　　　　　　　　涂料基本名称

基本名称	基本名称	基本名称
清油	船壳漆	（黏合）绝缘漆
清漆	船底防锈漆	漆包线漆
厚漆	饮水舱漆	硅钢片漆
调和漆	油舱漆	电容器漆

续表

基本名称	基本名称	基本名称
磁漆	压载舱漆	电阻漆、电位器漆
粉末涂料	化学品舱漆	半导体漆
底漆	车间(预涂)底漆	电缆漆
腻子	耐酸、耐碱漆	可剥漆
大漆	防腐漆	卷材涂料
电泳漆	铅笔漆	光固化涂料
乳胶漆	罐头漆	保温隔热涂料
水溶(性)漆	木器漆	机床漆
透明漆	家用电器涂料	工程机械用漆
斑纹漆、裂纹漆、橘纹漆	自行车涂料	农机用漆
锤纹漆	玩具涂料	发电、输配电设备用漆
皱纹漆	塑料涂料	内墙涂料
金属漆、闪光漆	(浸渍)绝缘漆	外墙涂料
防污漆	(覆盖)绝缘漆	防水涂料
水线漆	锅炉漆	地板漆
甲板漆、甲板防滑漆	抗弧(磁)漆、互感器漆	锅炉漆

（2）涂料基本名称的含义

现将在生产、应用、交流中经常用到的一些基本名称解释如下。

清油：不含颜料呈透明状能作为涂料的油。如熟桐油、亚麻油、苏子油等。

清漆：不含颜料、呈透明状的液体涂料。如酚醛清漆、醇酸清漆、硝基清漆、聚氨酯清漆、聚酯清漆等。

色漆：含有颜料、呈不透明状的浑浊液涂料。如酯胶色漆、丙烯酸色漆、硝基色漆、氨基色漆等。

调和漆：主要成膜物质仅为油料的色漆，即在清油中加入各种颜料制成的呈不透明状态的涂料。

油性调和漆：主要成膜物质以油料为主，尚含有少量树脂的色漆。如油性酚醛调和漆，酯性胶调和漆等。

磁性调和漆：主要成膜物质以树脂为主，并含有适量油的色漆。如磁性酯胶调和漆、磁性酚醛调和漆等。

磁漆：主要成膜物质仅为树脂的色漆，即在树脂清漆中加入各种颜料而制得呈不透明状的浑浊液体涂料，如酚醛磁漆、硝基磁漆、聚酯磁漆、聚氨酯磁漆等。

油脂漆：仅以油料作为主要成膜物质的涂料，包括所有的清油、调和漆。

油性漆：主要成膜物质以油为主，尚含有少量树脂的涂料。如油性酯胶清漆、油性酯胶调和漆等。

树脂涂料：主要成膜物质仅为树脂的涂料，包括各种树脂清漆与磁漆。如聚氨酯树脂清漆、聚氨酯树脂磁漆、氨基醇酸清漆、氨基醇酸磁漆等。

填孔涂料：用于填塞木材表面纹孔的涂料，同时能对木材进行基础着色。是用大量体质颜料及少量着色颜料跟粘接剂与稀释剂混合而成，如水老粉、油老粉、油性腻子、猪血腻子、树脂色浆等。

底漆：也称底层涂料，用于封闭木材纹孔或作为涂层底层的涂料。如虫胶清漆、过氯乙烯清漆、油性调和漆常作底漆使用。所用底漆应跟所用的面漆相配套，两者的涂层结合应无不良反应，附着力要强。

面漆：指涂膜表层的涂料。涂饰高级家具的面漆，其涂膜应具有优良的理化及装饰性能。常选用丙烯酸、聚氨酯、聚酯等树脂清漆或磁漆作为中、高级家具涂饰的面漆。

挥发性涂料：涂层固化成涂膜仅依靠溶剂挥发而无化学反应的涂料。其涂膜具有可逆性，即固体涂膜仍能被它的溶剂所溶解，故涂膜损坏后能较好地修复而不留痕迹。如虫胶涂料、硝基涂料等属于此类涂料。

化学型涂料：涂层固化成涂膜会发生化学反应的涂料。如油脂、天然漆、聚氨酯、不饱和聚酯、环氧、热固化丙烯酸等涂料，其涂层固化均会发生各种化学反应。大多数涂料涂层固化成膜时，既有溶剂挥发，又有化学反应。不饱和聚酯涂料与热固性粉末涂料的涂层固化成膜时，只有化学反应而无溶剂挥发，故被称为无溶剂型涂料。

溶剂型涂料：用有机溶剂作溶剂与稀释剂且涂层固化有溶剂挥发的涂料。除以苯乙烯等单体作溶剂的不饱和聚酯涂料与粉末涂料之外，其他涂料均属于溶剂型涂料。

粉末涂料：以树脂粉末作为主要成膜物质的涂料，没有溶剂，常跟各种颜料混合成色漆。其涂层靠加热熔融固化成坚硬的涂膜，现广泛用于金属制品的涂饰。

水溶（性）涂料：采用水作为溶剂和稀释剂的涂料。这种涂料不仅经济，且无毒，现应用日益广泛。

6.1.3　涂料的分类

涂料主要有以下几种分类方法：

① 按其涂膜是否透明　可分为色漆和清漆两大类。
② 按用途　可分为家具涂料、建筑涂料、船舶涂料、汽车涂料等。
③ 按施工方法　可分为喷漆、烘漆、电泳漆等。
④ 按在施工中的作用　可分为底漆、面漆、防锈漆、耐温漆等。
⑤ 按涂膜外观　可分为大红漆、灰色漆、亮光漆、消光漆、皱纹漆、锤纹漆等。

以上的分类方法，人们虽已习惯，但很不确切，给销售、使用带来不便。为此，国家于2003年正式颁布了《GB/T 2705—2003 涂料产品分类和命名》标准，统一涂料的分类与命名方法。这给涂料的生产、销售、使用及技术交流带来了很大的方便。该标准规定了两种分类方法：主要是以涂料产品的用途为主线，并辅以主要成膜物的分类方法；除建筑涂料外，主要以涂料产品的主要成膜物为主线，并适当辅以产品主要用途的分类方法。此处只列出以涂料产品的用途为主线，并辅以主要成膜物的分类方法，如表6-2所示。

表6-2　涂料分类

主要产品类型		主要成膜物类型
建筑涂料	墙面涂料	合成树脂乳液内墙涂料 合成树脂乳液外墙涂料 溶剂型外墙涂料 其他墙面涂料	丙烯酸酯类及其改性共聚乳液； 醋酸乙烯及其改性共聚乳液； 聚氨酯、氟碳等树脂；无机胶黏剂等

续表

	主要产品类型		主要成膜物类型
建筑涂料	防水涂料	溶剂型树脂防水涂料 聚合物乳液防水涂料 其他防水涂料	EVA、丙烯酸酯类乳液；聚氨酯、沥青、PVC胶泥或油膏、聚丁二烯等树脂
	地坪涂料	水泥基等非木质地面用涂料	聚氨酯、环氧等树脂
	功能性建筑涂料	防火涂料 防霉(藻)涂料 保温隔热涂料 其他功能性建筑涂料	聚氨酯、环氧、丙烯酸酯类、乙烯类、氟碳等树脂
工业涂料	汽车涂料 (含摩托车涂料)	汽车底漆(电泳漆) 汽车中涂漆 汽车面漆 汽车罩光漆 汽车修补漆 其他汽车专用漆	丙烯酸酯类、聚酯、聚氨酯、醇酸、环氧、氨基、硝基、PVC等树脂
	木器涂料	溶剂型木器涂料 水性木器涂料 光固化木器涂料 其他木器涂料	聚酯、聚氨酯、丙烯酸酯类、醇酸、硝基、氨基、酚醛、虫胶等树脂
	铁路、公路涂料	铁路车辆涂料 道路标志涂料 其他铁路、公路设施用涂料	丙烯酸酯类、聚氨酯、环氧、醇酸、乙烯类等树脂
	轻工涂料	自行车涂料 家用电器涂料 仪器、仪表涂料 塑料涂料 纸张涂料 其他轻工专用涂料	聚氨酯、聚酯、醇酸、丙烯酸酯类、环氧、酚醛、氨基、乙烯类等树脂
	船舶涂料	船壳及上层建筑物漆 船底防锈漆 船底防污漆 水线漆 甲板漆 其他船舶漆	聚氨酯、醇酸、丙烯酸酯类、环氧、乙烯类、酚醛、氯化橡胶、沥青等树脂
	防腐涂料	桥梁涂料 集装箱涂料 专用埋地管道及设施涂料 耐高温涂料 其他防腐涂料	聚氨酯、丙烯酸酯类、环氧、醇酸、酚醛、氯化橡胶、乙烯类、沥青、有机硅、氟碳等树脂
	其他专用涂料	卷材涂料 绝缘涂料 机床、农机、工程机械等涂料 航空、航天涂料 军用器械涂料 电子元器件涂料 以上未涵盖的其他专用涂料	聚酯、聚氨酯、环氧、丙烯酸酯类、醇酸、乙烯类、氨基、有机硅、氟碳、酚醛、硝基等树脂

续表

主要产品类型		主要成膜物类型
通用涂料及其辅助材料	调和漆 清漆 磁漆 底漆 腻子 稀释剂 防潮剂 催干剂 脱漆剂 固化剂 其他通用涂料及辅助材料	以上未涵盖的无明确应用领域的涂料产品	改性油脂；天然树脂；酚醛、沥青、醇酸等树脂

注：主要成膜物类型中树脂类型包括水性、溶剂型、无溶剂型、固体粉末等。

6.1.4 涂料的命名

① 涂料命名原则　涂料全名一般是由颜色或颜料名称加上成膜物质名称，再加上基本名称（特性或专业用途）而组成。对于不含颜料的清漆，其全名一般由成膜物质名称加上基本名称组成。

② 颜色名称　通常有红、黄、蓝、白、黑、绿、紫、棕、灰等颜色，有时再加上深、中、浅（淡）等词构成。若颜料对漆膜性能起显著作用，则可用颜料的名称代替颜色的名称，例如铁红、锌黄、红丹等。

③ 成膜物质名称　例如聚氨基甲酸酯简化成聚氨酯；环氧树脂简化成环氧；硝酸纤维素（酯）简化为硝基等。漆基中含有多种成膜物质时，选取起主要作用的一种成膜物质命名。必要时也可选取两种或三种成膜物质命名，主要成膜物质名称在前，次要成膜物质名称在后。

④ 基本名称表示　涂料的基本品种、特性和专业用途，例如清漆、磁漆、底漆、锤纹漆、罐头漆、甲板漆、汽车修补漆等。

⑤ 成膜物质名称和基本名称　必要时可插入适当词语来标明专业用途和特性等，例如白硝基球台磁漆、绿硝基外用磁漆、红过氯乙烯静电磁漆等。

⑥ 需烘烤干燥的漆名称　成膜物质名称和基本名称之间应有"烘干"字样，例如银灰氨基烘干磁漆、铁红环氧聚酯酚醛烘干绝缘漆。如名称中无"烘干"，则表明该漆是自然干燥，或自然干燥、烘烤干燥均可。

⑦ 双（多）组分的涂料名称　必须在名称后增加"（双组分）"或"（三组分）"等字样，例如聚氨酯类木器漆（双组分）。

6.2 天然树脂涂料

天然树脂涂料包括油脂涂料、油基涂料、虫胶涂料、天然漆、木蜡油等。

6.2.1 油脂涂料

6.2.1.1 油料的成分

油料是生产涂料的主要原料之一，除直接用于生产油脂漆、油性调和漆及油性腻子外，在酯胶漆、酚醛漆、醇酸漆、硝基漆及聚氨酯漆的生产中也需要油料。

油料是自然界的产物，来自植物种子与动物脂肪，组成是脂肪酸三甘油酯。

天然植物油一般用压榨法或浸出法，从植物种子中提出。油料中会含有杂质、蛋白质、磷脂、水分、糖、蜡质、游离脂肪酸等物质。数量虽甚微，但会影响油的干燥速度与颜色深浅。故涂料用油要通过精制去掉这些杂质，以提高油的质量。

6.2.1.2　涂料用油的主要品种

（1）桐油

桐油是一种由浅黄色到黄褐色的液体，属干性油，经热处理后，可直接用于涂饰制品，也可作为生产其他涂料的原材料。

① 桐油的性能　桐油有特殊气味，黏度比其他油料大，加热到一定温度，会较快变成胶状物。油膜似霜状，并呈现出细小的皱纹。利用桐油这一特性，可制成皱纹涂料。桐油经热处理后，可以减少油膜起皱纹的现象，若跟其他油共炼，可消除油膜起皱纹的现象。桐油在阳光紫外线照射下，就会产生化学反应，由 α 型桐油转变为 β 型桐油，即由浅黄色液体转变为白色沉淀或白色固体。α 型桐油使用方便，结皮损失小。β 型桐油熔点较高，常温下为固体，熔点为 71℃，其油膜对制品不起保护作用。为此，应防止 α 型桐油转变为 β 型桐油，主要方法是把桐油加热到 260℃，使之成为性能稳定的 α 型桐油——熟桐油，遇到紫外线就不会变化。

② 炼制熟桐油对桐油的质量要求

选料：用于炼制熟桐油用的生桐油应为纯桐油，首先滤去杂质，也不能混有其他油和水分。

外观：由 65℃ 澄清冷至室温不变浑浊。

颜色：（铁钴比色计）不大于 12 号。

酸值：应小于 6。

碘值：（碘汞法）163～173。

相对密度：d204　0.9360～0.9395。

折光指数：（20℃）1.5185～1.5220。

③ 熟桐油的配方　熟桐油可直接作为涂料使用，为提高其涂层的固化速度，要加入适量的催干剂，其配方如下：

熟桐油：100kg。

萘酸铅液（Pb10%）：5kg。

萘酸锰液（Mn3%）：1.7kg。

萘酸钴液（Co4%）：约 1.2kg。

（2）亚麻油

生亚麻油为黄色到褐色的液体，精制后颜色变浅，有独特气味，属于干性油，在涂料工业中用量最大，可生产成熟油、聚合油。聚合油又可作为生产其他涂料的原料。

生亚麻油加热到 260℃ 以上就会产生絮状物，继续加热也不溶解，这是亚麻油的特性之一。聚合亚麻油，是将生亚麻油加热到 290℃ 立即降温、沉淀，过滤析出的絮状物即可。聚合亚麻油又称为热漂亚麻油或精制亚麻油。聚合亚麻油的油膜流平性好，平整光亮，具有弹性，是涂料工业常用原料。

（3）苏子油

苏子油性能跟亚麻油相似，干燥性略快于亚麻油。用途和亚麻油相同。涂料工业应用较多的油料还有梓油、豆油、核桃油、线麻油、棉籽油、蓖麻油、椰子油。

6.2.1.3　油脂涂料主要品种

仅以油作为主要成膜物质的涂料称为油脂涂料，这是一类原始涂料，使用的时间最长，现在民间应用相当广泛。主要品种如下：

（1）清油

清油俗称光油、熟桐油，是用干性油经热炼聚合后，加入催干剂而制得。所用的干性油主要有桐油、亚麻油、梓油等。单用桐油制成的涂料，涂层固化快，涂膜虽具有坚韧、耐水、耐光、耐碱、耐磨等优点，但跟亚麻油的涂膜相比，涂膜易起皱纹，也易丧失弹性而早期老化。亚麻油的涂膜柔韧性与耐久性比桐油的好，但涂层的干燥性要差，且涂膜不耐光，容易变黄。在实际生产中常将两种油按一定比例混合使用，可制得性能更好、更全面的清油涂料。

清油的特点是制造简单，价格便宜，容易涂刷，毒性极小，属无溶剂型涂料，固体含量可达95％以上，且涂膜光滑柔韧，耐水性能好。缺点是涂层干燥慢，涂膜硬度小，光泽度低，装饰性差。多用于涂饰盛水的木盆、木桶、农具及门、窗等制品。在家具涂饰与室内装饰中，多用于跟石膏粉调配油性腻子，嵌补制品的洞眼、裂缝及刮填木材表面的纹孔。

（2）油性厚漆

在精制干性油中加入大量体质颜料和适量着色颜料、催干剂经研磨而造成的一种高稠度的涂料，呈厚糯糊状。是一种质量较低的色漆，主要用于油性腻子或涂饰质量要求不高的室外建筑物。

（3）油性调和漆

由精制干性油跟适量着色颜料、体质颜料及催干剂、溶剂等研磨而成，是一种低档色漆。优点是制造容易，施工方便，涂膜韧性与耐水性较好。但涂层干燥慢，涂膜硬度低，光泽度差。主要用于普通门、窗、墙壁及普通木制品的涂饰，且大多用作底漆。

6.2.2　油基涂料

6.2.2.1　油基涂料的主要成膜树脂——松香

松香俗称熟松香，是从松树中分泌出来的松脂，经蒸馏提出松节油而得到的产物。还有一种松香，是将松树的根和枝切成薄片，放在特制的容器里，用溶剂提出的松香。前者叫作"松脂松香"，特点是色浅，酸值高，软化点也较高。后者叫"木松香"，一般质量较差。这两种松香的性能相似，用处相同。

6.2.2.2　松香衍生物

由于直接用松香作涂料的主要成膜物质会使涂层发黏，其他理化性能也较差。为此，涂料工业常对它进行改性处理，生产出各种松香衍生物用于制造涂料。常用品种如下：

（1）石灰松香

俗称钙酯松香，简称钙酯，由松香跟氢氧化钙制成。

用钙酯松香制成的涂料其涂膜的光泽度及硬度较松香的有较大提高，但脆性较大，耐候、耐水等性能仍较差，一般只用于生产室内制品涂饰的普通涂料，主要是将它跟其他树脂合用，以改进涂料的性能。

（2）甘油松香酯

俗称酯胶或甘油硬酯，是由精制松香与甘油在催化剂氧化锌或氧化钙存在和氮气的保护下酯化，抽真空除去水蒸气而制得。

甘油松香酯主要用来制造油基漆。涂膜的耐水性有所提高，但耐酸性仍较差。由于价廉，来源广，故应用较多。

（3）松香季戊四醇酯

松香跟季戊四醇经酯化反应生产的产品。此树脂的硬度、耐水性、耐汽油性、耐久性等均比甘油松香酯好，可跟多种树脂混合使用，应用较多。

（4）顺丁烯二酸酐松香酯

俗称失水苹果酸，是由顺丁烯二酸酐、甘油跟松香的加成物。根据所用顺丁烯二酸酐的分量及用甘油酯化程度的不同，可以制成多种性能的树脂。

该树脂的软化点≥128℃，酸值≤30，色浅，耐光性好，不易泛黄。适于作各种清漆或白色磁漆的主要成膜物质。若用于硝基、聚氨酯等树脂涂料中，可提高涂膜的硬度与光泽度。可溶于酯类、酮类、苯类、帖烯类溶剂。在松香水里只能部分溶解，不溶于醇类溶剂。是一种性能较全面的松香衍生物，应用很广泛。

6.2.2.3　油基涂料的主要品种

油基涂料是用精制干性油跟天然树脂（大多为松香衍生物）经熬炼，再加入催干剂、溶剂（松香水或松节油等）调制而成。并可加入着色颜料与体质颜料研磨成各种色漆。跟油脂涂料相比，由于加入天然树脂，所以涂层干燥较快、涂膜硬度较大、光泽度较高、耐化学性较强、附着力也有所提高。但跟合成树脂涂料相比，仍然是一种普通涂料，多用作普通制品的涂饰或用作底层涂料，根据制造涂料所用的松香衍生物不同，可以制得不同品种的油基涂料。并可根据涂料中的树脂跟油的比例不同，又有长油度（1∶3 以上）、中油度 [1∶（2～3）]、短油度 [1∶（0.5～2）] 之分。一般长油度的涂膜韧性好，耐候性强，但涂层干燥慢，可用于室外制品的涂饰。短油度的涂膜坚韧耐磨，光泽度高，但耐候性差，适于室内制品的涂饰。中油度的性能介于两者之间。其主要品种如下：

（1）钙酯涂料

是用干性油跟石灰松香（钙酯）熬炼，加入催干剂、溶剂等调配而成。跟天然松香制成的油基涂料相比，其涂膜的硬度较高，耐水性有所改进，酸值也有所下降，但脆性大，耐候性差。故一般用于室内制品的涂饰或用作底层涂料。如 T01-13 钙酯清漆，涂膜光亮而硬脆，可用于室内竹制品的涂饰；T03-3 各色钙酯调和漆，其涂层干燥较快，但涂膜耐候性差，适用于室内金属及木制品的涂饰。Y04-14 各色钙酯磁漆，是由干性油、钙酯、酚醛树脂、颜料经研磨，加入催干剂、松香水调制而成，涂层干燥快，涂膜坚硬光亮，广泛用于室内制品，墙壁的涂饰。

（2）酯胶涂料

用干性油跟甘油松香或季戊四醇松香或二者的混合物经熬炼，加入催干剂、溶剂调制成涂料，若再加入颜料可研磨成色漆。酯胶涂料有清漆、调和漆、磁漆及各种专用涂料，品种较多，已自成体系，是应用较多的一种普通涂料。由于季戊四醇松香的性能较甘油松香好，故所制得的酯胶涂料的质量要好。

酯胶涂料的理化性能比钙酯涂料的更好、更全面，不仅涂层干燥要好些，而且涂膜的光泽度、耐水性、耐化学药品性及附着力等均有所提高。品种较多，清漆、调和漆、磁漆、烘漆、防锈漆、亚光漆等都有，自成体系，应用相当广泛。应用较多的有 T01-1 酯胶清漆，涂膜光亮，耐水性好，常用于普通家具及门窗的涂饰，也可用作金属制品表面涂饰。T01-35，

T01-36 酯胶烘干清漆，涂膜坚硬，光泽好，色浅，广泛用于金属制品表面罩光涂饰。T03-1，T03-3，T03-82 各色酯胶调和漆，为建筑内墙、门窗普通使用的色漆。T04-1，T04-16 各色酯胶磁漆，其性能比各色酯胶调和漆更好，应用更广泛些，可用于普通家具的涂饰。还有各色酯胶烘漆、各色酯胶腻子、各色酯胶底漆等应用也普遍。

6.2.3　虫胶涂料

6.2.3.1　虫胶涂料的主要成膜物质——虫胶

虫胶是虫胶涂料唯一的主要成膜物质，由亚热带地区一种寄生昆虫在树枝上的分泌物经采集加工而成。主要产于印度和泰国，我国的云南、福建、台湾及广东也有。

（1）虫胶的加工工艺过程

选胶：将采集的原胶进行分选，按其质量分为不同等级。

粉碎：从树枝上剥落下来的原胶多为长条状或块状，应粉碎成粒状。

过筛：用筛子将原胶中的树皮、树枝、泥沙等杂质去掉。

清洗：用清水冲洗原胶，以除去红色素和细小杂质。

干燥：用自然干燥或离心力法去水分。

溶解：把干燥的虫胶溶于工业酒精中，然后经过滤彻底清除杂质，再让酒精挥发干净。

轧片：用机器把虫胶轧成薄片状成品。

（2）虫胶的组成成分

虫胶的组成较复杂，其分子结构尚未彻底搞清。主要成分是光桐酸的酯类物质，并含有微量水分、蜡质、色素等。

虫胶中含有微量蜡质能增加其涂膜的塑性，使涂膜韧而不脆，一般不要去掉。但因蜡质会影响涂膜透明度，所以用于涂饰高级木制品的虫胶应除去蜡质。方法是：将虫胶溶于碱溶液中（蜡不溶）滤去蜡质，再用稀硫酸中和，使虫胶沉淀。还可以用工业酒精溶解后过滤去蜡质，再让酒精蒸发即可。

（3）虫胶的漂白

涂饰浅色木制品，应除去虫胶中的色素，制成白色虫胶。

漂白虫胶应隔离空气存放，否则会很快老化、颜色变深，不易溶于酒精。过去最常用的存放方法是把漂白虫胶放入清水中，以隔绝空气，使用时从清水中捞出，放在阴凉通风处晾干，再敲碎放入酒精中制成无色虫胶清漆。现在多数放在塑料袋中，把袋中空气抽除掉，再密封好，这样便于远途运输。

虫胶溶于酒精中可制成清漆。溶于碱溶液中，可用于涂饰皮革与草帽。还可作模塑树脂，用于制造唱片和电影胶圈等。

6.2.3.2　虫胶清漆

（1）虫胶清漆的配比

虫胶清漆是由精制过的虫胶溶于工业酒精而制成。虫胶跟酒精的配比为 1：（2～6）。酒精的浓度应大于 90%，否则虫胶片难以完全溶解，且溶液透明度低，影响涂饰质量。虫胶清漆的固体含量跟涂饰工艺要求有关，如用于清除木毛及染色前封闭纹孔，浓度一般为 15%～20%；若用于封闭染色后的色彩及拼色，浓度一般为 20%～25%；若用于作填纹孔、染色后的封闭底漆，浓度一般可为 25%～30%；若是作面漆使用，利用手工刷涂或揩除，浓度约为 30%，喷涂时，浓度可达 40%，淋涂时，浓度为 30%～35%；用于调配嵌补的虫胶腻子，浓度约为 20％。

　　配制虫胶清漆时，若加入适量的尿素可显著提高涂膜的耐热性，以克服虫胶涂膜不耐热的缺点。用量为：在浓度为 90％～96％的 100 份酒精中加入 8～10 份尿素，经搅拌，待充分溶解后，再加入约 30 份虫胶片，继续搅拌至虫胶片完全溶解即可。因含尿素的虫胶清漆易吸潮而变得浑浊，故应严加封闭或配制后尽快用完，以防止吸收空气中的水分。

　　中、高级浅色木家具的涂饰清漆，最好用漂白虫胶配制，并将虫胶中的蜡质除掉，以提高涂膜的透明度，获得较好的涂饰效果。

　　（2）虫胶清漆的配制

　　① 虫胶片溶解程度　　配制过程很简单，按需要的比例把虫胶片加入酒精中进行浸泡，达到完全溶解即可使用。质量较好的虫胶片，一般浸泡 1d 就会完全溶解。若需急用，用木棒进行搅拌可加速溶解，可以即配即用。

　　② 虫胶片的储存期限　　对于储存过久的虫胶片，可能会导致其风化变质，而极难溶解，甚至无法溶解而报废。

　　③ 酒精的浓度　　酒精的浓度越高，溶解虫胶片的速度越快，溶解越充分。故要求酒精的浓度高于 90％，工业酒精的标准浓度为 96％，完全能满足使用要求。

　　④ 配制虫胶清漆的器皿　　由于虫胶溶于酒精后很容易跟铁发生化学反应，而使虫胶涂料的颜色变深，甚至发黑，故不能用铁桶作为配制、储存虫胶清漆的器皿，只能用陶瓷、玻璃、木质、塑料、搪瓷等器皿调配与储存。

　　（3）虫胶涂料的储存

　　① 储存期限　　虫胶清漆的储存时间不能过长，最好不要超过半年，因为虫胶跟酒精会发生酯化反应而生成一种酯类物质，使涂料变质胶凝而导致涂层干燥慢，涂膜透明度低。储存的时间越长，这种反应就越严重，甚至使涂料无法使用而报废。

　　② 储存过程中的密封　　虫胶清漆在储存时应密封，以防酒精挥发及水分进入。酒精挥发会提高涂料的浓度，需要再次添加酒精而造成浪费；若水分进入过多也会使其涂层产生"潮湿性发白"的缺陷。

　　（4）虫胶清漆的优点

　　① 涂层干燥快　　虫胶清漆每次涂层在常温中干燥只需 10～15min，故能缩短家具涂饰的周期。

　　② 毒性小　　其主要成膜物质（虫胶）基本无毒；其溶剂为工业酒精，毒性较小。能达到环保涂料的基本要求。

　　③ 属可逆性涂料　　虫胶清漆是一种纯挥发型可逆性涂料，即在涂层干燥成涂膜的过程中仅依靠溶剂挥发而不会发生化学反应，其涂膜仍能溶于酒精成为液体涂料，因此涂膜损坏后较易修复而不留痕迹。

　　④ 使用时间长　　若当天用不完而剩下的虫胶清漆，只要密封好，可继续使用。若黏度过高再加入酒精稀释即可使用。

　　⑤ 配套性能好　　由于虫胶片虽易溶于酒精，却不溶于或只微溶于其他有机溶剂。而一般液体涂料的溶剂中不含（或只含微量）酒精，涂在虫胶清漆的涂膜上不会使其溶解，也不会跟其发生不良化学反应，只会令其牢固地固化在一起。所以，用虫胶清漆做底漆，几乎能用任何清漆做它的面漆，因而具有很好的配套性。

　　⑥ 具有良好的封闭性　　实木家具涂饰要进行着色处理，即进行基础着色（填纹孔）、染

色、拼色等工序，而每道工序后，涂饰一道虫胶清漆作为底漆固定与封闭色彩最为理想。尤其是实木家具经染色后，色彩难以均匀一致，务必进行拼色处理，而拼色所用的最佳着色剂需要用虫胶清漆跟醇溶性染料、少量着色颜料配制而成。只有这样，方可使实木家具获得艳丽而富有立体感的色彩，并使其木纹十分清晰。这种作用与效果直到现在仍是其他涂料所无法超越的。

⑦ 虫胶腻子是嵌补用的最佳腻子　用虫胶清漆调配的虫胶腻子是嵌补洞眼、裂缝的最佳腻子，干燥快、附着力较强、易打磨、能吸收水色，家具染色后不易出现填疤，使整个家具着色表面的色泽容易均匀一致。

⑧ 模拟涂饰的良好底漆　对家具进行模拟涂饰时，用虫胶清漆及麻漆封闭底色，能使基底的色泽协调，表面平滑，有利于模拟木纹或图案的操作，并能跟面漆很好配套，确保模拟木纹清晰度的提高。

⑨ 涂膜具有较好的装饰性　由于虫胶清漆的涂膜硬度较高，通过磨水砂与抛光处理，能获得很好的平整度与光泽度，而具有良好的装饰性。能作为某些木制品（如仪器、仪表合）的面漆。

（5）虫胶清漆的应用

虫胶清漆用于木制品涂饰已有着悠久的历史，在木家具涂饰中广泛用作底漆，并适用于刷涂、揩涂、淋涂、喷涂等多种方法涂饰，且涂饰方便。

（6）虫胶清漆不足之处

① 涂膜的附着力欠佳　由于虫胶清漆含有微量蜡质，因而其涂膜的附着力较低，而且涂膜越厚其附着力越低。为此，用虫胶涂料作为木家具涂饰的底漆，只要达到家具完成着色的目的，所形成的涂膜越薄越好。最好只让它浸入木材固定封闭色彩，而不在家具表面形成涂膜。这样既确保着色的效果，又不会降低整体涂膜附着力。

② 涂膜耐热性较差　其涂膜一般只能经受约80℃高温，故只宜做底层涂料，或用作不需耐高温制品的面漆，如各种仪表盒、首饰盒等。

③ 涂层易泛白　由于溶剂挥发较快，容易吸收空气中的潮气而引起"潮湿性泛白"，故涂饰的环境宜干燥，室温要高，防止涂层产生"潮湿性泛白"现象。

6.2.3.3　虫胶磁漆

用虫胶片、改性松香（如甘油松香等）、干性油熬炼制成漆基，再加入着色颜料与体质颜料进行研磨，最后加入催干剂与松香水调配而成。若加入铁红、红丹、云母等防锈颜料可制成防锈磁漆。该磁漆的涂膜具有较强的耐机油性，多用于船舶的机舱及油箱内、外表面的涂饰，作为耐油防锈保护层。也可作为其他制品的底、面层涂料。应用较多的品种为T04-13铁红虫胶磁漆。

6.2.4　天然漆

天然漆俗称大漆，是我国著名特产，故又有"国漆"之称。从漆树上采割下来的汁液称为毛生漆或原桶漆，用白布滤去杂质称为生漆。将生漆进行各种改性处理，便可制得各种改性天然漆。

6.2.4.1　天然漆的成分

天然漆由多种成分组成，并随漆树的品种、生长地区、树龄、采割季节等不同而有所差异。我国生漆中的各种成分的含量：漆酚40%～70%，漆酶含氮物10%以下，树胶汁约10%，水分15%～40%。尚有其他少量物质，现分别介绍。

（1）漆酚

漆酚是生漆的主要成分，是成膜物质，含量越多越好。它不溶于水，但溶于乙醇、松香水、松节油、二甲苯等有机溶剂及植物油中。

（2）漆酶

漆酶俗称生漆蛋白质、氧化酵素，存在于生漆含氮物质中。据研究认为，它存在于树胶汁中。漆酶不溶于有机溶剂，也不溶于水，但溶于漆酚。它在生漆中的含量虽然甚微，但作用却很大，能促进漆酚加速氧化成膜，是生漆涂层固化成膜不可缺少的天然催干剂。换句话说，要是漆酶破坏不起作用，则生漆的涂层在常温中便无法固化成膜，必须经高温烘烤方能聚合成膜。

漆酶的催干作用跟漆酶的活性有关。漆酶的活性越强，生漆涂层干燥就越快。而漆酶的活性却受温度、大气温度及漆中酸性的影响。

试验证明：当温度为 40℃，大气相对湿度为 80%，漆的 pH 为 6.7 呈弱酸性时，漆酶活性最大，其涂层固化最快；当温度上升到 75℃时，漆酶的活性在 1h 内会被全部破坏；漆的 pH 小于 4（呈弱酸性）或大于 8（呈碱性）时，漆酶几乎没有活性。所以生漆比较理想的施工条件是：气温为 20～40℃，大气相对湿度为 70%～80%，在漆中不能加入带强酸性或碱性物质（如碱性颜料）。过冷过热、过干过湿的环境都不利于涂饰施工。这可通过在施工车间里人工升温、洒水或铺设湿草包等来保证气温与空气湿度的要求。过去的油漆师傅由于不了解天然漆的这一特征，不可能用人工方法为涂饰生漆创造一个理想的环境，只是凭经验知道在桃花、桂花盛开的季节，才是涂饰生漆的好季节，涂层干燥快，涂膜质量好。而在其他季节施工，就无法保证涂饰质量。所谓"桃花漆""桂花漆"是最好的"漆"，其意是指在桃花盛开或桂花盛开时用大漆涂饰的家具，其质量最好，并认为大漆是很神秘的。不知道在这两个季节由于雨水多，空气潮湿，气温高，漆酶活性大，才使涂层干得快，漆膜质量好。在上述特定条件下，每次涂层的固化仍需 8～12h，时间长者达 24h，甚至更长。为缩短涂层的固化期，可在天然漆中加入漆总量 5% 醋酸铵与 0.5% 的氧化锰粉，或加入 5% 的草酸铵与 0.5% 的氧化锰粉的混合催干剂，能使涂层固化时间缩短 2～4 倍。并不影响涂膜耐化学腐蚀性，尚可提高涂膜某些物理机械性能。

（3）树胶汁

天然漆中的树胶汁是一种糖类化合物，不溶于有机溶剂，可溶于水，尤其易溶于热水。它不是成膜物质，却是一种很好的悬浮剂与稳定剂，能使天然漆中的主要成分（包括水分）成均匀分布的乳胶液，且稳定不易变质。天然漆中树胶汁的含量为 3.5%～10%，其含量多少会影响漆的黏度与质量。若把它从天然漆中萃取出来，则为黄白色透明状，并有树胶清香味。

（4）水分及其他物质

天然漆中的水分不但是形成乳胶液体的重要成分，也是天然漆的涂层在自然干燥过程中使漆酶发挥催干作用的必要条件。若没有水分，天然漆涂层在常温条件下极难干燥。所以一切精制天然漆应使漆中的含水量在 5% 以上。

其次，天然漆中尚含有 5% 以下的油分及微量的钙、锰、镁、铝、钾、钠、硅等元素与有机酸、葡萄糖等成分。这些成分对天然漆的影响甚微，一般不予重视。

6.2.4.2　天然漆成膜机理

由于天然漆涂层干燥的温度不同，固化成涂膜的机理也就有所不同，因而导致涂膜的分子结构也有所差异。无论天然漆涂层是在常温下自然固化还是加热高温烘烤固化，其反应机理尚无确切的定论。

（1）氧化聚合成膜

天然漆涂层在常温下自然干燥，其漆酚分子在漆酶的作用下会发生复杂的氧化聚合反应而固化成坚硬的涂膜。

（2）缩合聚合成膜

当温度达到 70℃ 以上时，漆酶就失去活性，故天然漆的涂层固化就不可能再依靠漆酶与氧的共同作用而氧化聚合成坚硬的涂膜，必须依靠高温烘烤通过漆酚的缩合聚合反应而固化成坚硬的涂膜。

要指出的是，如果涂层经高温烘烤后尚未充分固化（涂膜未硬，有软性），若遇水或水蒸气即会被破坏而较难修复，这一点必须引起注意。

6.2.4.3　天然漆的性能

由于天然漆中的漆酚所形成的漆膜属高分子网状立体结构，是不溶、不熔的聚合物，因而具有一系列优异的理化性能。

（1）附着力强

经过试验，涂膜在钢板上的附着力可高达 $70kg/cm^2$，是附着力最强的涂料。

（2）硬度高

其漆膜硬度跟玻璃硬度的比值（漆膜值/玻璃值）可高达 0.89，是其他涂料所不及的。

（3）绝缘性能优异

漆膜的电击穿强度高达 80kV/mm，即使长期浸泡在水中也大于 50kV/mm。

（4）耐高温性强

其漆膜能长期耐 150℃ 以下的温度，并能短时忍耐 250℃ 的高温。

（5）有特异的耐土壤腐蚀性与耐久性

据近 30 年出土的商、周、汉等朝代的各种天然漆的漆器考证，距今虽已数千年之久，可其漆膜仍相当艳丽，各项理化性能仍很好，这充分证明它具有特异的耐土壤腐蚀性与耐久性。由于天然漆的漆膜具有优异的绝缘性与耐土壤腐蚀性，所以是现代海底电缆首选的保护层涂料。

（6）突出的耐磨、耐水、耐油、耐溶剂、耐高温、耐化学药品腐蚀等性能。

（7）有独特的装饰效果

其漆膜经研磨、抛光处理，光滑明亮似镜，能获得独特的装饰效果。所以是仿古建筑、仿古家具（尤其是红木家具）、木雕工艺品等制品的理想涂饰材料。不仅能增加制品的审美价值，而且能使制品经久耐用，获得更高的使用价值。

由于天然漆的优异性能，仍然为现代合成树脂涂料所不及，因而获得"大漆""国漆""漆中之王"的誉称，是一种具有远大发展前途的涂料。有待加速开发利用，以满足市场的需求。

天然漆也存在一些不足之处，如漆膜颜色深、透明度较低，不宜用于浅色透明制品的涂饰。再就是黏度高，不适合机械化涂饰，仍需要手工涂饰，且涂饰技术难度大。储存条件要求高，否则易变质，并含有易使人皮肤过敏的毒素。这些缺点在不同程度上影响其应用。为此，还要进行精制与改性处理。

6.2.4.4　天然漆的质量鉴别

由于天然漆的产地、采割季节、采割时期（树龄）、储存期等不同，以及是否掺入其他物质，其质量差异较大，所以对天然漆的质量鉴别尤为重要。常用的物理鉴别方法归纳为以下几种：

（1）观其质、辨其色

储藏在桶内的优质漆，其表层由于跟桶内的空气接触会结成黑褐色坚韧而发亮的漆膜，有细腻而均匀的皱纹。若掺水则漆膜韧性差，无皱纹；掺桐油、亚麻油等，漆膜棕黑微光，皱纹粗，不均匀；掺不干性油或变质则不结膜。用棒挑起漆膜，漆膜表现出很好的韧性与弹性。扒开漆膜，观其上层的漆液纯净似清油；用棒插入漆液中层排出的漆液呈艳丽的发亮的黄色；若挑起下层的漆液呈乳白色。上、中、下三层漆色界限分明。

若用木棒从下层挑起漆液，让其往下滴，观看漆色的转变。优质漆的颜色转变依次为乳白—浅黄—金黄—赤黄—血红—紫红—黑褐或纯黑。颜色转变层次分明，快而匀，色泽鲜艳夺目，被形象地比喻为"白似雪、红似血、黑似铁"。

若用木棒缓慢搅动漆液后即提出，漆液会自动而快捷地自下层一个波浪接一个波浪地往上翻动，漆色也会不断地由浅至深发生变化，白的白，黄的黄，红的红，紫的紫，界限分明，好似虎皮上的斑纹，显得很华丽，证明是优质漆。

天然漆发生色彩变化，是由于跟空气接触，在漆酶的作用下，发生不同程度氧化聚合反应的缘故。色泽由浅至深的变化过程即氧化聚合反应逐渐完全的过程。若颜色转变快且界限分明，说明漆酚的氧化聚合速度快，其质好。相反，质次、变质或掺杂的漆液较浑浊，颜色上、中、下层次不分明，颜色转变界限不清楚，无论出现什么颜色都不鲜艳。

（2）闻漆味、观漆丝

新鲜优质的漆会散发出浓厚的芳香清酸味。若此味不浓或没有，则是储藏过久的漆。要是散发腥酸或腐臭味，则是变质不能用的漆。如果有汽油、煤油或其他异味，则是掺假漆。还可用木棒挑起漆液让其往下滴，所形成的丝条长而细；丝条流断后，上面部分往上回缩显得有韧劲且尾端能翘起似钓鱼钩状；而下滴的丝条滴落漆面能溅起小涡点，但很快会流平，则是好漆。质次、变质或掺水等漆，则漆丝粗短，漆丝流断后无回缩弹力；滴落漆面后起堆或无涡点现象。

前人将上述鉴别优质漆的标准编成简洁的歌谣："好漆似清油，明镜照人头，搅动虎斑色，挑起钓鱼钩"，形象、易懂、易记。

6.2.4.5　天然漆的储存

由于天然漆易变质，故应提高储藏的科学性。

（1）储存环境

凡有条件的应将漆严密封盖好，放在冬暖夏凉的地下室或地窖内。若无此条件应放在避风、阴凉的地方，不要让阳光直晒和雨水浸入，并要防止酸、碱、盐及其他化学物品的渗入。存放处的温度最高不能超过 30℃，最低不能小于 0℃。如遇气候过于潮湿、闷热时，要适当通风透气，以免发酵变质。要是空气过于干燥，应在储存处适当洒水，以防漆桶开裂渗漏（天然漆要用木桶储藏）。

（2）储存期限

天然漆的储存时间最好不要超过一年，储存的时间越短有效成分越高，涂膜的质量就越好。储存的时间过长会腐败变质，涂层干燥极慢，甚至不能自干，须加入大部分新鲜优质漆混合方可使用，但也会影响漆膜的质量。所以对久存的漆，最好先加入约为漆量 0.12% 的甲醛溶液作防腐剂用，可适当延长储存期。对储存久已开始变质的漆，根据变质程度可加入 0.12%~0.25% 的甲醛溶液，搅拌均匀后漆色即可好转，干燥性能也有所提高，但应尽快用掉，使用时最好也能跟新鲜优质漆相混合，以确保漆膜的质量。

6.2.4.6 天然漆的精制与改性

（1）天然漆精制处理的方法

① 添加猪胆汁　这是一种传统的精制方法，即将猪胆汁加入经过滤的天然漆中，搅拌均匀，可增加漆液的稠度，以减少天然漆涂层的流挂，并使涂层干燥成膜后显得平滑丰满，光泽更明亮。这是胆汁中的胆固醇、胆酸钠等成分跟漆酚产生乳化作用的结果。

② 脱水精制处理　选用纯净优质生漆为原料，用离心机过滤后，投入有搅拌器（80～120r/min）、通气、排气（抽真空）、加热、冷却等装置的反应釜中，开动搅拌器，从釜底分散通入压缩空气，使分散的空气流穿反应釜中的整个生漆层，然后从反应釜顶部排出。通过对反应釜夹套的水或油的加热或冷却使釜内漆液的温度控制在 30～38℃。空气从漆层中流过及搅拌与抽真空排气的作用，会导致生漆进行常温脱水、漆酶活化、漆酚进行一定程度的氧化聚合。当漆液的含水量降至 6%～8%，颜色转变为紫红或深棕色，黏度达到一定要求后，加入适量的松节油进行稀释即是推光漆。

若精制的生漆批量小，可将生漆倒入口径较大的陶瓷或搪瓷盆内，通过日晒或微火烘烤，并用木棒不停地搅拌，并使漆液温度控制在 40℃ 以下，直到漆液的含水量、颜色、黏度达到上述要求为止，同样用松节油稀释到施工所要求的黏度。常用的品种有 T09-5，T09-6，T09-7，T09-11 等精制大漆。

③ 用氢氧化铁精制处理　如果要进一步制成黑色的推光漆，就在上述的推光漆中加入漆总量 2%～3% 的氢氧化铁（俗称黑料），开动搅拌器或人工搅拌，让黑料跟漆液充分反应，使其色泽达到一定程度的光亮黑色为止。漆酚跟氢氧化亚铁或氢氧化铁反应生成黑色的漆酚铁盐。

也可在生漆中先加入黑料，然后再按上述方法进行脱水，待其黑度、含水量、黏度达到要求即可。应用较多的黑推光漆有 T09-38 黑精制大漆。

在推光漆中若加入 15% 的熟桐油或熟亚麻油搅拌均匀，再经丝棉袋绞滤，可成为色浅、透明度较高的推光漆。

推光漆的漆膜经研磨抛光后，可获得明镜面般的光泽度。尤其是黑色推光漆的漆膜乌黑光亮，若贴上金箔线条，具有独特的装饰效果。透明推光漆的漆膜坚韧，光泽高，且耐磨、耐久等性能优良。所以推光漆是工艺美术品、高级家具、乐器的理想涂料。

④ 加植物油精制处理　可制成广漆，广漆又称金漆、笼罩漆、赛霞漆。是在无杂质的优质生漆中加入桐油和亚麻油混合而成。

广漆色浅，透明度好。也可加入各种油性染料及银朱等着色颜料调配成彩色漆。其漆膜的硬度与光泽度虽不及推光漆，却具有极好的坚韧性与耐久性，毒性也大为减少。应用较广泛。如房屋装修、家具、工艺美术品、车船等的涂饰均可使用此类涂料。

（2）天然漆改性的品种

对天然漆进行改性处理，可以获得具有特殊性能的浅色或彩色、低毒或无毒、自干或烘干型涂料。应用较多的有以下品种：

① 漆酚缩醛环氧树脂涂料　此类涂料色浅，透明度高，可做成多种彩色涂料。它完全没有使人皮肤过敏的毒素。其涂膜具有很好的机械物理性能和良好的耐化学腐蚀性，尤其是抗农药腐蚀性更强。是一种优异的烘烤型涂料，可采用喷、辊、浸、刷等多种方法涂饰。适用于各种农药喷雾器、化工设备等的涂饰。

　　② 漆酚乙烯类涂料　利用漆酚能跟乙烯类树脂互溶的性能，将它们配合使用，以改进乙烯类树脂的防腐性能及其硬度、附着力等。如将漆酚缩甲醛与氯乙烯或过氯乙烯树脂用有机溶剂调配均匀即是漆酚氯乙烯树脂涂料。

　　③ 漆酚苯乙烯涂料　用漆酚跟苯乙烯（在有氯化锡的条件下）进行共聚而制得的共聚型树脂涂料。其涂膜具有良好的耐热稀酸、耐热稀碱、耐水等性能。涂层在 150℃ 左右烘烤 30min 便可干燥成坚硬的涂膜。

　　④ 漆酚有机元素涂料　这类涂料的涂膜具有更好的绝缘性、耐热性、耐碱性等，是一种很有发展前途的改性天然漆。常用品种有漆酚有机硅涂料，漆酚有机钛涂料和漆酚有机铁涂料。

6.2.5　木蜡油

　　木蜡油是以天然植物油和植物蜡为原料，不使用任何化学有机溶剂，不产生任何有害气体的天然环保涂料。20 世纪 80 年代初，木蜡油在欧洲兴起并流行，之后逐渐被北美市场广泛接受，在国外已被广泛应用于木器、木家具、木结构等的涂饰。随着绿色环保理念的不断深入，环境友好型涂料取代传统溶剂型涂料是大势所趋，木蜡油显然极具市场前景和竞争优势。

6.2.5.1　主要成分

　　木蜡油主要成分为油和蜡，成分比较复杂，主要有亚麻籽油、苏子油、蓖麻油、桐油、向日葵油、豆油，巴西棕榈蜡、小烛树蜡、蜜蜂蜡，功能助剂等。

　　（1）油

　　选用的油类碘值指标在一个较为宽泛的范围内（120～200），说明与此对应的脂肪酸双键数量变化也较大，这有利于利用不同双键的吸电性促进蜡类极性分子的分散，也有利于某些颜料颗粒的吸附。另外，利用双键的共轭化与否，还可以调节脂肪酸分子的氧化速度，进一步控制其在木材表面形成的膜的柔软程度。

　　（2）蜡

　　巴西棕榈蜡：黄绿色至棕色固体，也可以漂白。质硬而脆，可以溶解于油类溶剂中。巴西棕榈蜡是一种植物性固态蜡，在所用蜡类原料中硬度最高，且与蓖麻油等油脂类原料的相容性良好。因此，在木蜡油配方中主要增加木材表面涂层的硬度。

　　小烛树蜡：淡黄色有光泽蜡状固体，有芳香气味，性脆而硬，可以溶解于多种油类。在熔融的混合物中，它凝固得很慢，且在较长时间内不能达到最大硬度。在木蜡油通过加入油酸或亚麻酸等脂肪酸，会使小烛树蜡结晶过程变慢，并使软度迅速增加，改善涂膜的柔韧性。同时，也可以显著改善涂膜的光泽性，并提高膜表面耐热稳定性。

　　蜂蜡：微黄色至灰黄色固体蜡状物。可以溶解于油类。主要成分为棕榈酸蜂花醇酯和作为游离脂肪酸的蜂蜡酸，在油中由于具有一定的黏性，可以用来调节木蜡油体系的黏度，并促进其他蜡组分的有效相溶。

　　不同的蜡具有不同的用途，如巴西棕榈蜡主要调节膜的硬度，小烛树蜡主要增加其柔韧性，蜂蜡还可以调节黏度，并改善膜的细腻感；蜡的用量主要根据物理性质（如在油中黏度大小等数据）来调节。

　　（3）助剂

　　木蜡油中通常还会添加一定量的功能助剂，以改善涂膜干燥时间、物理性质和促进颜料分散，还有添加了油性紫外线吸收剂和受阻胺光稳定剂的室外用耐紫外线木蜡油，添加了改性二氧化硅的地板用硬质抗磨木蜡油等。

6.2.5.2 木蜡油的特点

（1）环保

常见木器涂料是以高分子合成树脂（如聚氨酯、丙烯酸等）为基料，采用甲苯、二甲苯等溶剂配制而成；而木蜡油是以植物油和植物蜡配制而成的，调色则用氧化铁等颜料，不含苯、甲苯、二甲苯、甲醛以及重金属等有毒、有害成分，因此，其挥发性有机化合物含量较低，环保性更好。

（2）渗透性佳

木蜡油是一种渗透型、全开放式的油漆，其与木材的结合主要靠渗透作用，而非成膜，其中油的成分能够渗透到木材内部，蜡的成分与木材纤维牢固结合，并阻止液态水渗入木材里。由于没有漆膜，能够使木材里的水分与空气中的水分以水分子的形式交换，达到一个动态平衡，实现了木材的自由呼吸；并且，良好的透气性还能使木材内部的一些芳香物得以通过气孔缓慢释放，营造出一种自然清新的室内环境。

（3）涂布率较高

传统油漆涂布率低，按一般涂刷 5 遍为例，涂布率为 $5m^2/kg$ 左右，用量相对较多，造价高。木蜡油本身的价格相对较高，市场价格在 $350\sim620$ 元/kg。但是木蜡油挥发性小，固体含量较高，一些户外专用木蜡油的固体含量甚至高达 80% 以上，所以一般只需涂 $1\sim2$ 层，即可达到理想的涂饰效果，因此涂布率可高达 $20m^2/kg$，是传统油漆的 4 倍。此外，木蜡油涂饰具有后补性，可重复施工，只需清洁木材表面后，再直接涂刷一遍木蜡油，即可实现修复翻新。如果木材表面以前使用的是传统油漆，则打磨清除原涂层后，再施工。但目前木蜡油手工涂刷效率仍有待提高。

（4）外观效果

由于木蜡油中的植物油渗透性较强，而组分中的蜡会形成起霜效果，从而降低光泽度，是一种很好的消光剂，因此涂饰表面以亚光（半亚光或全亚光）为主，呈开放式纹理效果，可呈现清油、清油调色和混油调色等多种装饰效果。但总体来说，木蜡油的色系仍较为单一。

（5）耐候性较好

传统油漆一般耐候性较差，用于户外木制品耐久性差；木蜡油适应干燥、潮湿、高温、低温等各种气候条件，是室内外装饰装修的理想产品，可用于室内外木制家具、木屋、凉亭、栅栏、木门窗和框、儿童玩具、古建筑的养护及装饰。

6.3 溶剂型聚氨酯涂料

聚氨酯树脂涂料是聚氨基甲酯树脂涂料的简称。现代涂料工业生产聚氨酯涂料以多异氰酸酯为主要原料，因此又被称为多异氰酸酯涂料。

聚氨酯树脂是第二次世界大战时期发展起来的树脂，但直到近几十年来，由于生产的主要原料二异氰酸酯的价格在不断下降，故使聚氨酯树脂在涂料、胶料、塑料、橡胶等行业得到越来越广泛的应用。因异氰酸酯具有较活泼的化学反应性，可与不同的聚酯、聚醚、多元醇及其他合成树脂配合使用，制出很多种类的聚氨酯涂料。

6.3.1　聚氨酯树脂

聚氨酯即聚氨基甲酸酯的简称。其成分中除含有相当数量的氨酯键外，尚可含有酯键、醚键、脲键、脲基甲酸酯键、三聚异氰酸酯键或油脂的不饱和双键等，只是在习惯上统称为聚氨酯。

6.3.2　聚氨酯涂料的种类

6.3.2.1　羟基固化型聚氨酯涂料

这是应用最为广泛的一种聚氨酯涂料，分为甲、乙二组分，分别包装储存。甲组分含有异氰酸基，乙组分含有羟基。使用前将甲、乙二组分按规定比例混合均匀，并待气泡逸出，即可进行涂饰。

（1）异氰酸基组分

由于直接用含有异氰酸基的二异氰酸酯（如 TDI，XDI，HDI 等）配制涂料，则二异氰酸酯易挥发到空气中，危害人体健康，为此要把它加工为低挥发性的加成物或预聚物，只保留极少的异氰酸游离基在加成物中，以便跟羟基组分配成涂料。

（2）羟基组分

能与异氰酸基反应的除羟基外，还有氨基、羧基等，但在聚氨酯涂料的实际生产中，基本是采用含羟基的化合物。小分子量的多元醇（如三羟甲基丙烷等含羟基化合物）只可用作制造加成物或预聚物的原料，不能单独成为双组分中的乙组分（即含羟基组分）。其原因有三点：一是多属水溶性物质，跟甲组分混合性差，会相互排斥，产生缩孔及颜料絮凝等不良现象；二是分子量小，结膜时间长、涂膜内应力大；三是吸水性强，涂层在成膜过程中会吸潮，使涂膜产生潮湿性泛白现象。一般用作含羟基组分的高分子化合物有聚酯、聚醚、环氧树脂、蓖麻油、丙烯酸酯树脂等。

6.3.2.2　封闭型聚氨酯涂料

封闭型聚氨酯涂料的组成成分跟羟基固化型基本相同，只是将异氰酸酯预聚物中游离基用苯酚或其他含单官能活泼氢原子的物质暂时封闭起来，使之跟含羟基组分合装在一起成为单组包装涂料。这二组分混合物在常温下不起反应，具有很好的储藏稳定性。使用时，将涂饰在家具表面的涂层烘烤到一定高温，苯酚被还原受热而挥发掉，游离基被释放出来，跟羟基进行反应，使涂层逐步固化成坚硬的涂膜。

这是一类烘漆，S01-37 聚氨酯烘干清漆为其代表品种。它们的涂膜坚韧、附着力强，具有很高的绝缘、防腐、耐磨、耐潮、耐溶剂等性能，是各种金属家具及其他金属制品的优良涂饰材料。

6.3.2.3　湿固化型聚氨酯涂料

湿固化型聚氨酯涂料属单组分常温固化涂料，主要成膜物质多为含有端基的异氰酸酯聚醚（或其他含羟基高聚物）预聚物。其涂层通过吸收空气中的潮气并进行化学反应生成脲键而固化成坚硬的涂膜。

在实际生产中，通常是将二异氰酸酯与价廉的低分子量二元或三元聚醚反应，使 NCO/OH 小于 2，一般在 1.2～1.8，以制得较高分子量预聚物，这样可提高预聚物涂层的固化速度及涂膜的机械强度。

这类涂料的涂膜具有优良的耐化学腐蚀性和较高的机械强度，能承受重型机械的振动与滚压，难以被损坏。还可作核辐射保护层，也可用作金属、水银及混凝土表面防腐蚀涂饰。

这类涂料的品种主要有 S01-1 聚氨酯清漆、S04-5 各色聚氨酯磁漆、S54-1 聚氨酯清漆等多种。

6.3.2.4　催化型聚氨酯涂料

这是一类双组分涂料，使用时按规定比例混合。这类涂料也属湿固化型涂料。

这类涂料的涂膜具有很好的附着力、耐磨性、耐水性、耐化学品性及光泽度。适于作地板漆和木制品、金属制品的罩光涂料。常用品种有 S01-5，S01-18 等聚氨酯清漆。

6.3.2.5　弹性聚氨酯涂料

弹性聚氨酯涂料指涂膜弹性与柔韧性特别好的聚氨酯涂料。涂膜在常温下处于弹性状态，伸长率可达 300%～600%。高弹性的特征表现是在较小的外力作用下即发生很大的形变，当去掉外力后即能恢复原来的形状。这种涂料主要用于涂饰纺织物、皮革、橡胶、泡沫塑料等软质制品。

要使聚氨酯涂料的涂膜具备高度的弹性，则其分子结构应是线型长链大分子，分子量应在几百至几千的范围内，且在正常状态下不是伸直的坚硬分子，而是柔软无规则的"绕团"状。

由于制造弹性聚氨酯涂料的方法不同，故涂料的品种也较多。常用品种有 S01-16，S01-1 等聚氨酯清漆。

6.3.2.6　氨酯油涂料

用二异氰酸酯跟干性油或半干性油反应而制得的高聚物溶于有机溶剂而成。主要特点是涂层干燥快，在较低的气温下也能迅速固化。跟醇酸涂料相比，其涂膜的耐水性、耐酸碱性、光泽度等要好些，但易变黄，其他性能一般，生产成本又较高，故很少生产这类涂料。

6.3.3　聚氨酯涂料的施工要点

聚氨酯涂料现有品种 50 多个，自成体系，基本能满足各种使用功能的要求，是产量较多的一类中、高级涂料，应用十分普遍。但应知道，聚氨酯涂料属反应型涂料，涂饰质量还涉及涂饰施工的种种客观因素，应引起高度重视，以防止涂饰质量事故的发生。许多施工单位在涂饰实践的过程中积累了不少宝贵经验，大致归纳如下，仅供参考。

① 双组分涂料，涂饰时应按生产厂家规定的比例调配。如甲组分（含—NCO 基）太多则涂膜硬而脆；过少则涂膜硬度降低甚至发软，导致涂膜易水解，降低了耐水和耐化学品性，涂层干燥也慢。按比例调配好的涂料应静置约 20min，待涂料中的气泡出来后才能进行涂饰。配好的涂料应在当日用完，以免胶凝而报废。

② 从储漆桶取出涂料后，应将桶盖盖紧，以免吸潮胶凝变化，并防止溶剂挥发。

③ 被涂饰物面应干燥，若含有水分易使涂层起泡。所以木制品的木材含水率不能过高；金属制品经酸洗钝化后，要经过干燥，同时防止锈蚀。

④ 采取"湿碰湿"的涂饰方法，即等头一层涂膜未完全固化（即表干），用旧砂纸轻轻飘砂一下（不能砂破涂膜），砂除尘粒、刷毛、气泡等，就宜接着涂饰第二层涂层。按此循环涂饰下去，可确保涂层之间附着力增强。对固化已久的涂膜要用砂纸砂出均匀而密的砂痕，然后用干净纱头浸上涂料溶剂揩擦一遍，清除灰尘、油渍等，接着进行涂饰。若涂膜局部破损要修补，也应先对破损处进行砂磨、清灰，再涂饰涂料。

⑤ 若用聚氨酯涂料作不饱和聚酯涂料的底漆时，也可采用"湿碰湿"的涂饰方法。即

聚氨酯底漆涂层未完全固化前，稍加砂磨，就应涂饰不饱和聚酯涂料。

⑥ 涂层经高温烘干而固化的涂膜性能比常温干燥固化的要好。因高温能促进涂料分子充分交联，又能消除涂膜中的内应力，增强附着力、机械强度及耐化学品性能。

⑦ 若要采用喷涂，宜选用高压喷涂。不仅涂饰效率高，而且不会带入压缩空气中的水、油等杂质而降低涂饰质量。如要用气压喷涂，则应滤去压缩空气中的水及油等杂质。椅、凳类框架制品以手工涂饰为宜，有条件可用静电喷涂，这样可减少涂料中的异氰酸酯及溶剂对空气的污染。

⑧ 涂饰水泥物面（如水泥地板、内墙等），应先将涂料甲组分（异氰酸酯预聚物或加成物）加入用量 1～2 倍的聚氨酯稀释剂进行稀释，涂饰在经清洗干净而干燥的水泥面上，并使之渗入缝隙，牢固地粘接在水泥表面，以提高整个涂层的附着力。然后用填料（水泥、体质颜料等）及环氧树脂液、胺固化剂调成腻子，嵌补表面裂缝洞眼，干后砂光，接着涂饰三道聚氨酯色漆即可。新的水泥物面呈强碱性，并含水分易收缩，故不宜立即进行涂饰。应让其充分干燥，收缩，碱性减少后，才能进行涂饰。

⑨ 涂层易产生小气泡，气泡破后形成小凹点积尘很难看。气泡是涂料中的 NCO 与进入涂层中的水气反应产生 CO_2 引起。若涂层反应慢尚未成膜，所产生的 CO_2 可穿过涂层而逸出；若涂层结膜快，则产生的 CO_2 来不及逸出，就会在涂膜中形成许多细小的气泡。涂饰时若空气湿度大或被涂物面含有水分、所用稀释剂有水、喷涂时所用压缩空气中含水，均会使涂层产生小气泡。如果在涂料中加入的胺类固化剂太多，涂层固化过快，涂膜中的气泡会更多。特别是湿固化型及催化固化型聚氨酯涂料，其涂层在固化过程中会释放 CO_2，应特别注意防止涂膜内形成小气泡。

防止涂膜内形成小气泡的方法：

a. 在涂料中加入微量硅油进行消泡；

b. 在涂料中加入少量酰氯延缓涂层固化时间，使产生的 CO_2 从涂层中逸出；

c. 涂层宜薄，这样产生的 CO_2 少，且容易从涂层中逸出；

d. 用表面张力高的溶剂（如环己酮、二甲苯等）作稀释剂，比表面张力低的溶剂（如醋酸丁酯等）相对地不易起泡；

e. 要很好地封闭木制品表面的纹孔或其他制品表面洞眼裂缝，以堵住纹孔、洞眼、裂缝内的空气，防止其进入涂层形成气泡；

f. 用手工刷涂，发现涂层中有气泡，趁涂层未固化前，用漆刷再仔细涂刷将气泡排出等。

⑩ 在气温较低的环境中涂饰施工，涂层固化较慢，在调配涂料时可加入约为涂料总重量 1％～2％ 的固化剂。对芳香族聚氨酯涂料（如用甲苯二异氰酸酯生产的涂料）应用胺类固化剂，而对脂肪族聚氨酯涂料应用锌或锡固化剂。芳香族涂料的涂层固化较快，一般不加固化剂，以免增加涂膜的泛黄性，降低涂膜的耐水、耐候等性能。

⑪ 硝基涂料专用的稀释剂（俗称香蕉水）中含有醇类溶剂、微量水分及游离羧酸等，不能用来稀释聚氨酯涂料。

⑫ 用于涂饰聚氨酯涂料的漆刷与喷具等，涂饰后应立即用聚氨酯稀释剂充分清洗干净。

⑬ 在常温下，聚氨酯涂层需经 7d 后才能充分固化成结实的涂膜，不宜提前检测或使用。

6.4　溶剂型硝基涂料

硝基涂料是第二次世界大战后出现的一种高级涂料，应用极为广泛，在涂料史上占领先地位长达 50 多年。直到聚氨酯、丙烯酸、不饱和聚酯等高级涂料相继问世后，才使它稍显逊色。但其装饰性能仍然可与这些相媲美，故应用仍相当广泛。

6.4.1 硝基涂料的主要成膜物质

硝基涂料的主要成膜物质——硝酸纤维素（NC）。硝酸纤维素外形呈白纤维状，是由纤维素加硝酸而制成的产物，俗称硝化棉。

实际生产硝酸纤维素是用碱漂棉花、短棉绒或反应性木浆，与硝酸、硫酸混合液进行硝化反应制取的。硝酸和硫酸的混合比例会影响硝化棉的黏度及含氮量。制造涂料用的硝化棉其含氮量约为 12%，过高溶解性差，过低涂膜机械强度低，都不适合用来制造涂料。硝化棉的黏度常用落球法测试，即钢球在硝化棉溶液中下落 254mm 时的秒数。涂料用硝化棉的黏度为 0.5s。其黏度过高需消耗较多的溶剂，不经济；黏度过低，涂膜的弹性、耐光及耐寒性差。硝化棉能与多种树脂混溶，能溶于酯、酮类溶剂。主要用于制造硝基涂料。

6.4.2 硝基涂料的组成

以硝化棉为主要原料，配以合成树脂、增韧性、溶剂、助溶剂、稀释剂等制成清漆，再以清漆为基料加入体质颜料与着色颜料等制成硝基磁漆。

（1）硝化棉

硝化棉是硝基涂料中主要的成膜物质。不溶于水，能溶于酮类、酯类等有机溶剂。溶液的涂膜坚硬、光亮、耐久，具有较好的抗潮和耐腐蚀等性能。因涂膜存在易脆性、附着力较差、不耐紫外光线等缺点，故不能单独作为涂料的主要成膜物质，通常需加入适量合成树脂与助剂进行改性，才能制成性能较全面的高级涂料。

（2）合成树脂

在硝基涂料中加入合成树脂，可以在明显增加涂料黏度的情况下提高主要成膜物质含量，增加涂膜的硬度、光泽度、附着力、坚韧性、耐光性、耐久性、耐水性、耐热性、耐碱性等。所以合成树脂也是硝基涂料的重要成分之一，常用品种如下：

① 甘油松香酯 甘油松香酯改性的硝基涂料，不仅成本低，而且涂膜具有很好的附着力与光泽度。但涂膜脆性大，必须与增韧剂配合使用。

② 顺丁烯二酸酐松香酯 此树脂在硝基涂料中应用较多，因涂料色浅，固体含量增高、涂层干燥快，能提高涂膜的附着力、光泽度、耐水性、耐酒精性、耐碱性、坚韧性，并使涂膜具有很好的耐磨与抛光性。

③ 醇酸树脂 不干性醇酸树脂俗称软树脂，在常温中呈半流动状，用于改性的硝基涂料，其涂膜具有较好的附着力、韧性、耐油性、耐久性、保光保色性。如作底漆使用，其涂层不会被面漆涂层"咬底"，具有很好的配套性。

干性醇酸树脂改性的硝基涂料，其涂膜具有附着力强、坚硬度高及保光性与耐久性强的特点。在涂料中要加催干剂才能使涂层加速固化。其次是涂层易被上层涂层"咬底"，不宜多层涂饰，只宜作面漆涂饰一次。

松香改性醇酸树脂用于改性硝基涂料，可使涂料具有较好的溶解性、涂膜附着力强、硬度高、抛光性好、光泽度高等特点。但涂膜耐热性仍低，适于普通木制品涂饰。

④ 酚醛树脂 以松香改性酚醛树脂来改性硝基涂料，可提高涂膜的耐水性，但脆性不能得到提高。

⑤ 氨基树脂　氨基树脂不仅能增加硝基涂料的涂膜附着力、光泽度及耐溶剂性，而且涂料色浅，可提高涂膜的透明度。但加入量不能过多，否则涂层要高温烘烤才能固化成涂膜。

⑥ 丙烯酸树脂由于丙烯酸树脂具有较全面而优异的理化性能，故用于改性硝基涂料好似锦上添花，不仅提高了涂膜光泽度、透明度与装饰性能，而且使涂膜的室外耐久性有显著增强。适用于高级轿车与高级家具的涂饰，是现在市场上畅销的高级涂料之一。

上述树脂有各自的特性，价格也有差异，故在配方时常根据不同使用功能的要求，采用不同树脂，以不同的比例相配合，以制得各种不同性能、不同价格的硝基涂料。

（3）增韧剂

单独使用硝化棉作为主要成膜物质制成的硝基涂料，其涂膜附着力差、性脆，易龟裂脱落，严重降低使用寿命，应加入增韧剂才能提高涂膜韧性。常用的增韧剂有溶剂型与非溶剂型两类。

① 溶剂型增韧剂　溶剂型增韧剂指苯二甲酸二丁酯、磷酸三甲酚酯、磷酸三苯酯、磷酸三丁酯及己二酸二丁酯、癸二酸二辛酯、庚二酸二辛酯等。它们能与硝化棉相混溶，并能溶于硝化棉的溶剂中，且不易挥发，是能使涂膜具有较好耐久性的增韧剂。

② 非溶剂型增韧剂　非溶剂型增韧剂指蓖麻油、氧化蓖麻油、软性树脂（主要是不干性醇酸树脂）等。蓖麻油与氧化蓖麻油对硝化棉涂膜有良好的润滑作用，故能提高其韧性。软树脂自身的涂膜韧性优异，跟硝化棉混用，自然能增加硝化棉的韧性。在硝基涂料中加入软树脂，可减少或不用增韧剂。

各种增韧剂还分别对涂膜的耐光性、耐水性、耐化学药品等性能也有一定提高。故在实际生产中，常将几种增韧剂混合使用，以使涂料获得更全面的性能。

（4）颜料

体质颜料与着色颜料是硝基磁漆、底漆及腻子的重要组成成分。制造涂料时，将它们与增韧剂充分研磨均匀后再拌入漆基内。颜料能填充涂膜中的细孔、遮盖被涂制品的表面，阻止紫外线的穿透，并增加涂膜的厚度，提高涂膜的机械化学性能，使得涂膜获得所要求色泽。

硝基涂料的涂膜一般较薄，所以要加入的颜料相对密度应小，遮盖力强，性能稳定，不易渗色，不易褪色。常用的着色颜料有氧化铁红、甲苯胺红、酞菁蓝、铁蓝、钛白、铬绿、氧化铁黑、炭黑等。体质颜料可选用轻体碳酸钙、滑石粉、沉淀硫酸钡等。

（5）溶剂

由于硝化棉的分子量大，黏度高，需大量的溶剂才能溶解稀释涂饰所要求的黏度，溶剂的含量要占涂料总量 80% 左右。硝基涂料所用的是混合溶剂（俗称香蕉水、天那水、信那水、稀料等），可分为真溶剂、助溶剂、稀释剂。

① 真溶剂　指真正能溶解硝化棉的溶剂，主要有丙酮、甲乙酮、环己酮、醋酸乙酯、醋酸丁酯、醋酸戊酯、乙二醇单乙醚等。

② 助溶剂　指本身不能溶解硝化棉但能帮助真溶剂加速溶解硝化棉的溶剂。常用的助溶剂有乙醇、正丁醇等。

③ 稀释剂　本身不能溶解，也不能帮助真溶剂加速溶解硝化棉，仅能对硝化棉溶液起稀释作用的溶剂，多为芳香族碳氢化合物，如甲苯、二甲苯等。在硝基涂料中除起稀释硝化棉的作用外，也可溶解硝基涂料中的一些配套合成树脂，同时还可调剂涂层溶剂挥发速度及降低涂料成本。

6.4.3 硝基涂料的性能及应用

由于硝基涂料具有一系列优异的理化性能，故仍然属高级涂料，但也有不足之处。

（1）涂层表干迅速

硝基涂料基本属挥发型涂料，涂层固化成涂膜，主要依靠溶剂挥发。每涂饰一层，在常温条件下仅需 10～15min 即可表干，便可继续涂饰下一层涂层。就这样重复涂饰多次直到获得所需要的涂层厚度为止。但涂层的实干却较慢，要几十分钟，甚至几小时，这取决于混溶剂中各组成成分的挥发性。同时跟涂料中相配套的各合成树脂溶液固化成膜的化学反应速度也稍有关联。涂层实干速度比油基、酚醛、醇酸、聚氨酯等树脂涂料要快得多。

（2）涂膜损坏后易修复

硝基涂料基本属可逆性涂料，即完全固化的涂膜仍能被原溶剂所溶解，因此硝基涂料的涂膜局部被损坏可以修复到与整个膜基本一致，看不到修复痕迹。若涂膜出现流挂、橘皮、波纹、皱皮等缺陷，可用棉花球蘸上溶剂湿润涂膜，使之溶解，稍用力予以揩涂干净。

（3）涂膜具有优异装饰性及其他性能

涂膜色浅、透明度高、坚硬耐磨，经磨水砂抛光处理后，可获得镜面般的平整度与光泽度，具有优异的装饰性。并有较好的机械强度和一定的耐水性与耐稀酸性。故广泛用于高级家具、高级乐器、工艺品及铅笔等的涂饰。

（4）适应多种方法涂饰

硝基涂料使用方便，可用手工刷涂或揩涂，也能进行喷涂、淋涂、浸涂、抽涂。

（5）使用期限长

当天用不完的涂料，只要密封好，隔日可继续使用。使用期长，不易变质报废，且便于保管。

（6）涂膜耐热、耐寒、耐光、耐碱性欠佳

硝基涂料属热塑性物质，在 70℃ 以上使用会变软，机械强度降低，逐渐分解而变成白色。一般热茶杯放在涂膜上可能出现白色痕迹。硝基涂膜在我国北方冬季，室内无暖气温度过低或室外使用，会产生冷裂现象。紫外线直射易使硝基涂膜逐渐分解，张力降低变脆，易引起龟裂现象。常采用耐光性强的合成树脂对硝化棉进行改性，可提高涂膜耐光性。硝基涂膜不耐碱，用浓度为 5％ 的 NaOH 溶液浸泡 1d，涂膜会脱落，部分被分解。

（7）固体含量低，涂饰工艺复杂，污染严重

硝基涂料固体含量为 20％ 左右，致使每涂饰一层涂层固化后所形成的涂膜极薄（约 10～20μm），为达到使用要求的厚度，一般涂刷 5～10 次，甚至更多次；若采取揩涂则要揩涂几十次，甚至上百次。致使涂饰工艺复杂，涂饰成本高。再就是涂层中所含的约 80％ 的溶剂在其涂层固化成涂膜的过程中，会挥发到空中造成空气污染，有害人体健康。同时也造成溶剂的大量浪费，很不经济。

再加上制造硝化棉要消耗棉花，所用的一部分酯类、酮类、醇类溶剂要用粮食作原料，一些配套合成树脂中会含有食用油。这些均为人类的生活必需品，用于制造涂料实属无奈，应尽力减少这种消耗。

硝基涂料具有很好的装饰性能，可用于高级家具、高级乐器、工艺品及铅笔等产品的涂饰。但由于硝基涂料存在固体含量低、涂饰工艺复杂、涂膜耐温性较差、环保性能欠佳等缺点，所以应用范围越来越小，正在逐步被其他高级树脂涂料所取代，现只有少数家具企业用

于部分产品的涂饰。

6.5　溶剂型醇酸涂料

由各种油度醇酸树脂或改性醇酸树脂加入催干剂、溶剂而制得的涂料。由于醇酸树脂的种类多，故所制得的醇酸树脂涂料有 100 多个正规品种，种类齐全，自成涂料体系，能满足多种使用功能的要求，用途极为广泛。

6.5.1　醇酸树脂

（1）醇酸树脂组成成分

醇酸树脂是由多元醇（甘油）、多元酸（苯二甲酸酐）及脂肪酸经酯化缩聚而成的聚酯型树脂，呈黏稠液体或固体状。

（2）醇酸树脂的分类

① 根据生产醇酸树脂所使用的脂肪酸不同可分为干性与不干性两种类型。

干性醇酸树脂是由不饱和脂肪酸进行酯化反应而制得，能溶于松节油、松香水、二甲苯等有机溶剂，可直接用于制造涂料。所用脂肪酸的种类不同，性能也有所差异。由豆油、葵花籽油的脂肪酸酯化所制得的醇酸树脂，涂膜色浅不易泛黄，多用作白色与浅色涂料及清漆。用亚麻油、桐油所制的醇酸树脂，涂膜色深，但耐水性好。干性醇酸树脂的涂膜均具有很好的耐水性和耐久性，涂层干燥性也很好，是使用最多的醇酸树脂。

不干性醇酸树脂是用饱和脂肪酸或不干性油（蓖麻油、椰子油）酯化而制得的醇酸树脂。在常温中不能干燥成膜，故不能单独作为涂料主要成膜物质，只能跟其他树脂混合使用，借以增加涂膜的塑性、光泽度、附着力及耐久性等。常跟氨基树脂、硝酸纤维素配合使用，还可跟异氰酸酯反应制成聚氨酯树脂涂料。

② 根据醇酸树脂中的含油量不同可分为短、中、长油度三种类型。

长油度醇酸树脂的含油量为 60％以上，多为干性油。其涂膜具有优良的耐候性、保光性、柔韧性及较高的光泽，多用于室外制品的涂饰。

中油度醇酸树脂含干性油为 50％～60％，其涂膜干燥快，涂膜保光性与耐候性也较好，应用极为广泛。

短油度醇酸树脂含不干性油 50％以下，属不干性醇酸树脂，不能单独使用。

③ 根据醇酸树脂改性所用的材料不同可分为多元酸改性、多元醇改性、有机硅改性、酚醛树脂改性、环氧树脂改性、乙烯树脂改性等醇酸树脂。

（3）性能及用途

由于醇酸树脂的涂膜具有较好的光泽度、硬度、弹性、保光性及耐久性，附着力强。特别是能跟氨基、硝基、过氯乙烯、环氧等树脂混合使用，可用于制造多种涂料。自 20 世纪 20 年代问世以来，一直被广泛应用。

6.5.2　醇酸树脂涂料

醇酸树脂涂料品种多，分类方法也多。根据含油量可分为短、中、长油度醇酸树脂涂料；根据使用环境可分为外用、内用、普遍用醇酸涂料；根据涂膜是否透明可分为清漆与磁漆；根据涂膜特性可分为绝缘、防锈、防腐等专业醇酸树脂涂料；还可根据改性的材料来分，可分为松香或松香衍生物改性、环氧树脂改性、有机硅改性等醇酸树脂涂料，其性能均优于纯醇酸树脂涂料。

6.5.2.1 普通醇酸树脂涂料

（1）组成成分

由中油度干性醇酸树脂溶于有机溶剂，加入适量催干剂而制成清漆；若再加入颜料研磨可制成磁漆。这是市场上普遍销售的、产量最多的醇酸树脂涂料。

（2）理化性能

属自干型或低温烘干型涂料。涂膜具有较高硬度、光泽度及良好的耐久性、坚韧性与装饰性。

（3）所用稀释剂

可用松香水、松节油作稀释剂。

（4）品种与用途

其代表品种有 C01-1，C01-3 等醇酸清漆，C04-2 各色醇酸磁漆，C04-64，C04-86 各色醇酸无光磁漆等。广泛用于木制品、家具、门窗、车辆、机械等的涂饰。

6.5.2.2 外用醇酸树脂涂料

（1）组成成分

用长油度干性醇酸树脂溶于松香水或松节油等溶剂中，加入适量催干剂制成清漆，再加入颜料研磨成磁漆。

（2）理化性能

属自干型涂料。其涂膜有较好的坚韧性、耐水性、耐候性及耐久性，但光泽度较低，装饰性欠佳。

（3）所用稀释剂

可用松香水、松节油作稀释剂。

（4）品种与用途

常用品种有 C01-7 醇酸清漆，C04-5，C04-11，C04-35，C04-42 等各色醇酸磁漆。适用于室外制品（如车辆、船体、桥梁、园林建筑等）、金属设备和电器元件等的涂饰。

6.5.2.3 苯乙烯改性醇酸树脂涂料

（1）组成成分

由苯乙烯改性醇酸树脂溶于有机溶剂，加入适量催干剂而制成清涂料，再加入颜料研磨可制成磁涂料。

（2）品种及性能

C01-5 醇酸清漆，涂层干燥迅速，涂膜光泽度高、平滑不易起皱，具有较好的保光和保色性，但柔韧性较差，C04-18 灰醇酸磁漆，涂膜性能与应用跟 C01-5 基本相同，只是涂膜硬度与光泽度有所提高，柔韧性有所降低。

（3）所用稀释剂

可用松香水、二甲苯或松节油作稀释剂。

（4）用途

可用于室内外木制品与金属制品的涂饰。

6.5.2.4 酚醛改性醇酸树脂涂料

（1）组成成分

由酚醛改性醇酸树脂溶于二甲苯，加入适量催干剂制成清漆，加颜料便制成色漆。

（2）理化性能

其涂膜具有较好的耐水性、耐碱性、抗溶剂性，附着力及冲击强度。但不经日晒，涂膜易泛黄。

（3）主要品种及用途

主要品种有 C01-11 醇酸酚醛清漆，C04-48 各色醇酸磁漆，C06-17 铁红醇酸底漆，C07-6 灰醇酸腻子等。适用于耐水性要求较高的制品（如船舶、农具等）及绝缘器材的涂饰。

醇酸树脂涂料的共同优点是涂膜坚韧、平整光滑，耐候、耐摩擦、色泽耐久，并具有良好的抗矿物油及抗醇类溶剂性。经烘烤固化的涂膜具有良好的耐水性、绝缘性及耐温性。是室内外制品的良好涂料之一。缺点是涂层干燥较慢，涂膜不耐碱。涂膜硬度较低，砂磨会呈现出小颗粒，无法抛光。即涂膜不能进行磨水砂、抛光处理，只能保持涂膜原始的平整度与光泽度。这是醇酸树脂涂料一大缺点，导致其不能成为高级涂料，只适宜中、低级制品的涂饰。

醇酸树脂涂料所用的溶剂与稀释剂，长油度的用松香水或松节油，中油度及改性的要另加适量二甲苯或甲苯混合使用。

6.6　水性树脂涂料

水性树脂涂料是以水作为主要成膜物质的溶剂或分散剂的一类涂料。包括水溶性与水分散型（含水乳型）树脂涂料。主要成膜物质能均匀溶于水的称为水溶性涂料，不能溶于水但能以微粒状（粒径 $10\mu m$ 以下）均匀分散在水中的称为水分散型树脂涂料。以前曾对水分散型和水乳型做过区分，但随着技术的进步和乳化技术的发展，从体系的组分和性能上看，已经不必严格区分。

水性树脂涂料是在 20 世纪 60 年代获得发展，并在工业上得到较广泛的应用。它与溶剂型涂料不同之处，是以水作溶剂，极大地减少了生产和涂饰给大气带来的污染，并能消除火灾隐患。从这种意义上讲，水性树脂是具有很大发展前途的涂料。

6.6.1　水性树脂

水性树脂的研究工作始于第二次世界大战期间，直到 20 世纪 60 年代初才被正式用于制造水性涂料，现已在涂料工业中得到迅速发展与广泛应用。

6.6.1.1　水性树脂的分类

（1）水溶性树脂

凡能溶于水的树脂称为水溶性树脂。水溶性树脂能完全溶于水，呈透明状，属真溶液，可以制成清漆，用于家具透明涂饰。

（2）水分散型树脂

不能溶于水，但其微粒能均匀地分散在水中，呈浑浊乳状，故称之为水乳型树脂或树脂乳液。

6.6.1.2　分子结构的特点

合成树脂之所以能溶于水，是由于在其分子链上含有一定数量的强亲水基团所致。

含有这些极性基团的聚合物与水混合时，多数只能形成乳浊液，还要使其变成羧酸盐或破坏其氢键或进行皂化处理，才能真正成为溶于水的树脂。

6.6.1.3 水性树脂的品种

（1）水溶性顺丁烯二酸酐改性油

以顺丁烯二酸酐等不饱和酸改性油所制得的涂料，其涂膜硬度较小、防腐性欠佳、烘烤易变黄，尚要用其他树脂加以改性提高理化性能。改性后的主要品种有水溶性二甲酚酚醛树脂改性油、水溶性对叔丁酚甲醛树脂改性油、水溶性松香酚醛——环戊二烯改性油等。

水溶性改性油的品种较多，单以酚醛树脂改性来说，就可用甲酚、二甲酚、苯基苯酚、二酚基丙烷等各种酚类制成的酚醛树脂。此类树脂大多在弱碱性水溶液中是较稳定的，其涂膜的耐水性和耐潮湿性能较突出，制造简单。故在水溶性树脂中，无论在品种或产品方面，仍占有一定地位。

（2）水溶性环氧树脂

环氧树脂的涂膜具有很强的附着力和防腐蚀性，但由于耐光性能差，故多用于制造底漆、防腐漆。除甘油型环氧树脂外，大多数环氧树脂都不溶于水。若要制成水溶性环氧树脂，最常用的方法是先制成环氧酯（常用的有 E-20，E-12，E-35 等环氧酯），再以不饱和的二元羧酸（酐）（常用的有顺丁烯二酸酐、反丁烯二酸等）跟环氧酯的脂肪酸上的双键加成，引进羧基而制得水溶性的环氧树脂。

水溶性环氧树脂的品种很多，如二酚基丙烷环氧树脂、脂肪族环氧树脂、杂环类环氧树脂都可以制成各种水溶性树脂。其中以水溶性双酚酸环氧酯粉末树脂、常温固化的水溶性聚胺甘油环氧树脂等，应用较广泛。

（3）水溶性醇酸树脂

醇酸树脂可以制成各种类型的水溶性树脂：常温固化、高温烘干及氨基树脂改性、环氧树脂改性、酚醛树脂改性等改性水溶性醇酸树脂。品种较多，是一种主要的水溶性树脂。

水溶性醇酸树脂的主要组成跟溶剂型醇酸树脂基本相同，由多元醇、多元酸与脂肪酸经酯化缩聚反应而制得。只是为了使制成的树脂能溶于水，必须控制其酸值与分子量。酸值高、分子量小，则水溶性好。因此，水溶性醇酸树脂多数是高酸值、低黏度的树脂。可使用一定量的多缩多元醇（如多缩乙二醇、二缩甘油等）作助溶剂而引入醚基来提高其水溶性。

水溶性醇酸树脂也存在储存稳定性问题，因为存储在弱碱性水溶液中，会发生不同程度的水解作用，使溶液变浑，pH 下降，黏度降低，树脂分层析出，失去水溶性。不过现已采取有效措施得到改进。

除一般水溶性醇酸树脂外，尚有水溶性氨基改性醇酸树脂和水溶性酚醛改性醇酸树脂等。它们的涂膜理化性能均有不同程度的改善。

（4）水溶性聚酯树脂

聚酯树脂可分为饱和聚酯与不饱和聚酯两大类。水溶性聚酯多属不饱和聚酯，即制造时所用的多元酸和多元醇二者应有一个具有两个以上的活性官能团，为制得能混溶于水的聚酯，必须使反应控制在一个较高的酸值，或者把多元醇的用量大幅度增加。按照这种方法制得的水溶性聚酯，不是难控制，就是涂膜性能差。为此在配方设计时，多采用单元酸或二元醇来加以调节，可避免胶凝与改进涂膜性能。

水溶性聚酯树脂的性能跟不饱和聚酯的性能基本相同，其涂膜硬度大、光泽高、不泛黄，且耐久性好，是一种有发展前途的树脂。

（5）水溶性丙烯酸酯树脂

常采用丙烯酸酯和含有不饱和双键的羧酸单体（如丙烯酸、甲基丙烯酸、顺丁烯二酸酐等）在溶液中共聚成为酸性聚合物，再加入胺中和成盐，而获得水溶性丙烯酸树脂。为提高树脂的水溶性，在配方设计中应增加酸性单体的比例。但酸性单体用量过大，则会导致涂膜发脆。为改进此缺点，在配方中要使用一定量塑性好的单体。

水溶性丙烯酸酯树脂以及氨基改性的水溶性丙烯酸酯树脂的涂膜具有色浅、透明度高、光泽亮、耐候、耐温等一系列优异的理化性能。再加上原料来源丰富，价格逐年下降，为其发展提供良好的物质基础。

除上述水溶性树脂外，尚有水溶性聚丁二烯树脂、水溶性聚氨酯树脂、水溶性沥青、醋酸乙烯乳液、醋酸乙烯共聚乳液等多种，在水性涂料中应用也较广泛。

6.6.2　水性树脂涂料分类及特点

如上所述，合成树脂之所以能溶于水而制得水溶性涂料，是由于在合成树脂的分子链上引入一定数量的强亲水性基团的缘故。为了提高树脂的水溶及其涂层的流平性，可在水溶剂中加入少量亲水性有机溶剂，如低级的醇类或醇醚类溶剂作为助溶剂。用这样的溶剂既能溶解树脂而本身又能溶解于水中。

6.6.2.1　水性树脂涂料的分类

① 按涂层固化温度可分为常温固化型与高温烘干型两大类。

② 按主要成膜物质主要有水溶性醇酸、丙烯酸、酚醛、氨基、环氧酯等树脂涂料。

③ 按水溶液的状态可分为水溶性树脂涂料与水分散型树脂涂料两大类。

6.6.2.2　主要品种

（1）水溶性树脂涂料

现水溶性树脂涂料的品种较少，应用较早的代表性品种有以下几种：

① 水溶性丙烯酸烘干磁漆　由丙烯酸、丙烯酸酯、苯乙烯等在丁醇溶液中聚合的含羟基聚酯，用氨水中和，加水性三聚氰胺树脂及颜料制成。其涂膜具有较好的物理、三防性能及储存稳定性。适用于金属家具与金属家电及仪表等的涂饰。

② 水溶性纯酚醛烘干磁漆　由水溶性纯酚醛树脂与颜料、体质颜料经研磨，加蒸馏水配成。适合电流涂饰，有一定的耐水、耐酸、耐碱、耐溶剂的性能。

（2）水分散型树脂涂料

指树脂以粒径为 $0.1 \sim 10 \mu m$ 分散在水中呈乳液状的树脂涂料。根据制造的方法不同，可将乳胶液分为分散乳胶和聚合乳胶两种。分散乳胶是在乳化剂存在下靠机械的强烈搅拌使树脂、油等分散在水中而形成的乳液，或是由酸性聚合物加碱中和而分散在水中所形成的乳液。聚合乳胶是在乳化剂存在下在机械搅拌的过程中，由不饱和单体聚合成树脂微粒并均匀分散于水中的乳液。

水分散型树脂涂料是由水性树脂微粒、着色颜料、体质颜料以及乳化剂、增塑剂、分散剂、润湿剂、防冻剂、消泡剂、防锈剂、防霉剂等助剂经研磨或分散于水而组成的涂料。其中，助剂应根据对涂料使用功能的要求选择。

水乳胶涂料主要用于室内墙壁及顶板的涂饰，有一部分涂膜性能较好的品种也可用于其他制品涂饰。

主要品种有聚醋酸乙烯、聚苯乙烯、丙烯酸酯以及由醋酸乙烯、丙烯酸酯、乙烯等不饱和单体共聚的水乳胶涂料。现使用较广泛的有如下品种：

① WC-1 丙烯酸酯水乳胶涂料　在丙烯酸酯类单体中加入少量交联单体经乳液聚合而

成。外观呈淡蓝色乳液；使用时可加入水作稀释剂。

涂料易涂饰。涂膜平整光滑、附着力强、封闭性好。可加水、老粉、着色颜料调成水性腻子，也可加水、滑石粉、颜料或染料调成树脂色浆。适用于木质家具、缝纫机台板、仪器木壳等的底层涂料，也可用作面漆。

② WC-2 聚丙烯酸酯水乳胶涂料　在丙烯酸酯共聚乳液中，加入 N-羟甲基丙烯酰胺作交联单体，再加入增稠剂、成膜助剂、消泡剂等制成的涂料。外观呈黄白色乳液。

涂膜具有较高的光泽度及很好的附着力、耐磨性、耐热性。可代替虫胶清漆做底层涂料用，并能做光敏树脂涂料的配套底层涂料。也可做家具的面层涂料，经抛光后能获得很高的光泽度。也可用于调配水性腻子和树脂色浆。涂层的干燥温度应高于 15℃。

③ 共聚体乳胶涂料　由聚醋酸乙烯、聚苯乙烯、聚丙烯酸酯等共聚体，加乳化剂酪素磷酸三钠、脂肪酸钠盐、硫化油、稳定剂、增韧剂及颜料等而制成的涂料。外观呈带色乳液、固体含量大于 50%。若黏度过高加水稀释。这是一种高级乳胶涂料，并且成本较低，涂层干燥快、能在潮湿表面上涂饰。可用于木制品、混凝土面、硅石墙及纸张、皮革、织物等的涂饰。但不宜用于涂饰金属表面。

④ 苯-丙彩砂乳胶涂料　以苯乙烯、丙烯酸共聚体乳液为主要成膜物质，加入天然或人造彩色细砂、增稠剂及其他助剂而制成的涂料。彩砂可用彩色天然石砂或人工烧制的彩色玻璃砂、瓷砂，在涂层中起着色、遮盖作用，且有着较好的质感。增稠剂常用羟甲基纤维素、聚甲基丙烯酸钠、糊精等，在涂料中起增稠作用，能减少细砂沉淀，其用量为乳胶液重量的 1%～3%。其他助剂指消泡剂、防霉剂、防冻剂及 pH 调节剂等，根据实际需要选用。这是一种无毒、无味、不燃的水性涂料。其涂膜不褪色、耐碱、耐老化、附着力强、装饰质感强。不仅适合于内、外墙面涂饰，也可用于涂饰门框及房柱等。

⑤ 乙-丙乳胶涂料　以醋酸乙烯、丙烯酸酯共聚乳胶液为主要成膜物质、硫酸铵为引发剂、糊精为稳定剂、聚乙烯醇缩甲醛溶液（即 107 胶液）为增稠剂、磷酸三丁酯为消泡剂、六偏磷酸钠为分散剂、乙二醇为流平剂，再加适量体质颜料与着色颜料而成的涂料。这是一种新型建筑涂料，可作为内、外墙的中级涂料，无毒、难燃、价廉。涂膜有较强的遮盖力、耐污染性、耐老化性。可不用涂抹底层灰浆，而直接涂饰在墙面上，施工简便，效率高。

⑥ 氯醋丙共聚体乳胶涂料　用氯乙烯、醋酸乙烯、丙烯酸醋共聚体乳液为主要成膜物质，加入体质颜料、着色颜料及助剂而制得的乳胶涂料，可在常温中成膜。其涂膜耐水、耐碱、耐候、附着力强，可用于内、外墙面涂饰。

⑦ 聚乙烯醇缩甲醛水溶性涂料　俗称 107 涂料，是用聚乙烯醇跟甲醛经缩聚反应而制得的胶状液（即 107 胶液），再跟碳酸钙等体质颜料、着色颜料、六偏磷酸钠分散剂等混合均匀经研磨过筛而成。其涂膜附着力强、耐水性好、耐磨、耐晒、耐酸碱、耐污染、反射光线弱、并具有陶瓷的质量，故有仿瓷涂料的誉称。现广泛用于内墙涂饰，也可用于外墙涂饰。市场所谓 803，815，109 涂料，均属此类涂料。

⑧ 聚乙烯醇水玻璃水乳胶涂料　俗称 106 涂料，是当前应用较广泛的一种内墙涂料。是以聚乙烯醇的水溶液和水玻璃作为主要成膜物质，加入一定量的体质颜料、着色颜料及少量分散剂、乳化剂、消泡剂而制成。所用的水玻璃的模数应为 3～4，过低时会被空气氧化，使涂膜耐水性差。

由于聚乙烯醇跟水玻璃混合后易产生气泡，可加入聚氧乙烯蓖麻油来抑制气泡产生，并能改善颜料的分散性。尚要加入脂肪族磺酸盐阴离子活性剂，来改善涂层收缩性。

其涂膜光滑、反射光弱，跟混凝土、水泥砂浆、纸筋灰浆等墙面均有较强的附着力。无论是新、旧墙面，或是干、未全干墙面，都可涂饰，且涂层干燥快、无毒、无异味、价廉。

缺点是呈碱性，不能使用不耐碱的颜料，耐水性及涂膜粉化性也较差，属普通涂料。

⑨ 硅酸钠无机水性涂料　这是一种无机涂料，将钠水玻璃用硫酸、水溶性树脂、固化剂等进行改性处理后，作为主要成膜物质，跟体质颜料、着色颜料、水、各种助剂混合研磨而成。其涂膜具有良好的附着力、耐水性、耐久性，适用于内墙涂饰。

⑩ JH80-1 硅酸钾无机建筑涂料　是由硅酸钾、体质颜料、着色颜料、水及各种助剂混合研磨而成。常用的体质颜料有轻体碳酸钙、石英粉、云母粉等，着色颜料有金红石型钛白粉、铁黄、铁红、氧化铬绿等，助剂有六偏磷酸钠分散剂、ES 表面活性剂等。使用前要加磷酸盐水溶液作固化剂。由于所用体质颜料不同，其出厂涂料有砂粒状、云母状、细腻状之分。储存期可达 6 个月。

本涂料适用于水泥砂浆抹面、水泥预制板、水泥石棉板、砖墙、石膏板等多种基材表面涂饰。其涂层可在−5℃低温成膜，涂膜具有良好的耐水性、耐候性、耐老化性、耐温变性、耐污染性。可采用喷涂、辊涂、刷涂等方法进行涂饰。

6.6.2.3　水性涂料的优点

（1）节约有机溶剂

以水作为溶剂，跟其他液体涂料相比较，能节约大量的有机溶剂。

（2）属环保涂料

其涂层在固化过程中，无有害物质挥发，对大气没有污染，其涂膜对人体无害。代表现代涂料发展的方向，将会取代有机溶剂型涂料。

（3）使用方便安全

可用多种方法涂饰，如手工刷涂、辊涂、喷涂均可；用水溶性树脂涂料对金属制品涂饰，尚可采用电泳涂。并且在生产、运输、储存、涂饰时不燃烧，没有火灾隐患。

（4）应用广泛

除用于内墙房顶涂饰外，还可用于纸张、木制品、纺织品、金属制品等的表面涂饰。近年来发展很快，随着产品质量的不断提高及品种的增多，应用将会越来越广泛。

乳胶涂料品种较多，还在不断发展。在现有的品种中，应用较多的是共聚体乳胶涂料，发展迅速，性能较好，是水乳胶涂料发展的方向。

6.7　辐射固化涂料

辐射固化涂料包括光固化树脂涂料和电子束固化树脂涂料。

6.7.1　光固化树脂涂料

6.7.1.1　光固化树脂涂料组成成分

光固化树脂涂料（简称 UV）又称光敏树脂涂料。是由不饱和聚酯或丙烯酸环氧酯、丙烯酸聚氨酯等树脂、活性单体、光敏剂等制造而成。或是先将不饱和聚酯树脂跟光敏剂聚合成光敏不饱和聚酯树脂（俗称光敏树脂），然后溶解于活性单体中而制得的涂料。涂料中所用的活性单体跟不饱和聚酯树脂涂料的完全相同，主要有苯乙烯，其次是丙烯酸乙酯、丙烯酸丁酯、乙烯基甲苯、醋酸乙烯等。

6.7.1.2 光敏剂的作用与种类

（1）光敏剂的作用

涂料中所用的光敏剂，也称紫外线聚合引发剂，能吸收一定波长的紫外线而立即使涂料中的活性单体分解出游离基。这种游离基具有很强的活性，能促使涂料中的单体跟树脂发生聚合作用，达到涂层迅速交联固化成坚硬涂膜的目的。

（2）光敏剂的可用种类

用作涂料的光敏剂有多种类型，应用较普遍的有安息香、安息香甲醚、安息香乙醚、联苯甲酰等。以安息香乙醚的光分解速度快，使涂料涂层的聚合效果较好。其加入量，一般为涂料总重量的 1%～2%。当安息香乙醚在涂料的加入量不超过 2%，涂膜的硬度变化不大，若过量会使涂膜硬度增大。

上述光敏剂对波长为 200～400nm 的紫外光有较强的吸收能力，分解涂料游离基最为有效。如对安息香乙醚最为有效的光波是 360nm。应注意的是，使用不同的光敏树脂、光敏剂及活性单体，对所需光的波长范围是有所差异的。如采用波长小于 200nm 的光照射涂层，因光子能过高，会使涂料的所有组成成分遭到破坏，而严重降低其涂膜的机械强度；若采用波长大于 700mm 的光，因光子能过低，则难以使光敏剂分解发生聚合作用。因此，须根据试验来选择涂料最适合波长范围的光源。现国内外光敏涂料的涂层固化，一般以高压汞灯、超高压汞灯等紫外线光为光源，其波长在 300～400nm，在 3min 内便能使光敏涂料的涂层固化成坚硬的涂膜。

由于光敏涂料的涂层是利用近紫外光线照射固化来取代引发剂与促进剂固化，所以不需分组包装，属单组分涂料。在储存过程中，只要不被特定的紫外光照射，便具有较好的稳定性，有效储存期一般可达 3 个月以上。

但对于在一般不饱和聚酯、丙烯酸环氧酯、丙烯酸聚氨酯等树脂的苯乙烯溶液中，加入光敏剂苯乙烯溶剂，仍需分组包装，涂饰时再按规定比例混合。

光固化树脂涂料一般采用淋涂，经淋涂涂饰好的产品（一般为家具板式部件）送入紫外线干燥机进行快速固化成膜。

6.7.1.3 优点与不足之处

（1）优点

① 涂层固化速度快　涂层在强紫外线照射下，约在 3min 内便固化成坚硬的涂膜，有利于实现产品（主要是家具的板式部件）涂饰机械化与自动化。

② 被涂件的涂层固化过程中不会产生变形　由于涂层固化过程中所采用的是冷光源——紫外光，不会产生热能，不会使被涂件受热变形。这对受热易变形的木材、纸张、塑料等制品的涂饰更为适宜。

③ 环保型涂料　光敏涂料跟不饱和聚酯涂料一样，属无溶剂型涂料，固体含量可高达 95% 以上，涂层固化无有毒物挥发，对空气没有污染，其涂膜对人体没有危害。所以是环保型涂料。

④ 理化性能及应用　涂膜厚实丰满，且有很好的光泽度、透明度、硬度与装饰性，且耐磨、耐热、耐溶剂、耐酸碱、耐潮湿、附着力强等，是一种新型的高级涂料，有着广阔的发展前景。

（2）不足之处

涂层若不能被特定的紫外光照射便很难固化，这就限制其应用。现仅用于家具板式部件及人造板表平面的涂饰。若需对整件家具（如餐桌、餐椅等）进行涂饰，就要研制相配合的紫外线干燥设备。这种设备会比现在只照射一个平面的紫外线干燥机要复杂得多，技术难度大、成本高，即使研制成功，在现阶段也难广泛推广应用。

6.7.2　电子束固化树脂涂料

（1）组成成分

电子束固化树脂涂料，是由不饱和聚酯或丙烯酸酯等树脂溶于作为交联剂的活性单体溶剂中而制成。活性单体对涂膜的性能有着重要的作用，现选用的品种主要有苯乙烯、二乙烯基甲苯、甲基丙烯酸甲酯等，在涂料中的含量约为 35％。

（2）品种

电子束固化树脂涂料是一种新型涂料，应用尚不广泛，品种较少，其代表性的产品所用树脂是由顺丁烯二酸酐、四氢苯二甲酸酐跟新戊二醇反应而制成的不饱和聚酯树脂；所用单体是由苯乙烯与二乙基甲苯或苯乙烯与甲基丙烯酸甲酯的混合物。将两者按 65∶35 的比例混合溶解而成。

（3）涂层固化的条件

涂层的固化，需在密封性很强并充满惰性气体（即隔氧）的生产车间中，经约 300kV 电子加速器发射的电子束照射几秒钟，才能立即固化成坚硬的涂膜。

（4）涂层固化的机理

用电子束射线引发涂层中游离基的产生，当高速电子击中涂层时，就会加速涂层内部电子运动，电子的高速运动就会导致分子迅速破裂，而分子的破裂就会产生大量的游离基。由于游离基十分活跃，会立即聚合而使涂层成为不溶、不熔的坚硬涂膜。由于辐射能十分强大，故使涂层固化过程能在几秒钟之内完成。

（5）涂料储存期较长

由于涂料仅由树脂与单体组成，不含任何固化剂成分，因此储存稳定性好，使用期限较长，单体损失较少。

（6）理化性能

涂膜的理化性能跟光敏树脂涂料基本相同，不再重述。

（7）缺点

涂层固化要用 300kV 电子加速器发射的电子束照射才能固化成坚硬的涂膜。而这种电子束射线穿透能力很强，为防止它从涂饰车间墙体穿出伤害人、畜，要求涂饰车间墙体用混凝土浇筑 1m 厚，并要求涂饰车间完全密封，且充满惰性气体。涂饰时，生产工人不能进入生产车间操作，应使涂饰工艺高度自动化，只能用电脑控制监视涂饰过程。这样便导致涂饰设备投资高，难以全面推广应用。

（8）应用

国外现在主要用于人造板二次加工及铁皮的彩色涂饰。在国内现只有为数有限的企业用其进行包装桶、罐的铁皮的彩印涂饰。

6.8 填孔涂料

填孔涂料是一种基础涂料，主要用于填塞木材的纹孔、裂缝及洞眼。若对木家具进行透明涂饰时，填孔涂料对木材还应起到基础着色作用，所以要求填孔涂料的颜色跟木家具要涂饰的颜色基本相同，或只略浅一点。如果对木家具进行不透明涂饰，则不用对填孔涂料配色，可以为任何色，以经济为准。

对于木家具进行透明涂饰的填孔涂料，都是由涂饰单位自行配制。其组成成分可分为：填充剂（也称填料，指各种体质颜料）、着色剂（指各种着色颜料）、黏结剂（指各种清油、清漆、胶黏剂或有胶黏作用的物质）、稀释剂（指各种有机溶剂或水）四组分。不透明涂饰的填孔涂料就不需要用着色剂，其他成分基本相同。

根据填孔涂料所用的黏结剂与稀释剂不同，可分为水性腻子、油性腻子、树脂色浆三大类。

6.8.1 水性腻子

水性腻子的特点是所用的黏结剂是水溶性的，稀释剂是水。优点是无毒性、无刺激性气味、施工简便、价廉，故应用较广。常用品种有以下几种。

（1）老粉水性腻子

用碳酸钙（老粉）作填充剂，以水作黏结剂和稀释剂，根据涂饰色彩要求选用适合的着色颜料配色。其质量分数如表6-3所示。

若木材的纹孔较粗，碳酸钙用量取大值，水用量取小值，所调配的水老粉就稠度大，填纹孔效果好。但不能过稠，否则湿润性差，很难揩清涂被涂饰面上的浮粉，导致木材表面的纹理不清晰，色彩不均匀。

（2）乳白胶水性腻子

以碳酸钙、石膏粉为填充剂，以乳白胶水溶液作黏结剂与稀释剂，以着色颜料配色。其质量百分比如表6-4所示。

表 6-3　　老粉水性腻子配比

材料名称	质量分数/%
碳酸钙	60～75
着色颜料	1～5
水	20～25

表 6-4　　乳白胶水性腻子配比

材料名称	质量分数/%
碳酸钙	50～60
石膏粉	10～20
浓度为10%的乳白胶水溶液	20～25
着色颜料	1～5

也可用浓度为10%的骨胶或皮胶水溶液作黏结剂与稀释剂，调成厚糨糊状，便于用刮刀进行刮涂。

（3）羟甲基纤维素水性腻子

以3份老粉和1份石膏粉的混合物作填充剂（其用量约占总质量的70%），以浓度为10%的羧甲基纤维素水溶液作黏结剂和稀释剂（其用量约占总质量的25%），加入适量颜料为着色剂（其用量约占总质量的5%），调制成厚糨糊状即可。

（4）聚乙烯醇水性腻子

以浓度为10%的聚乙烯醇水溶液作黏结剂和稀释剂（其用量约占腻子总质量的22%），

碳酸钙作填充剂（其用量约占腻子总质量的 73％），加入约为腻子总质量 5％ 的着色颜料，调配成厚糊糊状便可进行刮涂。

（5）猪血水性腻子

这是一种传统的填纹孔涂料，附着力强，没有毒性，材料来源普遍，可以就地取材，且价格便宜，故应用历史悠久。它是以熟猪血（在生猪血中加入约 10％ 的石灰，以达到防腐及减少血腥气味的目的）作黏结剂（其用量约占腻子总质量的 15％），以水作稀释剂（其用量约占腻子总质量的 10％），以碳酸钙作填充剂（其用量约占腻子总质量的 70％），加入约为腻子总质量 5％ 的着色颜料，调配而成。

由于猪血的颜色较深，红色相饱和度高，只适宜于用作偏红色调的透明涂饰，如红木色透明涂饰或其他红色系列家具的涂饰。

（6）复合水性腻子

腻子所用着色剂既有各种颜料，又各种染料，故对木家具的涂饰既有填纹孔进行基础着色的作用，又具有染色的作用。可将填纹孔和染色两道工序合拼为一，而简化涂饰的工艺过程。因此，应用广泛，特予以介绍。表 6-5 所示为几种复合水性腻子的配方，以供参考。

（7）水性涂料腻子　以水性涂料（如丙烯酸水性涂料）作为黏结剂的腻子。所一般用浓度为 10％～15％ 的水性涂料作黏结剂与稀释剂，以碳酸钙或硫酸钡等体质颜料为填充剂，以着色颜料配色。其配比跟聚乙烯醇水性腻子基本相同。主要用于各种地面、墙面洞眼裂缝及凹陷的嵌补。也可用于木家具及其他木制品填纹孔及嵌补洞眼裂缝。

（8）干酪素水性腻子

商品名称为可赛银或干酪素水性涂料，即用干酪素粉末作黏结剂的腻子。以浓度约为 10％～15％ 干酪素水溶液为黏结剂与稀释剂，以碳酸钙与滑石粉按 3：1 的比例混合作为填充剂，再加入适量着色颜料拌匀即成。调配时，先将干酪素加温水充分浸泡，

表 6-5	复合水性腻子配方			单位：份
成分材料	色彩名称及其配方			
	红木色	黄纳色	柚木色	蟹壳色
黏结剂 4％羟甲基纤维素水溶液	110	110	110	110
50％聚醋酸乙烯乳胶液	36	36	36	36
着色剂酸性媒介棕	5.1	10	0.5	4
酸性黑	1.1	2.5	—	—
酸性大红	0.4	1	—	—
酸性红	0.05	1	—	—
酸性橙	4.5	10	—	—
酸性嫩黄	2.1	4	—	—
墨汁	—	2	—	—
氧化铁红	1.8	4	0.5	1
氧化铁黄	1.5	4	1	1
稀释剂水	84	84	84	84
填充剂滑石粉	150	150	150	150
石膏粉	30	30	30	30

以使干酪素粉充分溶解，并使其浓度符合工艺要求。其调配比例跟聚乙烯醇水性腻子基本相同。主要用于内墙、天花板、房柱的底漆，以嵌补其洞眼与裂缝，使其表面平整。也可用于木家具填纹孔及嵌补洞眼与裂缝，但成本较高。

6.8.2　油性腻子

以各种清油或清漆作为黏结剂，以相应的有机溶剂作为稀释剂的腻子。同样用硫酸钙、碳酸钙等体质颜料作为填充剂，用各种着色颜料进行配色。应用较多的品种如下。

（1）虫胶腻子

即以浓度约 15%～20% 的虫胶清漆为黏结剂与稀释剂调配的腻子。以老粉作填充剂，以着色颜料配色。其质量百分比如表 6-6 所示。由于虫胶腻子的涂层干燥快，所以是嵌补被涂饰表面洞眼及裂缝的专用腻子，且腻子涂层干后，其表面容易砂磨平滑。在家具涂饰中获得广泛应用。

调好后容易干燥，故一次不能调得过多，边调边用，对调好的腻子要封闭好，以防变稠，降低附着力。若腻子变稠不好用，可加入适量酒精或虫胶漆重新调匀，可继续使用，不影响嵌补质量。

（2）硝基腻子

即以浓度约 10% 的硝基清漆为黏结剂与稀释剂调配的腻子。硝基腻子与虫胶腻子具有相同的优点及用途。所不同的是硝基腻子，可调成浅色、甚至白色，而一般虫胶清漆带有黄色相，不能调配出白色腻子，用漂白虫胶清漆才能调出白色腻子。其质量分数如表 6-7 所示。

涂层干燥过快或腻子变稠，可用硝基涂料的混合稀释剂（香蕉水）重新调匀后可继续使用。适用于作木家具涂饰嵌补洞眼、裂缝用。

表 6-6　　　虫胶腻子配比	
材料名称	质量分数/%
老粉	70～75
虫胶清漆（浓度约为 20%）	20～25
着色颜料	1～5

表 6-7　　　硝基腻子配比	
材料名称	质量分数/%
碳酸钙	60～70
硝基清漆	10～15
香蕉水	20～25
着色颜料	1～5

（3）油老粉

以清油作黏结剂，以有机溶剂作稀释剂，以老粉作填充剂调配的腻子。油老粉是木家具及其他木制品涂饰用的填纹孔涂料，其填纹孔的效果好，木纹清晰度高。特别是木雕制品填纹孔不可缺少的涂料。故在木家具涂饰中，应用较为普遍。其质量百分比如表 6-8 所示。

油老粉需配成薄糨糊状，以便用细软的棉纱头或毛巾进行揩涂。以利于将木材的纹孔全部填平，并使被涂面木纹清晰，色彩均匀。

（4）油性腻子

以各种清油（光油、苏子油、亚麻油等）、油性清漆（酯胶清漆、醇酸清漆、油性酚醛清漆等）作黏结剂，以有机溶剂（松香水、煤油、少量水）作稀释剂，以硫酸钙作填充剂，再加入适量着色颜料调配而成的腻子。其质量分数如表 6-9 所示。

表 6-8　　　油老粉配比	
材料名称	质量分数/%
老粉	60～70
清油	10～15
松香水	8～10
煤油	8～10
着色剂	1～5

表 6-9　　　油性腻子配比	
材料名称	质量分数/%
硫酸钙	60～65
清油（油性清漆）	10～15
松香水	8～10
煤油	8～10
颜料	1～5
水	2～4

调配时先将清油（油性清漆）、松香水、煤油混合均匀，然后加入硫酸钙及颜料，并充分搅拌成黏稠状时，最后再加水搅拌到看不见水珠为止。再让其静置 2h，以使硫酸钙充分

发胀，方可进行刮涂。配料时，切忌将硫酸钙先跟水调配，以防结成硬块。用清油作黏结剂比用油性清漆便宜，故应用较多。单用松香水作稀释剂完全可以，若能掺入部分煤油可提高腻子刮涂的润滑性。

加水是让硫酸钙发胀，使腻子增稠且变得松散，刮涂时不黏刮刀，涂层干后也易砂磨光滑，能提高涂饰效果。若腻子调好后当天不用，或当天没有用完，应把表面揿平，再加一层水跟空气隔绝，以防干结不能使用。油性腻子的成本虽较高，但对粗孔材的填孔效果较佳，故使用较为普遍。

从理论上讲，可用各种合成树脂涂料，如氨基醇酸清漆、聚氨酯清漆、聚氯乙烯清漆、丙烯酸清漆等均可作腻子的黏结剂，用于调配成各种腻子。要注意的是，用哪一种树脂清漆作黏结剂，就应以这种树脂清漆的溶剂来作腻子的稀释剂。用合成树脂涂料调配的腻子，均有着很好的填纹孔与嵌补洞眼的效果，但由于成本高，又要用有机溶剂作稀释剂，毒性大，故应用极少。只是由于一些面漆对腻子有特殊要求的涂饰，例如用聚酯涂料做面漆，往往要求相配套的树脂腻子来填纹孔，才能达到较强的附着力与涂饰效果。又如生漆涂饰，也要求用生漆调配腻子来填纹孔，方能获得最佳的涂饰质量。在这些情况下，必须采用树脂清漆来调配腻子。

6.8.3　树脂色浆

以树脂涂料为黏结剂，以所用树脂涂料的溶剂为稀释剂，以染料与颜料为着色剂，并用滑石粉与少量轻体碳酸钙为填充剂，及所用树脂涂料的微量助剂（固化剂、消泡剂等）等调配而成的填纹孔着色涂料。主要用于木家具涂饰时填纹孔与着色涂料。

用树脂色浆填纹孔与着色，不仅对纹孔的封闭性能好，而且着色效果也很好，木纹清晰度高，附着力强，故应用较广泛。

自 20 世纪 70 年代起，树脂色浆在上海家具行业获得应用以来，一直受到好评。直到现在不仅应用范围广，而且树脂色浆的品种也在不断增多。涂料厂专业生产为不饱和聚酯涂料配套用的聚酯色浆，并可加入色精调成多种色彩，以方便使用。

聚氨酯色浆的黏结剂是采用双组分聚氨酯树脂涂料的乙组分，即含有羟基的组分。这种色浆的储存期可达 6 个月以上，并没有异氰酸酯的毒性，但所用的溶剂中仍含有二甲苯，对空气有污染。可以刷涂，也可喷涂，涂后需用细软的棉纱进行揩涂，以将纹孔填平实，然后揩清被涂件表面浮粉，以使木纹清晰，色彩均匀。

6.9　其他涂料

其他涂料还包括酚醛、氨基、过氯乙烯、丙烯酸、不饱和聚酯等。

6.9.1　酚醛树脂涂料

酚醛树脂涂料是由酚醛树脂、干性油、溶剂、催干剂等而制得。由于酚醛树脂的类型不同，所以能制造出多种酚醛树脂涂料。酚醛树脂涂料是最早使用的合成树脂涂料之一，现在品种齐全，有 120 余种，自成体系。总的来说，其涂膜的硬度、光泽、耐热、耐水、耐碱、绝缘等性能均较好，故用途极其广泛，是木材、金属、混凝土、机械、电器等制品的良好涂料。主要缺点是色深、涂膜易泛黄，不适合涂饰白色、浅色制品，装饰性欠佳，仍属中低档涂料。

6.9.1.1 酚醛树脂

酚醛树脂是用苯酚（或甲酚、二甲酚）跟甲醛经缩聚作用而制成的一类树脂。由于所用原料的品种不同，以及酚类与醛类的物质的量之比、反应所用催化剂的不同，故所制得的树脂的性能也不相同，可分为热塑性和热固性两种类型。

（1）热塑性酚醛树脂

当苯酚的物质的量略超过甲醛的物质的量，在酸性催化剂（盐酸、硫酸、草酸）存在的条件下，便生成热塑性酚醛树脂，其数均相对分子质量一般在 500 左右，相应的酚环大约有 5 个，它是多种级份且具分散性的混合物。

（2）热固性酚醛树脂

当苯酚的物质的量小于甲醛的物质的量，在碱性催化剂（氢氧化钠、氢氧化钾或氢氧化钙）存在的条件下，便生成具有体型分子结构的热固性酚醛树脂。

（3）改性酚醛树脂

由于热塑性和热固性酚醛树脂都不能直接溶于油，无法用来制造涂料，所以需要进行改性处理，才能成为制造涂料的原材料。在涂料工业中，使用较多的改性酚醛树脂主要有松香改性酚醛树脂、醇溶性酚醛树脂及油溶性酚醛树脂。

① 松香改性酚醛树脂　是酚跟醛的缩聚物跟松香反应改性后，再用甘油酯化而制成。这类树脂的性能一般，多用于制造普通型涂料。

② 醇溶性酚醛树脂　是将酚与醛的缩聚物跟丁醇进行醚化反应而制成。多属热固性的，主要用于制造烘漆。

③ 油溶性酚醛树脂　是用对苯基苯酚或对叔丁基苯酚跟甲醛制得的产物。因这种树脂没有其他成分，只有酚醛树脂，又能溶于油，可直接用于制造涂料，故有纯酚醛树脂或 100％酚醛树脂之称。其涂膜具有高度的不渗水性，并具有耐腐蚀作用。油溶性酚醛树脂能跟醇酸树脂、聚丙烯酸树脂及硝酸纤维素等混合使用，可以提高这些树脂的理化性能。

（4）酚醛树脂的性能与用途

酚醛树脂具有较好的耐酸、耐碱、耐温、耐水性能，广泛用于涂料、胶料、塑料等工业产品的制造。

6.9.1.2 酚醛树脂涂料

常用的酚醛树脂涂料有以下三大类型：油溶性酚醛树脂涂料、醇溶性酚醛树脂涂料和松香改性酚醛树脂涂料。

（1）油溶性酚醛树脂涂料

① 组成成分　是用各种取代酚（如对苯基苯酚或对叔丁基苯酚）跟甲醛经缩聚反应所制的油溶性纯酚醛树脂、干性油、催干剂及有机溶剂（主要是二甲苯及松香水）等原材料而制成的涂料。

② 分类　通常根据油溶性酚醛树脂涂料的含油量不同，而分为短油度（含油量约为 30％）、中油度（含油量约为 45％）、长油度（含油量约为 55％）三类。

③ 性能与用途　其涂膜坚固耐用，有着良好的抗碱性、抗海水性和耐潮性。主要作为防腐、防水及绝缘涂料，如涂饰船舶、桥梁、车辆等产品。

④ 常用品种　现使用较普遍的有以下品种：

a. F01-15 纯酚醛：是用中油度纯酚醛树脂油溶液、催干剂及二甲苯制成，涂层可以自然干也可以进行烘干，涂膜坚硬且光泽度高、耐水性好。

b. F04-11 各色纯酚醛磁漆：用纯酚醛树脂的干性油溶液与颜料研磨，加入催干剂及二甲苯等制成，其涂膜具有良好的耐水与耐候性，光泽艳丽，附着力强，用于涂饰要求耐潮的木制品及金属制品。

c. F06-9 锌黄或铁红酚醛底漆：由纯酚醛油溶液、锌黄或铁红颜料及体质颜料经研磨，加入催干剂、二甲苯制成。其涂膜具有很好的附着力、耐水性及防锈能力，其中锌黄色用于铝合金制品的涂饰，铁红用于钢铁的制品涂饰。

（2）醇溶性酚醛树脂涂料

① 组成成分　由热固性或热塑性酚醛树脂用醇类溶剂进行醚化改性处理制得醇溶性酚醛树脂，再溶于醇类、苯类溶剂中而制得的涂料。

② 改性处理　由于单独用醇溶性酚醛树脂制得的涂料，其涂膜虽具有良好的耐水性、耐酸性，但易发脆，且涂层需要高温烘烤才能固化成涂膜。所以，在生产中常跟油或其他合成树脂配合使用，可制得涂膜坚韧、附着力强、耐腐蚀性好的涂料，其涂层也能在常温中自然固化成膜。

③ 常用品种的其性能及用途

a. F01-16 醇溶性酚醛清漆：由热塑性酚醛树脂溶于乙醇加入增塑剂、醇溶性染料制成。涂层干燥快，涂膜耐油性和绝缘性能好。专用于浸涂发电机绝缘纸。

b. F01-30，F01-36 等醇溶性酚醛烘干清漆：多由热固性酚醛树脂、乙醇、增塑剂等制成。漆膜具有很好的附着力、防潮性、绝缘性。多用于电器元件的涂饰。

（3）松香改性酚醛树脂涂料

① 组成成分　由松香改性的酚醛树脂、干性油、催干剂、有机溶剂等所制成的涂料。松香改性酚醛树脂一般用热固性酚、醛缩合跟松香进行反应，再用甘油或季戊四醇等多元醇进行酯化而制得。

② 分类　由于酚醛缩合中的酚与醛的品种及配比不同；酚醛缩合物跟松香的配比不同；酯化反应所用醇的品种及酯化程度的不同，因此可制成各种不同性能的松香改性酚醛树脂。通常是根据松香改性酚醛树脂跟干性油（桐油、亚麻油）的配比不同，将制得的涂料分为短油度（树脂∶油＝1∶2 以下）、中油度［树脂∶油＝1∶（2～3）］、长油度（树脂∶油＝1∶3 以上）松香改性酚醛树脂涂料。

③ 常用品种的其性能及用途

a. 短油度松香改性酚醛树脂涂料：涂层干燥较快，涂膜较硬，光泽较高，耐候性较差，要用二甲苯和松香水作溶剂，一般只适于室内制品的涂饰。其代表品种有 F01-14 酚醛清漆、F04-13 各色酚醛内用磁漆等。

b. 长油度松香改性酚醛树脂涂料：其涂层干燥较慢，涂膜附着力强、韧性高、硬度低、耐候性好。常用香水或松节油作溶剂。多用于室外制品的涂饰。其代表品种有 F01-1 酚醛清漆，F04-1，F04-89 各色有光、无光酚醛清漆。

c. 中油度松香改性酚醛树脂涂料：其性能介于长、短油度之间，可用于室内外制品的涂饰。代表品种有 F01-2 酚醛清漆，F04-15 各色酚醛磁漆，F06-1 和 F06-8 等各色酚醛底漆等。

综上所述，松香改性酚醛树脂涂度的品种很多。再加上材料来源广，价格便宜，应用广泛，故总产量占酚醛树脂涂料 50％ 以上。市场上所称的酚醛树脂涂料就是指的这类涂料，全国城乡都有销售。有清漆、磁漆、底漆、特殊用漆等。品种齐全，自成体系。广泛用于木制品、金属制品、室内装饰、交通工具、美术绘画、电器绝缘等涂饰，其涂层可以常温固化，也可烘干，烘干的涂膜性能优于常温固化的涂膜。

6.9.1.3 腰果改性酚醛树脂涂料

腰果涂料是用热带地区一种腰果树上结的形似鸡腰果子的壳榨出深棕色黏稠汁液，与干性油、高分子化合物聚合所制得的涂料。

腰果壳的主要成分为腰果酚，能跟醛类化合物反应制得酚醛缩合物，再用油进行酯化反应便可制成树脂。

腰果改性酚醛树脂涂料是用酚醛树脂跟腰果壳汁液、甲醛进行酚醛缩合反应，并用桐油酯化，加入催干剂、溶剂（二甲苯、松香水混合液）制成。这种涂料是一种外观呈紫褐色透明涂料，属自干型。其涂膜坚硬、明亮似镜，且耐热、耐磨、耐候、耐久、耐酸碱等性能都优于醇酸清漆和酚醛清漆。经实践证明，腰果涂料的涂膜经十余年使用后，其光泽仍保持不变，在很多性能方面可与天然漆相媲美，有新型天然漆之誉称。缺点是颜色较深，不宜用于浅色制品的涂饰。

代表品种有 F01-20 酚醛清漆，由腰果壳汁液、苯酚、甲醛、桐油反应制得腰果缩合物，再加入醇酸树脂、催干剂、二甲苯与松香水溶剂而制得。呈浅黄色透明状，属自干型，适用于木制品及农具的涂饰。

6.9.2 氨基树脂涂料

氨基树脂涂料根据其涂层固化的温度不同，可分为自干型与烘干型两大类。木制品涂饰只用自干型的，金属制品涂饰以烘干型为主。

6.9.2.1 氨基树脂（AC 酸固化）

氨基树脂主要品种有乙醇改性脲醛树脂、丁醇改性脲醛树脂、丁醇改性三聚氰胺甲醛树脂。

氨基树脂的突出优点：一是涂膜硬度高；二是色浅可制得水白色树脂，故其涂膜透明度好且不变深。所以在涂料工业应用甚多，特别是跟油改性醇酸树脂混合，可制成很多性能优异的涂料。主要溶剂为甲苯、二甲苯与丁醇。

6.9.2.2 木家具涂饰用氨基树脂涂料

（1）乙醇改性脲醛树脂涂料

① 调配方法　乙醇改性脲醛树脂涂料也称乙基化脲醛树脂涂料，使用时，在乙醇改性脲醛树脂的乙醇溶液（其固体含量约为 50%）中，加入树脂质量 1%～2% 的草酸或对甲苯磺酸作固化剂（可先配成浓度约 5% 的乙醇液备用），调匀后即可进行涂饰。加入固化剂的涂料，一般在当天用完，其有效时间为在常温下密封保存约 2d。若涂料黏度过高可用乙醇进行稀释。

② 涂层干燥的工艺条件　属快干涂料，其涂层最好放在较干燥的常温中进行干燥，约 10min 就能表干，实干约 30～60min。若在阴雨潮湿的环境中，涂层表干需 90min，实干要几小时。

③ 理化性能　其涂膜为不溶、不熔的聚合物，附着力强，封闭性好，透明度高，配套性能极佳（涂膜上可以涂饰各种面漆，均有很强的附着力）。

④ 应用　由于价格较便宜，涂饰方便，是一种较为理想的底漆。近年来，随着虫胶清

漆的价格高涨，致使此种涂料应用日益广泛，有取代虫胶清漆之势。

⑤ 缺点　由于这种涂料的其他理化性能欠佳，不宜作为面漆使用。含有一定数量的游离甲醛，环保性能差，有待继续改进提高。

（2）酸固化氨基醇酸树脂涂料（AC 酸固化）

① 涂料改性处理　因单独用氨基树脂作涂料的主要成膜物质，其涂膜虽坚硬但易脆，耐冲击性、弹性及附着力等机械物理性能欠佳。若与短油度半干性或不干性醇酸树脂相混合，可提高涂膜的韧性、弹性、保光性、保色性、耐碱性、耐水性、耐油性、附着力等，使之成为理化性能较全面的涂料。二者的混合质量比例，对涂料性能有一定影响，一般情况，氨基树脂多，涂层干燥快，涂膜硬度大，光泽好，脆性大，易龟裂；醇酸树脂多，则涂层干燥慢，涂膜韧性好，弹性大，附着力强，且成本也有所提高。现一般氨基与醇酸树脂的质量配比在 1：（0.4～0.8）。

还可在酸固化氨基醇酸树脂涂料中加入适量顺丁烯酸酐松香甘油酯、硝化棉来提高涂层的流平性与固化速度，并能增加涂膜的光泽度。

② 涂料溶剂的选择与配比　由于极性的丁醇对极性氨基树脂具有较强的溶解力，而非极性的二甲苯、甲苯、松节油、松香水等对非极性的醇酸树脂有较强的溶解力，故在制造丁醇改性氨基树脂时通常加入过量的丁醇，反应后剩余的丁醇便作为溶剂，制得固体含量约为 60% 的氨基树脂溶液。对于短油度醇酸树脂多用溶解力比较强的二甲苯作溶剂，制成固体含量约为 60% 的醇酸树脂溶液。涂饰时若黏度较高，根据两种树脂的配比不同，可用丁醇与二甲苯之比为 1：（3～7）的混合溶液作稀释剂。

③ 固化剂　酸类固化剂通常是浓度约为 10% 的盐酸乙醇溶液，其用量为氨基树脂质量的 7%～10%，根据涂饰时的室温确定实际用量。室温高则用量少，反之亦然。

④ 助剂　为改善涂层的流平性，并防止产生气泡、针孔、橘皮等缺陷，可加入适量浓度为 1% 的硅油醋酸乙酯溶液。

⑤ 组成成分　由以上分析可知，酸固化氨基醇酸树脂清漆是由改性氨基树脂、短油度醇酸树脂、丁醇与二甲苯混合溶剂、酸类固化剂、硅油流平剂所组成。

⑥ 理化性能　酸固化氨基醇酸树脂涂料具有一系列的优异理化性能，其涂膜经修整后平滑、丰满、透明度与光泽度高，坚韧耐磨，附着力强，机械强度高，并有一定的耐热、耐寒、耐水、耐油、耐化学药品的性能，可在 120℃ 条件下使用。

⑦ 涂层干燥条件　涂层在 25℃ 常温下，表干约 30min，实干约 3h；60℃ 实干约 15min，比油性涂料要快得多。

⑧ 应用　由于此种涂料的理化性能较好，且价格比高级合成树脂涂料便宜。所以，在国内外家具行业获得较广泛地应用，成为涂饰中高级家具的主要涂料之一。现广泛用于木家具涂饰的酸固化氨基醇酸树脂清漆，有 A01-3 氨基清漆、A01-13 脲醛清漆等。

⑨ 缺点　涂层固化成涂膜的过程中，会挥发出具有刺激性的游离甲醛；且涂层中的酸性固化剂会腐蚀金属，不能让涂料跟家具金属配件接触，不能用金属喷枪喷涂，也不能跟碱性的染料、颜料、填充剂混合使用，更不能直接用于涂饰带有碱性的制品（如混凝土地板或墙壁等），以避免发生不良化学反应，确保涂饰质量。

6.9.2.3　氨基醇酸树脂烘干涂料

① 组成成分　由丁醇改性氨基树脂与短（中）油度醇酸树脂，溶于丁醇与二甲苯混合溶剂而制成的涂料。由于氨基树脂是热固性，其涂层要加热才能固化，故称之为烘干涂料。

② 溶剂的配比　涂料所用丁醇与二甲苯混合溶剂，其配比一般为 1:（1~4），不同的配比会影响涂膜的丰满度与光泽度。故溶剂的配比应通过实验确定，哪种配比使涂膜光泽度最佳，就采用哪种配比。

③ 性能与应用　氨基醇酸树脂烘干涂料，由于不含酸类固化剂，所以对金属无任何腐蚀。它是一种性能优良的涂料，其涂膜附着力强，丰满度好，光泽度高，坚韧耐磨，耐高温、跟磷化底漆、环氧树脂底漆配套使用可达到防霉、防潮、防盐雾的要求。广泛用于金属家具、汽车、自行车、摩托车、缝纫机、电冰箱、电风扇、仪器仪表等制品的涂饰。另一特点是清漆颜色浅，涂膜透明度高，用作面漆不影响底漆的鲜艳度，可获得很好的装饰效果。

④ 黏度　氨基醇酸树脂烘干涂料的涂饰黏度，在 25℃ 左右的常温下，用涂-4 杯测量，以 30~40s 为宜。过低会造成涂层流挂，且固化后涂膜光泽度减少；过高则涂层流平性差，造成涂膜橘皮。冬季涂饰应让涂料隔水加热以降低黏度再用。

⑤ 涂层的干燥工艺　涂饰后先在常温下静放 15min，让涂层充分流平；然后进入 60℃ 烘房（烘道）干燥约 30min；再将温度升至 100~120℃，干燥约 90min，即得坚固的涂膜。如果干燥升温过快、过高，会使涂膜的理化性能减退，降低涂饰质量。

⑥ 品种　氨基醇酸树脂烘干涂料有各种清漆与各色磁漆，还有锤纹色漆（一般为铝粉色漆），品种较多，可根据不同的使用要求选用。常用品种有 A01-1，A01-2，A01-6，A01-7 等氨基烘干清漆，A01-3 双组分酸固化氨基清漆，A04-7，A04-9，A04-12 等各色氨基烘干磁漆，A04-60，A04-61 等各色氨基半光烘干磁漆，A04-81，A04-84 等各色无光烘干磁漆，A06-2，A06-3 等各色氨基烘干底漆，A07-1 黑氨基烘干底漆，A13-75，A13-90 等各色氨基烘干水溶性底漆，A16-51，A16-52，A16-53 等各色氨基烘干锤纹漆，A03-11，A03-12 等各色氨基烘干绝缘漆，已有 70 余种产品在各行各业普遍使用。

6.9.3　过氯乙烯树脂涂料

虽然单独将过氯乙烯树脂溶于有机溶剂可制成清漆，但其涂膜的附着力、柔韧性、光泽度等理化性能欠佳，使其应用范围受到限制。为满足各种使用性能的要求，尚应在涂料中加入其他树脂及增塑剂、助剂，以使其涂膜获得更好的理化性能。

6.9.3.1　过氯乙烯树脂

过氯乙烯树脂是由聚氯乙烯经氯化处理而制得的一类树脂。

过氯乙烯树脂可制成不同的黏度，其溶解性能随黏度降低而有所改进。黏度越高，其涂膜的耐久性与硬度也越大，但附着力也越低。作涂料用的过氯乙烯树脂的黏度比作抽丝与薄膜等用的要求低，以提高其溶解性与附着力。

涂料用的过氯乙烯树脂的含氯量应为 64% 或 65%，可使其溶解性能、附着力、热塑性、耐化学性获得较大的提高，能制成各种性能较好的合成树脂涂料。

过氯乙烯树脂极易溶于酯类、酮类及煤焦溶剂。将几种溶剂合理混合使用，可提高其涂层的质量与降低涂料成本。

6.9.3.2　过氯乙烯树脂涂料

（1）组成成分

① 相配套的树脂选择　跟过氯乙烯树脂相配合的树脂，应能很好地相互混溶，要使制成的清漆没有浑浊和析出现象，且色浅，所形成的涂膜透明度好，同时还要能赋予其涂膜以

优良的理化性能。常用相配合的树脂主要有以下几种：

a. 中油度亚麻仁油改性醇酸树脂：能提高过氯乙烯树脂涂料的附着力、光泽度及耐候性。一般选用格氏黏度为 2.5～3s（25℃），浓度为 50％的二甲苯溶液。主要是控制醇酸树脂的聚合度，聚合度过高则跟过氯乙烯树脂相混性就差，在涂料中不稳定，容易析出胶凝，影响涂料的质量。

b. 氯乙烯树脂：能提高涂膜的丰满度与光泽度，并具有增塑剂的作用。其用量一般为过氯乙烯树脂的 30％～50％。

c. 亚麻仁油改性季戊四醇醇酸树脂：能显著提高过氯乙烯树脂涂料的涂膜附着力与户外耐候性。但用量不能过多，否则会严重影响涂料储藏的稳定性。

d. 松香改性顺丁烯二酸酐树脂：能提高涂膜的硬度、光泽度、耐水性、耐磨性。其用量一般为过氯乙烯树脂质量的 30％，过多会影响涂膜户外耐久性、机械性能等。

e. 热塑性丙烯酸树脂：跟过氯乙烯树脂有良好的混溶性，并能获得很好的效果，使涂膜具有较理想装饰性，外观丰满、光泽度高、色浅不泛黄、户外耐候性好。其用量约为过氯乙烯树脂的 40％～60％，若过多会降低涂膜的防腐性能，并增加涂料成本。

在过氯乙烯树脂涂料中加入上述树脂，虽使其涂膜的某些理化性能得以提高，但也会相应降低涂膜的耐水性及耐化学品性能。加入量越多，影响就越大，其用量应根据使用要求来确定。

② 增塑剂的选择　增塑剂能防止已溶解的过氯乙烯分子重新聚结，从而达到提高涂膜柔韧性的目的，并有增强涂膜耐寒、耐热、机械强度、附着力等作用。对所用的增塑剂需具备以下条件：其一，在不同浓度范围内，跟过氯乙烯树脂溶液均有良好的混溶性；其二，能跟过氯乙烯树脂共同形成均匀的涂膜，不会在涂料中析出、挥发、氧化、树脂化，应具有稳定的化学性能；其三，没有腐蚀作用，并跟涂料中的其他树脂、助剂也有良好的混溶性。在过氯乙烯树脂涂料中应用较多的增塑剂有以下品种：

a. 磷酸类：这是一种有机酸，是溶解活性最强的增塑剂。主要品种有磷酸三甲酚酯，对涂膜的耐热性、耐老化性、耐燃性等有明显提高，但不耐严寒。另外尚有磷酸三苯酯、磷酸三丁酯等。

b. 邻苯二甲酸二丁酯：具有很好的增塑效果，应用广泛。缺点是挥发性过强，并影响涂膜耐热性。

c. 环氧乙酰蓖麻油酸甲酯：对涂膜的耐寒性、耐老化性能有明显提高。

d. 其他品种：尚有脂肪酸酯、氯化石蜡、五氯联苯、不干性油醇酸树脂等均有较好的增塑作用。在实际生产中，一般同时使用多种增塑剂，可使涂膜具有更好更全面的理化性能。

③ 溶剂的选择与配合　在过氯乙烯树脂涂料中所用的溶剂为酯类、酮类及煤焦类混合物。其中常以丙酮、醋酸丁酯为真溶剂，甲苯为稀释溶剂，它们的质量配比如表 6-10 所示。

实践表明，丙酮对过氯乙烯树脂的溶解力最强，但在涂层中挥发

表 6-10　　　　　　过氯乙烯树脂涂料溶剂配比

配比成分＼组别	1	2	3	4	5	6	7
醋酸丁酯	25	20	17	10	15	29	15
环己酮	25	20	18	15	10	50	40
甲苯	50	60	65	75	75	21	45

太快，易造成涂膜发白，且附着力低，故不能单独使用，用量不能过多。醋酸丁酯对过氯乙烯树脂的溶解力比丙酮低，其挥发速度较慢，形成涂层流平性好，但干燥时间长。所以混合溶剂的原则是以丙酮为主要溶剂，借助醋酸丁酯来调剂挥发速度，甲苯用作配用树脂及增塑剂的溶剂与涂料的稀释剂，并有降低涂料成本的作用。在潮湿环境中施工，涂层若易发白，应在混合溶剂中减少丙酮的用量，而增加醋酸丁酯或环己酮的用量，以防止涂膜发白。

④ 助剂　过氯乙烯树脂对于光与热的稳定性较差，导致树脂脱氧与脱氧而分解变质，所以需在涂料中加入适量热稳定剂与光稳定剂。

a. 热稳定剂：常用的热稳定剂有蓖麻油酸钡、低碳脂肪酸钡、环氧氯丙烷、低分子环氧树脂等，其中以蓖麻油酸钡的效果最好。热稳定剂的用量约为过氯乙烯树脂的 4%。

b. 光稳定剂：过氯乙烯树脂涂料的涂膜，受光（主要是光中紫外线）的作用，使树脂分子中的不稳定基团遭到分解破坏，造成涂膜变黄、变脆、龟裂等弊病，从而大大降低使用寿命。若在涂料中加入紫外线吸收剂，就能反射与吸收紫外线，使涂膜免遭紫外线的破坏，达到保护涂膜延长使用寿命的目的。这种紫外线吸收剂被称为光稳定剂。

（2）过氯乙烯树脂涂料的性能

① 强阻燃性能好　能降低木材及纤维制品的燃烧性，具有防火作用。

② 抗化学腐蚀性能强　在 45℃ 以下，对浓度为 90% 以下的硫酸、50% 的硝酸、各种浓度的盐酸、烧碱溶液、盐水、海水、酒精、矿物油等具有良好的抗腐蚀能力。

③ 具有较强的耐候性、保光性、附着力及机械强度；并有着很好的防霉、防潮及耐寒能性。

④ 装饰性能好　其涂膜经研磨抛光处理，有着很高的透明度与光泽度，使家具木材纹理清晰，色泽艳丽，从而具有很好的装饰性。

⑤ 涂层表干快　表干约 15min，实干约 30min，仅比硝基涂料稍慢。但由于过氯乙烯树脂有保留溶剂的特性，使涂层中的溶剂释放性差，涂层表干虽快，则完全干透却需较长时间。在涂层未干透前，其涂膜硬度、附着力等性能难以达到最佳状态。只要涂层完全干透，就会充分表现出上述优良性能。

⑥ 涂料的固体含量低　一般只有 20% 左右，每涂饰一次形成很薄的涂膜，涂饰多次方能达到涂膜厚度要求，致使涂饰工艺复杂化。

6.9.3.3　过氯乙烯树脂涂料常用品种及其应用

过氯乙烯树脂资源丰富，价格较便宜，其涂料的性能好，因此过氯乙烯树脂涂料近年来发展迅速，有取代硝基涂料之势。现有各种清漆与各色磁漆 50 余种，被各行各业所应用。也有防腐、防霉、防锈等专用过氯乙烯树脂涂料。品种较为齐全，以满足不同使用功能的要求。

由于过氯乙烯具有优异的装饰性与阻燃性，所以是高级家具与室内装修的理想涂料。目前在家具工业上的应用虽不及硝基涂料广泛，但性能优于硝基涂料，制造原料主要是由化工合成的高聚物，成本低，所以在应用方面比硝基涂料更有发展前途。

6.9.4　丙烯酸树脂涂料

丙烯酸树脂涂料是由各种丙烯酸树脂为主要成膜物质的涂料。根据涂料中的丙烯酸树脂的种类不同，可分为三种不同类型的丙烯酸树脂涂料。

6.9.4.1　丙烯酸树脂（PA）

　　丙烯酸树脂是各种丙烯酸酯、甲基丙烯酸酯及一定比例的其他不饱和烯属单体的共聚物。由于所选用的单体不同，所生产的丙烯酸树脂的性能也有所差异，可分为热塑性和热固性两类。

　　（1）热塑性丙烯酸树脂

　　这是一种线型结构分子的高聚物，其分子结构上没有活性官能团，在受热的情况下，不会自行交联（也不跟其他树脂反应）生成体型结构分子，只能软化，却仍恢复原来状态。因此，它只能作为优良发挥型涂料的原料。表 6-11 为各种热塑性丙烯酸树脂的组成质量配比。

表 6-11　　　　　　　　　　　　　各种热塑性丙烯酸树脂质量配比　　　　　　　　　　　单位：份

材料名称	树脂编号									
	1	2	3	4	5	6	7	8	9	10
甲基丙烯酸甲酯	42	42	23.5	24.74	25.14	26.8	30.32	—	—	—
甲基丙烯酸丁酯	42	42	63.3	45.1	49.5	54.68	29.54	96.0	88	93.76
甲基丙烯酸	6.0	6.0	4.22	5.0	5.0	5.0	5.0	4.0	—	—
丙烯腈	10	10	9.04	5.0	5.0	5.0	5.0	—	—	—
醋酸乙烯	3.3	3.3	—	20.0	15	8.3	—	—	—	—
苯乙烯	—	—	—	—	—	—	8.0	—	—	—
甲基丙烯酸酰胺	—	—	—	—	—	—	—	—	12	7.4
过氧化苯甲酰	0.33	0.33	0.46	0.4	0.4	0.4	0.4	1.5	—	0.2
调节剂	0.33	0.16	—	—	—	—	—	—	—	—

　　实验证明由两种或两种以上的单体共聚所得到的聚合物可以具有每一种单体单独所生成的聚合物的若干性能。这一理论是促进丙烯酸树脂发展的基础。如由甲基丙烯酸甲酯跟甲基丙烯酸丁酯或丙烯酸乙酯所制得的共聚物具有很好的硬度、色泽、保色性、耐腐蚀性、室外耐久性。若再加入丙烯酸或甲基丙烯酸，可改善涂膜的附着力和树脂的混溶性，进而可加入丙烯腈提高涂膜的耐溶剂性与耐油性等。所以热塑性丙烯酸树脂的品种随着所用单体的种类及配比的不同而不同。

　　（2）热固性丙烯酸树脂

　　此种树脂的分子结构上带有活性官能团，受热情况下或在催化剂作用下，会自己或跟其他外加树脂进行交联而变成不溶、不熔的体型结构分子的高聚物。所以生产热固性丙烯酸树脂，除需使用热塑性丙烯酸树脂所用的单体外，还应使用一些在分子结构上含有不饱和键及在侧链上具有可自行交联或跟其他单体官能团交联的活性官能团单体。

　　热固性丙烯酸树脂又分为加热固化型和加交联剂固化型两大类。加热固化型丙烯酸树脂溶液的涂层，加热到一定温度才能固化，适用于制造烘漆。加交联剂固化的丙烯酸树脂溶液，只需加入微量交联剂，其涂膜便可在常温下固化成坚硬的涂膜，可制成双组分涂料，作为高级木家具的涂饰。

　　这类树脂具有色浅、光泽度高、不易失光、不易变色、耐候性好的特点，尤其是热固性树脂的性能更为优越。可以制成保护性与装饰性优良的涂料，应用日益广泛。

6.9.4.2　丙烯酸树脂涂料（PA）

　　（1）热塑性丙烯酸树脂涂料

① 组成成分　由热塑性丙烯酸树脂、适量配套树脂溶于有机溶剂而制成。由于热塑性丙烯酸树脂和配套树脂的品种较多，所以可制得各种不同性能的热塑性丙烯酸树脂涂料，以满足不同使用功能的要求。常用的配套树脂有氨基树脂、过氯乙烯树脂、硝基纤维素等，能提高涂膜的耐油性、附着力、硬度等性能。

② 所用溶剂　热塑性丙烯酸树脂分子量较高，需用大量溶剂进行稀释，才能达到涂饰所要求的黏度，其固体含量一般约为20％。所用的溶剂为醋酸丁酯、环己酮、二甲苯、乙醇等的混合溶剂。

③ 理化性能及用途　涂膜具有良好的附着力、耐光性、耐候性、耐热性及防霉性，并跟过氯乙烯树脂涂料、硝基涂料的涂膜有很好的黏附力，可作为它们的中层涂料或底层涂料。特别适合用作各种金属制品及硝基、过氯乙烯等涂料的底漆，能提高整个涂膜的附着力。

④ 优缺点　优点是涂层干燥较快，常温表干仅10min左右，实干约1h；清漆色浅，透明度好。缺点是涂膜受热会软化，冷却后才能恢复原状，故只适合底漆用。

⑤ 常用品种　热塑性丙烯酸树脂涂料可制成各种清漆、磁漆、底漆。常用品种有B01-3，B01-5，B01-6，B01-8等丙烯酸清漆，B04-6，B04-12等各色磁漆，B06-1，B06-2等丙烯酸底漆。

（2）热固性丙烯酸树脂涂料

① 组成成分　由热固性丙烯酸树脂、适量配套树脂、增塑剂及有机溶剂等制成的涂料。常用的配套树脂有氨基树脂（可增加涂膜硬度、耐热性等）、甲苯异氰酸酯与三羟甲基丙烷加成物（可使涂层在常温条件下固化）等。

② 所用溶剂　所用的溶剂为醋酸丁酯、环己酮、二甲苯等的混合溶剂。

③ 理化性能及用途　热固性丙乙烯树脂涂料属烘干型涂料，其涂层需经高温150～170℃高温烘烤才能固化成膜。其涂膜色浅、透明度好、坚硬耐磨、光泽度高、丰满平滑，具有很好的装饰性，且耐热、耐寒。但涂膜的柔韧性欠佳，及对某些溶剂的抵抗性较差。可用于高级钢家具、高级轿车及其他高级金属制品的涂饰。

④ 常用品种　有B01-20，B01-31，B01-34等丙烯酸烘干清漆，B04-52，B04-53，B04-54等各色丙烯酸烘干磁漆，B16-51各色丙烯酸烘干锤纹漆等。

（3）丙烯酸木器涂料

丙烯酸木器涂料可用于涂饰高级木家具及其他高级木制品，已有较多的品种，每种品种有各自的组成成分与特性。常用品种有B22-1，B22-4，B22-2，B22-3等丙烯酸木器涂料。

① B22-1丙烯酸木器涂料

a. 组成成分：属加交联剂固化的热固性丙烯酸树脂涂料，为双组分包装，使用时再按比例混合均匀。组分一为甲基丙烯酸不饱和聚酯、促进剂的甲苯溶液；组分二为甲基丙烯酸酯改性醇酸树脂、引发剂的二甲苯溶液。

组分一中的甲基丙烯酸不饱和聚酯常由两种树脂（简称1号聚酯与3号聚酯）混合组成。1号聚酯是由己二酸、季戊四醇与甲基丙烯酸合成，外观呈棕色或深棕色黏稠状透明液体状。3号聚酯是由甲基丙烯酸、甘油、邻苯二甲酸合成，外观为棕色透明黏稠液体。1号与3号聚酯一般按1∶2的比例混合，以甲苯为溶剂，固体含量约为53％。涂饰时尚要添加的微量促进剂是环烷酸锌与环烷酸钴。

组分二中的甲基丙烯酸改性醇酸树脂常为53％油度亚麻油、桐油改性醇酸树脂跟甲基丙烯酸甲酯、甲基丙烯酸丁酯的共聚物，外观呈橙黄至橙红黏稠液体。涂饰时尚要添加微量引发剂为过氧化苯甲酰。

b. 混合比例及使用期限：涂饰时，将组分一与组分二常按质量比 1：1.5 混合，并用二甲苯来调节黏度（使涂料的固体含量约为 45%）。两组混合后的有效使用时间：气温低于 25℃为 4h；若气温为 28~35℃，最好在 2h 内涂饰完。

c. 涂层干燥温度及涂饰方法：每一次涂层在常温条件下，表干需 2h，实干需 24h。涂饰时常采取"湿碰湿"的方法，即每次涂层表干后（指触不黏），稍加砂磨，再涂饰下一道涂层，以缩短涂饰的周期。

d. 理化性能用应用：此种涂料是一种新型高级涂料，具有一系列优异理化性能，其突出优点是涂膜坚硬、外观丰满、光泽度高、保光性强、透明度好，经砂磨抛光处理后光滑明亮似镜，可获得很好的装饰效果；并具有较高的附着力与机械强度，能耐热、耐寒等。适用于高级家具、钢琴等贵重乐器的涂饰。

② B22-2 丙烯酸木器漆　由甲基丙烯酸酯、丙烯酸酯及苯乙烯共聚树脂、硝化棉、氨基树脂、增韧剂溶于酯、醇、苯类溶剂而制成。涂膜坚硬，有较好的光泽度，但较脆，耐寒性较差。适用于小木制品的涂饰。

③ B22-3 丙烯酸木器漆　由甲基丙烯酸酯与甲基丙烯酸共聚树脂、硝化棉、增韧剂溶于酯、醇、苯类溶剂而制得。

涂膜坚硬、光亮，并具有良好的耐水性、耐候性及附着力。可用于木制品的罩光面层涂料。这种涂料的固体含量均小于 15%，所用的混合溶剂与稀释剂的配比为：醋酸丁酯 20%、丁醇 20%、乙醇 10%、甲苯 50%。可用于硝基涂料与过氯乙烯涂料之间的中间涂层或底漆。

涂层干燥性能跟一般热塑性丙烯酸树脂涂料基本相同，常温表干仅 10min 左右，实干约 1h。同样可用于硝基涂料与过氯乙烯涂料之间的中间涂层或底漆。由于固体含量低，故应用不甚广泛。

④ B22-4 丙烯酸木器涂料　组分一由甲基丙烯酸、甘油、苯酐及甲苯制成；组分二由亚麻油醇酸树脂、甲基丙烯酸酯及二甲苯制成。

使用时将两个组分及过氧环己酮液按生产厂家规定的比例混合均匀即可涂饰。其涂层可在常温下自行固化成膜。其涂膜光泽度好，坚韧耐磨，适用于一般木制品涂饰。

丙烯酸树脂涂料早有正规品 30 多个，并在不断增加，特别是近年来发展很快，在家具行业中的应用日益广泛。由于它具有很多优异理化性能，尤其是清漆色浅、透明度高、装饰性能好，故是一种很有发展前途的涂料。

6.9.5　不饱和聚酯树脂涂料

6.9.5.1　不饱和聚酯树脂（UPE）

聚酯树脂是由多元醇与多元酸经缩聚反应而制得的一类树脂。若改变所用多元醇与多元酸的品种及其相对用量，便可制得一系列不同类型的聚酯树脂：线型树脂（用二元醇与不饱和二元酸制得）、交联型聚酯（用三元醇与二元酸制得）、不饱和型聚酯（用二元醇与全部或部分不饱和二元酸制得）。以不饱和聚酯的理化性能更为优异，品种较多，而获得广泛应用。故在此特进行较详细地讨论。

不饱和聚酯原料的选择：

① 二元醇的选择　聚酯中所用的二元醇的分子链越长，其涂膜的柔韧性就越大。最常

用的是1，2丙二醇、不仅能提高聚酯的柔韧性、抗水性及跟苯乙烯混溶性，而且来源充足价格便宜。其他的可采用乙二醇、1，3丁二醇、1，4丁二醇、二缩二乙醇等。用乙二醇制得的聚酯结晶性大，跟苯乙烯的混溶性差，稍经贮存就会从苯乙烯溶液中析出而分层。但跟1，2丙二醇混合使用（一般用量约为1，2丙醇的1/4），即可降低聚酯的结晶性而提高聚酯与苯乙烯的混溶性。但所用的二元醇不能含醚键，否则会增加聚酯对水的敏感性，因此若需要降低涂层的吸水性或提高聚酯与苯乙烯的混溶性，就不应采用含有醚键的二元醇，如一缩乙二醇。

② 二元酸的选择　制造不饱和聚酯树脂所用的不饱和二元酸最主要的是顺丁烯二酸酐，其他的有反丁烯二酸、甲基反丁烯二酸、甲叉丁二酸等多种。

为了提高不饱和聚酯与单体作用所生成的共聚物的伸缩率，除了采用不饱和二元酸外，通常还应加入适量的饱和二元酸，以增加不饱和聚酯树脂的塑性。常用的饱和酸有邻苯二甲酸酐、己二酸、癸二酸等。

需要提出的是，饱和二元酸用量多，则制得的涂料黏度高，其涂膜硬度低；反之，不饱和酸（顺丁烯二酸酐）用量多，则制得的涂料黏度低，其涂膜的硬度高。对涂料的使用要求来说，多希望其黏度较低，硬度高而不易脆为宜。

6.9.5.2　不饱和聚酯树脂涂料（UPE）

（1）组成成分

它是由不饱和聚酯树脂、不饱和单体、阻聚剂、引发剂及促进剂等组成的涂料。其中不饱和单体既能溶解不饱和聚酯树脂使之成为具有一定黏度的液体涂料，又能跟不饱和聚酯树脂发生化学反应共同成为涂膜，起着溶剂与成膜物质的双重作用，如苯乙烯。因此，不饱和聚酯树脂涂料也被称作无溶剂型涂料，其固体含量可达到95％以上。

不饱和聚酯树脂涂料在制造和储存的过程中，虽无引发剂与促进剂存在，但不饱和聚酯树脂跟单体溶剂仍会发生聚合反应。特别是当树脂跟单体在较高温度下混溶时，其聚合反应较为迅速；在储存过程中聚合虽较慢，但随储存的时间延长，聚合会逐渐增加，使涂料变稠，黏度升高直至胶凝而无法涂饰，将要大大地缩短涂料的储存期。为提高涂料的储存期，尚需在涂料中加入适量阻聚剂。所以阻聚剂也是不饱和聚酯树脂涂料不可缺少的组成部分。

① 不饱和单体的选择　不饱和单体是不饱和聚酯树脂涂料的重要组成部分，对涂料的性能有着重要作用，故需选用较好的品种。现以苯乙烯应用最广泛，因它不仅价廉，且能提高涂膜的质量。其次是乙烯基甲苯、丙烯酸酯、醋酸乙烯等单体也可使用。

② 引发剂的选择　引发剂能在高温（90～120℃）下或在促进剂的作用下快速分解出大量的游离基，促使不饱和聚酯树脂跟其溶剂单体进行聚合反应，以促使涂层达到迅速固化的目的。引发剂是一些过氧化物，使用较多的有过氧化环己酮、过氧化甲乙酮、过氧化苯甲酰等多种。

③ 促进剂的选择　促进剂的作用是使引发剂能在温度较低条件下，也能迅速分解出大量游离基，使加入引发剂的不饱和聚酯树脂涂料的涂层能快速聚合成坚硬的涂膜。使用较多的促进剂有环烷酸钴、二甲基苯胺、对甲苯亚磺酸、十二硫醇等。

需要指出的是，引发剂与促进剂的配合使用具有选择性，如引发剂用过氧化环己酮或过氧化甲乙酮，环烷酸钴是相配合最好的促进剂；若用过氧化苯甲酰作引发剂，则需用二甲基苯胺作促进剂效果最佳。

④ 阻聚剂的选择　阻聚剂可分为两类，一类称为阻缓剂，主要是降低树脂与单体的聚

合速度，而不能消除聚合作用，其加入质量约为树脂的 0.01%。应用较广泛的品种有对苯二酚、对叔基邻苯二酚、对甲氧基苯酚、三羟基苯、单宁、苯甲醛等。第二类称为稳定剂，主要作用是防止树脂在常温跟单体聚合，当温度升高时，即失去聚合作用，是涂料常温储存的良好稳定剂，常用品种有环烷酸铜、丁酸铜、取代肼盐、季铵盐等，其加入量约为千分之几。为了取得较好的阻聚效果，应在涂料中同时加入这两种阻聚剂。

（2）防止涂层被空气氧阻聚的措施

不饱和聚酯树脂涂料的涂层，由于受空气氧的阻聚，造成涂层的底层能聚合固化得很坚硬，表层却不会聚合成膜而发黏。这是因为不饱和聚酯树脂涂料的涂层聚合，所需的从引发剂与单体中产生出来的游基，被空气中的氧迅速反应掉。为防止涂层被氧阻聚而迅速固化成坚硬光亮的涂膜，可以采用下面任一种方法。

① 物体遮盖法　即用塑料薄膜、玻璃或不透气的纸张覆盖在被涂饰好的物面，待涂层固化后（大约经 20min），将覆盖物拿掉。现以薄膜封闭法为例，详细介绍涂饰过程。

先用适量苯乙烯将过氧化苯甲酰溶解成泡沫状，然后加入待涂饰的涂料中拌均匀。二甲基苯胺是液体物，只能用滴管滴入已称量好的并加入引发剂的涂料中，快速拌匀后，立即进行涂饰，若稍微延迟涂料就聚合胶凝不能涂饰。例如涂饰一餐桌面需 200g 涂料，先量取 200g 已加入引发剂的涂料，然后用滴管滴入 1～3 滴促进剂拌匀，立即倒在桌面中央，接着将塑料薄膜覆盖好，再用专制的手推橡皮辊筒（或油印辊筒）在薄膜表面把涂料向桌面周围推开推平，使之形成均匀的涂层，同时应注意将空气彻底排除掉。推好后仍将桌面平放好，搁置 15～20min，涂层便固化成光滑的涂膜，最后将薄膜拿掉。薄膜只要不破裂可持续使用。一般制品只需涂饰一次就能满足使用要求。如果需涂饰两次的，就用细砂纸在已固化的涂层表面砂磨一遍，并揩干净，仍按上述方法重新涂饰一次即可。

采用薄膜封闭法涂饰，其涂膜极为清洁、平整、光滑、明亮如镜，不需再进行涂膜修整处理。但只能涂饰板式部件的表平面，对部件的周边不好涂饰，对框架式产品更无法涂饰。

② 蜡封闭法　就是在涂料中加入熔点约为 54℃ 的石蜡，在涂层固化的过程中，蜡浮在涂层表面形成一层薄蜡膜将空气隔离防止氧的阻聚。蜡膜同时还起到减少苯乙烯挥发的作用。缺点是涂层固化后，去掉蜡层，涂膜的光泽度不如薄膜封闭的高，进行砂磨、抛光处理才能得到镜面般的光泽。

引发剂与促进剂的用量根据施工时的气温来定，气温高用量低，反之用量高。可以采用刷涂或喷涂。调配好的涂料应尽快涂饰完毕，以防胶凝。

③ 添加醋酸丁酸纤维素　在制造不饱和聚酯树脂时，当温度降至 150℃ 时，加入适量醋酸丁酸纤维素，充分搅拌，让其充分溶解，然后边搅拌边降温边加入苯乙烯，当温度降至 50℃ 以下，即可出釜包装。所加入的醋酸丁酸纤维素应是低黏度（落球黏度计 0.5s）并易溶于苯乙烯单体。在不饱和聚酯树脂涂料中加入醋酸丁酸纤维素，不仅其涂层能在常温中不用隔氧固化，而且固化后的涂膜不缩孔、硬度高、抗热性好。

④ 添加异氰酸酯　在不饱和聚酯树脂涂料中加入适量甲苯二异氰酸酯（TDI）或间二甲苯撑二异氰酸酯（XDI）、二异氰酸酯加成物（预聚物）。这样其涂层在固化成涂膜的过程中会发生两种化学反应：一是不饱和聚酯树脂跟苯乙烯的聚合反应；二是含羟基的不饱和聚酯跟异氰酸基的聚合反应。因后面的反应不受氧的阻聚，故能保证涂层充分固化成坚硬高光泽度的涂膜。其加入量应通过实验确定。

⑤ 导入"气干性"官能团：就是在不饱和聚酯树脂的支链上，导入一个"气干性"官

能团。可导入的官能团有烯丙醚基、烯丁醚基、醚基等。此种涂料的涂层不需再另行隔氧，并能在常温中固化成光滑的涂膜。

（3）不饱和聚酯树脂涂料的优点

① 固体含量高　不饱和聚酯树脂涂料中的活性单体（也称共聚单体）苯乙烯既是溶剂又是成膜物质，因此其固体含量可达 95％以上。

② 涂饰工艺简单　每涂饰一次其涂膜的厚度可达 $150\sim250\mu m$，一般只需涂饰两次就能达到涂膜厚度要求，能有效地减少涂饰的次数，简化涂饰工艺。

③ 属环保型涂料　由于不饱和聚酯树脂涂料的固体含量可达 95％以上，其涂层在固化成涂膜的过程中，涂料中的溶剂跟树脂共同反应结成涂膜，基本上没有物质挥发到空气中，对施工环境与大气不会造成污染，其涂膜对人体也无害。所以说它是环保型涂料，是其他合成树脂涂料所不及的。

④ 涂层固化速度快　其涂层可以加热固化，又可加入引发剂与促进剂在常温下固化，且固化速度较快，即在 $20\sim30℃$的气温中，只需 $15\sim20min$ 便能固化成坚硬涂膜。

（4）不足之处

① 需即调即用　涂饰时，需在涂料中安规定的比例加入引发剂与促进剂进行调配，且调配好以后，必须立即用完。

② 涂膜具有一定的脆性　其涂膜在使用的过程中，有可能发脆而产生龟裂的缺陷。并导致涂膜易被碰坏，且碰坏后也较难修复。特别是在涂料加入稍微过量的引发剂与促进剂，这种缺陷就更加明显。

③ 涂料储存稳定性欠佳　涂料储存的过程中，易产生胶凝变质而造成报废，储存期限较短，一般只有三个月。

不饱和聚酯树脂涂料属高级涂料，新品种不断涌现出来，已自成体系，有配套的腻子与底层涂料，有清漆与磁漆，有有光涂料与亚光涂料，还有烘干涂料、常温固化涂料及隔氧常温固化涂料等，可满足多种使用功能的要求。

6.10　涂料中有害物质限量

2010 年 6 月 1 日，相关室内装饰装修材料木器涂料中有害物质限量的两项国家强制性标准实施，《GB 18581—2009 室内装饰装修材料　溶剂型木器涂料中有害物质限量》和《GB 24410—2009 室内装饰装修材料　水性木器涂料中有害物质限量》分别对溶剂型和水性木器涂料中的有害物质限量做出了规定。表 6-12 和表 6-13 简要介绍这两项标准对有害物质的限量及相应的检测方法。

表 6-12　室内装饰装修材料　溶剂型木器涂料中有害物质限量

项目	限量值					检测方法
	聚氨酯类涂料		硝基类涂料	醇酸类涂料	腻子	
	面漆	底漆				
挥发性有机化合物（VOC）含量[a]/(g/L)≤	光泽(60°)≥80,580 光泽(60°)<80,670	670	720	500	550	GB 18581—2009 附录 A
苯含量[a]/%≤	0.3					GB 18581—2009 附录 B

续表

项目	限量值					检测方法
	聚氨酯类涂料		硝基类涂料	醇酸类涂料	腻子	
	面漆	底漆				
甲苯、二甲苯、乙苯含量总和[a]/%≤	30		30	5	30	GB 18581—2009 附录 B
游离二异氰酸酯(TDI、HDI)含量总和[b]/%≤	0.4		—	—	0.4(限聚氨酯类腻子)	GB/T 18446—2009
甲醇含量[a]/%≤	—		0.3		0.3(限硝基类腻子)	GB 18581—2009 附录 B
卤代烃含量[a, c]/%≤	0.1					GB 18581—2009 附录 C
可溶性重金属含量(限色漆、腻子和醇酸清漆)/(mg/kg)≤ 铅 Pb	90					GB 18582—2008 附录 D
镉 Cd	75					
铬 Cr	60					
汞 Hg	60					

注：a 按产品明示的施工配比混合后测定。如稀释剂的使用量为某一范围时，应按照产品施工配比规定的最大稀释比例混合后进行测定。

b 如聚胺酯类涂料和腻子规定了稀释比例或由双组分或多组分组成时，应先测定固化剂（含游离二异氰酸酯预聚物）中的含量，再按产品明示的施工配比计算混合后涂料中的含量，如稀释剂的使用量为某一范围时，应按照产品施工配比规定的最小稀释比例进行计算。

c 包括二氯甲烷、1,1-二氯乙烷、1,2-二氯乙烷、三氯甲烷、1,1,1-三氯乙烷、1,1,2-三氯乙烷、四氯化碳。

该标准适用范围为室内装饰装修和工厂化涂装用聚氨酯类、硝基类和醇酸类溶剂型木器涂料（包括底漆和面漆）及木器用溶剂型腻子；不适用于辐射固化涂料和不饱聚酯腻子。

表 6-13　　　　　　　　　室内装饰装修材料　水性木器涂料中有害物质限量

项　　目	极限值		检测方法
	涂料[a]	腻子[b]	
挥发性有机化合物含量≤	300g/L	60g/kg	GB 24410—2009 附录 A
苯系物含量(苯、甲苯、乙苯和二甲苯总和)/(mg/kg)≤	300		GB 24410—2009 附录 A.7.3
乙二醇醚及其酯类含量(乙二醇甲醚、乙二醇甲醚醋酸酯、乙二醇乙醚、乙二醇乙醚醋酸酯、二乙二醇丁醚醋酸酯总和)/(mg/kg)≤	300		GB 24410—2009 附录 A
游离甲醛含量/(mg/kg)≤	100		GB 18582—2008 附录 C
可溶性重金属含量(限色漆和腻子)/(mg/kg)≤ 铅 Pb	90		GB 18582—2008 附录 D
镉 Cd	75		
铬 Cr	60		
汞 Hg	60		

注：a 对于双组分或多组分组成的涂料，应按产品规定的配比混合后测定，水不作为一个组分，测定时不考虑稀释配比。

b 粉状腻子除可溶性重金属项目直接测定粉状外，其余项目是指按产品规定的配比将粉状体与水或胶黏剂等其他液体混合后测定。如配比为某一范围时，水应按照其用量最小的配比量混合后测定，胶黏剂等其他液体应按照其用量最大的配比量混合后测定。

标准规定了室内装饰装修用水性木器涂料和木器用水性腻子中对人体和环境有害的物质容许限量的要求、试验方法、检验规则、包装标志、涂装安全及防护等内容，适用于室内装饰装修和工厂化涂装用水性木器涂料以及木器用水性腻子。

6.11　涂料储存

无论是清漆或是色漆，若储存过期或是保管不妥，难免出现各种病态，严重的还会造成报废。为此，应了解产生病态的原因，及时采取预防措施，并对已出现的病态用针对性的措施进行补救，尽量减少损失。涂料在储存过程中易出现的主要病态有：浑浊、表面结皮、黏度增大、胶凝、肝化、清漆沉淀、色漆沉淀和变色。

6.11.1　浑浊

清油或清漆不透明，而呈现出模糊不清的现象，称为浑浊，也有称为发混。其常见原因及补救措施如下：

① 储存温度过低，导致清油、油性涂料中的蜡质析出，加温即能透明；涂料储存温度不宜过低，一般以 20℃ 左右的最好。

② 干料析出，特别是铅干料，易使透明涂料变浑浊。由于铅催干剂引起的浑浊可用加热（在施工前连同容器放入热水中隔水加热至 65℃）的方法除掉，但更有效的方法是陈化后过滤净化。涂料中混入水分，也会促进催干剂析出造成浑浊，因此涂料容器盖应盖紧，以防潮气进入和涂料中溶剂挥发。

③ 有水汽侵入合成树脂涂料（如聚氨酯等涂料）中，发生反应产生析出物；此种情况难以补救，加入少量丁醇可能略有好转。

④ 涂料中的真溶剂挥发过多，使涂料中树脂析出，造成浑浊，可补充该涂料的真溶剂来解决；对于含油脂的涂料开桶使用时，可相应加入一些松节油、松香水等溶剂来消除。但对严重成糊状的浑浊可能已变质，则难以补救。

6.11.2　表面结皮

涂料在储存过程中往往在表面结出一层很薄的皮，常见于氧化干燥性涂料，如油性漆、油性腻子和自干型合成树脂清漆等。开桶使用时必须揭去薄皮，否则碰碎混入涂料中成为颗粒，涂饰后会影响漆膜的平整度与附着力。

（1）产生原因

表面干燥、干料添加过多或用桐油制的涂料；包装容器未盖严，造成溶剂挥发与空气进入使涂料氧化聚合而结成皮；容器储存的涂料过少，容器内的空气多，以致被氧化结皮；涂料储存温度高或阳光照射的场合。

（2）预防方法

涂料尽量装满容器；储存涂料的容器应盖严密；大包装容器的涂料已用掉一部分，应改用小包装密盖或加入少量溶剂使之浮于涂料表面以防结皮；涂料容器中通入氮气保护；添加抗结皮剂，如邻甲氧基酚、苯酚、邻苯二酚、丁醇、丁基乙醇酸盐等。

（3）补救措施

容器中的涂料表面若已结皮，开桶后用刮刀将漆皮铲离桶边，然后用手轻轻揭去，如软的漆皮可另加溶剂使之充分溶解，再用 200 目筛网过滤，跟原涂料掺和使用，但要严防破碎漆皮混入涂料中。

6.11.3　黏度增大

黏度增大即涂料变成黏稠状，不能涂饰。这是涂料在储存过程中，可能发生化学反应，导致黏度日渐增加，超过正常施工所需求的黏度。

（1）产生原因

一般涂料在储存过程中会发生缓慢的化学反应，而使其黏度随着储存期的延长，而逐步增大；包装桶未盖严密，使桶内涂料中溶剂挥发导致黏度变大；储存温度过冷使黏度自然增加；储存温度过高使涂料在化学反应加剧而变厚，甚至发生胶凝而报废，储存时间过长，超过了所允许的期限。

（2）预防方法

储存容器应盖严密，不得泄漏涂料和溶剂蒸气；炎热季节应对仓库进行降温；寒冷季节使用涂料时，涂料黏度过高可通过提高涂料或涂饰施工环境的温度来降低涂料的黏度；应使涂料在允许的储存期限内应用完。

（3）补救措施

若发现某一涂料开始变厚，可适当增加该涂料的溶剂来降低其黏度，并争取尽快使用掉。如对醇酸涂料和氨基烘漆可酌量加入丁醇溶剂来解决，对聚氨酯涂料加入少量醋酸丁酯或聚氨酯稀释剂，使之恢复到原来的黏度。

6.11.4　胶凝

涂料的黏度不断增加而成为半柔软的块状物的现象称为胶凝。

（1）产生原因

一是由于清漆在制造过程中，其树脂或油料聚合反应过度，在储存中易胶凝；若将这种聚合过度的清漆跟颜料研磨成色漆后，易把微细的颜料粉末逐渐粘接成块，变成胶凝；二是由于涂料超过储存期限，而逐渐变质成胶凝。

（2）预防方法

涂料制造厂家应严格控制涂料树脂、油料聚合反应的程度，不能过度；应使涂料在允许储存期限内用完；在色漆中增补适量分散剂。

（3）补救措施

一般色漆的胶凝是一种物理现象，可通过研磨使之恢复，但应立即使用掉；如果是活性颜料（如铁蓝等）跟聚合过度的清漆研磨而成的色漆，产生胶凝现象，可加入少量有机酸（如苯甲酸或松香液）就能恢复正常；桐油胶凝时间过长，可加入约 2% 的甘油，再加热便能复原。

6.11.5　肝化

色漆变成形似猪肝的胶性块状物的现象称为肝化。

（1）产生原因

这是由于色漆中酸价高的漆基跟盐基性颜料起皂化反应所致。通常是由色漆中的氧化物或红丹粉跟酸价高的天然树脂（如松香及其衍生物）发生化学反应而产生肝化现象。

（2）预防方法

涂料制造商应严格控制涂料树脂的酸价，使之低于允许的数值。

（3）补救措施

这是涂料的质变，一旦发生就难以补救。如果还不太严重，可试做填纹孔涂料，如调配成油性腻子或油老粉。

6.11.6　清漆沉淀

清漆在储存过程中底层产生模糊不清沉淀物的现象。

（1）产生原因

由于清漆中含有过量的杂质或不溶性物质；清漆中含有铅催干剂遇冷很容易产生硬脂酸铅沉淀物，一般清漆若长期不盖暴露在空气中或遇冷，会发生沉淀现象。

（2）预防方法

用200目以上的筛网过滤，适当提高储存温度；包装容器应盖严密；适量加入涂料的溶剂。

（3）补救措施

沉淀不严重的，可适当加入该涂料的真溶剂或提高其温度，并充分搅拌，沉淀有可能会消失。若仍有沉淀物，可用200目以上的筛网过滤，则可基本消除掉。沉淀严重的，有可能出现胶凝，则沉淀部分便难以使之恢复；若能用溶剂稀释，则可用于调配油性腻子。

6.11.7　色漆沉淀

色漆沉淀指色漆在储存过程中，其容器底部结成硬块，难以搅拌分散的现象。如果色漆中虽有一部分颜料下沉，但通过搅拌仍能均匀分散开来，则不属病态。

（1）产生原因

主要原因是色漆中的颜料相对密度较大、颗粒较粗或体质颜料过多；漆基变质；在制造中研磨不够，分散不均匀或未加防沉剂；超过储存期限。

（2）预防方法

在储存期间，可按一定时限（如半个月左右）将储存器皿倒放或横放1～2h，然后再恢复竖放。

（3）补救措施

涂饰施工时，应充分搅拌均匀，直到没有沉底结块为止。如沉底结块很难搅散，可将上面液体部分倒在另外空的桶内，然后加少量溶剂，用干净木棒将沉底部分先搅拌均匀，再将倒出的液体部分重新倒入搅匀，经120目筛网过滤方可使用。对于无法搅散的严重结块应做报废处理。

6.11.8　变色

涂料在储存过程中，颜色发生变化的现象称为变色。

（1）产生原因

涂料中的各种成分跟其盛载的铁桶发生化学反应引起变色。如酯类等易水解的溶剂会跟铁容器反应而形成黑色铁化合物，松节油能跟铁容器反应生成棕红色的色素，酸性树脂（主要是合成树脂）也会跟铁反应而生成红色素，虫胶清漆中的虫胶片也能跟铁反应而发黑等。色漆在储存过程中因下列原因也导致色变，如储存空气不足会使色漆中的铁蓝褪色，色漆中相对密度大的颜料下沉而引起色变，颜料耐溶剂性差或受漆中酸性物质影响而导致色变，色漆中的金属颜料往往受色漆中游离酸作用而失去鲜艳光泽变得发乌或变绿等。

（2）预防方法

对于易跟铁起化学反应的涂料，最好不用铁容器包装，否则应尽快用完；制造色漆应选用耐溶剂性好的颜料，对金属颜料最好是跟漆基分两罐包装，使用时再将两者混合均匀，对易产生颜料沉底色漆应定期倒放或横放。

（3）补救措施

对于那些由于化学反应而产生的变色，则难以使之复原。色漆中的铁蓝由于空气不足而发生色变，只要暴露在空气中便能恢复原色。色漆若是因颜料的下沉而引起的变色，只要搅拌均匀便能立刻恢复原色。

6.12　颜料

颜料是一种微细粉状物，不溶于水、油及其他有机溶剂，但能分散在溶剂中，成为悬浊液，呈不透明状态。

6.12.1　颜料的应用

（1）用于制造色漆

不仅能使涂膜呈现所需的色彩，而且能改善涂膜的理化性能，如涂膜的硬度、耐候性、机械强度等。若在桥梁涂料中加入云母氧化铁，就能有效地提高涂膜的耐候性与防腐性能，这是因为云母氧化铁具有鳞片状结构，在底漆中，由于片状颜料的叠覆，能很好防止水蒸气浸入，减少紫外线对涂膜的破坏，从而起到较好的保护作用。

（2）用于制造填纹孔涂料

涂饰单位在进行涂饰时，用各种颜料调配填纹孔涂料，如调配水性腻子、油性腻子、树脂色浆等，以对木家具进行填纹孔、嵌补洞眼裂缝及基础着色。现在，有不少家具生产企业，仅用颜料对木家具进行着色处理，不再用染料水溶液染色。

6.12.2　颜料的通性

颜料的通性指颜料的分散度、吸油量、遮盖力、着色力及耐光、耐候、耐酸碱、粉化性等性能，现分别予以介绍。

（1）分散度

颜料分散度是其颗粒的聚集体在漆基中分散的难易程度和分散后的状态。颜料的分散度跟其本身的性能（如极性）及制造方法、颗粒大小等因素有关。颜料的分散度越高，其着色力和遮盖力就越强，涂膜的附着力与光泽度也就越好，其色漆也不易产生絮凝、结块、沉淀、悬浮等缺陷。但其吸油量会有所增加。

（2）遮盖力

遮盖力指色漆涂膜中的颜料遮盖被涂物表面，而不使其透过涂膜显露出来的能力。常用涂膜遮盖被涂物单位面积所消耗颜料的克数来表示。颜料的遮盖力越强，用量就越少，也就越经济。

（3）着色力

着色力指某一种颜料与另一种颜料混合后形成颜色强弱的能力。如用铬黄与铁蓝混合生产各种色调的铬绿，若生产相同色调的铬绿，铁蓝的用量就取决于它的着色力。着色力强，用量就越少。所以颜料的着色力越强就越好。

同一种颜料，由于生产方法不同，储存时间不一，不仅颜色有差别，而且着色力也不一样。一般来说，颜色的颗粒小、分散性好、储存期短，其着色力就强。

（4）吸油量

对 100g 的颜料一滴一滴地加入亚麻仁油，并边滴边用刮刀捏合，随油滴不断滴入，颜料由松散状而逐步捏合成粘连状，直到使颜料刚好全部捏成团而所消耗油的克数，即为该颜料的吸油量。也就是一定量的颜料用同一种油料调成相同黏度时对油的吸收量。调配色漆或油性腻子时，吸油量大的颜料则耗油也就多，经济性就差。

（5）耐光性

耐光性指颜料对光作用的稳定性。任何颜料在光线长期作用下，其颜色与性能将会发生变化。耐光性强的颜料，保色性强，难以褪色。颜料耐光性直接影响制品的美观性，特别是室外制品的涂饰更要选择耐光性好的颜料或色漆。

（6）耐溶剂性

耐溶剂性指颜料与溶剂接触时是否产生褪色现象的一种性能。耐溶剂性强的颜料在色漆中难以褪色，保色性强。耐溶剂性差的颜料不宜作色漆用，否则影响色漆的颜色。一般无机颜料的耐溶剂性比有机颜料的要好。多数有机颜料跟溶剂混合在一起，都有程度不同的褪色现象。

（7）耐酸碱性

耐酸碱性指颜料跟酸、碱性物质混合在一起，是否产生褪色或分解现象的一种性能。如铁蓝或铬黄遇碱会分解成别的物质。而群青不耐酸，遇酸就变为无色。所以颜料的耐酸、碱性应好，实际应用时应特别注意这一特性。

（8）粉化性

粉化性指颜料（如钛白粉）制成色漆成膜后，经过一定时间的暴晒，涂膜中的主要成膜物质被破坏，涂膜中的颜料就不能牢固地继续留在涂膜里而形成粉层往外脱落的一种性能。颜料的粉化性大，影响涂膜的使用寿命。故在生产中要加以改善，减少粉化性。

6.12.3 颜料的种类及性能

颜料的品种很多，按其化学成分可分为有机颜料与无机颜料，按来源可分为天然颜料与人造颜料；按其色彩可分红、黄、蓝、黑等多种；按其在涂料与涂饰中的作用可分为体质颜料与着色颜料。现将涂料和涂饰工业中常用的体质颜料和着色颜料介绍如下。

6.12.3.1 体质颜料

体质颜料又称填充料，是一种在涂膜中几乎没有遮盖力和着色力的白色颜料。在涂膜中不能阻止光线透过，但能增加涂膜的厚度，提高涂膜体质，使涂膜耐磨、耐久，故有体质颜料之称。体质颜料大多是工业副产品，来源广，价格便宜，所以在涂料与涂饰工业中得到极为广泛的应用。有以下常用品种：

（1）碳酸钙（$CaCO_3$）

有天然与人造的两种。天然产品俗称老粉、石粉、大白粉、胡粉、白垩粉等，均为石灰石粉末，质地粗糙，密度较大，故又有重体碳酸钙之称。人造的称为沉淀碳酸钙，质量较纯，颗粒较细，密度较小，故有轻体碳酸钙之称。两种都带有碱性，易吸水汽，但不溶于水，而溶于酸。多用于平光色漆和水粉漆中，在有光漆中少量使用。能改进色漆的悬浮性，中和漆料的酸性。天然的多用于制造厚漆与填纹孔涂料。

（2）硫酸钙（$CaSO_4$）

俗称石膏粉，其最大的特性是吸水性强，遇水会结块，故不宜先直接跟水调配。在涂料施工中，常用于调制成各种油性腻子，在色漆中较少应用。

（3）硫酸钡（$BaSO_4$）

天然产品称为重晶石粉，人造的称为沉淀硫酸钡。是中性颜料，具有耐酸、耐碱、化学稳定性能好等优点。主要用于制造底漆、腻子等。人造的比天然的质地细软，颗粒细小均匀，吸油量也略大，多用于制造调和漆、底漆和腻子。

（4）滑石粉 $[MgH_2(SiO_3)_4]$

属镁化物，由天然产品经过加工磨细而得。其质轻软滑腻，调入色漆中能防止颜料下沉，并能提高涂膜的耐水性与耐腐性。尚能减少涂膜的内应力，延长涂膜的使用寿命，对涂膜具有一定的消光作用。

体质颜料除了上述品种外，还有高岭土、石棉粉、云母粉、石英粉、硅藻土等品种，也获得了较广泛的应用。

6.12.3.2 着色颜料

涂料工业利用着色颜料制成各种色彩的色漆。在涂饰施工中常用着色颜料对木家具进行基础着色。常用的着色颜料有红色颜料、黑色颜料、黄色颜料、白色颜料、蓝色颜料等。现分别介绍它们的品种。

（1）红色颜料

① 铁红（F_2O_3） 俗称西红，是一种着色力和遮盖力都较强的红色颜料。其颜色变动于橙红与紫红色之间，多数红中带黑，不够鲜艳。能耐光、耐热、耐碱、耐弱酸。性能比较稳定，来源广，价格便宜，故应用很广。

② 银朱（HgS） 俗称朱砂，呈鲜红色粉状。具有较强的着色力与遮盖力，并耐酸、耐碱、耐候，不易褪色。在仿古建筑装饰中应用较多（常加入广漆中配色）。

③ 红丹（Pb_3O_4） 又称铅丹，呈艳丽的橘红色粉状，是一种优良的防锈颜料。具有铅毒，主要用于防锈涂料的着色。

④ 铅铬红（$PbCrO_4 \cdot PbO$） 又称铅铬橙，固体颗粒粗细不同，所呈现的颜色有别，颗粒微细者为红色，颗粒较粗者显橙色。这种颜料的结晶为正方形，性能较稳定，即使在600℃高温下也不变色，耐光性也较强。并能钝化黑色金属，具有很好的抗腐蚀与防锈能力。但着色力与遮盖力欠佳，故应用不广泛，主要用于防锈涂料。

⑤ 钼铬红 由钼酸铅、铬酸铝及硫酸铅按一定的比例组成。其决定条件是组成后的结晶形状，只有在形成稳定的四方形结晶形状时，才能形成鲜艳红色的颗粒。其中钼酸铅的含量为 $10\% \sim 15\%$，过多过少都不理想。这是一种着色力强，耐光与耐热性能好的颜料，并能跟有机颜料配合使用。可用于室外制品的装饰。

⑥ 镉红（$3CdS \cdot 2CdSe$） 由硫化镉与硒化镉两种成分组成。一般硫化物占 55%，硒化物占 45%，为鲜红粉状，具有很好的着色力、遮盖力、耐候性、耐光性。若呈深红色，则着色力减小，而耐光性增强。因价格较昂贵，应用不广泛，多用于制造耐高温等特殊涂料及搪瓷着色。

⑦ 大红粉 属有机颜料，呈鲜红色粗粒粉状，质地轻软，遮盖力强，耐热、耐光、耐酸碱，微溶于油，是涂料工业常用的红色颜料。

⑧ 甲苯胺红　又称猩红，吐鲁定红。呈鲜红色粉末状，具有高度的耐光、耐水、耐油、耐酸碱性及较好的遮盖力，质地轻软，易于研磨，是一种较为理想的红色颜料。

（2）黑色颜料

① 炭黑　炭黑的主要成分是碳，其中尚有少量的氧、氢及灰粉。是一种化学稳定性最好的颜料，酸、碱对它不起作用，在光与高温作用下，也不发生变化。具有极高的着色力和遮盖力及惰性。炭黑的吸油性很高，平均可达 180%，是用得最多的黑色颜料。

根据生产炭黑的方法不同，可把炭黑分为槽黑、灯黑、炉黑等多种，槽黑的颗粒最小（约为 20～30nm），着色力和遮盖力都很强，但吸油量高（8～20L 亚麻油/kg）。主要用于制造正黑色涂料。灯黑的粒度比槽黑的粗（平均粒径为 120～180nm），黑色强度、着色力及遮盖力远比槽黑低，但吸油量少（4～8L 亚麻油/kg），且具有黄色和蓝色的色相。其中蓝色相最适宜于人的眼睛，适用于制造灰色及中间色调的色漆。炉黑的颜色几乎跟灯黑相同，但更灰一点，其光泽接近槽黑，也具有十分明显的蓝色色相，粒度比灯黑的小（平均直径为 30～80nm），吸油量为 3～4L 亚麻油/kg，适用于配灰色系统色漆，使灰色的色相好看。

② 铁黑（$Fe_3O_4 \cdot H_2O$）　是一种着色力和遮盖力都较强的颜料，对光与大气有较好的稳定性，并耐碱。在色漆中能增强其涂膜的坚固性，且具有一定的防锈能力。

在涂饰施工中，主要用黑色颜料来调配其他色彩，使浅色变成深色，如使艳丽的红色变成暗红色、棕红色；使白色变成淡灰、深灰等色。也可用墨汁代替黑色颜料调配填纹孔涂料的色彩，也能取得较好的效果。

（3）黄色颜料

① 铁黄（$Fe_2O_3 \cdot H_2O$）　俗称茄门黄，颜色变动于浅黄与棕黄之间。遮盖力和着色力较强，耐光，耐碱，但能溶于酸。在 150～200℃温度下，会脱水变成铁红。铁黄无毒，来源广，价格便宜，故应用很广泛。

② 铅铬黄（$PbCrO_4 \cdot XPbSO_4$）　简称铬黄，由于它的颜色纯正，具有较高的着色力与遮盖力及良好的耐大气性，所以自 19 世纪初开始，直到今天，在涂料工业得到广泛的应用。铅铬黄的主要成分是铬酸铅，或是铬酸铅与硫酸铅的混合物。其颜色随铬酸铅的增加而黄色变深，可分为深铬黄、中铬黄、浅铬黄、橙铬黄等多种。而随着硫酸铅的增加其遮盖力、着色力及耐候性有所降低。表 6-14 为铬黄颜色与铬酸铅含量的关系。

③ 耐晒黄 G　又称汉沙黄 G，是乙酸乙酰苯胺的衍生物。是一种略带红色光的柠檬黄色的颜料，具有鲜艳的色泽，有很强的耐晒与耐热能力。着色力是铬黄的 3～5 倍，遮盖力与耐酸的性能也较好，且无毒，是一种较理想的黄色颜料。

（4）白色颜料

表 6-14　　铬黄颜色与铬酸铅含量关系　　单位：%

颜色	铬酸铅	硫酸铅	氢氧化铅	组成成分
深铬黄	90～98	—	0～10	$PbCrO_4$
中铬黄	75	25		$3PbCrO_4 \cdot PbSO_4$
浅铬黄	50	50		$PbCrO_4 \cdot PbSO_4$
橙铬黄	50～60	—	40～50	$PbCrO_4 \cdot Pb(OH)_2$

在各种色漆生产中，白色颜料的用量最多。它除用于制造白色涂料外，其他浅色、复色涂料也多以白色颜料为主。制造涂料用的白色颜料应具有的特性为：折光指数要求在 1.94～2.70，数值高，其不透明度与遮盖力强；外观白度好；分散性能好；具有较好的耐候、耐光性。

① 钛白（TiO_2）　这是一种较好的白色颜料，不但白度纯白，着色力与遮盖力都很强，而且耐光、耐热、耐碱、耐候、耐稀酸等化学性能都很好，且无毒。为此在涂料工业中应用

越来越多，主要用于制造白色与浅色涂料。目前工业上使用的有两种类型的钛白：一种是锐钛型，另一种是金红石型。锐钛型的晶格空间大，所以不稳定，耐候性差，易粉化。金红石型的晶格较密，耐候性好，不易粉化，硬度也大于前者。

② 锌钡白（$ZnS \cdot BaSO_4$）　俗称立德粉，是由硫化锌及硫酸钡溶液相互作用而生成的等分子化合物。再经过沉淀、焙烧改进其物理性能，使其颜色洁白，着色力强，遮盖力好。它的缺点是不耐酸，遇酸生成硫化氢气体。但耐碱性强，对碱不起反应。耐光性差，在阳光作用下会逐渐变得灰暗，这是锌钡白中的硫化锌分解为硫与锌的缘故。

用锌钡白制成的色漆涂膜，耐候性差，易粉化，不宜用于户外制品的涂饰，现在锌钡白的使用在逐年减少，仅用于低级产品中或底漆中。

③ 锌白（ZnO）　颜色纯白，具有良好的耐光、耐热与耐候性能，着色力强，不易粉化。但遮盖力不如钛白与锌钡白，故很少单独使用，经常跟钛白及锌钡白混合用于户外涂料，以提高涂膜的耐光性与粉化性。

锌白是碱性颜料，与油基漆或油料中的脂肪酸反应生成锌皂，能增加其涂膜的光泽与不透水性，并有阻止金属氧化的作用。锌白还可以减少干性油变黄的程度，有防霉作用，极细的锌白使其色漆涂膜不易变脆及破裂。

还有一种含铅锌白，即在锌白中含有约5%的碱式硫酸铅。含铅锌白用于色漆中，使漆液不易变稠，其涂膜防锈性能好，适于做防锈涂料。

④ 锑白（Sb_2O_3）　外观洁白，遮盖力略次于钛白，跟锌钡白相似，但耐候性优于锌钡白。耐光与耐热性能好，粉化性小，并无毒。可与锐钛白混合用于制造白色涂料，以减少其涂膜的粉化性。由于锑白在涂料中能起抑燃作用，所以主要用于制造防火涂料。其防火机理是锑白在高温下能跟含氯树脂反应，生成的氯化锑能阻止火焰蔓延，获得防火作用。

（5）蓝色颜料

① 酞菁蓝　是一种较为理想的有机颜料，色泽鲜艳，着色力强，耐光、耐热等化学性能优异。近年来其用量增加很快，有取代铁蓝与群青之势。现在市场上出售的有三个品种：一为β稳定型酞菁蓝，色光蓝绿，抗絮凝性及分散性好，可用于制造各种色彩的色漆；另一种为α稳定型酞菁蓝，色光偏红蓝，着色力强，但分散性及抗絮凝性不如β型，仅用于相适应的涂料品种；还有一种α非稳定型酞菁蓝，遇芳香族等溶剂转变成β型，着色力大幅度下降，色调变暗，因此不能跟芳香族等溶剂共同使用。

酞菁蓝虽是较为理想的蓝色颜料，其用量也在逐年增加，但在涂料中仍然会出现絮凝、反稠等问题。所以用于色漆中，还应注意酞菁蓝的品种、溶剂的种类、分散方法及助剂的使用等问题，才能防止色漆絮凝与反稠等问题的出现。

② 铁蓝　因铁蓝产品不是一种简单的化合物，根据制造的方法不同，而冠以不同的名称。例如：普鲁士蓝、米洛里蓝、华蓝等。铁蓝色调因技术条件要求的不同，可分为青光、红光、青红光铁蓝等品种。铁蓝的着色力很高，耐光和耐候性能良好，并耐弱酸。但遮盖力不太强，尤其是不耐碱，即使稀碱也会分解，故不能与碱性颜料（如碳酸钙）共用。虽耐弱酸，但遇强酸也会分解。遇油极易引起自燃，尤其是在调色浆研磨过程中受热，可能产生火灾事故，应特别注意安全。当其颗粒全部被油浸透后不会再自燃。

③ 群青　是含有多硫化钠而具有特殊结晶格子的硅酸铝，是无机颜料中色彩较为鲜明的一种颜料。耐碱、耐光、耐候性较好，但着色力和遮盖力较差，用于色漆中易沉底结块。不耐酸，遇酸会变为无色，这恰好跟铁蓝的性能相反，故可代替铁蓝用于碱性涂料中。

在涂料工业中，常用群青去冲淡抵消白色涂料中的黄色，使白色涂料更洁白美观，故又有提蓝或托色蓝之称。

（6）绿色颜料

① 铅铬绿　是用铅铬黄与铁蓝用沉淀法制取的一种混合颜料，其颜色的深浅取决于铅铬黄与铁蓝的配合比例。铅铬绿遮盖力、耐光性、耐候性、着色力均很好。但长时间暴晒，其色也会改变。因铁蓝遇碱会分解，而铬黄遇酸会分解，故酸、碱对铅铬绿的颜色都会有不良影响。铅铬绿若摩擦发热或遇火花即可燃烧，故要安全处置，以免发生火灾。

② 酞菁铬绿　是由酞菁蓝和铅铬黄用沉淀法制取的一种绿色颜料。随着两者的配合比例不同，其颜色也发生深浅不一的变化。酞菁铬绿的颜料性能较铅铬绿优良，色泽非常鲜艳，遮盖力很强，耐光性能良好，耐碱性也比铅铬绿好，这主要是酞菁蓝的作用。

③ 氧化铬绿　常用的氧化铬绿有橄榄绿、灰绿、茶绿、草绿等几种色调。颜色非常稳定，不溶于酸和碱，能耐 700℃ 高温，耐光、耐候性能优良，遮盖力很强，但颜色不够鲜艳。适用于耐高温涂料中。

④ 酞菁绿　酞菁蓝的氯代衍生物，其氯代程度越大，绿色的色泽就越鲜艳，酞菁绿具有与酞菁蓝相同的性质，色调鲜艳，着色力、耐光性、耐热性、耐候性都很好，对酸和碱的作用都很稳定。是一种较为理想的绿色颜料，应用日益广泛。

（7）金属粉颜料

① 铝粉　俗称银粉，颗粒呈平滑的鳞片状，显银色光泽。它具有非常高的遮盖力，这是由于它的颗粒表面平行于涂膜的表面，并且像镜面似的，将射上去的光反射回去，其反射率可达 75%～80%。片状铝粉，不仅可见光不能透过它，而且连紫外线和红外线也不能透过，具有反射太阳光的能力。为此，凡是必须避免日光晒热的设备（如铁路上的油车、冷藏车）普遍采用铝粉漆涂饰。铝粉极易被氧化，同时放出大量的热，若混进空气，会有爆炸的危险；再者铝粉质轻，易在空气中飞扬，遇火星也有爆炸的可能。为此，常在铝粉中加入30%以上的松香水调成浆状出售。另外，铝粉遇酸产生氢气，而失去颜料的性能，所以应防止与酸性物质混合使用。铝粉涂料容易沉底结块，若存放时间过长，很难再搅匀使用，并且会变色，失去光泽。如果要用铝粉漆，最好是现用现配。

在家具涂饰中，可采用铝粉漆绘制线条或图案进行点缀装饰，以取得较好的艺术效果。

② 金粉　是由锌铜合金制成的鳞片粉末。因所用锌铜合金的锌与铜的比例不同，所以能制得不同颜色的金粉。现市场上供应的金粉有以下三种颜色：锌铜比例为 3∶16 的淡金粉；锌铜比例为 1∶3 的浓金色；锌铜比例为 3∶7 的绿金色。

金粉与铝粉相比，相对密度大，遮盖力差，反射光和耐热的能力不强，故使用不如铝粉广泛。一般不能预先制成金粉漆出售，主要用作装潢颜料，并常与铝粉配合使用，能取得较好的装饰效果。

（8）特种颜料

① 夜光颜料　又称发光颜料，具有在黑暗中发光的能力。它是钙、锶等金属的硫化物，经高温处理后获得的一种特殊晶格的颜料。这种颜料能吸收光能，并储藏起来，在黑暗中又会释放出来，可以多次交替进行。夜光颜料多用于制造夜光涂料，用于仪表刻度、标志等特殊用途。现代家具也用夜光涂料进行局部点缀，以便夜间引人注目。

② 荧光颜料　由具有荧光性质的染料，经树脂处理，而成为不溶性的带色物质。这种物质在光线激发下，会吸收部分可见光波，同时又能释放出一部分可见光波形成颜色。就这

样不断地吸收光波和不断地释放可见光波，跟萤火虫发出的光相似，故被称为荧光颜料。其荧火强度和色彩取决于加入的染料与树脂的品种。染料的浓度应控制在 2% 左右，若过高其发光基团受光作用的机会减少，活动范围受到限制，迫使荧光强度降低；而染料过少，则不能表达足够的颜色强度，所以染料与树脂必须适当。荧光颜料应用在涂料中，以涂饰显明的标志，如公路、航海、机场的标志及绘画广告牌等。因为有荧光色彩引人注目，对于夜市场家具、橱窗也可使用荧光涂料进行适当点缀，以使市场显得更加繁荣活跃，增加热闹的气氛。总的来说，荧光颜料透明性大，着色力低，遮盖力差，再加上价格昂贵，故使用受到限制，应用不广泛。

③ 变色颜料　又称可逆性变色颜料，其种类较多。例如，65℃ 可逆性变色颜料，是二碘化汞及一碘化铜的混合物，是一种沉淀的红色颜料，在不同的温度下，由胭脂红色变为棕色。温度为 65～70℃ 时呈棕色，常温下为红色。可用于制造色漆，涂饰在电动机、发电机等工作中会发热的机器设备上，可通过观察色漆漆膜颜色的变化了解机器设备的发热程度，以便采取措施，防止损坏机器设备。

（9）混合颜料

混合颜料指市场上大量供应的一种名叫"哈巴粉"的棕色颜料，铁红与铁黑的混合物，主要用于木制品的基础着色，应用较为普遍。

（10）防锈颜料

用于黑色金属家具涂饰，做防锈底漆。除铁红外，还有米黄色的铅酸钙（Ca_2PbO_4）、柠檬黄色的氰氨化铅（$PbCN_2$）、灰绿或灰黄色的铅粉（PbO）、柠檬黄色的锌铬黄（$4ZnO \cdot 4CrO_3 \cdot K_2O \cdot 3H_2O$）、浅黄色的铬酸钾钡 $[Bak_2(CrO_4)_2]$、白色的偏硼酸钡 $[Ba(BO_2)_2 \cdot SiO_2]$、红色的云母氧化铁（$2Fe_2O_2$）等多种。主要用于防锈色漆，也可用于木家具涂饰的基础着色。其中，含铅颜料有毒性，应慎用，最好不用。

6.13　染料

染料是一种能溶于水、醇、油及其他溶剂的有色物质，可以配成真溶液。

染料溶液能渗入木材纤维，跟木材纤维发生复杂的物理、化学反应，彼此产生一种特别的结合力，称为亲和力，从而使木材纤维获得新的牢固的色彩，并使木材表面的纹理更为清晰悦目。染料不是涂料的成分，仅用于木纤维染色。

6.13.1　颜料着色与染料溶液染色的本质区别

用颜料给木家具着色与染料溶液给木家具染色有着本质上的区别。简单说，前者是遮盖着色，显示的是颜料的颜色，一般不能显示或不能清晰显示木材的纹理；后者是复合着色，是染料与木材颜色共同呈现的颜色，可清晰显示木材的纹理，质感更好。故对于高级木家具，需要着色时一般用染料溶液进行染色，然后采用清漆罩面，以获得理想的色彩和纹理。

颜料不溶于水及其他溶剂，只能配成悬浊液，在木家具涂饰中主要用于调配填纹孔涂料。在用填纹孔涂料对木家具进行填纹孔的同时，木家具表面会吸附微量颜料粉末，呈现相应的色彩。被木家具表面吸附的颜料粉末跟木家具表面木材纤维主要是一种机械结合，一般并未发生化学反应，也不会渗入木材纤维，着色的牢固度差，耐久性不强，颜料通常分散到涂料中，借助涂料对木材的附着力与木材结合在一起。而染料可溶解于溶剂中，形成胶体溶液，可渗透木材组织，与木材表面产生物理、化学结合，附着力较强。

6.13.2　染料的分类

染料的品种较多，分类的方法不一，其分类的方法主要有以下几种：

（1）根据染料的来源分

可分为天然染料与人造染料两大类。

（2）根据染料的分子结构与制造方法分

又称为化学分类，可分为有机、无机、酸性、碱性等染料，这种方法对染料的化学研究和制造者较方便。

（3）根据染料的性质、应用来分

也称为应用分类，可分为直接染料、分散性染料、活性染料、还原料、硫化染料等12类，这对印染工作者较适用。

6.13.3　用于木家具染色的主要染料品种

染料的品种虽多，但能用于木材染色的却不多，常用的只有以下几种。

6.13.3.1　分散染料

分散染料在水中溶解度很低，但可均匀地分散在水中。能溶于有机溶剂，染色力强，稳定性好，能耐光、耐热，是木材染色的最佳染料。

① 分散红 3B　外观呈紫褐色粉末，能均匀分散在水中或溶于二甲基甲酰胺中呈红色。

② 分散大红 SBWFL　呈黄光红色粉状，溶于乙醇或丙酮等有机溶剂中呈鲜艳黄色溶液。

③ 分散黄棕 H_2R　呈橙红色粉状，微溶于乙醇，溶于丙酮呈深红色的溶液。

④ 分散黄 RGFL　呈土黄色粉状，溶于乙醇、丙酮或苯类溶剂中呈带红光的黄色溶液。

⑤ 分散蓝 HBGL　为带红光的深蓝色粉末，溶于二甲基甲酰胺，微溶于二甲苯、丙酮，呈蓝色，并可与分散黄棕 H_2RFL、分散红玉 H_2GFL 拼出棕与灰等色谱。

6.13.3.2　酸性染料

酸性染料的分子结构中含有酸性基因，色谱齐全。可在酸性或中性介质中进行染色，易溶于水，微溶于乙醇。最适用于木材染色，染料溶液能渗入木材深处，进行深层染色。其特点是染色力强、透明性好、色泽鲜艳、耐光性能好等，故应用最为广泛。常用品种有：

① 酸性橙Ⅰ　又名酸性金黄Ⅰ，为金黄色粉末，溶于水呈橘黄色溶液，微溶于乙醇。

② 酸性红 3B　又名酸性紫红、酸性枣红，为深红色粉末。溶于水呈紫红色溶液，微溶于乙醇，并呈红色溶液。

③ 酸性红 B　又称酸性大红，为红色粉末，溶于水呈大红色溶液，溶于乙醇呈浅橙红色溶液。

④ 酸性嫩黄 G　也称酸性淡黄，易溶于水，也溶于乙醇和酮类溶剂，不溶于其他溶剂。

⑤ 酸性黑 ATT　也称酸性毛元 ATT，外观呈棕色粉状，溶于水中呈黑色溶液，溶于乙醇呈蓝褐色。

⑥ 酸性棕　又称酸性媒介棕，外观呈棕色粉状，溶于水呈黄棕色。能溶于乙醇，微溶于丙酮，不溶于其他溶剂。

⑦ 酸性蓝 NBL　又称酸性粒子元，外观呈闪光黑色颗粒，溶于水呈紫蓝色，溶于乙醇

呈蓝色。

⑧ 酸性红 G　呈红色粉状，色泽艳丽，耐光性强，易溶于水与乙醇，是一种较好的红色染料。

⑨ 黑纳粉和黄纳粉　这是由酸性淡黄、金黄、紫红、黑及硼砂与栲胶按不同比例混合而成。这是两种酸性混合染料。黄纳粉染色呈黄褐色，黑纳粉染色呈深红色，应用十分广泛，较大的涂料商店均有出售。栲胶与硼砂的加入可增加染色的深度、牢度及耐久性，并具有防霉作用。因含有栲胶，故使用时要用沸水浸泡成水溶液，否则难以使栲胶完全溶解。

6.13.3.3　碱性染料

碱性染料分子结构含有碱性基因，属于碱性有机化合物。易溶于酸性水与乙醇，但不宜用沸水溶解，以防分解变质。这类染料具有鲜艳的色彩，分散度高，染色力强，适合于木材深度染色，尤其是对硬质木材染色效果更好。缺点是耐光性较差。常用品种有：

① 碱性淡黄　又称碱性嫩黄，盐基淡黄、品黄，外观为淡黄色粉末。可溶于冷水，易溶于热水与乙醇。应用较普遍。

② 碱性金黄　也称碱性橙、块子金黄、盐基金黄，呈暗黄色块状，易溶于水呈黄光橘红色溶液。能溶于酒精、微溶于丙酮，不溶于苯类溶剂。具有一定的耐酸、耐碱能力，但耐光性差。主要用于室内木制品的染色。

③ 碱性品红　又称盐基品红，简称品红，外观呈黄绿色结晶块状，溶于水呈红青色溶液。极易溶于乙醇，并呈红色溶液，但遇浓硫酸会变成棕黄色，再经稀释会变得无色。

④ 碱性绿　又称盐基品绿、孔雀绿，外形呈绿色结晶块状。水溶液呈绿色，易溶于乙醇，并呈闪光绿色。

6.13.3.4　直接染料

直接染料因不需依赖其他药剂而可直接给木材及棉、麻、丝、毛等纤维染色而得名。染法简单，色谱齐全，成本低廉。但耐晒性与耐洗性较差，可经适当处理，能得到改善。用于木材染色的有直接黄 R、直接橘红、直接橙 S、直接黑 FF、直接天蓝 6B、直接绿等多种。

6.13.3.5　油溶性染料

这一类染料不溶于水，而溶于油（煤油、清油等）、蜡及其他有机溶剂（松节油、松香水、环己酮、醋酸丁酯等）。主要用于调配油性色浆，若加入清漆，可制成带色的半透明涂料；或直接喷在制品表面进行面着色。使用这类染料调制出来的色浆及带色半透明涂料涂饰木家具，可获得均匀协调的色彩，但涂膜透明度较差，致使木材纹理清晰程度较低。

常用的品种有油溶烛红（俗称烛红）、油溶橙（又称油溶黄）、油溶黑等多种。

6.13.3.6　醇溶性染料

醇溶性染料是一种能溶于乙醇或其他性质类似的有机溶剂，而不溶于水的染料。染色牢度高，耐光、耐热性能好。常用品种醇溶耐晒火红 B、醇溶耐晒黄 GR、醇溶黑等多种。

尤其是醇溶黑在木家具涂饰拼色中不可缺少的染料。外观呈灰黑色粉状，溶于乙醇呈浅蓝黑色，故常称之为黑蓝，具有饱和的黑色和较强的着色力。对光、酸、碱的稳定性很好。在木家具涂饰施工中，常将它跟其他醇溶性染料配合溶于虫胶涂料中给家具拼色，可获得较好的拼色效果。

6.14　溶剂

溶剂是一种能溶解涂料的主要成膜物质（油和树脂）并使之成为具有一定黏度液体涂料

的液体物质。

6.14.1 溶剂的作用及分类

6.14.1.1 溶剂的作用

（1）制造液体涂料

溶剂是液体涂料的重要组成成分，并占有较大的比例，如在酯胶、酚醛、醇酸、丙烯酸、聚氨酯等树脂涂料中约占50%，在硝基、虫胶等清漆中约占80%。它们在涂层干燥成膜的过程中，虽会基本挥发掉，而且多数挥发后会形成有害人体健康的废气。但溶剂对涂料的制造、储存、施工、涂膜的形成及涂膜的理化性能等，都有着很大的影响，是液体涂料不可缺少的组成部分。

（2）用于涂饰施工

涂料在储存与涂饰的过程中，黏度会逐渐增高，应加入溶剂去降低涂料的黏度，以达到涂饰施工的要求。同时，在涂饰施工中，还要用溶剂去调配各种腻子及底漆。其次是当涂饰施工结束后，要用溶剂清洗各种涂饰工具及机械设备等。

6.14.1.2 溶剂的分类

（1）根据溶剂对涂料某种主要成膜物质的溶解能力不同分

可将溶剂分为真溶剂、助溶剂及稀释剂。

① 真溶剂　涂料中，能单独溶解主要成膜物质的溶剂，就称为该涂料的真溶剂。

② 助溶剂　在涂料中，不能溶解主要成膜物质，但能帮助真溶剂加速溶解主要成膜物质的溶剂称为该涂料的助溶剂。

③ 稀释剂　在涂料中既不能溶解主要成膜物质，又不能帮助真溶剂加速溶解主要成膜物质，仅对该涂料起稀释降低黏度作用的溶剂则称为该涂料稀释剂。

真溶剂、助溶剂、稀释剂只是在涂料中相对其主要成膜物质而言，是相对的，同一种溶剂在某种涂料是真溶剂，而在另一种涂料中却成为助溶剂或是稀释剂。例如在硝基漆中对硝基纤维来说，醋酸丁酯是能单独溶解硝基纤维的真溶剂，而乙醇只是帮助醋酸丁酯加速溶解硝基纤维的助溶剂，二甲苯则既不能溶解也不能帮助真溶剂溶解硝基纤维，只能起稀释作用，故是该涂料的稀释剂。但乙醇在虫胶漆中，却是溶解虫胶片的良好真溶剂；又如二甲苯在酚醛树脂涂料中，是溶解酚醛树脂的良好真溶剂。也就是说，没有哪种溶剂是属于真溶剂、助溶剂或稀释剂。

假如不考虑涂料溶剂相互配合与成本，则真溶剂也是良好的稀释剂。不同的主要成膜物质所要求的溶剂不一定相同，但一般的主要成膜物质可以使用多种不同的溶剂，这就要求合理地去选择混合。

（2）根据溶剂的化学成分分

可分为为萜烃类、石油类、煤焦类、酯类、酮类、醇类、醇醚类等多种。

① 萜烃溶剂　萜烃溶剂主要是松节油，有两个品种。一种是从松脂中蒸馏出来的，称为树脂松节油；另一种是用蒸气蒸馏松木得到的，叫木松节油。松节油是由萜烃组成的混合物，主要成分有α松萜、β松萜和双戊烯。由于它们的沸点各异，可以分别分馏出来。α松萜的沸点为155℃，β松萜的沸点为163℃，双戊烯的沸点为175℃。

松节油是一种无色或微黄色的透明油状液体，挥发速度适中，流平性较好。对松香和油料的溶解力大于松香水，但小于苯类溶剂。多用于油脂、酯胶、酚醛、醇酸等涂料的溶剂或稀释剂。因双戊烯的挥发速度比松节油慢，可从松节油中蒸馏出来，单独使用，作为上述涂料的流平剂。

② 石油溶剂　石油溶剂属脂肪族烃类溶剂，又称烷烃类溶剂。是从石油中分馏出来的。它们的主要成分是链状碳氢化合物，含有烷族烃、烯族烃、环烷族烃，其次还含有少量芳香族烃，在涂料工业中常用如下品种：

a. 松香水：是石油在 150～204℃ 温度下分馏出来的产物，其沸点和溶解力与松节油相似。其使用范围与松节油基本相同，可相互取代。

b. 煤油：是石油在高于 204℃ 后分馏出来的产物，又称火油。它含有大量的烷族烃，溶解力差，挥发速度慢，主要用于油性厚漆、油性腻子及涂膜抛光膏的稀释剂。

③ 煤焦溶剂　煤焦溶剂属芳香族烃类溶剂，是从煤焦油中分馏出来的产物，主要品种如下：

a. 苯：纯苯的沸点为 80.4℃，溶点为 4.5℃，冷天会固化。闪点为 −9.5℃，极易燃烧，必须密封，远离热源。它的溶解力较强，能溶解所有天然树脂及油料，也是酚醛、醇酸、丙烯酸等合成树脂的良好溶剂。但由于毒性大，挥发快，故很少直接使用。

b. 甲苯：甲苯的沸点为 110.7℃，其溶解力比苯小，挥发速度低于苯，毒性却比苯小得多，可代替苯使用。是酯胶、酚醛、醇酸、丙烯酸等涂料的良好溶剂，常用于硝基、环氧、聚氨酯涂料的稀释剂，但不能溶解虫胶和聚氯乙烯树脂。

c. 二甲苯：二甲苯的沸点为 139.1℃，毒性比甲苯还要小得多，挥发速度适中，但溶解力略低于甲苯。既可用于常温干燥的涂料，也可用于烘漆，如加入 10％～20％ 的正丁醇，能增加一定的溶解力，而被广泛用于烘漆中。应用范围跟甲苯基本相同，但其用量比甲苯大得多，是用量最多的一种煤焦溶剂。

④ 酯类溶剂　酯类溶剂是醇和有机酸反应的产物，也可以用石油气直接合成，这是一种强溶解力的溶剂，几乎能溶解所有树脂与油料，唯对虫胶溶解不佳。现介绍其常用品种。

a. 醋酸乙酯：沸点为 77.1℃，溶解力很强。因挥发速度快，故常跟挥发速度适中的醋酸丁酯配合使用。在硝基漆中用量较多，因硝化棉需要很强溶解力的溶剂才能完全溶解。

b. 醋酸丁酯：沸点为 126.5℃，具有香蕉气味，毒性较小，挥发速度适中，溶解力仅次于醋酸乙酯，可溶解许多合成树脂。所以，是使用最多的一种强溶剂。

c. 醋酸戊酯：沸点为 140℃，挥发速度较慢，常做纤维类漆的流平剂与防潮剂。应用不如醋酸丁酯广泛。

⑤ 酮类溶剂　是一种含有羰基的化合物，溶解力很强。几乎能溶解所有合成树脂。常用品种如下：

a. 丙酮：用粮食发酵生产丁醇时，同时生产丙酮，也可用异丙醇合成丙酮。这是一种沸点为 56℃ 的低沸点溶剂，极易挥发。闪点只有 −16.5℃，极易燃烧。但溶解力很强，能溶解硝酸纤维、乙烯类树脂及其他合成树脂。由于挥发速度过快，吸水性强，易引起涂膜发白、皱皮，一般不宜单独使用，常跟挥发较慢的溶剂配合使用。多用于硝基漆与快干胶黏剂。

b. 环己酮：是由环己醇脱氢而成，沸点为 150～158℃，闪点为 47℃，属高沸点溶剂，挥发慢，能改善其他涂料的流平性，有防止涂膜发白的作用。是纤维酯和过氯乙烯、聚氨酯等合成树脂的良好溶剂。常与醋酸丁酯配合使用，应用与醋酸丁酯同样广泛。

c. 甲乙酮：由仲丁醇脱氢制得，其溶解力跟丙酮相近。沸点为 79.6℃，故挥发性比丙酮好，可以单独使用。闪点为−7℃，也高于丙酮的，安全性略好一点，是许多合成树脂的良好溶剂。

d. 甲基异丁基酮：是用二丙酮醇合成的。沸点为114～117℃，属于中沸点溶剂，挥发性能好。闪点为18℃，比甲乙酮更安全。能溶解很多合成树脂，多用于烘漆、胺固化环氧树脂涂料。

⑥ 醇类溶剂　醇类溶剂分子中含有羟基，能跟水混合。常用品种如下：

a. 乙醇：俗称酒精，通常用淀粉发酵制取，也可用乙烯借助浓硫酸作催化剂加水制得。一般工业乙醇的浓度为96％，化学分析用无水乙醇，应严加密封保存，否则极易吸水，影响质量。无水乙醇在20℃时，其相对密度为0.798，沸点为78.3℃，闪点为14℃，工业乙醇能溶解虫胶，制成虫胶涂料。能与水、蓖麻油完全互溶。

b. 丙醇：有正丙醇和异丙醇两种。它们的溶解力跟乙醇相似，常作为乙醇的代用品。常作为纤维酯类涂料的助溶剂。

c. 丁醇：有正丁醇和仲丁醇两种。正丁醇的相对密度为0.811（20℃），沸点为108℃，闪点为28℃，能溶解许多天然树脂和合成树脂，可跟亚麻油互溶。常跟二甲苯配合用于氨基烘漆中，还可为醇酸涂料的稀释剂及硝基涂料的助溶剂。仲丁醇的相对密度为0.806（20℃），沸点为99℃，闪点为21℃，可为硝基涂料的助溶剂，但应用不广泛。

⑦ 醇醚类溶剂　这是一类新型强溶剂。现有下列品种：

a. 乙二醇单乙醚：又称乙基溶纤剂，相对密度为0.930～0.931（20℃），沸点为133～135℃，闪点为42.8℃，是硝基纤维及环氧、醇酸等合成树脂的良好溶剂。

b. 乙二醇单丁醚：又称丁基溶纤剂，相对密度为0.902（20℃），沸点为171.2℃，闪点为60℃，挥发较慢，能增加涂层的流平性，防止橘皮。用于硝基涂料中有防止涂膜发白的作用，也是水溶性涂料的良好溶剂。

⑧ 特种溶剂　在此所指的特种溶剂是苯乙烯。因它在不饱和聚酯树脂涂料中既能溶解不饱和聚酯树脂，同时又跟这种树脂发生化学反应共同成膜，很少挥发物，非常经济。

⑨ 其他溶剂　其他溶剂还有三氯甲烷、四氯化碳、乙醚、二硫化碳等。

a. 三氯甲烷：俗称氯仿，是一种具有香甜味的清澈透明的液体，密度为$1.498g/cm^3$，沸点为61℃，熔点为−64℃。跟水不能混溶，但跟乙醇、乙醚、苯等能相混溶。能溶解溴、碘、油脂及很多有机化合物。在空气中能被氧化生成光气和氯化氢。在工业上常作为树脂、橡胶、油脂、磷、碘的溶剂，还可用于制造合成纤维、干洗剂及地板蜡。因它能溶解有机玻璃，故常作为有机玻璃的"黏结剂"（实质是有机玻璃被溶解后而自行相粘接）。

b. 四氯化碳：是一种稍带氯仿甜香味、无色透明而不燃烧的液体。密度为$1.595g/cm^3$，沸点为76.8℃，其蒸气有毒性。微溶于水，跟乙醇、乙醚可以任何比例相混溶。跟火接触能分解出二氧化碳、氯化氢、光气和氯气，毒性重，跟乙醇相混溶后毒性更大。在涂料工业中，常用作树脂与橡胶的溶剂。

氯仿、四氯化碳以及一氯化苯、二氯化苯等氯类溶剂，含氯越多越不易燃烧，常作为氯乙烯类树脂涂料的溶剂，可提高涂料的防火性能。

c. 乙醚：又名二乙醚，是一种无色透明且具有特殊气味的液体。密度为$0.713g/cm^3$，沸点为35℃，闪点为−4.1℃，爆炸极限为1.85％～36.5％。不溶于水，极易挥发，蒸气有毒性，易使人晕迷，并易着火，与空气混合浓度稍大就会爆炸。是许多有机与无机化合物的良好溶剂，还能溶解蜡与油脂等物。由于有毒，易挥发，故在涂料工业中应用不广泛。

d. 二硫化碳：是无色透明的易燃液体，密度为 $1.263g/cm^3$，沸点为 $46.3℃$，闪点为 $-30℃$，熔点为 $-108.6℃$，爆炸极限为 $1\%～44\%$。不溶于水，能跟乙醇、乙醚、氯仿等多种溶剂相混溶。由于易燃，易挥发，故很少应用。

⑩ 混合溶剂　在此所指的混合溶剂是市场上大量出售的，并为人们所熟悉的"香蕉水"，俗称稀料。主要作为硝基涂料的稀释剂，现应用较为广泛。

6.14.2　溶剂的性能

溶剂的性能主要表现为溶解力、挥发性、释放性、燃烧性、装饰性、毒性等。一种较好的溶剂应具有良好的溶解性，适中的挥发性，较好的装饰性，难以燃烧，且毒性小或无毒。

（1）溶解力

溶剂的溶解力是指溶剂对某种主要成膜物质溶解强弱、快慢的能力。判断溶剂对某一种主要成膜物质的溶解力，可用溶剂去溶解一定量的某种主要成膜物质，若用量越少，溶解速度越快，溶液的黏度越低，则溶剂的溶解力就越强。还可通过观察溶液（液体涂料）的稳定性及适应温度变化的能力来判断。

对于含有稀释剂的混合溶剂中真溶剂的溶解力的判定，可采用测试溶剂的稀比值的方法来判定。其方法是首先取一定量的涂料溶液，然后用某一稀释剂逐步滴入涂料溶液中，直到涂料溶液开始析出沉淀物为止。其稀释比值就是等于稀释剂的体积除以被滴定的涂料溶液的体积而得的值。

（2）挥发性

溶剂挥发性是指溶剂挥发到空气中的性能。涂料中溶剂挥发的速度对涂层干燥快慢、涂膜的质量有较大的影响。若溶剂发挥的速度过慢，不仅涂层干燥的时间长，而且容易产生流挂；要是溶剂挥发的速度过快，涂层干燥虽快，但涂层流平性差，易使涂层产生皱纹、起泡、针孔、泛白等缺陷。溶剂挥发的速度不仅跟溶剂本身的性质有关，而且随着气温升高，空气流速加快及湿度的降低而增加。因此选择溶剂和稀释剂时必须考虑施工环境，若施工环境气温高，空气干燥而流畅，就必须选择挥发速度较慢的溶剂，否则就应选用挥发速度较快的溶剂。这样才能提高涂料的质量。溶剂挥发过快会引起涂膜产生下列两种不同性质的泛白问题。

① 潮湿性泛白　这是由于在空气湿度较大的环境中施工，涂层中溶剂挥发速度又过快，导致涂层表面温度急剧降低，促使空气中的水分凝结在涂层表面并渗入到涂层中，涂层结膜后，便被封闭到涂膜中，使涂膜似"雾"状一样模糊不清。在潮湿的天气中涂饰施工，涂膜易产生"潮湿性泛白"。特别是涂饰虫胶清漆和硝基清漆，若不采用干燥措施，泛白现象会更严重。对一般涂料，防止这种泛白的办法是在涂料中加入挥发性较慢的真溶剂及稀剂，降低溶剂的挥发速度。最理想的办法是采用远红外线干燥涂层，或是采取措施减少空气的湿度。

② 树脂性泛白　又称纤维性泛白。这是由于涂层中的真溶剂挥发过快，造成真溶剂和稀释剂的比例失调，导致涂层中的树脂或纤维素被析出而固化在涂膜中，使涂膜呈现泛白现象。为防止这种泛白现象，应在涂料中增加挥发速度较慢的真溶剂的用量。

无论哪种泛白现象，都会使涂膜的均匀性、连续性及透明度遭到破坏，从而影响涂膜的装饰性与使用寿命。所以应根据涂饰施工的环境合理选用溶剂，以确保获得较好的涂饰质量。

（3）释放性

涂层中的溶剂挥发出去的程度称为溶剂的释放性。溶剂挥发得越干净，则释放性就越好，涂膜的质量也会越好。涂层干燥成膜后，要求涂膜中基本没有残留的溶剂，否则会降低涂膜的硬度、耐水性、耐候性及附着力，严重的还会导致涂膜长期发黏，影响制品使用。一般溶解高聚物（如树脂）能力强的溶剂往往又是释放性较差的溶剂。为此，一般应将溶解力和挥发速度不同的溶剂按合理的比例配合使用，以求最佳的释放性。

（4）装饰性

溶剂的装饰性是指溶剂的透明度与纯洁度。质量好的溶剂应是无色、无杂质的清澈透明的液体，这样才不会影响涂膜的装饰性。

（5）燃烧性

涂料常用溶剂都是易燃品，一些溶剂的蒸气在空气中达到一定浓度，会有爆炸的危险。用于衡量溶剂燃烧性的参数是溶剂的闪点、自燃点和爆炸的极限。

① 溶剂闪点　是指溶剂受热蒸发到空气中去，随着温度升高，溶剂蒸气跟空气的混合浓度不断增加，当遇着明火有火焰闪现并随即熄灭，这个时候的温度就称为溶剂的闪点。若在溶剂中适当加入不燃性氯化溶剂可以提高其闪点。

② 溶剂的自燃点　是指溶剂蒸气与空气混合后，不用外来火而自行燃烧起来的温度。

③ 溶剂的爆炸极限　是指溶剂蒸气与空气混合浓度达到一定范围时，就会爆炸。这个混合浓度有一个最低值和一个最高值，进入最低值会有爆炸的危险，达到最高值就会立即爆炸，通常把这两个值分别称为溶剂的下爆炸限和上爆炸限。或用 $1m^3$ 空气中含溶剂蒸气的克数来计算。

一般将溶剂的闪点在 25℃ 以下的称为易燃品，在 60℃ 以上称为非易燃品，在 25～60℃ 的称为可燃品。在溶剂闪点温度范围内，禁止明火或火花在溶剂周围出现，以免发生燃烧的危险。

（6）毒性

多数有机溶剂及其挥发的气体都存在不同程度的毒性，会损害人体的健康。苯类溶剂的毒性较大，能损害人的神经系统和造血系统。多数溶剂会溶解或乳化皮肤上的脂肪，使皮肤粗糙，容易冻裂，也较易感染皮肤病。为此尽可能选用毒性小的溶剂，如松节油、松香水、乙醇、酯类、酮类、醇醚类等溶剂。尽量争取不使用毒性大的纯苯溶剂。但对溶剂的毒性又不能提出过高的要求，因多数溶解性能好的溶剂都会或多或少存在毒性。问题在于采取适当的技术措施来消除或减少毒性对人体健康的影响。为保障操作工人身体健康，国家制定了有毒溶剂的气体在空气中允许含量的卫生标准，凡含量超过允许标准的，须立即采取措施加以控制，否则会被勒令停止生产。

6.15　助剂

助剂是一般涂料不可缺少的组成成分，虽然有了主要成膜物质、溶剂和颜料，能构成液体涂料，但性能不一定完善，应添加少量辅助材料，才能成为理化性能较全面的涂料。辅助材料的用量虽然不多，一般只是涂料的百分之几，千分之几，甚至百万分之几，但作用却显著，是涂料不可缺少的组成部分。在涂料中所使用的辅助材料的类型很多，按其在涂料中的功能可以分为催干剂、固化剂、增塑剂、消泡剂、消光剂、分散剂、防沉剂、皱纹剂、锤纹剂、紫外线吸收剂、防腐剂等多种。现分别予以介绍。

6.15.1　催干剂

　　催干剂又称干料、燥液、燥油。主要用于油脂、油基涂料，以促进油的氧化聚合反应，加速其涂层固化成膜。如亚麻油涂层，不加催干剂需 4～5d 才能固化成膜，并且涂膜质量不好，若加入催干剂，涂层在 12h 内就能干结成膜，且涂膜干爽光滑，硬度与光泽度也有所提高。所以，使用催干剂不但能缩短涂饰施工的周期，而且能提高涂膜的质量。

　　所用的催干剂是钴、锰、铅、铁、锌、钙等金属的氧化物、盐类及皂类物质。具体品种如下：

　　① 金属氧化物　主要有氧化铅（俗称红丹或黄丹）、二氧化锰（俗称陀僧），呈细粉状。

　　② 金属盐类　主要有醋酸铅、硫酸锰、硼酸锰、醋酸锰、醋酸钴（俗称土子）、硝酸铅等。研成细粉，方能使用。

　　③ 金属皂类　主要由环烷酸皂、油酸皂、松香皂、亚麻油皂、辛酸皂等，跟上述金属盐起反应而制得。呈液体状，品种较多。

　　由于金属氧化物与金属盐是固体，虽是粉末，但仍难溶于油，催干作用差，使用极不方便，现代工业生产中很少使用。

　　金属皂类催干剂是液体，能均匀地溶于涂料中，催干作用显著，使用又方便。现代涂料工业主要使用这类催干剂。常用的有下列品种：G-4 钴锰催干剂、G-5 钴锰催干剂、G-6 铅锰催干剂、G-7 铅锰钴催干剂、G-9 铅钴钙锌催干剂等多种。由于它们均含有多种催干元素（称混合催干剂），所以都具有很好的催干作用，应用较为广泛。

　　一般油性涂料在制造时已加入了催干剂，涂饰时一般不需再加。只是在气候较低的环境下施工或涂料的储存期过长，致使涂层干燥慢，可适当补加催干剂，以加速涂层干燥。调油性腻子时可适当加入催干剂，以加速腻子涂层的固化。应注意的是催干剂用量不能过多，一般为涂料总量的百分之几，否则会导致涂膜早期龟裂或使涂层更难干燥。

6.15.2　固化剂

　　用合成树脂制造的涂料，有的可在室温下固化成膜，有的涂料要经高温烘烤才能干燥成膜，有的涂料要加入固化剂才能固化成膜。利用固化剂来固化成膜的涂料已有不少品种，且不断增加。现在常用的固化剂有以下品种：

　　① 胺类固化剂　主要品种有二乙胺、三乙胺、二甲氨基乙醇胺等，环氧树脂涂料与聚氨酯涂料用这类固化剂其涂层才能在室温下迅速固化成膜。故将这类涂料称为胺固化涂料。

　　② 过氧化物固化剂　常用的品种有过氧化苯甲酰，过氧化环己酮及它们的还原剂环氧烷酸钴等。不饱和聚酯涂料应加入这类固化剂，才能固化成膜。

　　③ 酸类固化剂　主要品种有磷酸酯及其衍生物。氨基树脂烘漆若使用酸类固化剂，涂层可以降低烘干温度，甚至在室温中也能干燥成膜。

　　固化剂多数是在涂饰施工时按规定的比例加入到涂料中，对加入固化剂的涂料应尽快使用完，一般不要超过 4h。对不饱和聚酯涂料边加入、边调和、边使用，刻不容缓，否则涂料就会胶凝，不能涂饰，造成浪费。

6.15.3 增塑剂

增塑剂又称增韧剂、软化剂。主要用于树脂涂料中，以克服涂膜的硬脆性，增加韧性和弹性，并能提高漆膜的附着力。常用下列品种：

① 不干性油 主要有蓖麻油和氧化蓖麻油。常用于硝基涂料中，以改善其涂膜的韧性及附着力。

② 苯二甲酸酯 主要品种有苯二甲酸二乙酯、苯二甲酸二丁酯、苯二甲酸二戊酯、苯二甲酸二辛酯等。其中苯二甲酸二丁酯对硝基漆有良好的溶解性，能增加其涂膜的弹性。苯二甲酸二辛酯的增塑性能很好，能使涂膜具有良好的柔韧性、耐光性、耐水性，并能延长涂膜的使用寿命。常用于纤维素和乙烯类的涂料。

③ 磷酸酯 主要品种有磷酸三丁酯、磷酸三苯酯和磷酸三甲酚酯。以后者使用较多，它遇热稳定，能溶解硝酸纤维和多种树脂，可使涂膜保持很长时间的韧性，还可减少涂膜的可燃性。缺点是遇光会逐渐变黄，且有毒性。

6.15.4 消泡剂

有些涂料（如聚氨酯）的涂层容易产生细小的气泡，严重损坏涂膜质量。为此，应加入消泡剂防止气泡产生。现在主要是用201甲基硅油做消泡剂，基本能防止涂层气泡的产生。其用量只有涂料总量的十万分之几，若过量则会导致涂层出现缩孔现象。为此，常把硅油先溶于二甲苯溶剂中配成1%的浓度使用，可以防止用量过多。在制造涂料时虽已加入消泡剂，但若涂饰施工的环境潮湿常要补加消泡剂，以防止涂层起泡。

6.15.5 消光剂

现在有很多制品要求涂膜表面没有耀眼的光线反射出来，这就要在涂料中加入消光剂，方能满足这一要求。现在常用的消光剂有硬脂酸锌和硬脂酸铝两种，其中一种或两者合用均可，其用量为涂料质量的2%左右。在有光涂料中加入适量滑石粉也有消光作用，其加入量为涂料总量的5%～10%。

6.15.6 分散剂

在色漆中加入分散剂，以促使颜料能在液体漆基中均匀地分散开来，防止颜料微粒絮凝返粗，导致颜色不均匀，并难以涂饰。分散剂的品种及用量如表6-15所示。

6.15.7 防沉剂

为防止色漆在储存过程中其颜料沉底结块，应加入防沉剂。现不少企业用101有机膨润土做防沉剂，其用量约为涂料总量的1%，效果好，又经济。其次是用蓖麻油酸锌，用量约为涂料总量的0.6%，有防沉与分散双重作用。硬脂酸锌与硬脂酸铝也有防沉作用，用量为涂料总量的2%～6%，常作为消光色

表 6-15　　分散剂的品种及用量

品种	用量（质量分数）/%	使用说明
卵磷脂	1～2.5	有很好的分散效果
环烷酸锌	3～5	改善色漆的分散效果
环烷酸铜	2.0	对黑色硝基涂料分散性好
蓖麻油酸锌	1～2	适用于一般色漆分散
三乙醇胺	3～5	用于黑色油性涂料中，可防返粗
联苯胺	1～2	提高黑硝基料的分散性
二乙烯三胺	5	在黑醇酸漆中防止炭黑返粗

漆的防沉剂。

6.15.8　防霉剂

由于湿热地区容易长霉，对家具的涂膜有破坏作用，为此常在涂料里加入防霉剂来防止霉菌的破坏。适合我国南方使用的防霉剂有五氯粉、硫柳汞、醋酸苯汞、奎啉铜、环烷锌、环烷铜、偏硼酸钡等多种，氧化锌也有防止一般霉菌的作用。防霉剂的用量约为涂料总量的百分之几（应根据当地霉变情况进行实验确定）。一般防霉剂具有毒性，尽量少用或不用。

6.15.9　锤纹剂

在涂料中加入锤纹剂便成为锤纹涂料。这是新型的美术用涂料，其涂膜表面具有铁锤敲击铁片所留下的锤纹痕迹，有立体感，具有独特的装饰效果。现在所用的锤纹剂就是高浓度二甲基硅油，其用量约为涂料总量的 0.1%。涂饰施工时，先用二甲苯将硅油溶解成浓度为1%的溶液，然后再加入涂料中搅均匀即可用于涂饰。

6.15.10　紫外线吸收剂

阳光中的紫外线对涂膜有较大的破坏作用，促使涂膜加速老化、粉化、开裂、脱落，会缩短使用寿命。紫外线吸收剂的作用则能在涂膜中吸收紫外线，将其转化为热能，降低对涂膜的损害。

思　考　题

1. 溶剂型涂料由哪些主要成分组成？

2. 何为涂料的基本名称？请说明常用基本名称的含义。

3. 按涂料的主要成膜物质分类，可将涂料分为哪些基本类型？

4. 制造油脂涂料常用哪些干性油？油脂涂料有哪些主要品种？其性能有何优缺点？

5. 怎样配制虫胶涂料？其储存有何要求？有哪些优缺点？

6. 天然漆（国漆）由哪些主要成分组成？并说明每种成分在天然漆中的作用。

7. 天然漆有哪些优异的理化性能？怎样鉴别其质量？怎样储存？

8. 何为木蜡油涂料？有哪些主要组成成分？有何主要优缺点？

9. 何为聚氨酯涂料？制造聚氨酯涂料的异氰酸酯有哪些主要品种？

10. 聚氨酯涂料有哪几种主要类型？说明各自的主要组成成分、性能及用途。

11. 硝基涂料有哪些主要组成成分？其混合溶剂是什么？有何主要优缺点？

12. 醇酸树脂涂料含有哪些主要成分？有哪些主要品种？各有何优缺点？

13. 何为水性涂料？它有哪些优缺点？有哪些常用的品种？

14. 何为光敏树脂涂料？常用光敏剂有哪几种？光敏涂料有何优缺点？

15. 何为填纹孔涂料？它由哪些主要成分组成？有哪些常用品种？

16. 酚醛树脂涂料含有哪些主要成分？有哪些主要品种？各有何优缺点？

17. 氨基树脂涂料有哪几种类型？并说明各自的主要组成成分、性能及用途。

18. 过氯乙烯树脂涂料有哪些主要组成成分？有何优缺点及用途？

19. 丙烯酸树脂涂料有哪几种主要类型？并说明各自的主要组成成分、性能及用途。

20. 不饱和树脂涂料有哪些主要组成成分？并说明每种成分在涂料中的作用。

21. 不饱和树脂涂料有何优缺点？防止其涂层阻聚的技术措施有哪几种？

22. 溶剂型涂料在储存过程中易产生哪些病态？产生的原因和补救的措施是什么？

23. 何为颜料？何为颜料的着色力、遮盖力、吸油量、分散度及粉化性？

24. 体质颜料与着色颜料有何本质区别？夜光颜料、荧光颜料、变色颜料有何特点与用途？

25. 家具涂饰常用哪些着色颜料？并分别说明主要理化性能。

26. 何为染料？染料名称由哪几部分构成？有哪几种分类方法？

27. 木家具染色主要有哪些主要染料品种？并分别说明其主要特性。

28. 黄纳粉与黑纳粉属于哪种类型的染料？

29. 试分析用颜料与染料给木家具着色有何本质区别？

30. 何为溶剂？何为真溶剂、助溶剂、稀释剂？溶剂在涂饰施工中有何作用？

31. 何为溶剂的溶解力、挥发性、释放性与燃烧性？

32. 涂料中溶剂的沸点过高、过低对涂饰质量有何影响？如何根据涂饰施工的气候条件合理选择不同沸点的溶剂？

33. 涂料与涂饰中常用哪些溶剂？分别说明每种溶剂的主要理化性能。

34. 涂料中有哪些常用助剂？说明每种助剂在涂料中的作用及其大致用量。

第7章　家具涂饰的工具与设备

涂饰方法经历了一个由手工涂饰到机械化涂饰的过程，现正朝着自动化涂饰方向发展。手工涂饰是一种较为原始的涂饰方法，具有悠久的历史，由于投资少，涂料损耗少，适用范围广等优点，仍在广泛使用。但随着社会的发展，我国人口增加，单纯传统手工涂饰的生产制造方式造成生产效率较低，涂饰质量容易受人为因素的影响，良品率低，对熟练工人的依赖度高，产品的人工成本所占比例高等问题已难以满足现代生产发展，最终传统手工涂饰将会被机械化、数字化和自动化涂饰取代。

7.1　手工涂饰

7.1.1　手工涂饰工具

由于涂料的种类、性能及被涂物的形状、尺寸不同，所以手工涂饰工具的类型和规格也多种多样，以供合理选用。涂饰工具质量的好坏，会直接影响涂饰的质量和施工速度。为此，不仅要善于根据涂饰要求去选择工具，还应会使用、会保管、会修理工具，使之得心应手，经久耐用。常用的手工涂饰工具主要有漆刷、排笔、大漆刷、刮刀、棉花球等多种。

7.1.1.1　漆刷

（1）漆刷的结构

漆刷又称猪鬃漆刷，由手柄与刷毛两部分组成，手柄多由木材制作，刷毛多为质量较好的猪鬃或其他较粗的动物毛，再用白铁皮、胶黏剂、小钉子将两者紧密结合为漆刷。质量好的漆刷，毛厚度适中，毛端齐整，毛端部较软，毛根部较硬，不易掉毛、断毛，弹性好。

（2）漆刷的分类

漆刷按形状可分为扁形、圆形、歪脖形三种。按刷毛的软硬程度可分为硬毛刷与软毛刷。每种类型的漆刷又有大小不同的规格，如图 7-1 所示。其中以扁形漆刷应用最为普遍，其规格按漆刷的宽度分为 15，20，25，40，50，65，75，100mm 等多种。

（3）漆刷的用途

漆刷主要用于涂饰各种色漆与黏度较高的清油、清漆。还可用于涂刷染料水溶液，对木家具进行染色。其次是用于清扫被涂物表面的灰尘。

（4）漆刷的保管

涂饰后，用所涂饰涂料的溶剂清洗干净，甩干溶剂，并将刷毛理直，平放好或悬挂起来，以防刷毛变形。若是涂饰油脂涂料，或是酯胶、酚醛、醇酸等油性树脂涂料，隔日还要继续涂饰，用后则不必清洗，只要把刷毛理直，把漆刷浸在水里即可。隔日使用时，从水里

图 7-1　各种尺寸的漆刷

取出，将水甩干就能用于涂饰。

要是漆刷使用后，经较长时间再用，就应用溶剂清洗干净，将刷毛理直，并晾干，再在刷毛上撒些樟脑粉，然后用油纸包好，妥善保存在干燥处。

（5）漆刷的修理

若漆刷容易掉毛，可在刷子两边的铁皮上加钉几只小铁钉压紧，可防止掉毛。漆刷的刷毛用短了，弹性不好，可用刀削掉两边部分刷毛，使其弹性适合，仍能继续使用。若漆刷粘有油脂、酚醛、醇酸、硝基涂料而干硬了，可用溶解力较强的二甲苯或醋酸丁酯浸泡，使刷毛软化，再洗净毛上的漆皮，仍可使用。要是漆刷粘有聚氨酯、丙烯酸、聚酯等涂料而干硬了，用任何溶剂都无法清洗掉，只能报废。所以，涂饰这一类涂料的漆刷，用后应立即用所用涂料的溶剂洗干净。

7.1.1.2　羊毛漆刷

（1）羊毛漆刷的结构

羊毛漆刷由手柄与刷毛两部分组成。传统的手柄用小管竹制成，现在多为塑料柄或木柄。刷毛为强度高、弹性好的优质羊毛。用小管竹制成的手柄，是将小管竹固定成一排，再将羊毛一支支扎紧，粘上胶水或生漆，分别插入每支小管竹柄的一端，使之更紧密结合而制成。由于这种羊毛漆刷好似一支支毛笔排成一排，所以习惯上称为排笔，如图 7-2 所示。木柄或塑料柄羊毛刷，其结构与接合跟猪鬃漆刷完全相同。

（2）羊毛漆刷的用途

羊毛漆刷主要用于涂饰黏度较小的清漆。因羊毛刷的刷毛细密柔软，涂饰时在涂层所形成的刷痕细少，易流平，干燥后涂膜平整光滑度好。再则，因它的刷毛柔软，在涂饰过程中很难刷破底层涂膜，使上下相邻涂层彼此能很好地结合。为此，涂饰高级家具或其他高级制品，多要求用优质羊毛刷进行涂饰。

图 7-2　各种尺寸的排笔

（3）羊毛漆刷的规格

排笔的规格，按组成的小管笔的数量来分，常用的有 6 支、8 支、10 支、12 支、16 支等排笔，大的可达 24 支以上。要根据被涂物面积大小选用。近年来，出现不少新式样塑料柄与木柄羊毛漆刷，其规格按柄的宽度分，有 50，60，80，100mm 等多种规格。

（4）羊毛漆刷的选择

羊毛漆刷以刷毛厚度适中、毛端整齐、不易掉毛、弹性好为佳品。

（5）羊毛漆刷的保管

羊毛刷涂饰完毕，一定要及时用所涂饰涂料的溶剂清洗干净，并要把毛理直，将溶剂排干，平放好，以防止刷毛变形不好使用。不能将羊毛刷放在盛涂料的器皿中过夜，否则会使刷毛弯曲变形，影响使用效果。

（6）羊毛漆刷的修理

羊毛漆刷掉毛有两种情况：一是羊毛质量差，强度低，在涂刷过程中断掉了而脱落；另一种是羊毛没有跟其柄端胶合牢固而脱落下来。若是后一种情况掉毛，可将羊毛刷的刷毛朝上，在其根部涂饰一点聚氨酯、丙烯酸清漆，以使羊毛根部彼此牢固地粘接在一起，就难以掉毛。因为聚氨酯、丙烯酸涂料干后很牢固，任何溶剂都无法溶解它，所以难以掉毛。

7.1.1.3　大漆刷

大漆刷专门用于涂饰天然漆。因天然漆的黏度比一般涂料的大得多，一定要用特制的大漆刷来涂饰。这种漆刷是用薄木板夹住人发或牛尾毛、马尾鬃而制成，外形如图 7-3 所示。露在外面的毛头很短，具有很大的弹性，故能涂饰高黏度的大漆。

大漆刷的刷毛用短了，可以削掉毛发两边夹板的一部分（似削铅笔），让刷毛露出长一点就是。大漆刷施工完毕后，需用煤油或汽油、松香水、松节油清洗干净，然后甩干、悬挂在菜油或花生油中以防刷毛僵硬，不好使用。

图 7-3　大漆刷

7.1.1.4　棉花球

棉花球是用纱布或细软白布包裹脱脂棉花（药棉）或细软尼龙丝而制成。主要用于揩涂涂层干燥较快的硝基清漆与虫胶清漆，也可用于揩涂染料水溶液，对木家具进行染色处理。

棉花球的大小应根据所涂家具表面积大小而定。大则涂饰效率高，但使用不方便。一般棉花球的直径 50～80mm 为宜。

应指出的是，同一棉花球不能用于涂饰不同种类的涂料，每种涂料要用专一的棉花球涂饰。使用过的棉花球，要保持清洁，并存放在密封的容器里，以免干结。用过的旧棉花球流出的涂料溶液比新的要均匀，不要随便更换新的，这样也有利于提高棉花球使用价值。

7.1.1.5　刮刀

刮刀主要用于刮涂各种腻子涂料，进行填纹孔或嵌补洞眼、裂缝。使用较普遍的刮刀有木柄钢皮刮刀与牛角刮刀。

（1）木柄钢皮刮刀

图 7-4 所示刀片是用弹性较好的钢片轧制而成，由刀刃向刀柄部逐渐增厚，以增加刮刀的弹性。其规格根据刀口的宽度来分，常用的有 20，30，40，50，60，70，80，100mm 等多种规格。挑选这种刮刀应以刀片表面平整光滑、弹性好、刀口薄而平直为佳。新的刮刀在使用前要精细刃磨，确保刀刃锋利平直，才好使用。施工完毕，要擦洗干净，并揩干，以防锈蚀。

（2）牛角刮刀

图 7-5 所示刮刀是由牛角锯成片而制成。其厚度从刀刃向柄部逐渐增厚，以提高牛角刮刀的弹性。牛角刮刀以牛角丝纹清晰，没有横丝路、弹性好、表面平直光滑为优。

图 7-4　木柄钢皮刮刀

图 7-5　牛角刮刀

新买回来的牛角刮刀，一般表面粗糙不平，刀刃较厚，应精细修理整形，刃磨锋利，方能使用。其修理方法：对表面不平处，先用热熨斗熨其凸面，直至全部熨平为止。接着平放在平板上用重物压紧，待冷却形状稳定为止。再用刀具把刮刀柄部削好，使之适合手工操作。刮刀的表面要用玻璃刮削平整，并使侧面成楔形。最后在平直的磨石上，将刮刀表面修磨光滑，将刀刃磨锋利，这样才能满足使用要求。

牛角刮刀使用后，要放在平直的台面上用平板压住，以防翘曲变形。应注意的是：天热时牛角刮刀会变软，天冷时会变硬发脆，容易折断。为此，热天使用时间不宜过长，最好连续使用 2h 就更换一把，否则有可能发热变软，弹性降低，影响刮涂质量与效率。天冷使用应注意用刀不能过猛，以防刮刀断裂。

这是一种传统刮刀，使用历史悠久，其特点是不受涂料腐蚀，易清洗，不会刮伤木材表面，颇受涂饰师傅的喜欢，直至现在应用仍相当广泛。

7.1.1.6　其他刀具

一种是用于虫胶腻子嵌补被涂物表面细小洞眼和裂缝用的嵌刀。这种嵌刀似雕刻刀，上海涂饰行业称之为脚刀（即可用于雕脚底硬块及修理脚底板），使用灵活方便，嵌补效率高。

还有一种是铲刀或凿刀，主要用于剔除木家具表面及周边的毛刺、胶状物、修平裂缝及缺棱、铲平流挂的涂膜等。多数是涂饰工作者自制或定做，市场无定形产品供应，也可购置别的相似刀具代用。

7.1.2　手工涂饰方法及技巧

7.1.2.1　刷涂

刷涂是利用漆刷来涂饰涂料的一种方法，是应用最早、最普遍的一种涂饰方法。

（1）优缺点

优点是适用范围广，不受被涂物形状、尺寸的限制，大至房屋、船舶、桥梁，小至家具以及各种细小的工艺品等，均能涂饰；也不受施工场地大小、室内室外的影响；操作简便，损耗涂料少。缺点是对于大面积（如墙面、船体、车厢等）的涂饰，整体涂膜的平整光滑度、厚度难以达到一致，主要取决于操作者的技术水平与责任感，较难掌握好；劳动强度大，涂饰效率低。

（2）漆刷的选用

由于涂料的种类与性能不同、被涂物的形状与大小各异，所以对涂饰工具的选择也不一样。如涂刷磁漆或调和漆，应选用弹性好的硬毛漆刷。因为这类涂料稠度高，黏度大，涂刷阻力较大，不用硬毛漆刷难以涂饰均匀。而涂刷酯胶、酚醛、醇酸等清漆，常选用软毛漆刷，因这类涂料的稠度比色漆小，而且在涂饰第二遍时，底层涂膜会被上面的涂层溶解软化，若用硬毛刷涂饰，容易破坏底层涂膜，产生"咬底"现象。故只能用软毛漆刷来涂饰。为提高聚氨酯、丙烯酸、聚酯、过氯乙烯、氨基等高级清漆的涂饰质量，使其涂膜更为平整光滑，一般都是用弹性较好的优质羊毛漆刷来涂饰。涂饰虫胶、硝基清漆一定要用优质羊毛漆刷，由于涂饰此类涂料易使底层涂膜软化或溶解，同时涂层干燥快，易成膜。所以选用弹性好的细密柔软的羊毛刷涂饰，一方面不会刷破底层涂膜，另一方面刷痕小，易使涂层流平。

此外还要考虑被涂物的状况，如刷涂平面或者曲面形状的表面时，应选用扁形刷、板刷或排笔刷；刷涂大面积表面时应选用刷毛宽的漆刷；刷涂小面积表面时应选用窄毛刷。当刷涂被涂物上的荫蔽部分或操作者不容易移动其站立位置时应选用长柄、歪柄漆刷；刷涂被涂物粗糙表面时，应选用蘸漆量大的圆形漆刷，因它含漆多易使涂料润湿粗糙表面并渗入孔中。刷涂窄线条和精细图案时，可选用扁形笔刷。

（3）操作技术要领

涂饰速度要快，每刷一刷，不宜多次往复来回涂刷，最好往复 3 次将涂料刷平刷匀；就这样，接着一刷一刷地往下涂刷，直至将被涂件的整个平面刷好为止。在涂刷同一平面时，中途不要停顿，要从头至尾一次性刷好。这样才能确保涂层充分流平，使涂膜平整光滑。

涂刷的一般规律是从左到右，从上到下，先里后外，先难后易。如涂刷柜的门面，应从左面刷起，再一刷接一刷地从左往右涂刷。这样顺手，一方面可以防止右手碰坏涂层，另一方面又不会弄脏衣服。涂刷各种桌类家具，应先涂刷桌面，然后再涂刷桌脚，这样从上往下涂刷，就不会在涂饰过程中碰坏桌面的涂层。对于那些内外表面都要涂饰的陈列柜、书柜等，应先涂饰好内表面，后涂饰外面。如果有些制品的部位较难涂饰应先涂饰好，这样就能保证涂饰质量。涂饰水平面，可沿木纹方向往返涂刷，但要从最外面涂刷起，一刷一刷地往自己身边方向涂刷。涂饰完毕后，应用漆刷沿四周回刷一次，收掉流挂的涂料，以防涂层往周边流挂。

无论是涂饰水平面或垂直面，起刷都不能从被涂面的端头开始，应距端头 100～200mm 处落刷，再轻轻将漆刷移向端头，然后再从端头往回向前刷去，待漆刷快刷到终端时，应将漆刷稍微向上提起，以防止涂料在终端流挂。图 7-6 所示为漆刷运动轨迹。无论涂刷什么涂料，尤其是涂刷快干涂料，应力求迅速涂刷均匀，反复涂刷的次数不宜过多，以让涂层有充分自然流平的时间。当涂层表面一旦开始结膜，即出现所谓"紧刷"现象时，不管涂层是否涂刷均匀，应立即停止涂刷，否则就会破坏涂膜，影响涂饰质量。涂层出现"紧刷"现象，证明涂刷速度太慢，必须加快涂饰速度，或在涂料中加入挥发较慢的稀释剂，推迟涂层干燥，使之充分流平才开始结膜。

涂刷天然漆一定要用大漆刷，并要反复多次来回涂刷，才能使涂层均匀。另一方面只有通过反复涂刷才能使涂层充分跟空气中的氧接触而进行氧化，方能较快地固化坚硬的漆膜。

7.1.2.2 揩涂

用棉花球揩涂虫胶、硝基等挥发型快干清漆或揩涂染料水溶液对木制品进行着色。揩涂能使涂膜结实丰满，厚度均匀，附着力强。用硝基清漆涂饰高级家具、钢琴、工艺品等，若采用手工涂饰，以揩涂质量最好。

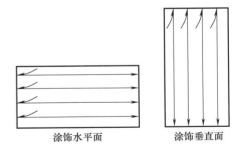

涂饰水平面　　　　涂饰垂直面

图 7-6　漆刷运动轨迹

揩涂时，用手指抓住棉花球，放进清漆中浸透，并用手指轻轻捏松棉花球，让其充分吸收涂料。然后提起稍挤干，以不使涂料往下滴为限，接着就进行揩涂。

揩涂的方法有直揩、螺旋形揩、"8"字形揩及蛇形揩等多种，图 7-7 所示为揩涂的轨迹。在涂饰时，几种揩涂方法可以交替进行，这样形成的涂膜较均匀、平整结实，质量好。

揩涂主要用于涂饰面漆，在涂饰过程中，要根据棉花球内涂料不断减少的变化，灵活运用手指与手腕的力，使球内的涂料能比较均匀地被挤压流出，使涂层厚薄均匀。这需要手指的握力随着球内涂料不断减少而逐渐增大，才能使球内涂料均匀排出。而棉花球作用给被涂面的压力应均匀，不能忽大忽小，且移动的速度要均匀，宜快。因揩涂的速度越快，涂层就越光滑。揩涂要求连续不断地进行，不能让棉花球停顿在被涂物面上，以免涂料溶液溶解底层涂膜或跟底层涂膜粘接在一起，而破坏整个涂层的平整光滑度。若棉花球内的涂料滴在涂层表面，要立即予以揩平。当棉花球内的涂料揩涂完了，再浸入涂料中重新吸足涂料，再继续涂饰。就这样循环往复揩涂下去，直到揩到形成一定厚度的涂膜为止。揩涂硝基清漆，一般制品需要揩涂40～50遍，有的制品要揩涂超过 100 遍，才能达到涂膜厚度要求。

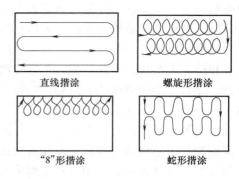

直线揩涂　　　　　螺旋形揩涂

"8"形揩涂　　　　　蛇形揩涂

图 7-7　揩涂方法

揩涂应横竖交错进行，即第一次是沿木纹方向揩涂，则第二次就得横木纹方向揩涂。这样揩涂，涂平整膜结实。到涂饰快结束时，应沿木纹方向直揩数遍，棉花球移动的距离第一遍较短，以后逐渐加大，最后放大到被涂面的全长，直揩到原圈涂时所留下的圈纹完全消失为止。然后用稍干净的棉花球或细软的纱头揩上油蜡，稍用力直擦一遍即完工。

若是用手工揩涂浓度较稀的填纹孔涂料，如水老粉、油老粉等，若操作，即用手握一小把细棉纱头或毛巾，蘸取水老粉或油老粉先横木家具表面纤维方向按螺旋形轨迹进行揩涂，然后沿木纹方向直揩均匀，最后用较干净点的棉纱头沿木纹方向揩尽表面的余粉，以使表面颜色均匀，木纹清晰即可。

7.1.2.3　刮涂

利用各种刮刀把腻子刮到被涂物表面的纹孔、洞眼、缝隙中去，使之平整光滑。对进行透明涂饰的木家具，应使腻子填没封闭被涂面上的所有纹孔、洞眼与缝隙，而又要将表面腻子刮得十分干净，使木纹更清晰地显示出来。

对不透明涂饰的木家具（包括金属家具），不需要显露木纹与材质，主要要求腻子涂层平整光滑，以表面平整为准。刮涂时，应以被涂物表面高处为准刮平整，即对凹凸不平的表面，要以凸处的部位为标准，刮涂成平面。并要使腻子涂层形成一定的厚度，以减少底漆与面漆的用量，降低涂饰材料成本。所以，一般要连续刮涂 2～3 遍腻子，并要求第一道与第三道的腻子的黏度宜小一点，第二道腻子黏度宜大一点。这对提高腻子涂层的附着力、表面平整光滑度及加速整个腻子涂层的干燥大有好处。应注意的是，每道腻子涂层干后要用 1 号木砂纸砂磨平整，然后再刮涂下一道腻子。待最后一道腻子涂层干透后，最好用砂纸包住一小块平整的木块进行砂磨，以不影响整个表面的平整度。

刮涂腻子，一般应使刮刀跟被涂物表面呈 30°～75°，沿木纹方向（仅对木家具而言）往返刮涂。每刮涂一处，往返的次数不宜过多，一般往返刮起涂 2～3 次就应刮涂好，否则会把腻子中的油分挤出而封闭腻子涂层的表面，会使腻子涂层的底层难以干燥，且干后附着力低。

7.2　气压喷涂

气压喷涂又称压缩空气喷涂，即利用喷枪，借助压缩空气的气流将涂料分散成雾状微粒并喷射到被涂物表面，经流平形成一层连续而均匀涂层的一种涂饰方法。

7.2.1　喷涂设备及其工作原理

喷涂设备由空气压缩机（简称空压机）、油水分离器、软管、喷枪等组成。空压机、油水分离器及软管均为通用设备与器材。空压机是用来生产压缩空气的设备，喷涂用的空压机的压力为 $2.94 \times 10^5 \sim 4.9 \times 10^5 \mathrm{Pa}$，容量为 $0.4 \sim 0.6 \mathrm{m}^3$。油水分离器是跟空压机配套使用的仪器，一般安装在空压机上的压缩空气出口处，其作用是将压缩空气的油与水分过滤掉而获得纯净的压缩空气进入喷枪，以提高喷涂的质量。软管是用于连接油水分离器上出气口与喷枪的进口，将净化的压缩空气送入喷枪，软管是能承受压缩空气最大压力的橡胶管或塑料、尼龙管。

喷枪是喷涂的专用设备，类型较多，可分为下压式（两种）、压下式、压送式及无雾式等喷枪。

7.2.1.1　下压式喷枪

（1）下压式喷枪的结构

下压式喷枪如图 7-8 所示，喷枪由储漆罐、扎兰螺丝、喷头、控制喷嘴、螺帽、塞针、扳机、空气阀杆、控制阀、螺栓、空气接头、涂料管等主要部分组成。应注意的是，喷枪的喷头上有两个喷嘴，即由环形空气喷嘴包围住涂料喷嘴。

（2）喷枪的工作原理

喷枪工作原理如图 7-9 所示。喷枪工作时，打开扳机，压缩空气从环状空气喷嘴以高速喷射出，从而涂料喷嘴处形成负压区（低于

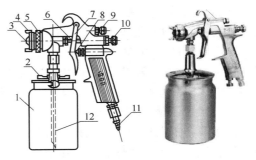

图 7-8　第一种下压式喷枪

1—储漆罐　2—扎兰螺丝　3—喷头　4—控制喷嘴
5—螺帽　6—塞针　7—扳机　8—空气阀杆
9—控制阀　10—螺栓　11—空气接头　12—涂料管

大气压）。由于储漆罐盖上有一个透气小孔，使储漆罐中的涂料始终保持大气压，故液体涂料在大气压的作用下，便从储漆罐中沿喷枪中涂料管从涂料喷嘴流出来，并立即被喷射出来的压缩空气的冲击力分散成为极细的微粒，跟气流混合在一起，喷射到被涂物表面形成连续的涂层。

（3）喷枪操作方法

现以下压式喷枪为例，介绍气压喷枪的操作方法。使用时，先将涂料倒入储漆罐内，然后旋紧扎兰螺丝将留有小气孔的漆罐盖紧固好。随即把与压缩空气相连的输气软管接在喷枪柄上的接头上。拨动扳机使空气阀杆往后移动，气路被打开，压缩空气就沿喷枪内的管道进入喷头，从环形空气喷嘴中喷出。与此同时，塞针也被扳机拉向后移，便打开喷枪的涂料输出管道，使涂料在储漆罐中沿涂料输出管道从涂料喷嘴中流出，便立即被喷射出来的压缩空气分散喷射出去。

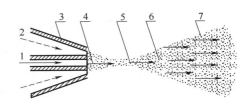

图 7-9　第一种下压式喷枪工作原理图

1—涂料与涂料喷嘴　2—空气与环形喷嘴
3—喷头　4—负压区　5—剩余负压区
6—喷涂区　7—雾化区

（4）改变涂料射流的形状

利用控制喷嘴，可以改变从喷嘴里喷射出来的涂料射流的形状。喷头顶端上的控制喷嘴为

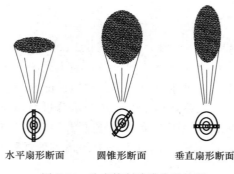

水平扇形断面　　圆锥形断面　　垂直扇形断面

图 7-10　改变控制喷嘴位置控制
涂料射流断面形状

两个相对应的小气孔，跟喷枪的气路相通，只要松开控制阀就有压缩空气从两个小气孔中喷射出来，形成两股小气流，可将圆锥体状涂料射流压缩成扇状体的涂料射流。还可根据需要而旋转控制喷嘴把涂料射流控制成垂直或水平的扇状体。为改变控制喷嘴控制涂料射流的形状，当调好形状后，立即旋紧螺帽使控制气嘴固定。图 7-10 中的螺栓专用于调整压缩空气的流量，塞针上的螺帽专用于调整涂料的流量。

下压式喷枪所用压缩空气的气压为 $2.94 \times 10^5 \sim 3.92 \times 10^5$ Pa；喷嘴口径 1.8mm。当喷嘴至被涂物面的垂直距离为 25cm 时，喷涂面积（即圆锥形涂料射流的横截面）$13 \sim 14$ cm^2。

7.2.1.2　第二种下压式喷枪

（1）喷枪的结构

图 7-11 所示为第二种下压式喷枪的外形图。从图中得知，喷枪是由储漆罐、漆罐盖、涂料喷嘴、空气喷嘴、喷枪体、空气螺栓、软管接、阀杆、扳机、涂料管等主要部分组成。

（2）工作原理

由于漆罐盖上有一个小气孔，使储漆罐中的涂料始终保持大气压力，当压缩空气从空气喷嘴高速喷出，涂料管中的空气就被带走形成负压区，所以储漆罐中的涂料在大气压的作用下沿涂料管上升至涂料喷嘴，就会立即被压缩空气的气流分散雾化成涂料射流，喷射至被涂物表面形成连续的涂层。压缩空气的压力为 $2.5 \times 10^3 \sim 3.5 \times 10^3$ Pa，喷嘴口径 1.5mm。距喷嘴 25cm 处涂料射流横截面为 $3 \sim 8$ cm^2。

图 7-11　第二种下压式型喷枪外形图

1—储漆罐　2—漆罐盖　3—涂料喷嘴　4—空气喷嘴
5—喷枪体　6—空气螺栓　7—软管接头　8—阀杆
9—扳机　10—涂料管

（3）使用方法

使用方法比较简单，将涂料调配好，倒进储漆罐，盖紧盖子。将净化的压缩空气通过喷枪上软管接头送入喷枪，打开扳机，涂料即均匀地喷射出来，便可进行喷涂。

此种喷枪结构简单，在喷枪中没有压缩空气流量与涂料流量的调节机构，只适合要求喷涂质量不高的产品喷涂。在家具涂饰中，主要用于涂饰产品的修理。

7.2.1.3　压下式喷枪

压下式喷枪，如图 7-12 所示。其构造与工作原理跟吸上式、下压式喷枪基本相同，所不同之处是储漆罐安装在枪身的上方，罐内涂料靠重力流入喷枪内进入喷嘴管跟压缩空气混合的同时，被压缩空气分散喷射出去。

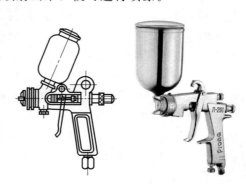

图 7-12　压下式喷枪

此喷枪的优点是储漆罐内的涂料能全部使用完，一点不留。缺点是储漆罐加满涂料后重心在枪身上方，故操作师傅手感不稳，要用较大的力气操作。适用于小面积精细喷涂，尤其适于喷绘彩色图案。在家具涂饰中，可应用于涂饰产品的修理。

7.2.1.4　压送式喷枪

（1）结构与工作原理

压送式喷枪，如图 7-13 所示，是由压缩空气进气管、喷枪、涂料输送管、高压储漆桶等主要部分组成。

（2）操作方法

使用时，先将调配好的涂料放进高压储漆桶，接着开启压缩空气的阀门，使压缩空气分两路，一路由压缩空气进管流经调压阀进入储漆箱，并使箱内空气表压保持约 $9.8×10^4$ Pa；另一路经输气软管进入喷枪。涂料在压缩空气的作用下被压送流经输漆软管进入喷枪跟压缩空气混合，并被压缩空气分散喷射到被涂物面形成均匀涂层。

（3）适用范围

此种喷涂设备，由于储漆箱容量大，可以连续喷涂几个小时，不需要中途添加涂料，故涂饰效率高。适用于连续大批量家具涂饰生产。

7.2.1.5　无雾喷枪

无雾喷枪的结构与工作原理跟第二种下压式喷枪原理基本相同，不同之处是在环状空气喷嘴外围增加一个环状气幕喷嘴。工作原理如图 7-14 所示。当压缩空气从环状喷嘴喷出后，涂料便从涂料喷嘴喷出，被从环形喷嘴喷出的压缩空气流分散成涂料与空气混合射流。同时压缩空气从环状气幕喷嘴喷出形成杯状气幕，裹住涂料空气射流一起喷射到被涂物面。这样就能极大地减少涂料的雾化损失，故将这种喷枪称为无雾喷枪，将这种喷涂称为无雾喷涂。

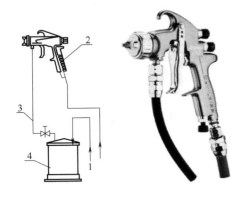

图 7-13　压送式喷枪及配套设备
1—压缩空气　2—喷枪　3—涂料输送管
4—高压储漆桶

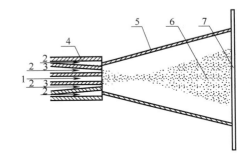

图 7-14　无雾喷枪工作原理图
1—涂料　2—压缩空气　3—环状喷嘴　4—气幕喷嘴
5—气幕射流　6—混合射流　7—被涂物面

7.2.2　影响喷涂质量的主要因素

（1）喷涂距离

喷涂距离是指喷枪的喷嘴距被涂面的垂直距离。喷射距离的大小跟所用压缩空气的压力有关，若空气压力大，则喷射距离就要相应增大。在一般情况下，压缩空气的压力为 $2.94×10^5～3.92×10^5$ Pa，喷射距离为 200～250mm。因喷射距离过近所喷射出来的涂层难以均匀，过远则涂层变得毛糙，不光亮，严重时还会出现小气泡，会导致涂膜的附着力降低及涂料雾化损失增加。为此，喷射距离要严格控制好，以不影响涂饰质量为准则。

（2）喷涂角度

喷涂角度是指喷射出去的涂料射流中心线跟被喷涂面的垂直度。若垂直度越大（越接近90°），则涂层就越均匀光滑；反之则涂层就越不均匀，甚至还会出现大量气泡。图 7-15 为喷射角度对涂饰质量的影响。图中 1 和 3 表示倾斜喷涂，喷射出来的涂层不平整；2 是表示垂直喷涂，涂层平整度好。为此，喷涂时要求喷嘴相对被喷涂面作等距离上下或左右匀速移动，这样才能做到垂直喷涂，确保涂层的平整度要求。

（3）喷涂方法

一般是先对被喷面横向（对木家具是横木纹方向）喷涂一遍，紧接着再竖向（对木家具是沿木纹方向）喷一遍，这叫喷涂一次或一度。喷枪移动的速度要均匀，移动速度的快慢，要根据所喷射的涂层的厚度或是否流挂为准则。若涂层过厚出现流挂，则移动速度要快；要是涂层过薄，则移动速度应放慢。

（4）压缩空气的压力与纯洁度

压缩空气的压力大小应根据涂料的黏度来定。涂料黏度高则空气压力要相应加大，否则涂料溶液难以被压缩空气冲击力分散成极细的微粒，使喷射出来的

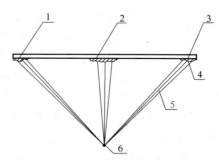

图 7-15　喷射角度对涂饰质量的影响
1,3—倾斜喷涂　2—垂直喷涂　4—涂层
5—涂料射流　6—喷嘴

涂层不均匀。但气压过大又会增加涂料的反射损失。一般当涂料的黏度为 20～30s（涂-4杯），压缩空气的压力以 $2.94 \times 10^5 \sim 3.92 \times 10^5$ Pa 为宜。

压缩空气中的尘粒、油分、水分等杂质，都会影响喷涂质量。为此，压缩空气须经过载有泡沫塑料或羊毛毡的铁桶滤去尘粒等杂质后，再经油水分离器分离出油与水分，方可进入喷枪进行喷涂。

（5）涂料的质量

对进行喷涂的涂料，应无粒子、漆皮等杂质，以免堵塞喷枪的喷嘴与涂料管道而影响喷涂质量。为此，涂料应先经 200 目以上的尼龙或不锈钢筛网过滤后才能喷涂。对涂料的黏度在 20～60s（涂-4杯）均可喷涂。黏度高的涂料要选用较大的喷嘴与较大的空气压力。涂料的黏度不能偏高，否则涂料流平性差，涂膜不光滑。一般稀释到 20～30s（涂-4杯）较为理想。

7.2.3　气压喷涂的优缺点

气压喷涂的主要优点是：涂饰效率比手工刷涂快得多；涂饰质量比一般手工涂饰好；适应范围广，能喷涂各种几何形状与大小不同的家具；劳动强度比手工有所减轻。但也有两方面严重的缺点，即涂料损耗大，环境污染严重。

关于气压喷涂的涂料损失，据有关资料介绍，一般 20%～30%，若是喷涂椅、凳类框架式家具，一般为 40%～50%。造成涂料损失有下列三个主要因素：

（1）涂料被喷到制品外面的损失

无论喷涂什么产品，也不管喷涂者技术多么高超，总会有或多或少的涂料喷射到被涂物之外。特别是喷涂框架式产品，这种现象更为严重，涂料损失会更大。

（2）反射损失

由于涂料射流有一定的冲击力，当涂料喷射到被涂物面上时，会有一部分涂料反射回来而飞扬到空气中损失掉。反射损失的大小跟涂料的黏度及压缩空气的压力有关。涂料的黏度大，压缩空气的压力小，则反射损失小。反之就增大。

（3）雾化损失

从喷嘴喷射出来的涂料射流是呈喇叭形向外扩展的气体自由紊流，其中各质点的移动速度不相同，中央部分的流速最大，边沿部分的流速较小或趋向于零。在涂料射流边界层移动着的涂料微粒会跟周围的空气发生强烈摩擦，导致一部分空气被带入射流中去；而射流边沿一部分涂料微粒因跟空气摩擦而完全失去流速，便形成雾状，随空气自由扩散，或经排气管道排放到室外进行处理。实践证明，雾化损失随喷射距离增大及涂料黏度减少而增加。减少雾化损失最有效的措施是采用无雾喷枪进行喷涂。

7.2.4 减少喷涂环境污染的方法

气压喷涂造成涂料损失较大，导致施工环境被严重污染。为减少环境污染，改善劳动条件，应设有专门的喷涂室，室内装有排风设备和水帘过滤装置，以使空气得到有效净化。

图 7-16 所示为水帘过滤机工作原理图。它是由水帘、水箱、排气机、水泵、回水池、滤料网、挡水墙、喷涂台、喷枪等主要部分组成。

喷涂时，先开动水泵，则水就从回水池经水泵进入水箱，并从水箱底的缝隙中往下流，形成水帘回到回水池中。就这样循环往复地往下流淌。接着开启排气机，进行喷涂，这时喷涂所产生的漆雾在排气机的吸引下，会随同气流经过水帘而凝结在水帘中，跟水帘流到水池里，从而达到净化空气的要求。随水帘流回水池的漆液会浮在水的上面，便于回收利用或集中处理。

此种水帘过滤机结构简单，操作方便，使用效果好，造价便宜。使用单位可以根据实际需要，可大可小，自行设计、制造。

水帘过滤机又称水洗喷漆台，其水帘宽度为 3000mm，风机的风量为 $18000m^3/h \times 2$，风机功率为 $1.5kW \times 2$，水泵功率为 $1.5kW$，外形尺寸（长×宽×高）为 3550mm×1600mm×2450mm。此类水帘过滤机使用方便，效果良好，有各种型号、规格供选择。图 7-17 所示为在水帘过滤喷涂室演示喷涂。从图中可以看出，漆雾已被水帘带走，在喷涂室中基本没有漆雾污染，操作人员可以不戴防毒面具进行操作。

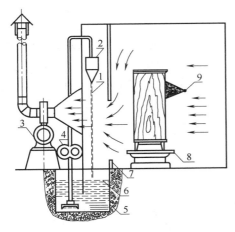

图 7-16 水帘过滤机工作原理图

1—水帘 2—水箱 3—排气机 4—水泵 5—回水池
6—滤料网 7—挡水墙 8—喷涂台 9—喷枪

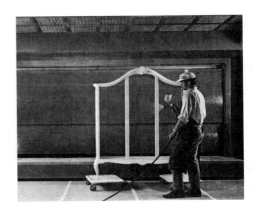

图 7-17 水帘过滤喷涂室演示喷涂

7.3 高压喷涂

高压喷涂是指利用压缩空气（液体）驱动高压泵，使涂料增压到 $1.471 \times 10^7 \sim 1.716 \times 10^7$ Pa，从喷枪的喷嘴喷出后，因压力突然减少而剧烈膨胀爆炸，似雾状涂料微粒射流而喷涂到被涂物面上的一种涂饰方法。

7.3.1 高压喷涂设备的结构及工作原理

高压无气喷涂设备分大型和轻便两类，家具产品的大型喷涂设备一般采用地面轨道式或悬挂输送链传动方式的涂装生产线。使用高压无气喷涂既可以对工件进行底涂，也可以进行面涂。

高压喷涂设备由过滤器、高压泵、气缸、蓄压器、高压软管、喷枪等主要部分组成。图7-18所示为高压喷涂设备示意图。

（1）高压泵

高压泵是为涂料加压的设备，根据其动力源的不同，分为启动高压泵、油压高压泵和电动高压泵三种。其中使用压缩空气为动力的气动高压泵使用最广泛。高压泵的作用就是将涂料变成高压。图7-19所示为高压泵的工作原理。当压缩空

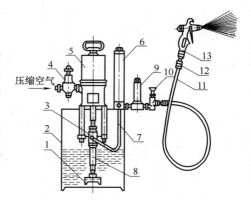

图 7-18　高压喷涂设备图

1—网状过滤器　2—储漆箱　3—高压泵
4—调压阀　5—气缸　6—蓄压器　7—输漆管
8—进漆管　9—管状过滤器　10—截止阀
11—高压软管　12—旋转接头　13—喷枪

气进入空气换向阀后，由换向阀改换气流的方向推动活塞泵的活塞做上下往复运动。连杆带动柱塞泵的柱塞跟着做上下往复运动，而将涂料吸入并形成高压从涂料输出管输送出去。因活塞的面积比柱塞的面积大，根据力平衡的原理可知：作用在两个面积上的力是相等的，但单位面积上的压力却不相同，面积越小的单位面积上的压力越大。一般柱塞面积：活塞面积＝1:（30～35）。所以当输入活塞泵的气压为 4.9×10^5 Pa 时，而输出的涂料的压力可达 $1.471 \times 10^7 \sim 1.716 \times 10^7$ Pa。

气动高压泵具有体积小、质量轻、操作容易、设备构造简单、使用寿命长等优点，特别是具有安全可靠的特点，在使用过程中不产生电火花，即在有机溶剂存在的场合也不会有发生火灾的危险。但它动力消耗大、噪声大，所以在一些特殊场合常用油压泵或电动高压泵代替。油压泵是用电机驱动液压油作为动力给涂料加压的，它的优点是动力利用率高（是气动泵的5倍）、噪声低、使用安全，缺点是用油做动力，而油在喷涂环境中会影响喷涂的质量。电动高压泵以普通交流电为动力，所以更换场地便利，只要有电源的地方都可以使用，但这类泵的容量小，只能产生最高

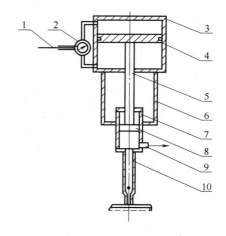

图 7-19　高压泵原理图

1—压缩空气　2—空气换向阀　3—活塞泵
4—活塞　5—连杆　6—柱塞泵　7—柱塞
8—高压涂料　9—涂料输出管　10—过滤器

约 20MPa 的涂料压力。

（2）蓄压器

蓄压器的结构虽简单，即一根较大的钢管，但直接影响到喷涂的质量。它的作用就是稳定涂料的压力，减少其压力波动。因为高压泵的柱塞是做上下往复运动的，当到达上端或下端做反向运动时，会出现死点，即瞬时速度为零。在柱塞速度为零的瞬间便无涂料排出，这会使流进高压软管的涂料压力有所降低，产生压力波动，结果会影响涂层的平整度。而蓄压器的作用就是能减少涂料压力的波动。这是由于蓄压器的容积较大，高压泵虽在瞬时没有涂料输出，但在瞬时内从喷嘴喷射出去的涂料也是很少的，跟整个蓄压器内积蓄的高压涂料相比，便可忽略不计，所以能起到稳压的作用。

（3）过滤装置

高压喷涂要求涂料中不能含有杂质和硬块。因为高压喷涂喷枪的喷嘴很小，若涂料稍有不净，就会堵塞喷嘴。为保证喷涂正常进行，应在设备中安装三道过滤器：第一道设在储漆箱进漆管的入口处，约为 200 目的盘形网状过滤器，用于清除涂料中的原始杂质；第二道设在蓄压器和截止阀之间，以清除上次喷涂后，虽经溶剂清洗，但难免有残留在高压泵和蓄压器的涂料细皮物，也需要过滤；最后一道是在涂料进入喷枪处装上一个管状过滤器，以滤清高压软管内的杂质。这样才能确保涂料清洁，以使喷涂正常进行。

（4）高压软管

高压软管是将高压泵输出的涂料送入喷枪，因输出的涂料压力高达 $1.716 \times 10^7 \mathrm{Pa}$，故要求高压软管至少能耐 $1.765 \times 10^7 \mathrm{Pa}$ 以上的高压，并能抵抗涂料中各种强溶剂的腐蚀。此外，还要求有一定的柔韧性，利于喷涂操作。

（5）喷枪

高压喷涂的喷枪结构比较简单，仅包括涂料管路、控制扳机和喷嘴三部分。但有很高的精度要求，这是由于涂料的压力很大，不仅要求扳机开关密封性好，不泄漏涂料，而且要求使用灵活，以便能瞬时喷射或切断涂料。因此高压枪的截止阀都是由碳化钨制成的。对喷嘴的硬度和光洁度也有较高的要求，这是因为涂料的速度很快，对喷嘴的摩擦力较大，如果喷嘴的硬度不高，容易磨损变形，会使涂料射流的形状不稳定，使喷涂的涂层不均匀。所以大多数涂料喷嘴都是由硬质合金制成的，也有一些涂料喷嘴是由碳化钨制成的。

涂料喷涂图形的喷出量和喷幅宽度是由喷嘴的几何形状、孔径大小和加工精度决定的。涂料喷嘴可分为标准型、圆形、自清型和可调型。其中标准型喷嘴使用最普遍。喷嘴开口呈椭圆形，喷出的涂料射流成扇形，喷到被涂物面上呈椭圆形。幅宽 150～600mm，涂料喷出量一般在 0.2～5L/min，多的可达 10L/min。实践证明若喷嘴孔呈椭圆形，其喷涂质量较好，可以避免被涂物面周边涂层过厚而产生流挂。图 7-20 所示为喷嘴截面的形状与尺寸。

圆形喷嘴主要用于喷涂管道内壁及其他狭窄部分，喷嘴开口呈圆形，喷雾形状也呈圆形。自清型喷嘴有一个转向机构，当喷嘴被堵塞时，可旋转 180度将堵塞物冲掉，喷嘴有球形和圆柱形两种。

图 7-21 所示常见的高压喷嘴，高压喷嘴结构的喷孔孔径可在很宽的范围内变化，小的可为 0.17mm，大的可达 2.5mm，喷射的扇形角度可在 30°～80°变化，喷涂图形幅宽在 8～75cm 变化。

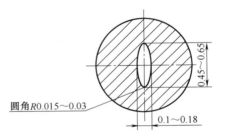

圆角 R0.015～0.03　　0.45～0.65　　0.1～0.18

图 7-20　喷嘴截面的形状与尺寸

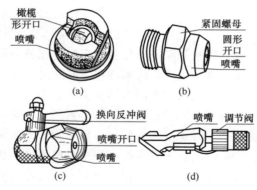

图 7-21　常见的高压喷嘴结构
（a）标准形喷嘴　（b）圆形喷嘴
（c）自清形喷嘴　（d）可调喷嘴

使用最多的有两种喷嘴，一种是大孔径大扇形角度的，另一种是小孔径小扇形的。并有多种不同型号可供选择，当需要改变喷雾形状和孔径大小时，可方便地进行更换。喷涂低黏度涂料时多采用小孔径喷嘴；涂料黏度高时为了减少流阻，选用的孔径也应大一些。喷涂工件的形状比较复杂或批量较大时，应选择口径较大的喷嘴。

出漆量是由压力和喷嘴大小决定的。为了增加涂料的喷出量，可采用两种方法：提高压力或使用较大口径的喷嘴，但是完全依靠提高压力来增大喷出量是不可取的，因为这样会缩短设备的使用寿命，所以更换较大口径的喷嘴是更好的办法。

涂层的厚度是由孔径和喷雾扇形角度两者决定的，应注意的是具有相同孔径而扇形角度不同的喷嘴，在喷涂流量相同时，喷雾覆盖的面积是不同的。喷幅越宽，形成的椭圆形面积越大，但厚度越小。椭圆形喷嘴的孔径是折算成圆形后的直径，通常在满足喷涂实际需要的前提下，为了获得较薄的涂层，应选择孔径最小、扇形角度最大的喷嘴。

7.3.2　高压喷涂操作方法

首先将调配好的涂料加入储漆箱中，接着启动空压机，让压缩空气进入调压阀，调至所需的气压（一般为 $3.14 \times 10^5 \sim 3.92 \times 10^5 \, Pa$）后，进入高压泵，推动高压泵工作，涂料便从高压泵输入，先充满蓄压器，流至截止阀。打开截止阀，涂料便流经高压软管进入喷枪，只要扳开喷枪的扳机，高压涂料便从喷嘴喷出，形成雾状涂料射流，即可进行喷涂。喷涂时枪身应与喷涂表面保持垂直，喷枪运行轨迹应与施涂表面保持平行，这样才能保证涂层厚度均匀。如果喷枪以手腕为中心作弧形转动，会产生大量飞漆，而且在工件与喷枪成垂直方向的位置落漆较多，而不成垂直的较远位置落漆较少，造成涂层不均匀。操作时喷枪作弧形运动的操作者只是手和前臂在运动造成的。而为保证喷枪运动轨迹与施涂表面平行，操作者的手腕、肘部和肩部都要同时运动。喷枪要与施涂工件表面间的距离稍远一些，一般在 25～40cm，而且整个喷涂过程都应保持距离不变。喷涂距离过近易形成反弹或过喷，距离太远又会使漆雾不能完全落到工件表面而造成上漆率下降。

涂料流量的大小可通过调整截止阀的阀门来控制。涂料流量大，喷枪移动速度要快，喷涂效率高。若涂料流量较大，喷涂速度较慢，就会使涂层产生流挂。因涂料压力大流速很快，故截止阀的阀门不能开得太大，特别是技术不太熟练的工人宜开小点，以保证喷涂的质量。

喷涂时每一次喷涂行程喷枪的位置应比前一次行程适当下移一定的距离，保证与前一次行程的喷涂有一定的搭接，这是形成均匀涂层的关键。由于高压喷涂压力较大，喷涂扇面内的流量计压力比较均匀，因此喷雾图形内涂膜的厚度比较均匀，喷雾图形之间的搭接量较空气喷涂可以小一些，但一定要搭接上，不可出现漏喷。

为了达到对喷雾图形的控制，可以从以下三个方面下手：

① 选择合适的孔径和开口角度的涂料喷嘴，以获得所需要的涂料流量和喷雾角度。

② 调整液压。

③ 改变涂料黏度。

图 7-22 所示为高压喷涂设备及其操作演示。从图中可以看出，高压喷涂的涂料雾化损失很少，在喷涂车间里基本没有漆雾飘散，操作人员可以不戴防毒面具进行操作。

喷涂时从喷雾图形可以看出可能出现的问题，其解决办法见表 7-1。

图 7-22　高压喷涂设备及其操作演示

表 7-1　　　　　　　　　　　　喷雾形状问题、原因分析及解决办法

喷雾形状问题	原 因 分 析	解 决 办 法
出现峰尾	(1)涂料流量不足 (2)涂料未被雾化 (3)涂料流速不够 (4)涂料聚合性太强	(1)增大液压，减少由一台泵供料的喷枪量 (2)改用孔径小些的喷嘴 (3)清洗喷嘴和过滤器 (4)降低涂料黏度
喷雾过于集中	(1)喷孔已经磨损 (2)此涂料不能为高压无气喷涂方式雾化	(1)增大液压，减少由一台泵供料的喷枪量 (2)改成空气喷涂
喷雾图形不对称	喷嘴阻塞或已经磨损	清洗或更换喷嘴
喷雾横向扩张并产生波纹	(1)液体输送产生脉动 (2)涂料泵驱动气源不足 (3)虹吸管泄露 (4)泵的输送能力不够 (5)液体黏度太大	(1)换上孔径小些的喷嘴 (2)在系统上安装稳流器或排空已有的稳流器 (3)减少喷枪数量 (4)增加向泵的送气量 (5)清除系统中的节流因素，清洗或更换滤网。如有必要，可换用更大内径的软管和增压能力更大的泵 (6)检查虹吸管和软管有无泄露 (7)降低液体黏度
圆形喷雾	(1)喷嘴已经磨损 (2)液体黏度过大 (3)液体无法被高压无气喷涂方式雾化	(1)更换喷嘴 (2)增加液压 (3)稀释涂料 (4)改变喷嘴规格 (5)安装衬套 (6)改用空气喷涂方式
形成沙漏形喷雾	(1)液体黏度过大 (2)涂料无法用高压无气喷涂方式雾化	(1)增加液压 (2)稀释涂料 (3)安装衬套 (4)改用空气喷涂方式

7.3.3　高压喷涂的特点

表 7-2 为高压喷涂与气压喷涂的技术性能比较，其优缺点及影响喷涂质量的主要因素基本相同，防止环境污染的措施也一样，在此不再重述。不同之处有以下几点：

（1）涂料雾化损失小

因为高压喷涂喷射出来的涂料射流中没有压缩空气，即不跟空气相混合，速度快，其微粒难以飘散到空气中而造成雾化损失。

（2）能喷涂较高黏度的液体涂料

这是由于高压喷涂，涂料的压力大，流速快，一旦从喷嘴喷出，就会产生很大的爆破力，也能将高黏度的分散成微粒而喷射出去。所以，高压喷涂能喷涂黏度高达 100s（涂-4杯）的涂料。

（3）喷涂的效率高

由于高压喷涂涂料的喷出量大，涂料粒子喷射速度快，一支喷枪 1min 可喷涂 3～5m²以上的面积，所以涂装效率比空气喷涂高 3 倍以上，比刷涂高 10 倍，特别适合大面积施工，对一次喷涂要求成膜厚度大的喷涂，可大大提高劳动生产率。需要注意的是喷涂速度要快，操作技术要熟练，能够迅速而准确地进行喷涂。

（4）涂饰质量好

射流空气含量比气压喷涂少，所以涂层不易产生气泡，附着力强。因涂料不含压缩空气，所以避免了压缩空气中可能含有的水分和油等杂质对涂膜质量的影响。但由于其喷涂成膜较厚，故不适宜用在装饰要求较高的薄层喷涂工艺上。

（5）适应大件、大批量涂饰

高压喷涂最适用于大件、大批量连续化涂饰，特别是各种柜类、车厢、船体等大件制品的涂饰，可获得较高质量与涂饰效率。

（6）喷涂量和图形不可调整

涂料的喷出量和喷雾图形的图幅一般不能调节，要调节只能更换喷嘴。

（7）危险性高

由于喷出的涂料压力太高，操作不妥有可能伤人和造成严重后果。

表 7-2　　　　　　　　　　　　　　高压喷涂与气压喷涂的技术性能比较

喷涂方法 技术性能	高压喷涂	气压喷涂
雾化方式	高压使液体涂料从小喷孔急速喷出,减压后雾化	高压空气射流将液体涂料击碎
喷雾形状的控制	喷孔形状和大小影响喷雾形状	控制液压和气压可对喷雾图形实现全面控制
耗气量	大约是空气雾化方式的(1/4)～(1/2)(689kPa时)	0.113～0.566m³/min
对气压的要求	需要 689kPa 的气压	中压至低压,最好在 345～517kPa
对液压的要求	4.14～27MPa	低液压,在喷嘴处不超过 124kPa
涂料流量	大到中等流量,涂装速度快,适用于大面积涂装	中等到小流量,一般不超过 946ml/min,生产效率较低,控制量多

7.3.4　高压喷涂的进展

为了既能发挥空气喷涂雾化效果好、易获得良好涂膜的优点，又能发挥高压喷涂速度快、出漆量大、喷雾飞逸少、上漆率高的特点，把两者优势结合起来，人们开发研制了空气辅助高压喷涂技术。

这种方式喷涂的涂料流量比空气喷涂时大，而产生的柔和喷雾也减少了喷雾的浪费，既有利于完成对凹槽和空腔部位的喷涂，还能保持良好的雾化效果。这种特性对于喷涂木器等基材时显得尤其重要。这种方式适合在中、低速生产线上对中、低黏度的涂料进行喷涂，如喷涂着色剂、填充腻子、磁漆、硝基漆、聚氨酯漆等。它是在原有高压无气喷枪上加了一个上面有雾化空气和调节图形的空气孔的空气帽，和空气喷枪不同的是，它没有中心空气孔。空气帽产生的气流一方面提高涂料雾化效果，另一方面包围漆雾，可防止漆雾飞散。经过这种改进后，高压喷枪的性能发生了变化：涂料的喷涂压力降低；雾化效果良好；漆雾的沉积率（上漆率）提高；喷雾图形可调。

7.4　电动喷枪喷涂

电动喷枪喷涂是利用电磁铁驱动衔铁来带动喷枪中的活塞杆进行高速往复运动，将涂料从储漆罐中吸出，使之变为高压，从喷嘴喷出即形成雾状射流而喷涂到被涂物表面的一种涂饰方法。电动喷枪类型有多种，图 7-23 为电动喷枪外形图，其技术参数如表 7-3 所示。

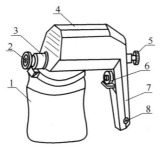

图 7-23　电动喷枪

1—储漆罐　2—喷嘴　3—喷枪体　4—机壳　5—调节旋钮　6—电开关　7—手柄　8—电插座

表 7-3　电动喷枪技术参数

名称	参数	名称	参数
电压	220V	涂料流量	260mL/min
电流	0.6A	料罐容量	700mL
功率	60W	净重	1.3kg
频率	50Hz	外形尺寸	200mm×106mm×226mm

电动喷枪形体轻巧，携带方便，使用灵活，喷涂效率较高，涂饰质量较好，适用范围广。无论被涂饰制品尺寸大小、形状复杂与否均可涂饰。缺点是储漆罐容量较小，只能连续喷涂约 5min，就需要重新加涂料，对大面积喷涂较为麻烦。可用于家具涂饰的修理，用电动喷枪喷涂应注意安全防火。施工场地应适当通风，不准吸烟，不能有明火或热源；同时要求涂料溶剂和稀释剂的闪点高于 21℃；还应保证供电线的插头始终跟插座保持良好接触，不能产生电火花。

喷涂技术要领：

① 喷涂时要先按下电开关，转动调节旋钮，逆时针方向旋转，喷射出来的涂料量大；

顺时针方向旋转，则喷出量小。调节时，应使喷射出来的涂料射流雾化粒子大小均匀，电磁铁响声低即可。

② 为谨慎起见，最好先在纸或板上试喷一下。若喷涂效果理想，就可正式进行喷涂，否则重新调整。

③ 保持喷枪水平移动，使喷枪与被涂物表面的距离始终一致，一般保持在 250～300mm。

④ 喷涂应有次序地进行，每次覆盖宽度为 40～50mm，喷完整个被涂面之后，第二次喷涂运行方向应与第一次喷涂的互相垂直，如图 7-24 所示。对制品的拐角处或细小零件，应用短、促少量的喷射方法，通过几次喷涂来完成。

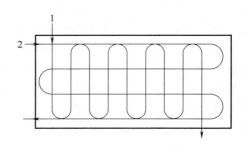

图 7-24　两次喷涂运行方向互相垂直

⑤ 储漆罐中的涂料不能全用完，要保持涂料吸管口浸在涂料中，不能空喷，以免损坏喷枪中的活塞。

⑥ 喷枪使用后，应用所喷涂的涂料溶剂或稀释剂将喷嘴、吸管、储漆罐等清洗干净。

另外，还应滴入少量机油至喷枪的活塞内，使之得到良好的润滑。喷枪清洗干净后，应放在干燥、清洁和没有腐蚀性气体的环境中保管。

7.5　静电喷涂

静电喷涂是利用异性电荷相互吸引这一原理，使分散的涂料微粒带上高压直流负电荷，将被涂物品放在接地的设备上作为正极而带上高压正电荷，这就在涂料微粒与被涂物面之间形成高压静电场而产生较强的电场力，涂料微粒在电场力的作用下被吸附到被涂物面而形成均匀涂层。

图 7-25 所示为静电喷涂原理。从图中可看出，静电喷涂的涂料射流被电场力吸引至被涂件表面，形成均匀的涂层。涂料射在电场力的作用下不会乱飞扬，既不喷洒到空气中去，也没有反射损失及雾化损失。高压喷涂与气压喷涂则无法做到这一点。

图 7-25　静电喷涂原理

根据分散涂料的喷具类型不同，可将静电喷涂设备分为旋杯静电喷涂、旋盘静电喷涂、槽具静电喷涂、手持式静电喷涂等多种。应用较普遍的为旋杯静电喷涂与手持式静电喷涂。

7.5.1　旋杯静电喷涂设备

7.5.1.1　旋杯静电喷涂设备的结构

旋杯静电喷涂设备有多种型号与规格。一般由旋杯式喷枪、安装喷枪的支架、高频高压静电发生器、涂料电阻测试仪、高压放电棒、涂料增压箱及产品输送机构等主要部分组成。图 7-26 所示为旋杯静电喷涂设备示意图。

（1）旋杯式喷枪

旋杯式喷枪由喷杯、微型电动机、绝缘支架、绝缘轴及安装喷枪的支架等部分组成。铝合金制作，口径为 50～100mm，被喷涂件表面较宽，则选用较大口径的喷杯。微型电动机的功率为 150～250W，转速约 3000r/min（即喷杯的转速）。若使用气动马达直接带动喷杯做高速旋转运转，最高转速可达 40000r/min，使涂料达到更良好的雾化，适用于各种涂料的喷涂。为防止微型电动机用的交流电与喷杯上的直流电相互干扰，需要用绝缘支架、绝缘轴将两者进行绝缘处理。即绝缘支架与绝缘轴都要用绝缘材料制作，如用胶木棒或有机玻璃棒等绝缘性能较强的材料制作。

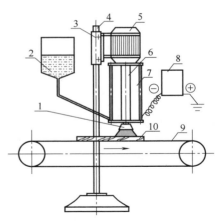

图 7-26　旋杯静电喷涂设备示意图

1—喷杯　2—涂料增压箱　3—支承喷枪的横臂
4—支承喷枪的立柱　5—微电机　6—绝缘轴
7—绝缘支架　8—静电发生器　9—产品输送带
10—被涂件

（2）静电发生器

静电发生器是电喷涂设备的重要部分，作用是将 50Hz 交流电经过单相全波整流变成直流电；再经高频振荡器转换成几十千赫的高频电；然后经变压器升压后供给变压整流器变为 100kV 以上的直流高压电传给喷杯上的涂料，使涂料带电。图 7-27 所示为其晶体管线路原理图，现在已成为体积很小的集成电路装置。

（3）涂料增压箱

涂料增压箱是将涂料箱放在比喷枪高的地方，以使涂料能自由地流入喷杯中。涂料箱应离喷杯室稍远一点，万一喷涂室产生电火花，没有涂料就不会有大的风险。

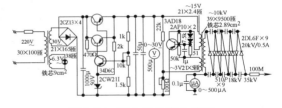

图 7-27　静电发生器电路图

（4）高压放电棒

高压放电棒是一端制成圆锥形尖端的小铜棒，直径约 10mm。当喷涂结束后，用于释放喷杯上的余电。因喷杯工作完成后，虽切断电源，但本身仍有余电不会释放，要用手拿住高压放电棒先接触一下把余电放掉，然后才能取下清洗。否则会被喷杯上的余电击伤。

（5）涂料电阻测试仪

涂料电阻测试仪用于测定涂料电阻值，因为静电喷涂要求涂料的电阻值小于 $100M\Omega$，若过大，要加入极性溶剂（如酯类、酮类、醇类等）使其电阻值降到符合要求为止。

（6）产品输送机

可以是皮带输送机或是链条输送机，并跟涂层干燥烘道连接在一起。被喷涂的产品便自动进入烘道，以使涂层干燥固化成涂膜。

7.5.1.2　旋杯式静电喷涂设备的操作方法

① 先将调配好的涂料放进储漆箱。

② 开动微电机，通过绝缘轴带动喷杯高速运转。

③ 打开涂料增压箱的阀门，使涂料经涂料输送管流入喷杯中，涂料在高速旋转喷杯离心力的作用下被分散成雾状喷射出来。

④ 开启静电发生器，使分散成雾状的涂料带上高压（约 100kV）负电荷。

⑤ 开动产品的输送带，将被喷涂的产品放在输送带上，当产品流经喷杯下就会在喷杯与被涂物之间产生电场力，从喷杯中甩射出来的涂料微粒在电场力的作用下便均匀地吸附在产品的表面而形成连续光滑的涂层。

7.5.2　手持式静电喷涂设备

手持式静电喷涂设备有气压雾化式和高压雾化式两种。图 7-28 为这两种喷涂设备的外形简图，（a）为高压雾化式，（b）为气压雾化式。还有一种粉末涂料的静电喷涂设备。

（1）气压雾化式静电喷涂设备

气压雾化式静电喷涂设备由气压雾化式静电喷枪、静电发生器、高压线、空气压缩机、储漆箱、涂料输送管等主要部分组成。其涂料雾化是利用喷枪中的空气喷嘴喷出的压缩空气，使从涂料喷嘴流出的涂料雾化成微粒与压缩空气混合成射流，喷涂到被涂物面。雾化的涂料微粒带上高压负电荷，涂料微粒由于受到电场吸引力的作用，即在被产品表面形成均匀的涂层，涂料的反射与雾化损失极少，且喷涂质量也较好。

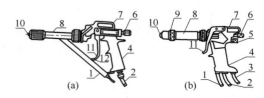

图 7-28　手持式静电喷涂喷枪外形简图

1—电缆线　2—涂料进管　3—压缩空气进管　4—枪柄
5—调气螺杆　6—调涂料螺杆　7—挂钩槽　8—枪管
9—喷头　10—喷嘴　11—扳机　12—高压电开关

（2）高压雾化式静电喷涂设备

高压雾化式静电喷涂设备由高压雾化式静电喷枪、静电发生器、高压线、高压泵、储漆箱、涂料输送管等主要部分组成。涂料雾化的原理跟高压喷涂基本相同，需要利用高压泵将涂料升压至 $1.5×10^6$ Pa 左右输入喷枪从喷嘴喷出，由于压力突然骤减而膨胀雾化形成带高压负电荷的涂料微粒射流。适用于快速、大量的涂饰作业。为方便使用，常将整套设备组装在一起，如图 7-29 所示。若放在一辆小推车上面，便可轻快地移动，便于喷涂。

（3）粉末涂料静电喷涂设备

粉末涂料静电喷涂设备由粉末涂料静电喷枪、静电发生器、高压电线、流化床供粉装置、涂料粉末回收装置等主要部分组成。图 7-30所示为粉末涂料静电喷涂设备。

喷枪由枪柄、枪管、喷杯及扳机组成。在枪柄端部有涂料软管、高压电缆与接地电缆的接头。粉末涂料从枪柄端部接头进入后，即带上高压负电荷，沿枪中的涂料管道流经控制阀（扳机），从喷杯中喷出。喷杯为铝合金或铜制的喇叭状，固定在枪管端部，以使粉末涂料成喇叭状喷射出去。整个枪体的外表面应有很好的绝缘性，枪管的长度为 300～400mm。为确保操作者的安全，喷枪要用接地电缆接地。

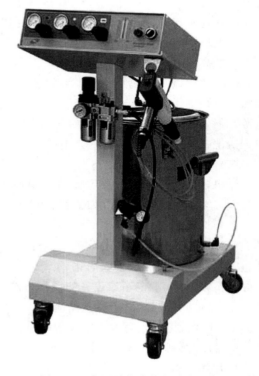

图 7-29　高压雾化式静电喷涂设备

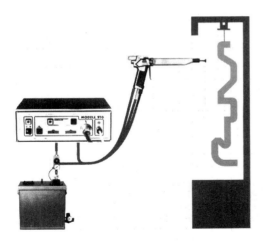

图 7-30　粉末涂料静电喷涂设备

粉末涂料供应装置的结构有多种类型，作用是储存粉末涂料，并能使其产生振动以更好地被压缩空气流化，流经涂料输送软管进入喷枪，实现喷涂。涂料的流量与压缩空气的进入量分别通过专用的阀门来调节，以确保粉末涂料均匀分散地输出，获得最好的喷涂质量。

粉末涂饰采用手持式静电喷枪喷涂，属一项新的涂饰技术，国际上已普遍应用。还具有移动灵活的优点，适用于体积大、外形复杂的金属家具的喷涂。对于形状复杂或需涂饰较厚涂层的家具，均应先预热再进行喷涂。虽然增加一道预热工序，但却能保证涂饰质量。

图 7-31 所示为利用粉末涂料静电喷枪喷涂产品的实际生产照片。产品在烘道中经预热再喷涂，喷涂后仍继续在烘道中运转，经高温烘烤熔融、固化成坚硬的涂膜。

7.5.3　影响静电喷涂质量的主要因素

影响静电喷涂质量的主要因素有电场强度、涂料的性质、木材含水率、喷杯转速、涂料流量等多种。

（1）电场强度

电场强度越强，作用在涂料微粒上的电场力就越大，被涂物面对带电涂料微粒的吸引力就越大，则涂料的损失就越少，涂层的质量就越好。

实验证明，当喷射距离（喷杯口的边沿跟被涂物面的垂直距离）以不使喷杯放电产生电火花为准则，而取最小值。这是因为当电压数值不变，喷射距离越小，平

图 7-31　粉末涂料静电喷枪喷涂产品

均电场力就越大，涂着力就越高。但喷涂距离不能过小，否则就会产生放电现象，使喷射出来的涂料在空气中燃烧、爆炸，产生火灾事故。

电压的大小对涂料的涂着率及涂膜的平整光滑度、附着力都有较大的影响。实验证明，当喷射距离以不使喷杯放电产生电火花而取最小值时，电压为 40kV 时，喷着率只有 20％，为 60kV 时达 80％，为 10kV 时可达 99％。所以电压越高，涂饰质量与涂饰效率就越高。但电压越高对设备绝缘性能要求也就越高，技术难度大，很不经济。因此，实际使用的电压一般只有 90kV 左右，基本能满足涂饰质量的要求。

在此应提出的是，手持式静电喷枪不会因喷射过近而产生放电现象。因为当喷嘴离被涂物面越近时，则高压电在自动保护装置的控制下也会自动变得越小，故平均电场强度基本不变。若喷嘴跟被涂物面接触，则高压电便自动切除。当喷嘴离开被涂物面，只要松一松扳机又重新扣住，高压电即重新输入。既安全又方便，也不影响喷涂质量，是一种理想的喷涂设备。

（2）涂料性质

涂料性质主要体现在以下几方面：

① 涂料的电阻　涂料的电阻值小，则导电性强，喷涂质量好。只要涂料的电阻值小于100MΩ，就能满足喷涂质量的要求。硝基、酚醛、丙烯酸、聚氨酯、氨基醇酸等树脂涂料的电阻值均低于100MΩ，都适合于静电喷涂。对于电阻值较大的涂料（如醇酸树脂涂料电阻值均为1000MΩ），可加入高极性（导电性强）的溶剂进行稀释来降低电阻，使之满足静电喷涂的质量要求。

② 涂料溶剂的极性　极性大的溶剂易降低涂料的电阻，使涂料微粒带电量增多，有利于喷涂质量的提高。

③ 涂料溶剂的溶解力　溶解力强的溶剂，其用量就会相应减少，涂料在同一黏度下固体含量就会提高。这样不但能减少喷涂的次数，更重要的是能提高被喷涂料微粒的密度，增加涂层的平整性。

④ 涂料溶剂的挥发性　静电喷涂跟气压喷涂相比，其涂料雾化粒子群的密度要小近40倍，溶剂挥发很快。若涂料使用低沸点的溶剂过多，溶剂的挥发就会过快，使涂层流平性差，易产生"橘皮"现象。为此，静电喷涂的涂料溶剂的沸点一般应在120～210℃，其中沸点在150℃以上的高沸点溶剂的用量主要根据气温与空气湿度来定取，一般不应少于溶剂总量的20％。

⑤ 涂料的黏度　涂料的黏度会直接影响涂料微粒的细化。涂料黏度小则分散性好，但黏度过小会使涂料固体含量减少，溶剂的消耗就会增多。故在保证喷涂质量的前提下，尽可能使用高黏度的涂料，静电喷涂要求涂料黏度为18～30s（涂-4杯）。

（3）涂料流量

涂料流量的大小直接影响涂料分散程度。对同一喷杯来说，涂料流量越小其分散的涂料微粒就越细。涂料流量应随喷杯转速和口径的增大而相应增大，以不影响涂料分散的细度要求及涂层出现"流挂"现象为原则，尽可能增加，这样可以提高喷涂效率。

（4）喷杯转速与口径

喷杯转速高、口径大，旋转喷涂时对涂料产生的离心力大，则涂料分散就细，有利于喷涂质量的提高。但喷杯转速过快，口径过大，就要增大喷枪的机械强度，会使喷枪笨重，不便于操作。因此，一般要求喷杯的转速应在2000～5000r/min，喷杯的口径为40～100mm，主要是根据被喷涂物表面大小而定，被喷涂物表面积大，则喷杯口径就大，反之则小。同一喷枪应配备大小规格不同的喷杯，以供选用。

（5）喷杯之间的距离

如果被喷涂物表面积较大，往往要使用两支或两支以上喷枪错位排列同时喷涂，如图7-32所示。两支喷枪之间的中心距离应大于1m。因为喷杯所喷射出来的涂料微粒都带负电荷，会相互排斥。若两喷杯之间的距离过近，就会使彼此喷射出来的涂料微粒因相互排斥而乱飞扬，这样不仅会损失涂料，也会影响涂层的均匀性。图7-33表示为两喷杯之间距离过近引起涂料微粒乱飞扬现象。

（6）喷杯与静电网之间的位置

为减少涂料微粒向上乱飞扬，可用漆包线编织成网状用绝缘绳悬挂在距喷枪700mm的上方（离房顶、墙壁至少500mm），再接上高压负电极，这样可以把那些向上乱飞扬出来的漆雾排斥到被涂物表面，而减少涂料的损失。增设电网会

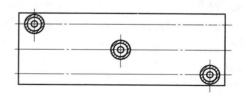

图7-32　三支喷枪错位排列喷涂示意图

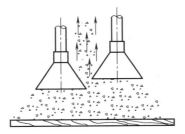

图 7-33 涂料微粒乱飞扬现象

增加静电发生器的负荷，这在设计中应考虑进去。

7.5.4 静电喷涂的优缺点

静电喷涂是较为先进的涂饰方法，使用也较广泛。主要优点：

（1）有利于实现机构化与自动化涂饰

这是由于静电喷枪可以固定在涂饰流水生产线上自动对产品进行喷涂，涂装生产效率高，运输链最高速度可达 24m/min，是手工喷涂的 6 倍。被喷涂好的产品可自动进入烘干机，使涂层干燥、固化成膜。从而有效提高喷涂效率，改善劳动条件，减轻劳动强度。

也可利用机械手操作，以实现高度自动化喷涂。图 7-34（c）所示为电脑控制的静电喷涂机械手成套设备。为自动化喷涂尖端科技设备，采用活动关节机械手，能快速敏捷地操作喷枪，对被喷涂家具任何地方均可进行准确高效喷涂。电脑软件拥有约 2000 个仿效模拟功能的程序，记忆容量大，软件程序设计范围广泛。

自动静电喷涂法以其装饰性好、质量稳定、使用方便、生产效率高、节能降耗、保护环境、涂装效率高、节省涂料等诸多优点逐渐成为当今金属家具涂装的主流方法。自动静电喷涂设备是实现静电喷涂的关键设备，其仿形技术直接影响静电喷涂的效果，同时其稳定性对整条生产线的正常运行也有很大的影响。常用的自动静电喷涂设备主要包括往复机、喷涂机和喷涂机器人，如图 7-34 所示。喷涂机器人由于其具有适应能力强、柔性好、控制灵活等优点，已经成为国内外大型家具企业涂装生产线上的首选设备，但其高昂的设备投资和庞大的使用成本却让许多家具厂望而却步。对于一些中小规模的家具涂装线而言，自动喷涂机不失为一个经济适用的解决方案，如图 7-34（a）、（b）所示。

（2）适用范围广

无论被喷涂产品体积多大，形状多复杂，均可以实现高质量喷涂。静电喷涂对于复杂工件的边角部位喷涂效果好。由于电荷的尖端效应，工件的边角部位电荷密度高，沉积的涂膜厚，在表面张力作用下涂膜干燥后仍有足够厚度。

（3）涂料损失少

由于涂料微粒与被涂物面之间存在较强的电场力，能迫使涂料微粒牢固地吸附在被涂物面上，不会乱飘散到空中造成雾化损失，也无反射损失

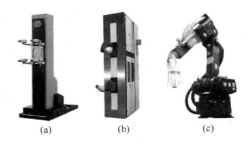

(a)　　　(b)　　　(c)

图 7-34 自动静电喷涂设备
（a）往复机 （b）喷涂机 （c）喷涂机器人

及喷射到被涂物外面的损失。不仅节约了涂料，也减少对环境的污染。这是气压喷涂与高压

喷涂无可比拟的优点。

（4）涂饰质量好且稳定

在静电喷涂过程中，经过机械雾化的涂料颗粒带上负电荷后相互排斥而变得更分散、更均匀，所以形成的涂膜很细，具有良好的外观装饰性，因此很适合做面漆。

静电喷涂能确保涂饰质量稳定可靠，不受人为因素影响。取决于上述的技术参数与技术条件，一旦经科学确定就能确保喷涂的质量可靠，不会受人为因素的干扰，保持稳定。

静电喷涂的缺点：

（1）对工件的导电性有特定要求

为满足静电喷涂的要求，需要改变工件的导电性。对金属等导体需除掉工件表面的油污、灰尘、锈迹，并在工件表面生成一层抗腐蚀且能够增加喷涂涂层附着力的"磷化层"或"铬化层"；对塑料、木制品等非导体则需要采取相应的措施，如浸在特殊溶剂处理或覆盖一层导电膜处理后才能静电喷涂。

（2）涂层的均匀程度受工件大小和外形影响较大

复杂形状的工件受电场屏蔽或电力线分布不均匀的影响，喷涂的质量难以保证，有时需要采取手工补喷。在静电喷涂中，涂料在工件上的分布不均是由于法拉第屏蔽效应造成的，如图 7-35 所示。在工件的边角和凸出部位、角顶和锐边处涂料分布多，而在凹陷部位少。

（3）在高压电场中工作存在电火花引发火灾的隐患

静电喷涂工作对安全操作有严格的规定，如输送设备和被涂工件总应处于良好的接地状态，但在喷涂导电性涂料时输漆管线不能接地。

（4）自动喷涂机刚性强，柔性低

现有的自动喷涂机大多采用变频器调速和硬仿形控制技术，存在控制精度不高、柔性程度低的缺点，不能适应当前定制家具生产的柔性化和订单生产模式，从而制约了家具产量的提高。

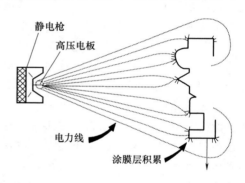

图 7-35　法拉第效应造成涂料分布不均示意图

7.6　淋涂

淋涂就是液体涂料通过淋涂机头的刀缝形成流体薄膜（涂幕），然后让被涂板式部件从涂幕中穿过而被涂饰的一种方法。

7.6.1　淋涂机的结构

淋涂机俗称淋漆机，其结构示意如图 7-36 所示。由淋涂机头、储漆箱、输漆泵、滤漆器、回漆槽、流漆器、加热水夹、输漆管道及产品输送机等主要部分组成。并由储漆箱、输漆泵、滤漆器、淋涂机头、回漆槽、流漆器、热水夹、输漆管道构成一个完整的涂料循环运输系统。

（1）淋涂机头

淋涂机头俗称淋漆机头、淋漆刀，是淋涂机的主要组成部分。根据涂料在淋涂机头内是否承受机械压力，可分为挤压式与非挤压式两大类型。

① 挤压式淋涂机头　如图 7-37 所示，由两把刀片及进漆管组成。并在每把刀片的内面加工两条凹槽，当将两把刀片合并成淋涂刀头后，便构成均压腔、储漆腔、节流缝及刀缝。

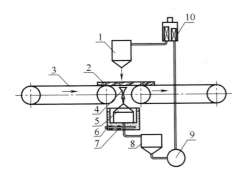

图 7-36　淋涂机的基本结构示意
1—淋涂机头　2—被涂件　3—产品输送机
4—回漆槽　5—流漆器　6—加热片　7—加热水夹
8—储漆箱　9—输漆泵　10—滤漆器

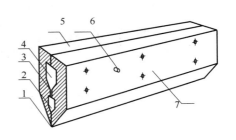

图 7-37　挤压式淋涂机头
1—刀缝　2—储漆腔　3—节流缝　4—均压腔
5—刀片　6—进漆管　7—紧固螺丝孔

节流缝的作用是使进入均压腔内涂料各质点保持均匀的压力。其缝隙的大小应根据涂料黏度而定，一般为 0.6～1mm，黏度低的取小值，黏度高的取大值。节流缝不宜过小，否则会过多地损耗料泵输出的压力，致使淋涂刀缝所获得的涂料压力相应减少，会影响排出刀缝的涂料，难以形成均匀、连续的涂幕。

淋涂刀缝的宽度应根据涂幕厚度决定，一般为 0.1～0.2mm。刀口内壁的光洁度应达到 10 级，不使流出的涂幕产生条状丝纹，确保涂层平整、光滑。刀口内壁高度约为 20mm，以利涂幕的形成。

引膜片是淋涂机头不可缺少的组成部分，为此，在淋涂刀缝两端分别安装引膜片，如图 7-38 所示。由于从淋涂机头流出来的涂幕，涂料存在内聚力的作用，会使涂幕收敛成扇形，而影响涂幕的均匀性，并减少涂幕的有效宽度，以致无法进行淋涂。引膜片用不锈钢皮剪制，插入淋涂刀缝两端，跟刀缝约成 80°夹角即可。由于涂膜存在着附着力与表面张力，从而能绷紧在两引膜片之间，不易飘动，并使涂膜保持有效宽度，这样才能确保淋涂的质量。

工作时，经输漆泵打出的涂料，经过滤后，从进漆管注入均压腔，再流经节流缝和储漆腔，直至从刀缝排出，形成涂幕。

挤压式淋涂机头可以淋涂较高黏度的涂料，而且漆幕从刀缝流出的速度均匀。并可以通过调整输涂泵无级变速电动机的转速来改变涂料的流量，即改变漆幕的流速，以实现控制涂层厚度的目的。因此，在现代淋漆机中普遍采用。

此种淋漆机头的缺点是淋涂机头刀缝的宽度在制造时已确定，在使用过程中不能随意调节。

② 非挤压式淋涂机头　如图 7-39 所示，由两把刀片和两个端盖组成。其中一把刀片跟两端盖用螺丝固紧。另一刀片安装在两端盖之间同一轴线上的两支柱上，并能绕两支柱轴心线摆动，以便利用偏心轴带动，以调节淋涂刀缝的大小，其调节范围为 0～10mm。在刀缝两端也需要安装引膜片。非挤压式淋涂机头适合淋涂黏度为 16～25s（涂-4 杯）的涂料，一般清漆均可淋涂。

此种淋涂机头的优点是在淋涂过程中可以按涂层厚度要求随时改变淋漆刀缝的宽度，操

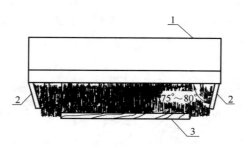

图 7-38　引膜片与淋涂刀的夹角
1—淋涂机头　2—引膜片　3—被涂件

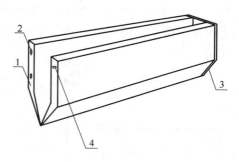

图 7-39　非挤压式淋涂机头
1—刀片　2—螺丝孔　3—端盖　4—支柱

作方便灵活。缺点是涂料进入机头中是敞开的，易挥发；其漆幕的流速基本稳定，属自由落体运动，不能按需要进行调节。为此，其应用不如挤压式淋涂机头广泛。

（2）储漆箱

储漆箱用于储存正淋涂的涂料，最好用不锈钢皮做成上为圆柱形下为圆锥形的桶，以利涂料彻底流完。

（3）输漆泵

输漆泵作用是连续不断地将储漆箱的涂料输入淋涂机头中，使涂料循环流动。输漆泵可以是叶片泵，也可以是齿轮泵。泵的流量约为 12kg/min，压力约为 1.96×10^5 Pa。叶片泵的交流电机跟泵是直接连在一起的，没有调速装置，安装时应设置溢流阀来控制涂料流量。齿轮泵常用直流无级变速电机带动，可通过调整电机转速来改变涂料流量。直流电机的功率一般约为 0.5kW。

（4）滤漆器

滤漆器用于滤清涂料中的杂质，以免堵塞淋涂刀缝，破坏涂膜的连续性。滤漆器可用 200 目以上的尼龙网或不锈钢丝网制作；也可用 J-7080 型柴油机滤芯，作为涂料过滤器中的滤芯。图 7-40 为一种普通的涂料过滤器，不仅能清除杂质，还能分离空气。如图 7-40 所示，涂料从接头进入，流经进漆管，以较高的速度从上端管口流出，立即扩散流落于石英玻璃圆筒内，再流进柴油机滤芯分离杂质，从出漆管流向淋涂机头。由于进漆管高于柴油机滤芯，且横切面积远远小于石英玻璃圆筒的横截面积，所以涂料和空气的混合物流进漆管后，流速大为降低，涂料受重力作用往下回流，经柴油机滤芯过滤后，便进入淋漆机头。而涂料中的气体则会浮在石英玻璃圆筒的上方，石英玻璃圆筒内部压力（约有 2.94×10^5 Pa）使上浮的气体从螺丝盖头的螺纹缝隙中自动排出，从而起到了分离气体的作用。若石英玻璃圆筒上部无气体时，由于涂料具有较高的黏度，也难以从螺纹缝隙中排泄出去。

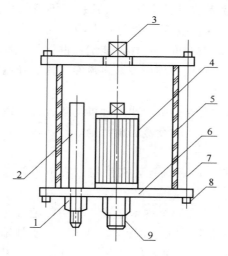

图 7-40　涂料过滤器
1—接头　2—进漆管　3—螺丝盖头
4—柴油机滤芯　5—石英玻璃圆筒
6—端盖　7—螺栓杆　8—螺母　9—出漆管

（5）回漆槽

回漆槽是用不锈钢皮制作的长槽，在槽的一端有一个流漆管。安放在淋漆机头的正下方，于产品输送机的中间。用于拦截从淋漆机头流出来的涂料，并使之流入流漆器，再流回储漆箱，是实现涂料循环流动的重要部分。这是由于被涂件的进给是间断的，即要等前面一块板式部件淋涂好被输送出去，才能再输送后面的部件去淋涂。但涂幕总是不断地往下倾泻，为此需要用回漆槽去回收，以使之循环运转。在实际淋涂过程中，有效的淋涂时间远远少于间断的时间。因此，回漆槽的作用很大。

（6）流漆器

流漆器一般用不锈钢皮制成，其形体上部为圆锥筒体，下部为圆柱筒体。当涂料从回漆槽流至流漆器锥顶沿四周斜面缓缓地往下流入储漆箱时，混入涂料中的空气便自动地排除掉。故流漆器是消除涂料中气泡的专用装置。

（7）加热水夹

加热水夹是在盛有水的不锈钢夹套里安置电热器，用于加热夹套中的清水。当淋涂高黏度涂料（或气温低，涂料黏度升高）时，可用加热水夹来提高涂料的温度，使其黏度降低，以满足淋涂要求。用加热法来降低涂料的黏度比加溶剂降低黏度要经济得多，特别是对不饱和聚酯涂料与光敏涂料不能都用溶剂去降低其黏度，只能用加热的办法来降低其黏度。这样加热水夹便是淋漆机不可缺少的一部分。

（8）产品输送机

产品输送机用于淋涂时输送产品，一般跟涂层干燥机连接在一起，组成淋涂生产流水线。淋涂机的产品输送机传动机构如图 7-41 所示。通过无级变速直流电机和同步齿形皮带带动前后两台输送皮带作匀速直线运动。为确保前后输送带的线速度相等，应采用同步皮带传动。输送带的线速度一般为 80～100m/min，可通过调整无级变速直流电机的转速来控制。当淋漆机头的涂料流量恒定不变时，输送带的速度越快，淋涂的涂层就越薄，反之则涂层就越厚。

（9）双头淋涂

双头淋涂即淋涂机上有两个淋漆机头，如图 7-42 所示。由两个淋漆机头分别组成各自的涂料循环系统，主要用于淋涂双组分涂料。不少合成树脂涂料为双组分涂料，分开包装，使用时，再规定比例混合均匀后才能进行涂饰。为此，可利用双头淋漆机进行淋涂，即将两组涂料分别放入各自的涂料循环系统进行淋涂，淋涂到产品表面再相互结合进行反应，干燥固化成涂膜。操作方法跟单头淋漆机的基本相同。也可只用其中一个淋漆机头淋涂单组分涂料，可以实现一机两用。

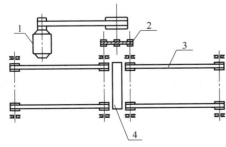

图 7-41　输送装置传动图

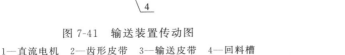

1—直流电机　2—齿形皮带　3—输送皮带　4—回料槽

图 7-42　双头淋漆机

7.6.2 淋涂机的操作方法

将调配好的涂料放进储漆箱中，并盖紧箱盖。淋涂应选择干燥慢、流平性好的涂料。由于淋涂时涂料处于喷射状态，涂料中的溶剂挥发快，涂料很快变稠，所以控制好淋涂涂料的黏度很重要。为控制好涂料的黏度，应及时补充溶剂，并配备对涂料黏度的自动检测装置，以便对涂料黏度做及时调整。

开启输漆泵，使涂料经输漆管道进入滤漆器，经过滤漆器进入淋涂机头，便从机头底部刀缝中流出形成连续的涂幕不断地倾泻到回料槽中，进行循环运转。

将要淋涂的板式部件放上产品输送带，便随输送带从漆幕中穿过，而被淋涂一层均匀的涂层。若涂层较薄，便将输送带的速度调小，反之则调大，直到符合工艺要求为止。

为确保喷淋系统畅通无阻，在作业完毕后，应及时清洗管路、喷嘴等设备。

7.6.3 淋涂的优缺点

（1）涂饰效率高

按输送的线速度 100m/min 计算，若被淋涂的板式部件为 1000mm×1000mm 餐桌台面板，如果不考虑后面烘道干燥的速度，在 1min 内，最多可淋涂 100 块，至少也淋涂 50 块。这是任何涂饰方法无可比拟的，是涂饰效率最高的一种涂饰方法。

（2）涂饰质量好

涂层厚度的均匀、表面平整光滑，基本上没有缺陷，好似覆盖一张塑料薄膜。这是任何涂饰方法都不可及的。

（3）涂料损失小

在整个涂饰过程中，涂料基本在封闭的循环系统中运行，几乎没有涂料的固体成分挥发到空气中，涂料中的溶剂也要基本到烘道中才挥发，可以集中处理。

（4）有利于实现机械化与自动化涂饰

淋漆机常跟涂层干燥烘道一起组成涂饰生产流水线，实现机械化与自动化涂饰。

（5）适用范围小

淋涂只适宜涂饰板式部件的正平面，对部件的周边很难涂饰，对整个产品或形状较复杂的零部件则无法进行涂饰。这便使其淋涂的范围受到一定限制。尽管如此，由于淋涂是一种又快又好的涂饰方法，所以是现代板式家具的理想涂饰设备，应用十分普遍。

7.7 辊涂

辊涂，利用塑料软辊将涂料涂饰到产品表面的一种涂饰方法。辊涂机由涂料辊、进料辊、分料辊等主要部分组成。图 7-43 所示为常用辊涂机工作原理。将被涂件送入进料辊与涂料辊的间隙中，便立即随进料辊与涂料辊做进给运动，并同时将涂料辊上的涂料辊涂到被涂件表面，即完成涂饰。

7.7.1 辊涂机的结构

（1）涂料辊

涂料辊由钢轴与塑料层组成。其钢轴是在无缝钢管的两端焊接圆钢，经车削加工制成。

然后在钢轴表面浇铸一层具有良好弹性与耐化学的塑料，其厚度约为 20mm。由于被辊涂的家具板式部件的厚度存在误差，所以要求涂料辊具有足够的弹性。这样才能使被涂件厚度在误差范围内，仍能跟涂料辊与进料辊产生足够的进给力，而不影响进给速度，确保辊涂正常进行。涂料辊表面的塑料浇铸层应平整、光滑，以确保涂层均匀。

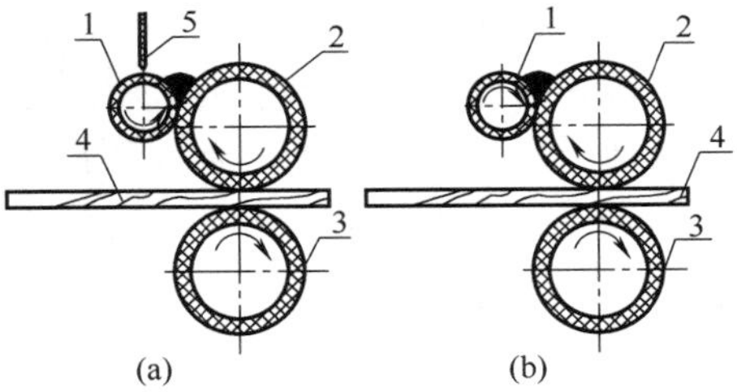

图 7-43　辊涂机工作原理
1—分料辊　2—涂料辊　3—进料辊
4—被涂件　5—刮刀

（2）进料辊

进料辊的钢轴结构跟涂料辊的基本相同，只是外圆直径大一点，表面浇铸的是一层约 10mm 厚且具有良好弹性的橡胶层，以增加它跟被涂件背面的摩擦力，确保它对被涂件产生足够的进给力。

（3）分料辊

分料辊结构也跟涂料辊的钢轴相同，只是在分料辊的表面进行镀铬，提高硬度、光洁度及耐腐蚀性能。表面光洁度越高越好，辊涂就越容易清洗。

（4）刮刀

对于进料辊与涂料辊为同方向运转的辊涂机，进料辊会带着涂料往外转，便需要用刮刀进行阻拦。刮刀最好用不锈钢制作，若用普通钢板制作，则表面需要镀铬，以防止涂料腐蚀。

7.7.2　辊涂机的分类

（1）按涂料辊与进料辊转向是否相同分

可分为涂料辊与进料辊同向转动、涂料辊与进料辊逆向转动两种辊涂机。

图 7-43（a）所示的辊涂机，其涂料辊与进料辊为同向转动，在涂料辊与分料辊之间的涂料会随分料辊转出外溢，需要安装刮刀阻止涂料外溢。由于安装刮刀较麻烦，故此种辊涂机应用较少。

图 7-43（b）所示的辊涂机，其涂料辊与进料辊为反向转动，涂料不会被分料辊转到外面去，故不需要安装刮刀。

（2）按涂料辊安装位置分

可分为涂料辊在上面的辊涂机与涂料辊在下面的辊涂机两种。

图 7-44 所示的辊涂机，其涂料辊安装在机器的上面。这种辊涂机，结构简单，操作方便，常跟涂层干燥烘道连接在一起，形成辊涂生产流水线，应用较广泛。缺点是在涂饰的过程中，涂料辊上面的涂料可能会掉落在进料辊上。这就需要操作人员随时清除从进料上掉落下来的涂料，否则会污染被涂件的背面。此种辊涂机最适合辊涂高黏度的涂料，特别是辊涂填纹孔涂料。

图 7-44　精密单辊辊涂机

涂料辊安装在机器下面的辊涂机，如图 7-45 所示。这种辊涂机涂料辊上的涂料不会污染进料辊，能涂饰黏度较低的涂料。但板件被辊涂好从辊涂机出来后，应立即接住并反向平放。为此，需要设置自动接板、翻板机来保证涂饰的效率与质量。若用人工接板、翻板，不仅劳动强度大，人工消耗多，而且稍不留神会使涂层遭到破坏。故其应用不如前者广泛。

7.7.3 辊涂机的操作方法

（1）启动辊涂机，调整涂料流量

辊涂时，先启动辊涂机，让涂料流进涂料辊与分料辊构成的涂料槽中，并注意调节涂料的流量，既不能让涂料外溢，也不能使涂料缺少，应与涂料的用量相平衡。

（2）调整涂层的厚度

调整分料辊与涂料辊的间隙，使涂料在涂料辊上形成一定厚度且均匀的涂层。涂层的厚度由分料辊相对涂料辊的间隙宽窄而定。分料辊相对涂料辊的间隙是可以调整的，可利用分料辊进行控制。涂料辊上涂料层的厚度，即控制被涂件表面涂层的厚度。涂料一般从储漆箱直接流入分料辊和涂料辊形成的凹槽中，涂料的流量可用阀门控制。若分料辊与涂料辊的转向相同，应在分料辊上安装一把刮刀，以防止涂料被分料辊带出而外流。若分料辊和涂料辊彼此反向运转，就不需要装刮刀，涂料不会外流。

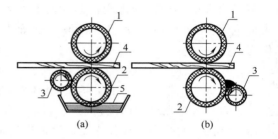

图 7-45　涂料辊在下的辊涂机
1—分料辊　2—涂料辊　3—进料辊
4—被涂件　5—刮刀

（3）将被涂件送入转动着的涂料辊与进料辊便立即被进给并进行辊涂

在进给的过程中，被涂件被涂料辊涂上一层涂料，并输送至涂层干燥机中。就这样一块接着一块地辊涂。

7.7.4 辊涂的技术要求

（1）涂料辊和进料辊的线速度要保持一致

涂料辊和进料辊的线速度要保持一致，否则会导致涂料辊与被涂物表面之间产生滑动，使涂层不均匀，甚至无法涂饰。

（2）调整好涂料辊与进料辊之间的宽度

应使其宽度小于被涂板式部件厚度 2～3mm，以使板式部件在辊涂过程中获得涂料辊与进料辊足够的进给力及压力，使涂料能在被涂面上很好地展开，并形成均匀的涂层。

（3）涂料的黏度要求

辊涂机可涂饰 20～250s（涂-4 杯）黏度的涂料，最适宜涂饰黏度为 100s 左右的涂料。

（4）对涂料溶剂挥发性的要求

要求涂料溶剂的挥发速度不宜过快，否则一方面会影响涂层的流平性，另一方面易使涂料在涂料辊上胶凝。

7.7.5 辊涂的优缺点

（1）涂饰效率高

辊涂机涂饰的效率高，被涂件的进给速度可达 30～50m/min，其涂饰效率仅次于淋涂。

（2）能涂饰高黏度的涂料

能涂饰淋涂与喷涂无法涂饰的高黏度的涂料，特别适合涂饰填纹孔涂料，且填纹孔质量好。

（3）涂饰质量好

涂层宽度均匀，表面平整、光滑，附着力强，且质量稳定、可靠。

（4）可实现机械化与自动化涂饰

辊涂机若与涂层干燥机连接在一起组成涂饰生产流水线，可实现涂饰半自动化流水作业。图 7-46 和图 7-47 所示为板式家具部件辊涂生产流水线。可将填纹孔涂料、底漆、面漆以及每次涂层之间的砂磨与清灰连接成一条生产流水线，以实现半自动化或自动化涂饰。能有效地提高产品的涂饰质量与涂饰效率，并大大改善生产环境与减轻劳动强度。

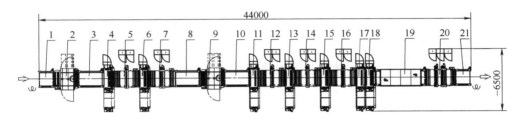

图 7-46　UV 辊涂生产线

1，3，8，10，21—皮带输送机　2—素板砂光机　4，6—腻子机　5，12，14，16—单灯 UV 干燥机
7—双灯 UV 干燥机　9—油漆砂光机　11，13，15—精密单辊辊涂机（底漆）
17，18—精密单辊辊涂机（面漆）　19—流平机　20—三灯 UV 固化机

（5）成本高

机械辊涂的设备一次性投资大，成本高。

（6）后期有修补需要

施工时对板材断面有时会造成损失，后续需要做修补工作。

（7）应用范围有限

辊涂只能涂饰表面平整的板式部件或木地板的表面，并要求其厚度一致。不适合对结构复杂和凹凸不平的表面进行涂饰。涂饰后形成的涂膜表面光滑度较差，不适合对装饰性要求高的表面进行涂饰，故其应用受到限制。主要

图 7-47　板式家具部件辊涂生产流水线

用于辊涂木地板，特别适用于大批量木地板的涂饰；其次是用于大批量家具板式部件的涂饰。

7.8　电泳涂饰

电泳涂饰是 20 世纪 60 年代的先进涂饰技术，是涂饰史上一项重要的技术革命，使水性涂料的机械化和自动化涂饰得以实现。不仅能提高涂膜的质量，而且使涂料的利用率高达 90% 以上，并从根本上消除了漆雾对空气的污染与火灾危害。适用范围也较广泛，钢铁、铝

合金等金属家具、自行车架、汽车、各种机械零部件均可采用电泳涂饰。

7.8.1 电泳涂饰的工艺流程

一般钢铁制品的电泳涂饰工艺流程为：除油→酸洗除锈→水洗→磷化→水洗→电泳涂饰→水洗→烘干。电泳涂饰的工艺流程如图7-48所示。

对于无锈的钢铁零部件，经除油后就进行水洗和磷化处理。某些不需要磷化处理的零部件，经除油、除锈、水洗后直接进行电泳涂饰。铸件常采用喷砂或抛丸法除油、除锈，并要求先刮涂导电腻子，干燥后砂磨平整，可直接进行电泳涂饰。

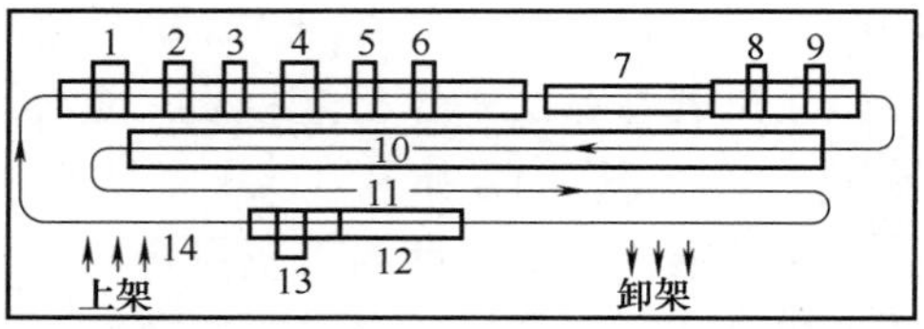

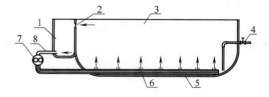

图7-48 电泳涂饰工艺流程图

1—除油 2—除锈 3—水洗 4—磷化处理
5—冷水冲洗 6—软水冲洗 7—电泳涂饰
8—冷水冲洗 9—软水冲洗 10—涂层烘干
11—涂层冷却 12—夹具除漆 13—冲洗夹具
14—链条输送架

7.8.2 电泳涂饰设备

电泳涂饰设备主要由电泳槽、涂料搅拌器、直流电源、导电输送架等部分组成。

（1）电泳槽

可用不锈钢板焊接制成，槽体的大小是由被涂零部件的外形尺寸及电泳涂饰是否连续自动进行来确定。为减少槽内涂料的数量及厂房面积，槽体应尽可能小些。阳极（被涂零部件）和阴极（槽壁）之间应有一定的间距，一般应大于150mm，以保证良好的电泳与安全操作。阴极面积应为阳极（被涂零部件）面积的0.6～2倍，以保证涂层厚度均匀。

电泳槽有方形与船形两种，连续流水线操作的多为船形。无论什么形状的电泳槽都是由主槽与辅槽组成，如图7-49所示。涂料从辅槽下部经涂料泵抽出输送至主槽底部多孔喷管，从喷管上的许多小孔向上喷出，使涂料定期地从下往上翻滚，以强劲的漩涡和射流使涂料得到充分搅拌。随着辅槽的涂料通过喷管从下部进入主槽，而主槽的涂料又从槽上部的溢流过滤装置流到辅槽，可以进行循环流动。为避免槽底四角的涂料成为死角，须使槽底呈抛物面形或跟槽壁成圆弧面接合。在溢流装置上配过滤网，不仅可清除涂料在循环过程中产生的杂质，而且还能消除涂料中产生的气泡。槽体应设有夹套，可通入冷水或蒸气来调节涂料的温度。

（2）涂料搅拌器

涂料搅拌器一般是利用涂料循环泵，搅拌原理如上所述，即借助涂料从主槽底部喷管上许多小孔往上喷出，以使涂料得到充分搅拌，做到色彩与温度均匀，并防止颜料下沉。为了更有效地阻止涂料中的颜料沉底板结，可在主槽底部增设做往复运动的刮板。刮板的运动可推动颜料，使它无法沉底。涂料循环时速不宜

图7-49 电泳槽示意图

1—辅槽 2—溢流过滤装置 3—主槽 4—排水管
5—喷管 6—喷嘴 7—涂料泵 8—涂料管

过快，否则会降低涂料在被涂件表面的成膜率，还会促使涂料变质老化，故涂料循环的次数控制在4～20次/h为宜。涂料泵的吸入口应密封，以防空气进入涂料而影响涂层质量。对于小型的电泳槽也可采用电动搅拌器来搅拌涂料。

（3）直流电源

直流电源一般利用整流器将普通交流电变为直流电。对大型设备可用直流发电机供电。

（4）导电机构

直流电的正极一般通过导电梁跟阳极（挂具和被涂零部件）相连，负极接槽体，并使槽体接地。图 7-50 为导电梁工作原理图。

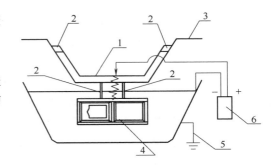

图 7-50　导电梁工作原理图
1—导电梁　2—绝缘体　3—传送带　4—工件
5—槽体接地　6—整流器

7.8.3　影响电泳涂饰质量的主要因素

电泳涂饰的工艺过程是一个复杂的物理化学、胶体化学及电学化学过程，且用于电泳涂饰的涂料又是一个兼具胶体和悬浮体特征的多组分体系。涂料的组分与工艺条件发生变化将会影响涂料的稳定性及涂层的质量。为此，需要严格控制涂料的固体含量、电压、pH、温度、电泳时间、颜基比、助溶剂含量等参数。

（1）涂料固体含量

涂料厂制造的原电泳涂料固体含量约为 50%，而电泳涂饰所要求的固体含量要低得多，根据涂料所含颜料性质、多少等不同，需要用蒸馏水稀释到 10%～15%。含颜料比重大，含量多取较小值，反之取较大值。涂料的固体含量较高，可增加涂料的树脂颜料粒子跟被涂件的碰撞机会，从而可提高电泳涂饰的速度，增加涂层的厚度。若固体含量过高会降低电渗力，且所沉积的涂层疏松粗糙，附着力不强；同时会使沉积涂层过快，易发生流平性不佳而产生橘皮等缺陷；并且被涂件电泳涂饰后从槽中提出会粘带较多的涂料，造成涂料损耗大。但涂料固体含量过低，涂料黏度低，电阻增加，电压增高，并导致水的电解反应加剧，泳透力降低，电沉积效果差，涂层薄且易产生针孔、橘皮、色彩不匀等缺陷。

电泳槽内涂料的固体含量会不断地被消耗，应定时补充，以确保电泳槽内涂料的固体含量满足涂饰工艺要求。

（2）电压

电泳涂饰多采用恒电压操作，电压的高低对涂层质量影响较大。电压高，涂料电沉积速度加快，涂层较厚且外观丰满平整，若电压过高，会加剧水的电解反应，气泡增多，使沉积涂饰变得粗糙有针孔，烘干后有橘皮现象。电压如过低，电解反应慢，涂料电沉积量减少，涂层薄而均匀，泳透力差（即对被涂件内表面与凹陷处的电沉积能力差），涂层厚度难以均匀，故电压不能过高或过低。电压的大小取决于涂料的性质及颜色、被涂件的材料及面积形状与大小等因素。在实际生产中，常针对所使用的涂料与被涂件，通过实验来确定最佳电压。单就被涂件的材料而言，一般钢铁件，电压为 30～60V，铅及铝合金件，电压为 60～90V，表面镀锌件，电压为 70～85V。

（3）pH

电泳涂饰要求电泳槽内的涂料具有一定范围的 pH，通常在 7～9。pH 过高时，涂料泳透力降低，使被涂件内面与凹陷的涂料沉积量减少，而新沉积的涂层反会被溶解，涂层易出现针孔、表面粗糙等缺陷；pH 过低时，涂料的亲水性下降，会产生凝结现象而变质，导致电沉积涂层附着力不好、表面粗糙等缺点。

从电泳涂饰的机理来看，由于连续进行电泳涂饰，阳离子被还原所产生的胺（氨）化合物，在电泳槽内涂料中的积蓄会逐渐增多，从而使 pH 随之升高。除水溶性环氧酯涂料的

pH 在电泳涂饰过程中较稳定外，其他水溶性树脂涂料的 pH 都有不同程度的上升，尤其是水溶性酚醛树脂涂料的 pH 上升甚快。为此必须严格控制涂料的 pH。控制涂料 pH 上升的措施有以下几种：

① 加料法　补加低胺或无胺新涂料。一方面可以提高电泳槽的涂料的固体含量，另一方面利用槽内涂料过剩的胺，使补加的涂料得到稀释溶解，从而达到调整 pH 的目的。但由于低胺与无胺树脂涂料的水溶性与水分散性差，浓度大，黏度高，难以达到电泳涂饰的要求，两者对涂料的固体分含量与 pH 不能单独控制，故此法难以适用于大规模生产。

② 阴极罩法　做一个帆布袋用木架撑开，里面注满蒸馏水，并将阴极板（即一小铁板接电源负极）放入其内，一起固定于电泳槽中。在涂料电泳过程中所产生的胺离子（NH_4^+）及带正电的杂质离子（如水中的 Ca^{2+}，Mg^{2+} 等）均可通过帆布进入阴极罩内并在阴极板上放电还原。可通过定期更换袋内蒸馏水，而清除胺与杂质。此法简单可靠，为普遍采用。

③ 离子交换树脂法　使涂料分别通过装有弱酸型（含有羧酸基的丙烯酸或甲基丙烯酸跟二乙烯苯的共聚物）和强碱型离子交换树脂塔。前者能除胺，调整 pH；后者可除杂质，保持涂料稳定性。所用的弱酸型离子交换树脂，其交换范围在 pH 为 6～12，要避免使用强酸型离子交换树脂，否则易使涂料结块而影响电泳涂饰。

（4）涂料温度

电泳涂饰过程中会产生放热现象，若气温较高涂料散热慢，温度会逐渐上升，则涂料的黏度随之降低，涂料粒子的布朗运动会加剧，导致电沉积量的增加。若温度过高，涂料的溶剂挥发快，涂料性能不稳定，会使涂层增厚、粗糙、产生流挂。如果气温低，导致涂料散热快，温度过低，就会使涂料水溶性降低，电沉积量减少，涂层薄，甚至深凹表面无涂料沉积，并造成涂层粗糙无光的缺陷。为此，常采取在涂料槽的夹槽内通冷水或蒸汽来调节涂料的温度。

（5）电泳时间

在一般条件下，电泳时间长，电沉积量相应增加，但当涂层达到一定厚度时，电阻值趋于无穷大，电泳时间再延长，涂层也不再增厚。电泳时间的长短，跟电压、涂料固体含量、工件的形状及大小、电极间距等因素有关，所以无确定的标准。如电压小、涂料固体含量低，就需延长电泳时间；反之可缩短。一般电泳时间约在 1～3min 即可。当电压恒定时，在保证产品质量的前提下，电泳时间越短越好。

（6）颜基比

颜基比指涂料中的颜料跟基料（树脂）的质量比。由于电沉积涂层中的颜基比总是大于电泳槽内涂料的颜基比。即随着电泳时间的延长，涂料的颜基比会逐渐减少，从而会导致涂层的颜色、光泽及其他理化性能发生变化。为使涂料的颜基比基本保持一致，需要随时添加颜料分较多的涂料来加以调整。

（7）助溶剂的影响

电泳涂饰所使用的水溶性涂料，除用水做溶剂外，尚应加入适量有机溶剂作为助溶剂，以改进树脂的水溶性及改善涂层的表面状态。常用的助溶剂有乙醇与丁醇，其中丁醇因跟水的互溶性较差，用量宜少。助溶剂的用量须适量，过多会使涂料变浑浊、泳透力低、涂层发黏并易破裂；过少，则树脂水溶性降低，涂料也会浑浊，性能不稳定，使涂层产生粗糙、不丰满、起泡、橘皮等现象。

7.8.4　电泳涂饰中涂膜易出现的缺陷及产生的原因

（1）涂膜表面产生花脸、橘皮、流挂

产生原因：

① 被涂件表面处理未除尽油和锈或磷化膜的厚度不均匀。

② 电泳涂饰后涂层未清洗干净。

③ 涂料 pH 过高或过低。

④ 涂料中的泡沫过多。

⑤ 涂料的固体分过多或过少。

⑥ 电压过高或电流密度过大。

⑦ 阳极与阴极或被涂件之间的净空距离过小。

⑧ 涂料的温度过低或过高等。

（2）涂膜表面光泽不一致

产生原因：

① 涂料的颜基比不适当或颜料的分散性不好。

② 涂料的固体分含量过低。

③ 阴极面积过小或阳极受到屏蔽。

④ 被涂件位置不恰当或彼此间距过小。

⑤ pH 过低。

⑥ 电压太小，涂膜较薄等。

（3）涂膜过薄

产生原因：

① 电压过低。

② pH 过高。

③ 固体分过低。

④ 电泳时间过短。

⑤ 磷化膜过厚。

⑥ 被涂件断电后在涂料槽内停留时间太久。

⑦ 涂料温度过低。

⑧ 搅拌涂料的速度太快等。

（4）涂膜针孔

产生原因：

① 电压过高，水电解反应太快，产生的气泡过多。

② 涂料中杂质离子太多等。

（5）电泳涂饰后水洗时涂膜脱落

产生原因：

① 被涂件表面处理不干净，有油或其他杂质存在。

② 涂料杂质离子过多。

③ 电压过低。

④ pH 过高，使涂膜再溶解。

⑤ 水洗时间过长等。

（6）漆膜色彩不均匀

产生原因：

① 涂层在烘房内干燥温度过高或烘房内温度不一致。

② 电泳槽内的颜料未搅拌均匀。

③ 被涂件除油不彻底，有油脂、污垢残留在涂层中等。

（7）涂料稳定性不好或产生质变

产生原因：

① 涂料中树脂水溶性不好或颜料分散性差易沉淀。

② 涂料 pH 过低或过高。

③ 涂料中的杂质离子过多。

④ 搅拌设备不好或电泳槽结构不合理，使涂饰搅拌不匀。

⑤ 原涂料的储存期过长或储存时温度过高，已变质，或电泳槽内涂料温度过高。

⑥ 涂料在电泳槽内使用时间过长，助溶剂与胺（氨）的挥发及树脂的氧化聚合，会引起涂料变质。

⑦ 涂料中的水溶剂使用时间过长，会发霉和酸败，使涂料 pH 降低，树脂析出沉淀。

⑧ 磷化液、自来水或其他杂质带入电泳槽内，也会引起涂料不稳定性与变质等。

思　考　题

1. 手工涂饰有哪些常用的工具？分别说明其结构、用途及保养方法。

2. 手工涂饰的方法有哪几种？分别说明各自操作的技术要领及优缺点。

3. 何为气压喷涂？气压喷涂设备有哪些种类？分别说明其结构组成及工作原理。

4. 详细分析影响气压喷涂质量的主要因素。

5. 气压喷涂有哪些主要的优缺点？试说明其减少环境污染设备的组成结构与工作原理。

6. 何为高压喷涂？其设备由哪些部分组成？工作原理是什么？

7. 比较高压喷涂跟气压喷涂的异同。

8. 何为静电喷涂？分别说明旋杯式、手持式静电喷涂设备由哪些主要部分组成？

9. 影响静电喷涂质量的主要因素有哪些？静电喷涂有哪些主要优点？

10. 何为淋涂？淋涂机由哪些主要部分组成？淋涂有何优缺点？

11. 挤压式、非挤压式淋涂机头各有何优缺点？怎样控制涂层的厚度？

12. 何为辊涂？辊涂机由哪些主要部分组成？怎样控制涂层的厚度？辊涂有何优缺点？

13. 何为电泳涂饰？其涂饰工艺流程是什么？其涂饰设备由哪些主要部分组成？

14. 影响电泳涂饰质量的主要因素有哪些？其涂膜可能产生哪些缺点？分析每种缺点产生的原因及其预防措施。

第8章 家具涂饰质量检测

为使产品获得所要求的涂饰质量，除了合理选择涂料与认真执行操作工艺规程外，尚要严格按照国家或单位的涂饰质量标准检验产品，以确保产品的质量。产品的质量检验，应贯穿在整个涂饰工艺过程的各道工序中，即对每道工序都要认真地进行检查，及时发现问题、解决问题。如果待整个产品涂饰好了，再进行返工，则技术难度大，损失也大。对于无法修复好的家具，要根据实际情况进行处理。

8.1 涂饰常见缺陷及其修复

在涂饰施工过程中，或是操作技术差错，或是涂料质量问题，或是施工环境的影响等，难免会使涂层出现缺陷。这些缺陷若不能得到有效防治修复，就会降低涂饰的质量。为此，特将这些缺陷的特征及其产生原因、防止措施、修补方法介绍如下，以供参考。

8.1.1 横木纹砂痕

① 特征　木材纤维表面有横方向的砂痕。

② 产生原因　用砂纸砂除木家具表面木毛时，由于横木材纤维方向砂磨，而砂断表面纤维留下无数印痕。

③ 预防措施　一定要顺纤维方向砂磨，才能砂磨光滑，不会产生横木纹砂痕。

④ 修补方法　轻者可顺纤维方向砂磨掉，若横痕较深难以砂除，应交木工刨光，或用砂光机砂除掉。

8.1.2 填纹孔涂料凹陷

① 特征　刮涂好的填纹孔腻子干后呈现收缩凹陷现象。

② 产生原因　腻子过稀，或未填实，或未砂磨平滑。

③ 预防措施　腻子稠度应适当增加；刮涂时刮刀下的腻子应多一点，并稍用力将腻子刮入纹孔中使之填密实；待干透后砂磨时，最好用砂纸包住一块平滑的软质木块进行砂磨，砂磨的压力不宜过大，但速度宜快。

④ 修补方法　再刮涂 1 道腻子或油老粉，干后砂磨光滑。

8.1.3 老粉揩花

① 特征　用水老粉或油老粉填纹孔时，未将家具表面的浮粉揩干净，使颜色不均匀，木纹不清晰，常形象地比喻为唱京剧的大花脸。所以，老粉揩花又俗称大花脸。

② 产生原因　家具表面未砂磨光滑；揩老粉时用力不均；气候干燥，表面浮粉干后结块，来不及揩干净。

③ 预防措施　将白坯表面木毛彻底砂除，使之平整、光滑；要迅速揩清表面浮粉，并力求将颜色揩均匀；如遇气候干燥，可分块揩涂，以利未干之前揩清表面浮粉。

④ 修补方法　立即返工，重新揩涂。

8.1.4　芝麻白

① 特征　家具表面染色后，呈现出密密麻麻类似芝麻的白点。
② 产生原因　家具表面的木毛未彻底清除。
③ 预防措施　必须彻底砂掉家具表面的木毛，使之平整、光滑。
④ 修补方法　不严重的可以通过拼色消除芝麻白；一般应用水砂纸浇酒精将表面砂磨光滑，然后重新染色。

8.1.5　咬底

① 特征　面漆中的溶剂把底漆膜溶软，甚至使底漆膜掀起。
② 产生原因　由于底、面漆不搭配，面漆中的溶剂将底漆涂膜溶解；底漆涂层未干，就涂刷面漆，易将底漆涂膜刷破；刷涂面漆的漆刷刷毛过硬、反复涂刷的次数过多或用力过大，而将底漆涂膜刷破掀起。
③ 预防措施　底、面漆应配套，彼此应能牢固接合，所用面漆中的溶剂应不能溶解底漆涂膜；一定要待底漆涂层基本干燥，甚至要完全干燥后，才能涂饰面漆；刷涂面漆时，漆刷的刷毛不能太硬，用力不能过猛，反复回刷的次数不能过多，反复回刷1~2次应将涂层刷涂均匀。
④ 修补方法　若咬底的面积比较小，底漆涂膜并未明显掀起，应立即停止涂饰，待底漆涂膜干透后，再涂饰面漆，或者改用跟底漆相配套的面漆；要是咬底严重，底漆涂层基本掀起脱落，应用溶剂立即清洗干净，干后砂磨光滑，重新涂饰相配套的底、面漆。

8.1.6　流挂

① 特征　垂直被涂物面涂层在重力作用下而出现形似流泪状或微波状的现象。
② 产生原因　涂料的涂层过厚；涂料的黏度过小；涂料的溶剂挥发太慢；色漆中的重质颜料过多，附着力差；色漆中的颜料研磨不均，颜料湿润不良；涂层不均匀，特别是转角、凹陷处涂层过厚；喷涂时喷枪跟被涂面距离不一致，使涂层不均匀；被涂面凹凸不平或面上有油腻等。
③ 预防措施　提高涂料的黏度（可加入少量滑石粉或敞开涂料使其溶剂挥发一部分）；对于含有油料的涂料可补加适量催干剂，用溶剂揩掉被涂面上的油腻或蜡质；喷涂应保持喷枪跟被涂面的合理距离；涂层不宜过厚，并涂饰均匀；应选用挥发速度较快的溶剂作涂料的稀释剂；若用漆刷涂饰，刷涂要用点力，先竖刷后横刷，然后再竖刷均匀，最后再从上往下竖刷，以刷掉过多的涂料。
④ 修补方法　待涂层完全干燥结膜后，先用锋利的凿刀将严重流挂处基本凿削平整，然后用280号粗水砂纸加肥皂水将整个流挂面砂磨光滑，再重新进行涂饰。

8.1.7　渗色

① 特征　面漆溶剂溶解底漆涂膜，使底层或底漆中的颜色往上渗透到面漆（清漆）涂层中的一种现象。
② 产生原因　若是透明涂饰，一般是由于底漆涂膜太薄，封闭性差；底漆涂层未干，

就涂面漆；底、面漆不配套，面漆溶剂溶穿底漆膜，而导致填纹孔涂料中的颜料被浸透而上浮到面漆涂层中。如果是不透明涂饰，由于罩光清漆中的溶剂将色漆溶解，或色漆未干就涂罩光清漆，从而使色漆涂层的颜料上浮到清漆涂层中，以使清漆涂膜局部形成颜色，而影响装饰性能。

③ 预防措施　应适当增加底漆涂膜的厚度；底、面漆应配套；应让底漆或色漆涂层干透后再涂面漆。

④ 修补方法　待整个涂层充分干后，用水砂纸加肥皂水将渗色处砂掉，重新补色，涂饰底、面漆。

8.1.8　橘皮

① 特征　涂膜表面呈现形似橘子皮一样的粗糙不平的现象。

② 产生原因　涂料黏度过高或是溶剂挥发太快，使涂料流平性差；气压喷涂时由于气压过小或喷射距离过大，使涂层结合不紧密所致。

③ 预防措施　选用挥发性较慢的溶剂作涂料的稀释剂来降低其黏度，以增加流平性；增加气压喷涂的空气压力，并调整好喷射距离。

④ 修补方法　待涂层充分干燥成膜后，用水砂纸加肥皂水将涂膜砂磨光滑，再重新涂饰。

8.1.9　皱皮

① 特征　漆膜表面呈现出一片细小弯曲的花纹，类似老人面部的皱纹。

② 产生原因　涂层过厚，开始受到风吹或干燥温度过高，使表层溶剂挥发过快，造成表层先成膜收缩，形成皱皮。

③ 预防措施　每次涂饰的涂层不能过厚，涂层开始干燥的温度不能过高，也不能被风吹；涂料的溶剂挥发速度不能太快。

④ 修补方法　跟"橘皮"的相同。

8.1.10　缩孔

① 特征　将涂料涂饰到被涂表面后，立即收缩成很多不同的小圆涡，形象比喻为"麻脸"或脸上的"酒窝"。缩孔现象常见于清漆，特别是聚氨酯、聚酯等清漆；红丹色漆也常缩孔。

② 产生原因　主要原因是涂料聚合过度，黏度偏高，含硅油过多，强溶剂比例小，溶剂挥发过快，混入油脂，储藏期短（特别是天然树脂清漆）未熟化，被涂面上太光滑或有油、蜡，施工环境温度过低，被涂面上有酸、碱杂质，空气中有硅酮杂质，喷枪管路中混入油等，导致涂料的内聚力大于对被涂表面的附着力而引起收缩。

③ 预防措施　针对上述产生缩孔的原因，而采取相对应的预防措施。例如在聚氨酯涂料中只能加入十万分之几的 201 甲基硅油作为消泡剂，若用量过多，就会引起缩孔，须严格控制用量。在某些涂料中适当增加强溶剂（如环己酮）降低涂料的黏度，有利于减少缩孔。还可先用溶剂揩掉被涂面上的油脂等再涂饰面漆。

④ 补救方法　若发现缩孔现象，应立即停止涂饰，并趁涂层未干之前，用所涂饰的涂料溶剂将涂层清洗干净，干后再用 300～500 号水砂纸进行水砂。然后用改进好的面漆进行

涂饰。

8.1.11 针孔

① 特征　涂膜表面呈现出很多细小的凹陷圆圈，其中心有类似固体粒子的现象。

② 产生原因　由于涂层中混有气泡及溶剂蒸气，还未充分逸出涂层，涂层表面已开始形成软膜，而阻碍涂层下面的气泡与溶剂蒸气的自由挥发，致使涂层下面的气泡与溶剂蒸气形成一定的气压冲破涂层挥发出去，于是涂层上留下很多小气孔，这些小气孔干缩后而成为所谓的针孔。

③ 预防措施　搅拌涂料时不要带进空气；刷涂时应将涂层的气泡充分排除掉；涂料的黏度宜小点，以利气泡自由逸出；涂层开始干燥的温度不应过高，也不应被风吹，以防表层结膜过早，而阻碍涂层中大量气泡逸出及溶剂挥发；底层涂膜中不能留有溶剂；克服气压喷涂的喷嘴过小、气压欠大、喷射距离过远等将空气带入涂层所导致的针孔。

④ 修补方法　待涂层充分干燥后，用水砂纸加肥皂水彻底砂磨平，重新涂饰黏度较小而无气泡的涂料。

8.1.12 起泡

① 特征　涂膜中呈现很多大小不一的气泡，使表面凸起不平。

② 产生原因　由于涂层表面结膜过快，涂层中的气泡及溶剂蒸气无法排除，形成气压将涂膜顶起形成气泡；其次是底层涂膜上的潮气与水分以及未封闭好的木材纹孔中的空气，在其上面涂层的干燥过程中向上排出，而受到表面涂膜的封锁，便在涂膜中形成气泡；聚氨酯涂料若混入水分或涂饰施工环境湿气大，易起反应生成二氧化碳，而导致涂膜中形成无数小气泡，涂饰施工环境越潮湿则越易起泡；涂层受到日光曝晒或干燥温度过高也会起泡，而且涂层越厚，起泡就越严重。

③ 预防措施　涂饰施工的环境应干燥；底层涂膜表面应无水气；木材纹孔要彻底封闭好；涂料中（特别是聚氨酯涂料）不能混入水分，所有的稀释剂、容器及工具均不能含有水分，涂层开始干燥的温度不能过高，也不能让日光暴晒；涂料的黏度要适当，不能过高等。

④ 修补方法　对硝基、虫胶等涂料的涂膜起泡，可分别用它们的溶剂去揩擦其涂膜，使其涂膜溶解，以让气泡逸散出去，接着再用涂料揩涂平滑。对于难以用溶剂溶解的涂膜，待充分干燥后，用砂纸将气泡所形成的气孔彻底磨平后重新涂饰。

8.1.13 发白

① 特征　挥发性涂料的涂层在干燥过程中，产生雾状模糊不清，并失去光泽的现象。

② 产生原因　涂饰施工环境湿度过大，空气中的水分直接进入涂层；或当空气温度较低，湿度较大，涂层中的溶剂挥发速度很快引起涂层表面温度急剧下降，最易使空气中的湿气在涂层表面凝结成水分浸入涂层中，结果导致雾状发白，并将此种发白称为"潮湿性发白"。如硝基和虫胶涂料的涂层最易引起这种发白。再就是由于涂料中的真溶剂挥发比其稀释剂快得过多，结果引起涂层中部分树脂析出成白色沉淀，使涂层发白，并将这种发白称为"树脂性发白"。

③ 预防措施　应提高涂饰施工环境的温度，减少空气的湿度；在涂料中要适当增加高沸点的真溶剂与稀释剂，并使涂料中的真溶剂沸点稍大于其稀释剂的沸点。

④ 修补方法　立即适当升高涂层干燥温度，若条件允许最好采用红外线辐射器干燥涂层，使潮气从涂层中挥发掉；在涂层发白处轻轻刷涂一层薄薄的该涂料的真溶剂，使涂层中析出的树脂重新溶解成连续的涂层，或使涂层中的水气自由的挥发出去。对于虫胶清漆发白，还可用棉纱蘸取少量松节油揩擦发白处，水汽便立即从涂层中挥发掉。

8.1.14　表面粗糙

① 特征　涂膜表面有各种粒子而显得粗糙。

② 产生原因　涂料中有杂质；涂饰工具不洁净；施工环境灰尘较多。

③ 预防措施　用 200 目网或布过滤涂料；涂饰工具要用溶剂清洗干净；施工环境要彻底清扫，争取空气中无灰尘沉降。

④ 修补方法　待涂层干结成硬膜后，用砂纸砂磨光滑，再重新涂饰。

8.1.15　磨穿

① 特征　用砂纸砂磨涂膜时，将涂膜局部砂穿，甚至连家具表面颜色层都被砂掉了。

② 产生原因　选用的砂纸太粗；砂磨时用力过猛；磨水砂时未加肥皂水。

③ 预防措施　选用砂纸粗细要恰当；砂磨时用力不宜过大，特别注意砂磨棱角边缘处用力要轻；磨水砂应加肥皂水。

④ 修补方法　对家具表面颜色层被砂掉处须重新补色、涂饰涂料；只砂穿涂膜处，重新涂饰涂料修补。待修补处涂层干透后，用水砂纸砂磨光滑。

8.1.16　擦伤

① 特征　涂膜经抛光后，局部呈现出颜色较深的伤痕或一条条纹痕。

② 产生原因　抛光膏用量太多，抛光时用力太猛，使涂膜温升过高，导致涂膜过分软化，而被擦伤或烧伤。

③ 预防措施　抛光膏用量要适当，并要使抛光辊或抛光棉纱上的抛光膏分布均匀，不能粘接成块；手工抛光用力要均匀，不能过猛；用机械抛光则抛光辊对涂膜表面的压力要适当，不能过大。

④ 修补方法　待涂膜冷却后，用水砂纸加肥皂水把伤痕砂除，再用棉花球补揩面漆。待涂层干后，再磨水砂、抛光。

8.1.17　失光

① 特征　涂层结膜后有光泽，但过一段时间，光泽减少或完全消失。

② 产生原因　一是涂料的质量问题，如树脂用量过少，稀释剂过多，色漆的颜料含水分多，涂料中各组成成分互不相溶或聚合度不当，储藏过期而变质等。二是被涂物表面有矿物油、碱、水分、蜡及其他脏物或平整度不好。三是底漆未干就涂饰面漆，面漆中的溶剂会把未干部分重溶解或掀起，导致面漆涂膜失光。四是涂膜表面潮湿易失光等。

③ 预防措施　选用质量好的涂料，不能使用变质涂料；认真处理被涂面，做到洁净平整、光滑。

④ 修补方法　用水砂纸将涂膜表面砂磨光滑，使之洁净，再涂饰一度质量好的涂料。

8.1.18 回黏

① 特征　涂层干燥成膜后，仍有黏指现象，难以成为较硬的涂膜。

② 产生原因　涂料中的溶剂释放性差，难以从涂层中彻底挥发出去；涂层过厚表层先结膜，阻止里层溶剂挥发；对氧化型涂料（油脂漆、天然漆），其涂层须靠氧化反应才能固化，若涂层的表层先结膜，便阻止空气中的氧进入涂层，则导致涂层难以完全固化；含有油质的涂料若加干的催化剂不足或催干剂所含的催干元素比例不恰当，也会使涂层难以完全固化；有些涂料对蜡质很敏感，如硝基涂料遇到蜡质，其涂层难以完全固化；还有其他诸多因素也会使涂膜发生回黏现象。

③ 预防措施　每次涂饰涂层宜匀薄；对含油质的涂料应加足催干性能全面的催干剂，选择释放性较好的溶剂与稀释剂；提高涂饰施工环境的干燥度与温度；应使被涂面洁净、平整、光滑。

④ 修补方法　利用红外线干燥器重新进行干燥，使之加速固化；严重不干的用溶剂彻底清洗掉，重新涂饰；轻微不干的让其经过一定时间，待充分干燥后再使用。

8.2　家具涂膜质量标准

国家发展与改革委员会为促进全国木家具涂饰质量的提高和统一全国木家具涂饰质量标准，特制定《GB 3324—2017 木家具通用技术条件》，现将基本内容介绍如下，以供各类涂饰参考。

8.2.1　涂饰分级

按产品的材料和加工工艺不同，将涂饰分为普、中、高三级。

① 普级家具　涂膜表面为原光（即不磨水砂、不抛光）。

② 中级家具　正视面涂膜表面须磨水砂、抛光或为亚光，家具侧面涂膜为原光。

③ 高级家具　涂膜表面为全抛光或填孔亚光。

8.2.2　涂饰材料

① 普级家具　使用的涂料有酚醛、醇酸、酯胶等质地较差的树脂涂料。

② 中级家具　正视面使用的涂料同高级产品，侧视面同普级产品。

③ 高级家具　使用涂料有聚氨酯、聚酯、丙烯酸、硝基、光敏、天然漆等性能较好的涂料。

8.2.3　技术要求

（1）涂饰前产品家具表面处理步骤

① 家具涂饰部位应清除油脂（松脂、矿物油）、蜡质、盐分、碱质及其他污染残迹。

② 家具表面应平整、光滑、无刨痕和砂痕、线条、棱角等部位应完整无缺。

③ 高级家具涂饰前应有单独清除木毛的工序。

（2）涂层外观要求

不同等级家具的涂层外观要求，分别列于表 8-1、表 8-2 和表 8-3。古铜色除图案要求不同外，其余要求均同表 8-3 规定；填纹孔型亚光涂层除光泽要求不同外，其余要求均同表 8-2、表 8-3 规定；不透明涂层除不显木纹外，其余要求均同表 8-1、表 8-2、表 8-3 规定。

表 8-1　　　　　　　　　　　普级产品涂层外观要求

项目	技术要求
色泽涂层	颜色基本均匀,允许木纹有轻微模糊;成批配套产品,颜色基本接近;着色部位,粗看时(距离 1m)允许有不明显流挂、色花、过楞、白楞、白点等缺陷
透明涂饰	涂层表面手感光滑,有均匀光泽、涂层实干后允许有木孔沉陷;涂层表面允许有不明显粒子和微小不平度及不影响使用性能的缺陷,但涂膜不得发黏、明显流挂、附有刷毛等缺陷
不涂饰部位	允许有不影响美观的漆迹、污迹

表 8-2　　　　　　　　　　　中级产品涂饰外观要求

项目	技术要求
色泽涂层	颜色较鲜明,与样板相似,木纹清晰;整件产品或配套产品色泽相似;分色处色线整齐;凡着色部位,不得有流挂、色花、过楞、白楞、白点、积粉、杂渣等缺陷;内表着色与外表面颜色接近或根据用户要求而定
透明涂层	正视面须抛光的涂层,表面应平整光滑,涂膜实干后无明显木孔沉陷,侧面不抛光的涂层表面手感光滑,无明显粒子,涂层实干后允许有木孔沉陷;涂层表面应无流挂、缩孔、鼓泡、刷毛、皱皮、漏涂、发黏等缺陷;允许有微小胀边和不平整度
正视面抛光	涂层平坦、具有镜面般光泽;涂层表面目视应无明显加工痕迹、细线条纹、划痕、雾光、白楞、白点、鼓泡等缺陷
不涂饰部位	要保持清洁

表 8-3　　　　　　　　　　　高级产品涂层外观要求

项目	技术要求
色泽涂层	颜色鲜明并跟样板一致,木纹清晰;整件产品或配套产品色泽一致;分色处色浅必须整齐一致;凡着色部位,目视不得有着色缺陷,如积粉、色花、过楞、白点、色差等缺陷;内部着色与外表颜色相似或根据用户着色要求而定
透明涂层	涂层表面平整光滑,涂层实干后不得有木孔沉陷;涂层表面不得有流挂、缩孔、胀边、鼓泡、皱皮、棱角处与平面基本相似,无积漆磨伤等缺陷
表面全抛光	涂层平坦,具有镜面般光泽;涂层表面不得有目视可见加工痕迹。细条纹、划痕、雾光、白楞、白点、鼓泡等缺陷
不涂饰部位	要保持边沿沿漆线整齐

（3）涂饰样板须定期更换

（4）涂膜的理化性能

按表 8-4 规定。

表 8-4　　　　　　　　　　　涂膜的理化性能规定

项目	类别、指标	
	普级	中级、高级
耐温	85℃下 15min 涂膜无变色,鼓泡,无连续圈痕或明显的间断圈痕,允许轻微失光	80℃下 15min 涂膜无变色鼓泡,无连续圈痕或明显的间断圈痕,允许轻微失光
耐水	80h 涂膜无变色、鼓泡,允许轻微失光	

续表

项目	类别、指标		
	普级	中级、高级	
耐碱	4h涂膜无变色、鼓泡、允许轻微失光	6h涂膜无变色、鼓泡、允许有轻微失光	
耐酸	12h涂膜无变色、鼓泡、允许轻微失光		
光泽	80%以上	中级85%以上	高级90%以上
附着力	80%以上不脱落	中级80%以上不脱落	高级90%以上不脱落
冷热温差	3周涂膜无裂纹、鼓泡、脱落，允许轻微变色	6周涂膜无裂纹、鼓泡、脱落，允许轻微变色	
耐磨度（重量为1000g）	400r不露白	中级2000r不露白	高级4000r不露白

注：① 理化性能中耐温、耐水、耐酸、耐碱、耐磨系指家具面子部位的要求；

② 轻微失光指光泽比试验前减少5%～10%；

③ 硝基清漆的耐温度可比表中的规定降低10℃。

8.3 家具表面漆膜理化性能检测

涂膜理化性能主要取决于涂料的性能，同时跟涂层工艺也有一定的关系。对于质量相同的同类涂料，若涂饰工艺（即涂饰质量）不同，则涂膜的理化性能（如附着力、光泽度、耐液性等）就会有所差异。涂料的种类和质量不同，即使涂饰工艺相同，涂膜的理化性能定会有较大的区别。如不饱和聚酯涂料涂膜的光泽度、耐磨性要优于聚氨酯涂料的，但涂膜的弹性却比聚氨酯涂料的低，所以涂膜的理化性能是涂料性能与涂饰工艺的综合性反应。

家具表面漆膜理化性能有各种各样，应根据家具的等级与用途合理确定，以确保家具使用功能的科学要求。现有国家标准 GB/T 4893.1～4893.3—2005，以及 GB/T 4893.4～4893.9—2013 规定了家具表面漆膜耐冷液、耐湿热、耐干热、附着力、厚度、光泽度、耐冷热温差、耐磨性及抗冲击的测定方法；《GB/T 3324—2017 木家具通用技术条件》里规定了木家具表面漆膜理化性能要求。此外，涂料制造行业还有针对涂膜颜色、柔韧性、回黏性、干燥时间、硬度等性能的测定，在此仅简单介绍家具表面漆膜主要理化性能的检测方法和要求。

8.3.1 家具表面漆膜耐冷液测定

（1）检测原理

将浸透试液的滤纸放置到试验表面，并用钢化玻璃罩罩住该表面，经过规定的时间后，移开滤纸，洗净并擦干表面，检查其损伤情况（变色、变泽、鼓泡等）。根据描述的分级标准表评定试验结果。

（2）常用试液

化学品的纯度至少应相当于被认可的有效的分析等级。采用蒸馏水或纯净水配制水溶液。试液应储存在密封的容器中，放在暗处存放，存放温度为（23±2）℃。常用液体如表8-5所示。

（3）试验时间

试验时间应根据规定的要求从表8-6中选择，它用于模拟液体不小心洒到家具表面至撤离所经过的时间。在协议基础上可采用更长的时间。

表 8-5 家具耐液性检测常用试液

序号	试液名称	规格及要求
1	乙酸	质量分数为 10%,水溶液 质量分数为 4.4%,水溶液
2	丙酮	—
3	氨水	质量分数为 10%,水溶液
4	黑葡萄汁	纯榨葡萄汁
5	柠檬酸	质量分数为 10%,水溶液
6	清洁剂	见 GB 9985—2000 中 B1.4.3
7	咖啡	40g 速溶咖啡加入 1L 沸水中
8	消毒剂	—
9	书写墨水	—
10	未变性乙醇	体积分数为 96% 体积分数为 48%,水溶液
11	乙-丁醋酸	比例为 1:1,体积分数
12	炼乳	10%的脂肪含量
13	橄榄油	—
14	石蜡油	中级,液状石蜡
15	碳酸钠	质量分数为 10%,水溶液 质量分数为 0.5%,水溶液
16	氯化钠	质量分数为 15%,水溶液 质量分数为 5%,水溶液
17	茶	10g 茶叶加入 1L 沸水中,允许茶叶浸泡 5min,放入茶叶后无须摇动
18	水	纯净水或蒸馏水

表 8-6 试验时间

时间	供参考的举例	时间	供参考的举例
10s	即时撤离	16h	差不多一天工夫
2min	即时撤离	24h	一天后
10min	短暂接触后	7d	一周后
1h	一顿饭工夫或更短的时间后	28d	更长的活动后
6h	上班或参加其他活动后		

（4）检测方法步骤

① 试件的准备和调制　应将涂层干透的试件放在温度为（23±2）℃，相对湿度为（50±5）%的环境中至少存放 48h。试验表面应平整，大小足够满足圆纸片间隔的要求。

② 试验方法

a. 试验环境温度要求（23±2）℃，试验表面水平放置，将选定的试液施加在试验位置，两试验位置中心相距不小于 60mm。如果可能，试验位置中心距试验表面边缘应不小于 40mm。

b. 将圆纸片放入试液中浸渍 30s，用镊子夹起，沿盛放试液的容器边缘擦去流液，快速放置到试验区域，立即用倒置的钢化玻璃罩罩住，圆纸片不应该接触玻璃罩。记录每个施加试液的位置。

c. 达到规定的试验时间后，取下玻璃罩并用镊子揭去圆纸片，不要撕掉黏附在试验区域的纸片。用吸水纸吸干（不要擦拭）残液，将试验表面暴露在试验环境中静置 16～24h，试验区域应采取足够的保护措施，以免灰尘侵入。

d. 16～24h后，首先用吸水布蘸取清洁液轻轻擦洗试验表面，接着用该布吸纯净水擦洗，最后用干布仔细擦干试验表面。

e. 同时，擦洗并揩干试验表面上未施加试液的一个位置（对比区域）。

f. 让试验表面暴露在试验环境中静置30min。

（5）结果评定

将试验试件拿至观察箱中从不同角度仔细检查试验区域的损伤情况，如褪色、变色、变泽、鼓泡和其他缺陷，观察距离0.25～1.0m。

通过与对比区域的比较，对试验区域进行分级，分级标准见表8-7。

表 8-7 分级评定表

等级	说　明
1	无可视变化(无损坏)
2	有轻微可视的变色、变泽，或不连续的印痕
3	轻微印痕，在数个方向上可视，例如近乎完整的圆环或圆痕
4	严重印痕，但表面结构还没有较大改变
5	严重印痕，表面结构被改变，或表面材料整个或部分地被撕开，或纸片黏附在试验表面

8.3.2　家具表面漆膜耐湿热测定

（1）检测原理

将一块加热到规定试验温度的标准铝合金块，放置到试验样板上的湿布上，达到规定的试验时间后，移开湿布和铝合金块并揩干试验区域。将试验样板静置至少16h，然后在规定的光线条件下，检查试样损伤情况（变色、变泽、鼓泡或其他缺陷）。根据分级标准评定损伤程度等级。

（2）热源

铝合金块，采用GB/T 3190—2008中表1规定的材料AlMgSi（合金6060）制造，板底机械磨平，如图8-1所示。

（3）检测方法和步骤

① 试件的准备和调制　试验样板应近乎平整，相邻的试验区域周边之间，试验区域周边和样板边沿之间，至少应留有15mm的间隔。在试验同时开展处，试验区域的周边最少应隔开50mm。

除非另有规定，在开始试验前，应将涂层干透的试件放在温度（23±2）℃、相对湿度（50±5）%的环境中至少存放48h。试验前应用干净的软湿布蘸取蒸馏水或纯净水仔细擦净。

② 试验方法

a. 试验环境温度要求（23±2）℃。

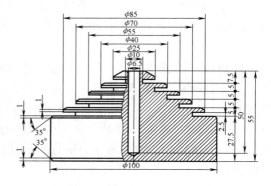

图 8-1　作为热源的铝合金块

注：单位：mm；公差：±0.1mm。

b. 将铝合金块热源置于家具表面耐干湿热测定仪进行加热。

c. 用软湿布揩净试验部位，然后将聚酰胺纤维布放在试验区域中央，在布面上均匀喷洒 $2cm^2$ 的蒸馏水或纯净水。

d. 当热源温度高于规定的试验温度至少 10℃时，将热源移到隔热垫上；试验温度根据产品标准或供需双方协议而定，建议从下列温度中选取：55℃，70℃，85℃，100℃。

e. 当热源温度达到规定的试验温度±1℃时，立即将热源放在聚酰胺纤维布面上。

f. 20min 后，移开热源，用软湿布揩净试验部位。

g. 试验后样板至少单独放置 16h。

h. 用软湿布揩净每一个试验区域并检查样板。

（4）结果评定

将试验试件拿至观察箱中从不同角度仔细检查试验区域的损伤情况，如褪色、变色、变泽、鼓泡和其他缺陷，观察距离 0.25～1.0m。

通过与对比区域的比较，对试验区域进行分级。分级标准见表 8-8。

表 8-8　　　　　　　　　　　家具表面漆膜耐湿热性能评定等级

等级	说　　明
1	无可见变化(无损坏)
2	有轻微可视的变色、变泽,或不连续的印痕
3	轻微印痕,在数个方向上可视,例如近乎完整的圆环或圆痕
4	严重印痕,明显可见,或试验表面出现轻微变色或轻微损坏区域
5	严重印痕,试验表面出现明显变色或明显损坏区域

8.3.3　家具表面漆膜耐干热测定

（1）检测原理

将一块加热到规定试验温度的标准铝合金块放置到试验样板上，经过规定的一段时间后，移开铝合金块并揩净试验区域。将试验样板静置至少 16h，然后在规定的光线条件下，检查试样损伤情况（变色、变泽、鼓泡或其他缺陷）。根据分级标准评定损伤程度等级。

（2）热源

要求同耐湿热测定。

（3）检测方法与步骤

① 试件的准备和调制　要求同耐湿热测定。

② 试验方法

a. 试验环境温度要求（23±2）℃。

b. 将铝合金块热源置于家具表面耐干湿热测定仪进行加热。

c. 用软湿布揩净试验部位，当热源温度高于规定的试验温度至少 10℃时，将热源移到隔热垫上。

d. 当热源温度达到规定的试验温度±1℃时，立即将热源放在试验区域上；试验温度根据产品标准或供需双方协议而定，建议从下列温度中选取：70℃，85℃，100℃，120℃，140℃，160℃，180℃，200℃。

e. 20min 后，移开热源，用软湿布揩净试验部位。

f. 试验后样板至少单独放置 16h。

g. 用软湿布揩净每一个试验区域并检查样板。

（4）结果评定

将试验试件拿至观察箱中从不同角度仔细检查试验区域的损伤情况，如褪色、变色、变泽、鼓泡和其他缺陷。观察距离 0.25～1.0m。

通过与对比区域的比较，对试验区域进行分级。分级标准见表 8-9。

表 8-9 家具表面漆膜耐湿热性能评定等级

等级	说　明
1	无可见变化(无损坏)
2	有轻微可视的变色、变泽，或不连续的印痕
3	轻微印痕，在数个方向上可视，例如近乎完整的圆环或圆痕
4	严重印痕，明显可见，或试验表面出现轻微变色或轻微损坏区域
5	严重印痕，试验表面出现明显变色或明显损坏区域

8.3.4　家具表面漆膜附着力交叉切割测定

（1）检测原理

用锋利的刀片在漆膜表面切割成互成直角的两组格状割痕，根据割痕内漆膜损伤程度评级。

（2）切割距离

在试样上取三个试验区域（尽量选择不同纹理部位），试验区域中心距试样边缘不小于 40mm，两试验区域中心相距不小于 65mm，刀片切割间距选择参照表 8-10。

表 8-10 不同漆膜厚度对应的切割间距

漆膜厚度/μm	基材类型	切割间距/mm
0～60	硬基材(如金属)	1
0～60	软基材(如木材和石膏)	2
61～120	硬和软基材	2
121～250	硬和软基材	3

（3）切割刀具

单刀刃切割工具的刀刃角度为 20°～30°，刀刃厚度为 (0.43±0.03) mm，如图 8-2 (a) 所示。

多刀刃切割工具应具有六个切割刀，刀刃之间间隔为 1，2，3mm。六刀刃的总宽度为 b，刀刃间隔为 1mm，b 为 5mm；而刀刃之间间隔为 2mm 时，b 为 10mm。如图 8-2 (b) 所示。

（4）检测方法和步骤

① 将样板放置在坚硬、平直的物面上，以防止实验过程中样板的任何变形。

② 在与木纹方向近似 45°方向进行切割。

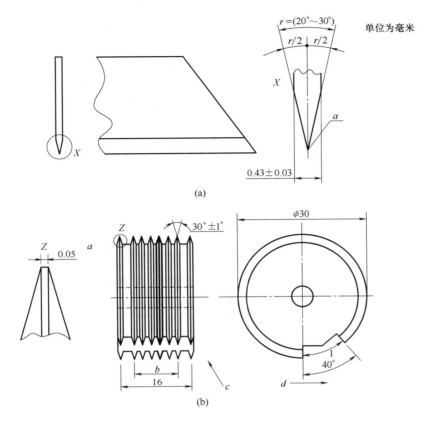

图 8-2　切割刀具

（a）单刀刃切割工具　（b）多刀刃切割工具

a—当刀刃磨损到 0.1mm 时重新研磨　*b*—6 个切割刀刃的宽度

c—导向刀刃与切割刀刃落在相同的直径内　*d*—切割方向

③ 握住切割刀具，使刀垂直于样板表面，对切割刀具均匀施力，并采用适宜的间距（2mm）导向装置，用均匀的切割速度在涂层上切割，所有切割都应划透至底材表面。

④ 重复上述操作，再作相同数量的平行切割线，与原先切割线成 90°，以形成网格图形。

⑤ 用软毛刷沿网格图形每一条对角线，轻轻地向后扫几次，再向前扫几次。

⑥ 施加胶粘带按均匀的速度拉开一段胶粘带，除去最前面的一段，然后再剪下约 75mm 的胶粘带。

⑦ 把该胶粘带的中心点放在网格的上方，方向与一组切割线平行。然后用手指把胶粘带在网格区上方的压平，胶粘带长度至少超过网格 20mm。

⑧ 为了确保胶粘带与涂层接触良好，用手指尖用力蹭胶粘带。透过胶粘带看到的涂层颜色全面接触是有效的显示。

⑨ 在贴上胶粘带 5min 内，拿住胶粘带悬空的一端，并在尽可能接近 60°，在 0.5～1.0s 平稳地撕离胶粘带，如图 8-3 所示。

（5）结果评定

通过与表 8-11 的图示比较，将试验面进行分级。

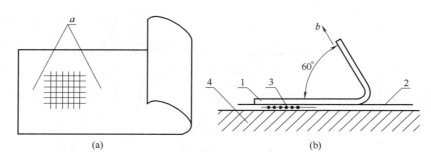

图 8-3　胶粘带定位与撕离

（a）根据网格定胶粘带位置　（b）直接从网格上撕离前的位置

1—胶带　2—漆膜　3—切割线　4—基材　a—弄平　b—撕离方向

表 8-11　　　　　　　　　　附着力试验结果分级

分级	说　明	发生脱落的十字交叉切割区的表面外观
0	切割边缘完全光滑，无一格脱落	—
1	在切割交叉处有少许漆膜脱落，交叉切割面积影响不能大于 5%	
2	切割边缘和/或交叉处有漆膜脱落。受影响的切割面积大于 5%，但小于 15%	
3	漆膜沿切割边缘部分或全部以大碎片脱落。且/或在格子不同部位部分或全部脱落。受影响切割面积大于 15%，小于 35%	
4	漆膜沿切割边缘大碎片脱落且/或在一些格子部分或全部脱落。受影响切割面积大于 35%，小于 65%	
5	超过等级 4 的任何程度的脱落	—

8.3.5　家具表面漆膜厚度测定

（1）检测原理

超声波测厚仪利用超声波原理通过非破坏方式来量度主要底材上不同种类漆膜的厚度，可单道也可同时多道漆膜量度。工作时其探头发射高频声波脉冲，通过耦合剂进入漆膜，在任何不同密度的表面产生反射，该脉冲往返探头和漆膜/底材的时间除以 2，再乘以声波在漆膜内的速度可得出漆膜厚度，如图 8-4 所示。

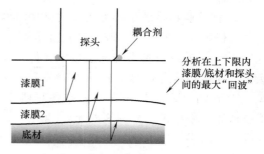

图 8-4　超声波测厚仪工作原理

（2）检测方法和步骤

① 试样规格　试样规格 250mm×200mm，涂饰后，应在温度不低于 15℃空气流通的环境里放置 7d 后进行试验，也可在研究完全干燥后的成品家具上直接进行试验。试样表面应光滑、平整，无鼓泡、划痕、褪色、皱皮等缺陷。

② 试样预处理　试验前，试样应在温度为（20±2）℃，相对湿度 60%～70%的环境中预处理 24h。

③ 试验方法

a. 在已知厚度的漆膜上校准超声波涂层测厚仪的准确度。

b. 距试样边缘不小于 50mm 的范围内，取三个不同试验点，在待测的漆膜表面，涂覆专用耦合剂进行测定。对于光滑、厚度较小的漆膜，也可使用蒸馏水作为耦合剂。

c. 将超声波测厚仪的探针置于漆膜试样表面进行测量，并保持恒定的压力。在测量过程中保持探针平稳。

（3）结果评定

每个试验点测量 3 次，试验结果取 9 次测量数据的算术平均值，结果以 μm 为单位。

8.3.6　家具表面漆膜光泽测定

（1）检测原理

对于规定的光源和接收器角，从物体镜面方向反射的光通量与折射率为 1.567 的玻璃镜面方向反射的光通量之比。为了确定镜面光泽的标度，赋予折射率为 1.567 的抛光黑玻璃标准板在 20°，60°，85°入射角下的光泽值为 100，其单位为 Gloss Unit（GU）。

光源发射光经过透镜 L_1 到达被测面，光反射到透镜 L_2 后，会聚到光阑处的光电池进行光电转换，转换后将电信号送往处理器，处理后的电信号通过光泽计（如图 8-5 所示）显示结果。

注 1：60°入射角适用于所有的漆膜，但是对于高光泽或接近无光泽的漆膜，20°和 85°更适用。

注 2：20°入射角在高光泽漆膜（即 60°镜面光泽高于 70 Gloss Unit 的漆膜）能给出更好的分辨率。

注 3：85°入射角在低光泽漆膜（即 60°镜面光泽高于 10 Gloss Unit 的漆膜）能给出更好的分辨率。

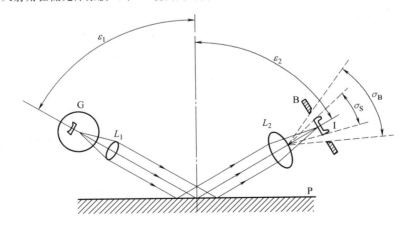

图 8-5　光泽计原理图（通过测量平面截切图）

G—灯　L_1，L_2—透镜　B—接收器的视场光阑　P—漆膜

σ_B—接收器孔径角　σ_S—光源像孔径角　I—灯丝像　入射角 ε_1＝入射角 ε_2

（2）检测方法和步骤

① 试样规格　试样规格 250mm×200mm，试样涂饰后，应在温度不低于 15℃空气流通的环境里放置 7d 后进行试验，也可在研究完全干燥后的成品家具上直接进行试验。试样表面应光滑、平整，无鼓泡、划痕、褪色、皱皮等缺陷。

② 预处理　在试验前，试样应在温度为（20±2)℃，相对湿度为 60%～70%的环境中预处理 24h。

③ 试验方法　先对光泽度计进行校准，校准完后，用纸擦净试样表面，在距试样边缘 50mm 内的不同位置或不同方向进行测定，每测定 3 个数据用较高光泽的工作参照标准板进行校准，以保证仪器无飘移，共测定 6 个数据。

（3）结果表示

如果 6 个数据的极差小于 10GU 或平均值的 20%，则记录该平均值和这些值的范围，否则重新取样测定。

8.3.7　家具表面漆膜耐冷热温差测定

（1）检测原理

通过一定周期的高温和低温试验后，检查表面漆膜裂纹、鼓泡、明显失光和变色等缺陷情况，以此评价漆膜耐冷热温差的性能。

（2）检测方法和步骤

① 试样规格　试样规格 250mm×200mm，数量 4 块，3 块试验，1 块作对比。试样涂饰后，应在温度不低于 15℃空气流通的环境里放置 7d 后进行试验，也可在研究完全干燥后的成品家具上直接进行试验。试样表面应平整、无划痕、鼓泡等缺陷。

② 预处理　在试验前试样应在温度为（20±2)℃，相对湿度为 60%～70%的环境中预处理 24h。

③ 试验周期　应当根据产品标准或供需方的要求确定，如无特殊规定，建议温度为（40±2)℃，相对湿度为（95±3)%和（-20±2)℃，采用 3 周期。

④ 试验方法

a. 用 1:1 的石蜡和松香混合液将试件周边和背面封闭。

b. 试验时各个周期由两个阶段组成：第一阶段高温（40±2)℃，相对湿度为（95±3)%，1h；第二阶段低温（-20±2)℃，1h，高温转低温的时间不超过 2min。

c. 试验结束后，将试样在（20±2)℃，相对湿度 60%～70%条件下静置 18h 后，用棉质干布清洁表面，进行检查。

（3）试验结果

检查时排除离试样边缘 20mm 的范围，然后用四倍放大镜观察中间部分的漆膜表面，观察是否出现裂纹、鼓泡、明显失光和变色等缺陷。

8.3.8　家具表面漆膜耐磨性测定

（1）检测原理

采用漆膜磨耗仪，如图 8-6 所示，以经过一定磨转次数后漆膜的磨损程度评级。

（2）检测方法和步骤

① 试样规格　试样规格 100mm×100mm，中心开一个直径为 8.5mm 的小孔，数量 3

块。试样涂饰后，应在温度不低于 15℃空气流通的环境里放置 7d 后进行试验，也可在完全干燥后的成品家具上直接进行试验。试样表面应平整，漆膜无划痕、鼓泡等缺陷。

② 试验条件　试验环境温度 20～25℃，相对湿度 40%～90%。

③ 试验方法

a. 将试样固定于磨耗仪的工作盘上，加压臂上加 1000g 砝码和经整新的橡胶砂轮，臂的末端加上与砝码重量相等的平衡砝码。

b. 放下加压臂和吸尘嘴，依次开启电源开关、吸尘开关和转盘开关。

c. 试样先磨 50 转，使漆膜表面呈平整均匀的磨耗圆环，取出试样，刷去浮屑，称重（精确至 0.001g）。

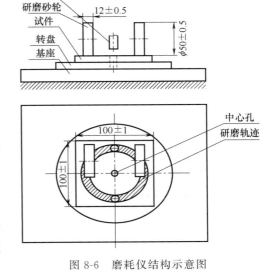

图 8-6　磨耗仪结构示意图

d. 重新调整计数器到规定的磨转次数，直至试验终止，观察漆膜表面磨损情况。磨转次数根据产品标准或供需双方协议。建议次数：200，300，400，500，1000，2000，3000，4000，5000，8000，10000。实验过程中不应更换砂轮。

（3）结果评定

按表 8-12 对试验结果进行分级评定。

8.3.9　家具表面漆膜抗冲击测定

（1）检测原理

一个钢制圆柱形冲击块从规定高度沿着垂直导管跌落，冲击到放在试件表面的具有规定直径和硬度的钢球上，根据试件表面受冲击部位漆膜破坏的程度，以数字表示的等级来评定漆膜抗冲击的能力。

（2）检测方法和步骤

① 试样规格　试样规格 200mm×180mm，试样涂饰完应在温度不低于 15℃空气流通的环境里放置 7d 后进行试验。试样表面应平整、漆膜无划痕、鼓泡等缺陷。

② 预处理　在试验前，试件应在温度为（20±2）℃，相对湿度为 60%～70%的环境中预处理 24h。

③ 冲击部位的确定　各冲击部位中心距离试件边缘应不小于 50mm，各冲击部位中心的间距应不小于 20mm。冲击部位的中心位置应采用画网格的方法来确定，网格的尺寸见图 8-7。如果试件表面基材带有结构纹理，则试件的长边应顺其纹理方向。

④ 试验方法

a. 将冲击器（如图 8-8 所示）放在试件上，使钢球处于冲击部位中心，然后将冲击块提升到规定冲击高度，向钢球冲击一次。每个冲击高度各冲击 5 个部位。

表 8-12　分级标准

等级	说　明
1	漆膜未露白
2	漆膜局部轻微露白
3	漆膜局部明显露白
4	漆膜严重露白

注：当漆膜轻微露白，痕迹约略可见，难以判断时，可用洁净软布蘸少许彩色墨水涂在该部位，然后迅速擦去，结果在露白部位会留下墨水痕迹而漆膜上墨水能擦去。

b. 每次试验结束后，应检查钢球是否变形。如发现明显变形，应予以更换。

c. 将试件置于光源下，用放大镜检查各冲击部位的损伤程度。

（3）结果评定

冲击部位的等级评定见表8-13及图8-9。

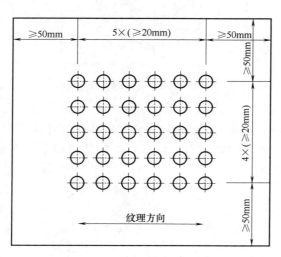

图8-7 试件冲击部位的确定

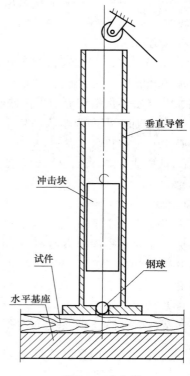

图8-8 冲击器

表 8-13 冲击部位等级

等级	变　化
1	无可见变化(无损伤)
2	漆膜表面无裂纹,但可见冲击印痕
3	漆膜表面有轻度的裂纹,通常有1～2圈环裂或弧裂
4	漆膜表面有中度到较重的裂纹,通常有3～4圈环裂或弧裂
5	漆膜表面有严重的破坏,通常有5圈以上的环裂、弧裂或漆膜脱落

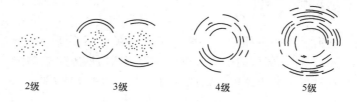

2级　　　　3级　　　　4级　　　　5级

图8-9 等级评定示意图

8.3.10　家具表面漆膜耐香烟灼烧测定

（1）检测原理

确定试件表面装饰层对点燃香烟灼烧的抵抗能力。

（2）检测方法和步骤

① 试样规格　试样规格 100mm×100mm；国产烤烟型香烟 3 种：香烟去掉过滤嘴，长度为 60～70mm，质量为 0.7～0.9g，并沿长度均匀分布。

② 试验方法

a. 试样在温度（23±2）℃，相对湿度（50±5）％的环境中至少放置 7d，将 3 种香烟至少放置 24h。

b. 用脱脂纱布将试件表面擦净。

c. 取出 1 支香烟点燃并吸去 10mm，将燃着的香烟平放在试件表面，试件处于室内自然状态，其交合缝不与试件接触。

d. 让香烟继续燃烧 10mm，若香烟中途熄灭，则重新选点检验。

e. 对其余两种香烟各选 1 支进行同样的检验，3 个试点间距离不得小于 50mm。

f. 用蘸有乙醇的软布擦去试件表面的烟灰，并在自然光线下观察试件表面的情况。

（3）结果评定

试验后对试验面进行分级评定，见表 8-14。

表 8-14　　　　　　　　　　　　　　　　　分级评定法

等级	说　明	等级	说　明
1	鼓泡和/或裂纹	4	在某一角度看光泽有轻微变化和/或有棕色斑
2	明显的棕色斑，但表面未破坏	5	无明显变化
3	光泽和/或棕色斑都是中等程度变化		

8.3.11　涂膜硬度检测

（1）检测原理

将样板放在水平位置，通过在漆膜上推动硬度逐渐增加的铅笔来测定漆膜的铅笔硬度划痕，试验仪如图 8-10 所示，试验时，铅笔固定，这样铅笔能在 750g 的负载下以 45°向下压在漆膜表面，参照《GB/T 6739—2006 色漆和清漆　铅笔法测定漆膜硬度》。

（2）检测方法和步骤

① 试样规格　300mm×150mm 板宽，数量 1 块。

② 干燥和状态调节　除非另有商定，试验前，试板应在温度为（23±2）℃和相对湿度为（50±5）％的条件下至少调节 16h。

③ 试验方法

a. 试验环境温度要求（20±2）℃，相对湿度（50±5）％。

b. 用削笔刀将每支铅笔的一端削去 5～6mm 的木头，小心操作，以留下原样的、未划伤的、光滑的圆柱形铅笔笔芯；垂直握住铅笔，与砂纸保持 90°在砂纸上前后移动铅笔，把铅笔芯尖端磨平（成直角）；持续移动铅笔至获得一个平整光滑的圆形横截面，且边缘没有碎屑和缺口，每次使用铅笔前都要重复这个过程。

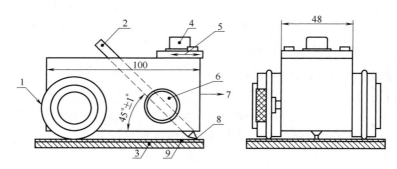

图 8-10　铅笔硬度划痕试验仪示意图

1—橡胶 O 形圈　2—铅笔　3—底材　4—水平仪　5—小的、可拆卸的砝码
6—夹子　7—仪器移动的方向　8—铅笔芯　9—漆膜

c. 将涂漆样板放在水平的、稳固的表面，然后将铅笔插入试验仪器中并用夹子将其固定，使仪器保持水平，铅笔的尖端放在漆膜表面；当铅笔的尖端刚接触到涂层后立即推动试板，以 0.5～1mm/s 的速度朝离开操作者的方向推动至少 7mm 的距离；用软布或脱脂棉和惰性溶剂一起擦拭涂层表面，或橡皮擦拭，当擦净涂层表面铅笔芯的所有碎屑后，破坏更容易评定。要注意溶剂不能影响试验区域内涂层的硬度。

（3）结果评定

如果未出现划痕，在未进行过试验的区域重复试验，更换较高硬度的铅笔直到出现至少 3mm 长的划痕为止。如果已经出现超过 3mm 的划痕，则降低铅笔的硬度重复试验，直到超过 3mm 的划痕不再出现为止。最后以没有使涂层出现 3mm 及以上划痕的最硬的铅笔的硬度表示涂层的铅笔硬度。

8.3.12　涂膜弹性检测

（1）检测原理

涂膜弹性的检测方法，是将试样检测处的涂膜轻轻地无损伤地剥落下来，绕在规定直径（一般为 1，1.5，2，2.5，3，4，5mm 等）的钢轴（针）上，所绕钢轴的直径越小而不损伤，则弹性就越好，参照《GB/T 1731—1993 漆膜柔韧性测定法》。

柔韧性测定器由粗细口径不同的 7 个钢制轴棒所组成，如图 8-11 所示，固定于座架上，座架可用螺钉钉在试验台的桌子边上。

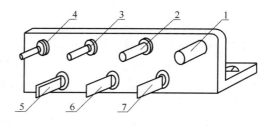

图 8-11　柔韧性测定器

轴棒尺寸如下：

每个轴棒长度 50mm；

轴棒 1：直径 15mm；

轴棒 2：直径 10mm；

轴棒 3：直径 5mm；

轴棒 4：直径 4mm；

轴棒 5：截面 3mm×10mm，其曲度半径为 1.5mm；

轴棒 6：截面 2mm×10mm，其曲度半径为 1mm；

轴棒 7：截面 1mm×10mm，其曲度半径为 0.5mm。

（2）检测方法和步骤

① 用砂布或金刚砂纸 0 号打磨马口铁板［一般是 120mm×25mm×（0.2～0.3）mm］，并用松香水拭净，如产品标准允许，铁板也可只用松香水拭净，不必打磨，在铁板上按试样产品标准的规定制作漆膜，待漆膜干燥后，或按产品标准的规定时间，将样板紧压于 15mm 直径的轴棒 1 上，漆膜朝上，绕轴棒弯曲 180°，左右各 90°进行弯曲的时间为 2～3s。

② 弯曲后，用四倍放大镜观察漆膜，检查漆膜是否产生网纹、裂纹及剥落等破坏现象。

（3）结果评定

一般测定时，可以直接在产品标准规定的轴棒上进行弯曲，测定是否合格。漆膜的柔韧性或弹性可以用轴棒直径的毫米数表示。

8.3.13　涂膜干燥时间测定

（1）检测原理

将干燥时间测定仪（如图 8-12 所示）放置在制备好的涂膜试板上，接通电源，同步电机通过连接轴带动装有划针的转臂（转臂为自由垂落状态）以一周/24h 的速度均匀转动，划针即在涂膜上划出直径为 100mm 的圆形轨迹。由于涂膜随时间延长而逐渐干燥，因而划针在涂膜上的犁痕由宽变窄，由深变浅，以致最后划不出痕迹，从而显示出干燥情况的全过程。

（2）检测方法和步骤

① 依涂膜的干燥特性选取适宜的划针，快干漆选用细划针，装于干燥时间测定仪的转轴上。

② 在试板刮涂上漆膜后，将仪器整体置于试板上，放置之前须用手指将转臂逆时针拨紧，以消除机械间隙，在试板与划针接触部位划一个记号，接通电源，按下开关，指示灯同时亮，开始试验。

③ 待试验结束后，取下试板，将时间刻度盘同心的放在试板上，并使盘上 0 点对准试板上的试验开始点，即可判断整个干燥过程的各个阶段所用时间。

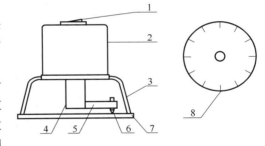

图 8-12　干燥时间测定仪示意图

1—开关　2—外罩　3—支脚　4—连接轴
5—转臂　6—划针　7—试板　8—时间刻度盘

干燥过程的各个阶段：

流平阶段——划针划过后，漆膜表面恢复原有状态。

开始干燥——划针划过后，漆膜表面未恢复原有状态，有波纹出现。

表面干燥——划针划过后，漆膜有拉伤痕迹。

基本干燥——划针划过后，漆膜表面可见轻微划伤。

完全干燥——划针划过后，漆膜表面无划痕。

8.3.14　涂膜回黏性测定

（1）检测原理

漆膜干燥后，因受一定温度和湿度的影响而发生黏附的现象，称为漆膜的回黏性。回黏性测定器重 500g，底面积 1cm² 并要求平整光滑，如图 8-13 所示，将中速定量滤纸压在漆膜上，达到规定时间后，观察漆膜是否留有印痕和粘有滤纸纤维，参照《GB/T 1762—1980 漆膜回黏性测定法》。

（2）检测方法和步骤

① 在马口铁板上制备漆膜，涂刷后于恒温、恒湿条件下干燥 48h。

② 将滤纸片光面朝下置于距样板边缘不少于 1cm 处的漆膜上，放入调温调湿箱，将在温度（40±1）℃，相对湿度（80±2）%条件下预热的回黏性测定器放在滤纸片的正中，关上调温调湿箱。5min 内升到规定条件，在此条件下保持 10min。迅速垂直向上拿掉测定器，取出样板。在恒温、恒湿条件下放置 15min，用四倍放大镜观察结果。

（3）结果评级

① 样板翻转，滤纸片能自由落下，或用握扳手的食指轻敲几下，滤纸片能落下者为 1 级。

② 轻轻掀起滤纸片，允许有印痕，粘有稀疏、轻微的滤纸纤维，纤维的总面积为在 $1/3cm^2$ 以下者为 2 级。

③ 轻轻掀起滤纸片，允许有印痕，粘有密集的滤纸纤维，纤维的总面积在 $(1/3)\sim(1/2)\ cm^2$ 为 3 级。

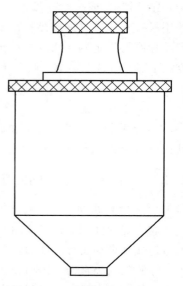

图 8-13　回黏性测定器示意图

思 考 题

1. 木家具在涂饰的过程中会产生哪些常见的缺陷？请简要阐明每种缺陷的特征、产生原因、预防措施及修复的方法。

2. 请分别说明普级、中级、高级家具所用的涂饰材料、外观要求、涂膜理化性能有何不同。

3. 国家标准规定家具涂膜哪些理化性能需要进行检测？请简要介绍每种检测需要用的仪器、检测原理及检测方法。

参 考 文 献

[1] 王双科, 邓背阶. 家具涂料与涂饰工艺 [M]. 北京: 中国林业出版社, 2005.

[2] 朱万章, 刘学英. 水性木器漆 [M]. 北京: 化学工业出版社, 2009.

[3] 刘晓红. 家具涂料与实用涂装技术 [M]. 北京: 中国轻工业出版社, 2013.

[4] 戴信友. 家具涂料与涂装技术 [M]. 北京: 化学工业出版社, 2008.

[5] 鲁钢, 徐翠香, 宋艳. 涂料化学与涂装技术基础 [M]. 北京: 化学工业出版社, 2012.

[6] TURNER GPA. 涂料化学入门 [M]. 上海: 上海科学技术文献出版社, 1985.

[7] 洪啸吟, 冯汉保. 涂料化学 [M]. 2 版. 现代化学基础丛书 4, ed. 朱清时. 北京: 科学出版社, 2005.

[8] 张洪涛, 黄锦霞. 水性树脂制备与应用 [M]. 北京: 化学工业出版社, 2011.

[9] 夏风. 民间木雕与图案 [M]. 浙江: 浙江大学出版社, 2004.

[10] 张飞龙. 生漆成膜的分子基础——生漆成膜的物质基础 [J]. 中国生漆, 2010, 01: 26-45.

[11] 宫腰哲雄, 马晓明. 传统生漆技术中的化学 [J]. 中国生漆, 2010, 02: 27-31.

[12] 张飞龙. 生漆成膜过程控制技术研究 [J]. 中国生漆, 2001, 03: 1-4+15.

[13] 张飞龙. 生漆成膜反应过程的研究 [J]. 中国生漆, 1992, 02: 18-33.

[14] 张飞龙. 生漆成膜聚合过程 [J]. 涂料工业, 1993, 04: 40-46+4.

[15] 张飞龙. 生漆成膜的分子机理 [J]. 中国生漆, 2012, 01: 13-20.

[16] 封孝华, 柳卫莉, 杨左军, 杜予民. 生漆精制过程的漆酚聚合 [J]. 涂料工业, 1994, 06: 7-10.

[17] 蔡奋. 生漆漆膜性能 [J]. 中国生漆, 1983, 04: 39-41.

[18] 易熙琼, 陈浩森, 何凤梅. 木蜡油的性能特点及涂装工艺 [J]. 木材工业, 2013, 05: 46-48.

[19] 颜杰, 彭涛, 唐楷. 天然木蜡油的配方研究 [J]. 四川理工学院学报 (自然科学版), 2010, 01: 74-77.

[20] 唐楷, 彭涛, 颜杰, 李旭明, 颜俊. 木蜡油的开发研究综述 [J]. 涂料技术与文摘, 2009, 01: 16-18.

[21] 常青. 木蜡油 [J]. 家具, 2012, 02: 82.

[22] 李士兵, 柳娜, 康金双, 付联, 田丽娜. 新型环保木蜡油合成工艺研究 [J]. 当代化工, 2012, 12: 1315-1316+1319.

[23] 江京辉. 木蜡油简介 [J]. 国际木业, 2007, 10: 39-40.

[24] 朱建民, 余漂洋, 颜杰. 影响木蜡油干燥时间因素的探讨 [J]. 化工技术与开发, 2015, 08: 4-6+16.

[25] 李高阳, 丁霄霖. 亚麻籽油中脂肪酸成分的 GC—MS 分析 [J]. 食品与机械, 2005, 21 (5): 30-33.

[26] 崔凯, 丁霄霖. 苏子油总甘油酯及其脂肪酸组成初步研究 [J]. 粮食与油脂, 1997, 10 (2): 19-22.